互联网时代的软件工程

编著 蔡鸿明 沈备军 任 锐

内容提要

本书以企业级软件系统的分析、设计和运维为主线，从软件构造应用生命周期的过程维度，软件制品演化的形态维度，体现互联网快速、敏捷、协同特点的管理维度等三个维度，完整描述了互联网下的软件信息建模、设计、部署运维相关的理论方法与技术等。本书内容全面、突出重点，注重实践性和应用性。

本书是高等院校计算机专业、信息管理类专业的教材，适合于计算机类和信息管理类的高年级本科生和研究生学习，也可作为业务咨询、软件开发、系统运维等从业人员的培训教材或参考指导书。

图书在版编目(CIP)数据

互联网时代的软件工程 / 蔡鸿明，沈备军，任锐编著. —上海：上海交通大学出版社，2021.11
ISBN 978-7-313-25376-7

Ⅰ. ①互… Ⅱ. ①蔡… ②沈… ③任… Ⅲ. ①软件工程—教材 Ⅳ. ①TP311.5

中国版本图书馆 CIP 数据核字(2021)第 180416 号

互联网时代的软件工程

HULIANWANG SHIDAI DE RUANJIAN GONGCHENG

编　　著：蔡鸿明　沈备军　任　锐
出版发行：上海交通大学出版社　　地　　址：上海市番禺路 951 号
邮政编码：200030　　电　　话：021-64071208
印　　制：上海景条印刷有限公司　　经　　销：全国新华书店
开　　本：787 mm×1092 mm　1/16　　印　　张：19.25
字　　数：467 千字
版　　次：2021 年 11 月第 1 版　　印　　次：2021 年 11 月第 1 次印刷
书　　号：ISBN 978-7-313-25376-7
定　　价：68.00 元

前　言

互联网时代，以众包分享为核心信息在时间和空间方面实现了质的跨越，各种新业务、新计算的模式兴起，软件呈现出线上线下紧密融合、规模大并发性高、周期短更新快、开放普适环境等特点。软件从业人员面对的主要挑战有：① 如何实现以用户为导向的复杂多变软件需求；② 如何构造具有柔性可变特征的软件形态；③ 如何完成以快速敏捷为特征的软件开发过程；④ 如何适应以普适移动为特点的软件开发及应用环境。

针对这些挑战，本书从软件构造应用生命周期的过程维度，软件制品演化的形态维度，体现互联网快速、敏捷、协同特点的管理维度等出发，建立了互联网时代的软件工程方法框架。具体内容如下。

（1）软件过程维度。其覆盖了从业务架构、软件分析与设计、软件架构及开发，测试及部署、运维管理，以及项目管理等过程。体现为业务和数据驱动结合的需求全程获取以及软件的持续提交和优化，是当前软件领域关注的方向。

（2）软件形态维度。该方法框架是以业务流程为核心的服务动态聚合和自主适应。体现为流程而不是功能成为业务构件，服务而不是对象成为IT构件，服务动态交互而不是功能组件配置成为软件构造的主流。因此，微服务和容器的结合成为开发人员新宠。

（3）项目管理维度。该方法框架的重点是群体协同开发，体现为提交的反复性、工作的协同性、过程推进的敏捷性、基于敏捷和增量迭代的项目管理成为核心特征。因此，Scrum+DevOps结合的软件项目管理模式逐渐成为主流。

考虑到三个维度交织在一起，难以分离却互相影响。面向从事业务咨询、软件开发、系统运维等人员的需求，本书以业务模型驱动的服务系统设计及优化为主线展开，覆盖了信息建模、软件设计、系统运维等领域，涉及方法框架、业务建模、系统架构、实现部署、软件验证、项目管理等内容。

本书在方法框架方面，从定制开发、套件实施、业务驱动架构等三种软件开发模式出发，结合互联网环境下的软件架构演化历程，阐述了软件全生命周期的过程，以及相关的工具支撑相关角色；在业务建模方面，重点阐述了业务架构和建模原则，并以流程为核心，总结了基于任务、数据、事件、状态等四种建模方法，进而阐述了面向工作流执行的流程分析和优化方法；在系统架构方面，基于模型驱动架构，讨论了界面、流程、数据等三种要素驱动的软件架构方法；在系统实现及部署方面，重点阐述了软件前端开发技术栈，以及基于容器的持续集成过程和持续部署；在软件验证方面，分别从正向的 Web 软件测试和反向的日志数据驱动模型生成等不同途径开展，并重点阐述了数据驱动的系统构造应用途径；在项目管理方面，阐述了项目管理过程及软件工程管理的重要知识域，讨论了互联网下的众包开发及趋势。

在本书即将出版之际，衷心感谢各位参与编写的老师和同学。其中沈备军撰写了第 11 章及 12 章，以及第 1 章第 3 节的部分内容；任锐撰写了第 7 章及第 8 章；杜佳薇、黄顺婷同学参与了较多章节内容的编写以及相关案例的建模；还有于晗、叶聪聪、黎哲明、路丽菲、孙秉义、孙晏、高策、张坚鑫、李桐宇、孙浩然等同学为本书的编写提供了多种支持和帮助，在此一并表示感谢。

作　者

2021 年 3 月

目 录

第1章　绪　论

互联网时代,以众包分享为核心理念,信息的内容及数量以及网络信息的创建、处理、传播的速度都在飞速增长,新的应用模式层出不穷,信息对社会各方面的重要性愈趋明显。在软件系统方面,无论是软件的需求主体、运行形态、实现过程,还是验证方式,都发生了巨大的变化。因此,互联网时代的软件工程,其特点和主要方法都有了新变化。

1.1　互联网时代的软件系统

1.1.1　互联网时代的软件特点

互联网环境下,信息在时间和空间方面实现了质的跨越,带来了一系列变化,软件的特点主要体现在以下几点。

1）线上线下紧密融合

以网络共享为中心的新经济时代下,互联网软件面向的是复杂的业务和各类用户,随着应用需求的深入和发展,业务和技术的融合成为主要趋势。而随着移动设备的快速普及,线上线下融合的一体化进程正在加速,这都对软件和业务的深度融合提出了更高的要求。

2）规模大,并发性高

在互联网环境下,软件的发布和使用没有了时间和空间的约束,网络应用系统正成为覆盖全球的商业和贸易的核心动力。如铁路订票系统、淘宝销售平台等应用,同时在线用户数和成交订单数都在百万级,高峰时刻千万级,甚至亿级。淘宝平台在 2019 年 11 月 11 日当天交易 2 864 亿,日活量超过 5 亿,支付宝自主研发的分布式数据库 OceanBase 每秒处理峰值达到 6 100 万次。因此,应对数量不明确的用户,要求软件能支持高并发的大量访问和海量请求。

3）周期短,更新快

互联网软件的生存周期比传统软件要短很多,从开发到运行,从更新到换代都很快。很多软件APP几乎每周一次小版本更新，每两月一次大版本更新。因此要求软件的开发、发布、部署以及更新都要敏捷快速，并能够不断地更新和优化，以适应用户的持续变化需求以及IT环境的更新升级。

4）开放、普适的环境

Internet、移动网络、电话网、各种无线网络等网络环境已经深入人们生活的方方面面，面向客户的统一网络服务可以通过普适计算等方式提供。因此，不同的个人或者企业，都可以通过不同协议及带宽的网络、不同的固定设备，实现到网络的方便接入，也可以通过具有相对通用性的Web浏览器来创建及分享信息。互联网环境下的软件，往往开发和应用的环境不再严格独立，信息的创建和产生、传播、应用都在网络环境开展，开放融合的应用环境为软件的开发、实现、部署、测试、运营带来了很多变化。

1.1.2 互联网时代的软件挑战

随着互联网下各种新的算法模式兴起，在系统开发和实施方面，软件开发人员不得不面对海量数据处理、巨量并发性、高度异构集成等问题，这对应用软件的开发和实施方式提出了新的要求。互联网环境的特点体现到软件工程方面，提出的挑战有以下几点。

1）如何实现以用户为导向的复杂多变的软件需求

由于业务的快速变化成为常态，对软件系统的可配置性要求越来越高，硬件的软化、跨界的融合创新等层出不穷。为了满足互联网环境下复杂多变的用户需要，从软件系统解决的业务问题来说，使用软件的最终用户及业务人员往往对需求更为清楚。可以说，以业务为中心是实现用户需求并能按需调整的前提。以业务为中心，企业IT架构应该与组织架构、业务架构相融合，使得企业可以很容易地通过调整IT系统来实现企业业务的随需应变。另外，也不能期望构造一套业务逻辑就能应对所有的客户需求，即使给用户提供的是同一种产品或服务，也需要系统在处理时具有一定灵活性，可以根据客户需求对业务逻辑进行个性化调整。

2）如何构造具有柔性可变特征的软件形态

由于互联网环境下业务变化快，为了迅速响应业务的不断变化，软件的自适应性具有很重要的意义，业务人员需要在一定程度上直接调整软件系统，而不能事事都通过开发人员去修改软件。然而，很多软件并没有提供用户或业务人员直接调整软件的权限。因此需要建立起柔性可变的软件结构，能方便最终用户定制，或者具有自适应能力以应对不断变化的企业外部环境。

3）如何完成以快速敏捷为特征的软件开发过程

软件具有比硬件更快捷的改变或者说更容易优化的能力，因此，现实中越来越多的功能产品或者业务服务在“软件化”，如视频的编解码模块、网络信号传输的路由等，这是软件相对于硬件的优势。一方面，软件修改容易，这就意味着软件系统一旦与物理硬件结合后，在需要修改时，人们会趋向改变软件来适应硬件，而非直接修改硬件；另一方面，人们发现软件很有用时，就会在原有应用范围边界或者超越边界的情况下使用。因此，软件功能越多，对其功能扩展的需求会更多，这意味着更频繁的发布和更新。因此，软件系统的调整和开发都需要快速完成，这就对软件开发过程的敏捷性提出了要求。

4）如何适应以普适移动为特点的软件开发及应用环境

在普适模式下人们能够快捷方便地进行信息的获取与处理，特别是随着云计算、边缘计算等的兴起，以B/S架构为代表的多层软件架构成为主流的软件开发模式，软件的建模、设计、开发、测试以及运营维护都需要在互联网环境上在线开展，这也是当前软件开发及应用的重要途径和趋势。

1.2 互联网时代的软件工程思想

在互联网时代下，业务越来越复杂，技术架构的演化也在加剧，与此相应的软件工程方法呈现了较多变化，主要可以从业务需求、软件形态、开发过程以及产品验证等四方面进行阐述。

1.2.1 覆盖全生命周期动态获取的软件需求

对软件业务需求获取方式从传统软件工程中调研座谈的逐步捕获方式，逐渐向覆盖全生命周期的持续交付方式转移。主要体现在软件需求的应用主体、获取阶段和满足形式等方面的变化。具体包括以下几点：① 需求主体不是确定的个体或组织，而是由不固定的个体动态组成的群体；② 需求获取不是静态定义规约，而是延伸到系统运行时的动态获取和更新；③ 需求满足不是一次性的功能开发，而是软件执行时的自适应和持续演化。

（1）需求主体不再是确定的特定个体或组织，更多是由不固定的个体动态组成的群体。如图1－1所示，网络用户来源很广，用户群常常动态变化，其业务需求来源于较多具有冲突的业务组织或个体，交互频繁多变，关联错综复杂，很难精确定位合适的用户群，并实现精准分析，因此，网络生态环境下的用户群体画像的需求分析便成为需求主体研究的主要对象。

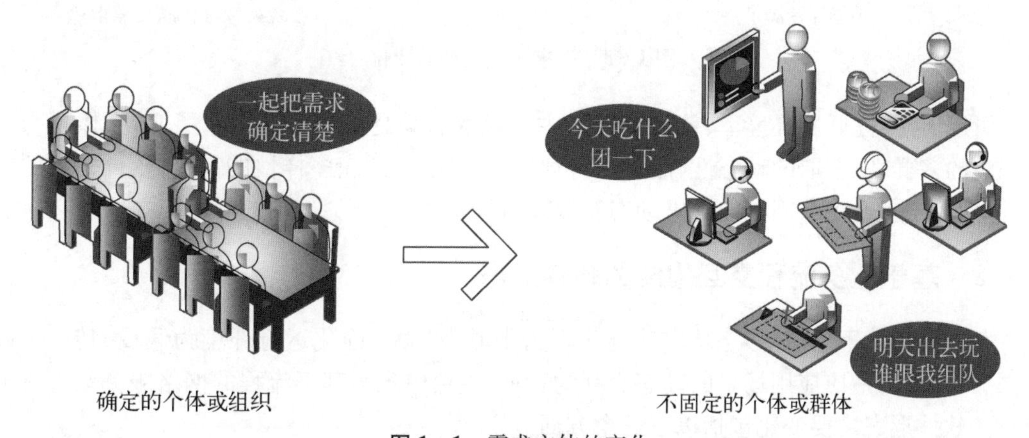

图1－1 需求主体的变化

（2）需求获取不是分析设计时的静态规约描述，而是延伸到系统运行各阶段的动态获取。如图1－2所示，软件不再局限于最后提交的可运行程序以及相关技术报告，而是从软件构思开始，在各阶段的构造和持续演化期间，无论是业务分析阶段的信息模型、技术架构阶段的开发框架、系统开发及测试阶段形成的代码，还是系统部署阶段的软件包、运维管理阶段的运行日志以及覆盖全生命周期的项目管理文档，都是软件需求动态获取的可能途径。

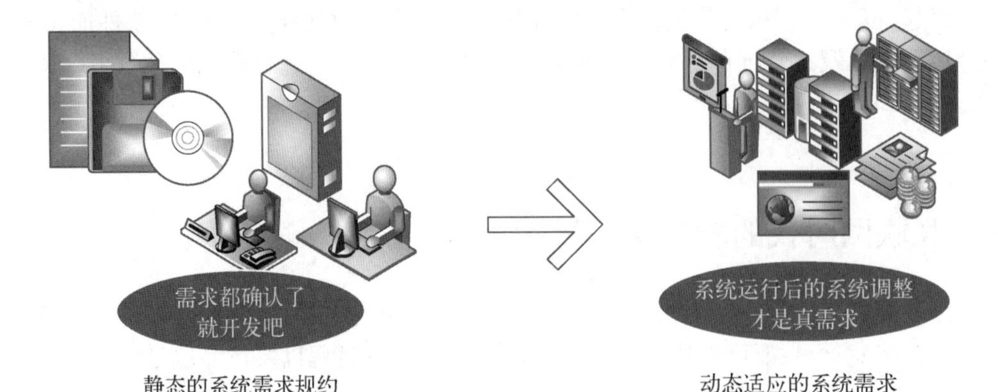

图 1-2 需求获取方式的变化

(3) 需求满足不是一次性的功能开发，而是转化为覆盖全生命周期的多次迭代和持续交付。如图 1-3 所示，随着互联网的兴起，软件运行时的自适应和持续演化能力往往比测试后的一次完备提交更重要。与软件相关的各种模型呈现出复杂的关联和映射关系，任一阶段的模型双向映射都成为常态，多阶段的模型相互关联影响，这也为软件提供了持续集成和演化的基础。

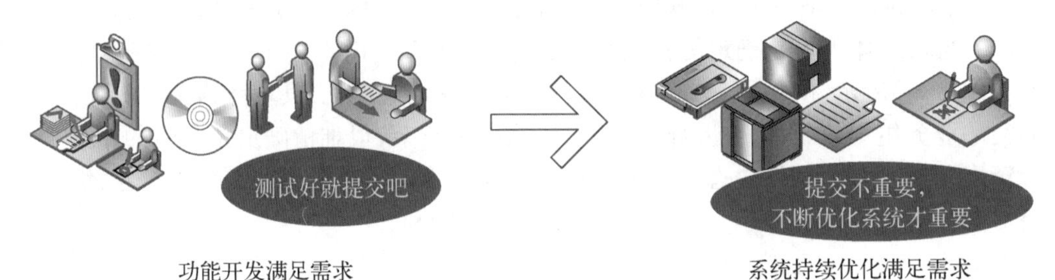

图 1-3 需求满足途径的变化

可以看出，互联网环境下，软件需求在主体获取和满足等方面都发生了变化，体现为需求来源的多样性，获取的动态性，满足的持续性。因此，为适应多样性的需求，软件需求的方法，体现为覆盖全生命周期的需求动态获取及持续交付。

1.2.2 基于业务流程交互集成的软件形态

互联网环境下，软件形态从以功能实现为中心、以静态固化运行环境为假设，转变为以协同为中心、以适应应用场景的动态交互为特征，主要体现为基于流程的网络服务动态集成交互。软件形态主要变化包括以下三个方面。

(1) 软件构件从功能构件构造，转变为以业务流程为核心的多功能任务有序执行。如图 1-4 所示，面向互联网应用需要以业务流程为核心，构造可量化的过程、任务、资源、实体等业务模型，描述其结构模型，进而构造其动态的行为模型，通过模型的映射和转换，实现面向全生命周期的持续交付，是构成软件构件的行为模型。

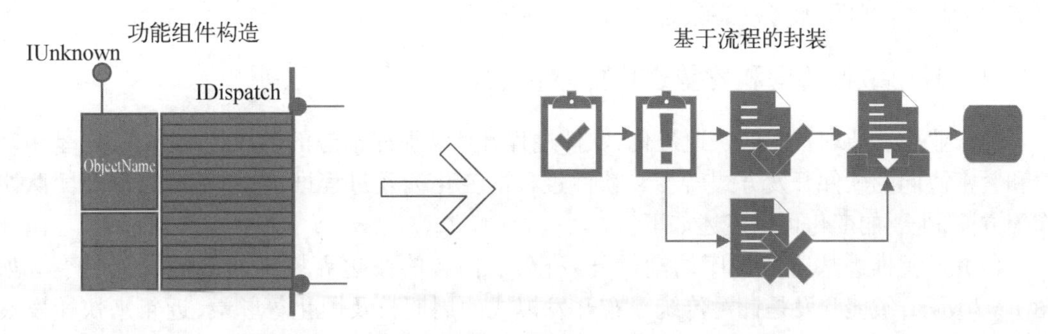

图1-4 从功能模型到流程核心的软件构件描述

（2）组装方式从功能组装集成，转换为多个服务交互实现动态组合。如图1-5所示，面向大量的应用，从通用接口出发，构造松耦合服务，从而实现从单体系统的功能组装转换到网络分布软件服务的动态组合及集成，是实现互联网环境下软件快速变化的关键。

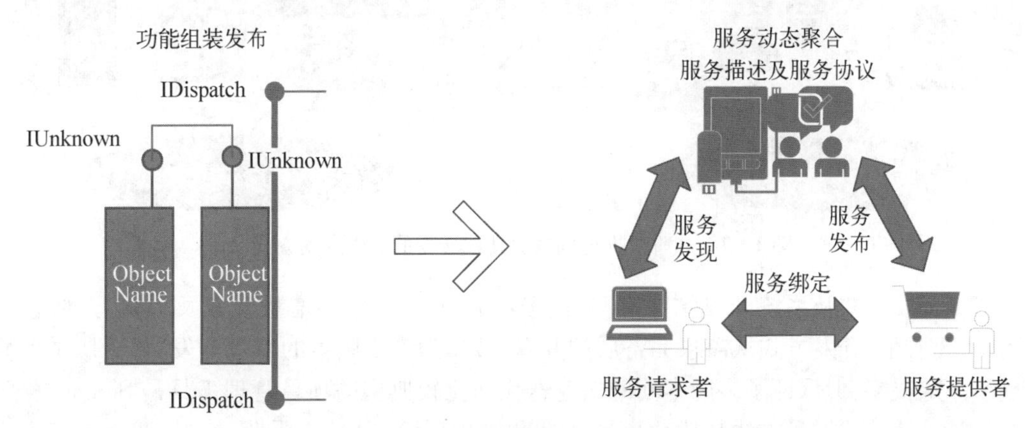

图1-5 从功能组装到服务动态聚合的软件构件实现方式

（3）运行环境从环境静态预设转换为面向情景感知的软件自适应。如图1-6所示，互联网环境是一个开放环境，与通过一些预设条件应对复杂情况的单体系统或者企业内部软件环境有所不同。因此，需要增强软件自身的自治性和适应性，实现对外部环境状态的动态感知，并能调整自身结构，产生动态行为以适应外部环境。

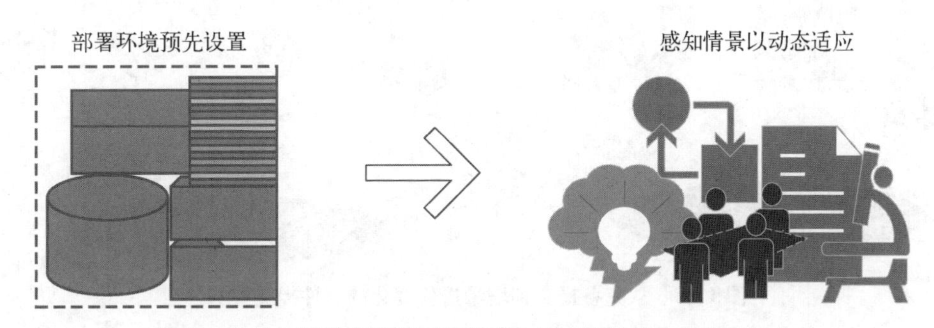

图1-6 从环境静态预设到情景感知适应的软件构件运行方式

可以看出，互联网环境下，软件形态在基本组件、配置方式以及运行环境等方面都发生了变化，体现为软件构件的丰富性、配置的动态性和运行的适应性。因此，软件形态体现为以流程为核心的网络服务动态聚合和自主适应。

1.2.3 基于敏捷协同和增量迭代的软件过程

由于业务复杂和技术的快速进化,软件过程开始从循序渐进的阶段推进方式,向基于敏捷和紧密协同的软件开发方式转变。软件过程的变化涉及过程推进、开发方式以及团队协作等方面,主要的变化可以表述如下。

(1) 过程推进从阶段循序的渐进开发模式,向各阶段边界模糊的敏捷模式转变。如图1-7所示,敏捷开发是针对传统瀑布开发模式的周期长及固化等弊端,近年来快速发展的一种新型开发模式,其驱动力来自提升软件开发的效率和响应能力的企业需求。互联网环境下,由于需求的动态多变,敏捷开发已成为绝大多数IT企业采用的项目管理方法。

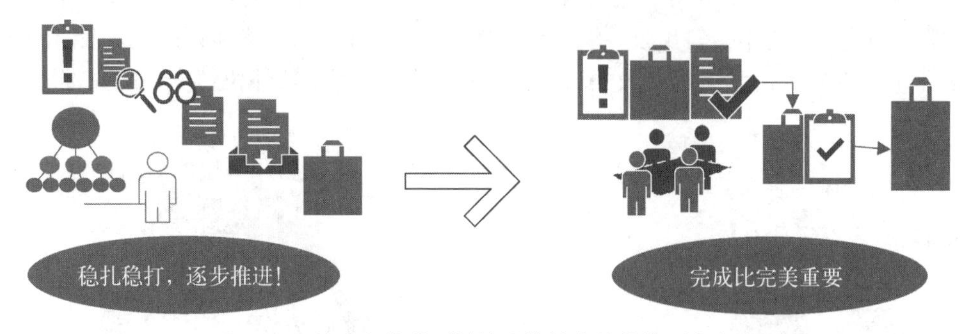

图1-7 从阶段推进到敏捷迭代转变的软件开发方式

(2) 开发方式从系统开发结果的整体提交,向不断迭代的增量开发及提交方式转变。如图1-8所示,开发方式从需求完备后的开发,转变为多个版本的增量开发,每个版本的修改量不一定很多,但保证了多版本间的快速迭代。比较典型的项目管理工具是Scrum框架,其核心是采用迭代增量方法来优化可预测性和管理风险,通过透明性、检视、调整等三大支柱支持经验型流程应用。Scrum作为一个轻量级并可以应用各种流程和技术的过程框架,可以应用于高效并有创造性地交付产品,也可以一定程度上解决复杂的自适应问题。

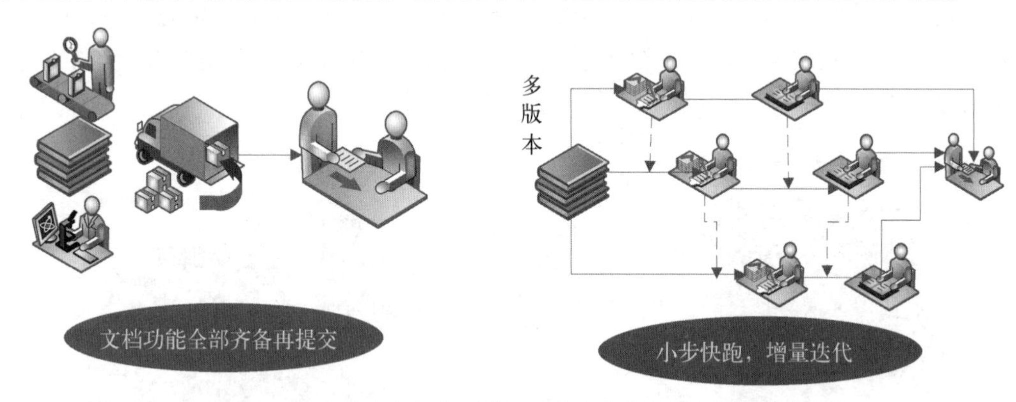

图1-8 从完备提交到增量迭代变化的软件提交方式

(3) 团队协作从各团队注重接口的分工合作方式,向各团队界限模糊的协同融入方式转变。如图1-9所示,开发团队由职责分工明确、接口定义清晰的方式,逐步转换为协同开发的模式,各角色模糊,开发团队强调一专多能,多种人员协同开发。为了按时交付软件产品和服务的需要，越来越多的软件行业管理者认识到软件开发和运营必须紧密结合。DevOps(Development 和 Operations 的组合)开始流行，它是用于促进开发、技术运营和质量保障的沟通、协作与整合的一组过程、方法与系统的统称。DevOps 对软件的交付、测试、功能开发和维护都有着重要的影响。一方面，开发人员希望软件的基础设施能响应更快；另一方面，业务人员希望能更快地将具有更多特性的软件进行发布，提供给最终用户。采用即时消息、共享表格、电话会议、企业门户等协作工具，是确保开发人员及业务人员对软件变更的共同理解并能支持协同开发设计非常有效的一种途径。

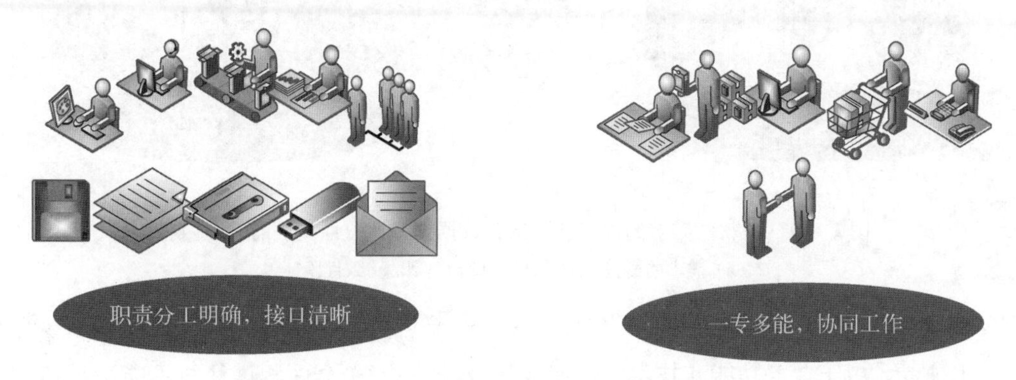

图 1-9 从分工开发到协同融入转变的软件开发方式

可以看出，互联网环境下，软件过程在过程、提交、工作方式等方面都发生了变化，体现为软件过程的敏捷性，提交的反复性，工作的协同性。因此，软件过程体现为以基于敏捷和增量迭代的软件协同开发过程。

1.2.4 以用户体验为中心持续演进的软件验证

由于软件形态的变化，软件的验证已经从测试为主的方式，逐步演化为以用户体验为中心的产品演进模式，主要体现在验证目标、验证内容以及验证方式等方面，具体如下所述。

(1) 验证目标从以功能满足为核心的软件测试，转变为以用户体验为核心的产品验证。如图 1-10 所示，传统中的软件验证，往往采用单元测试、模块测试、集成测试等方式实现，可以保证软件的完整性和完备性，这是单体软件的基本验证方法。互联网环境中，由于多元化不固定主体(需求)的存在，很难通过功能确认保证软件的有效性。因此，以用户体验为核心，在软件上线后通过用户反馈对产品进行验证，是当前软件验证的重要内容。

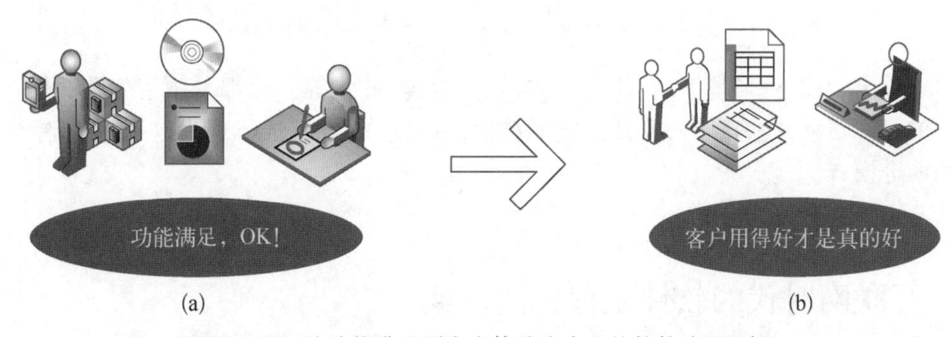

图 1-10 从功能满足到客户体验为中心的软件验证目标

(a) 功能满足为核心的软件验证；(b) 客户体验为中心的软件验证

（2）验证内容从以软件代码的需求覆盖性测试，转变为运行数据挖掘分析后的模型一致性验证。如图1－11所示，根据系统运行后日志数据、进一步生成的流程模型等，可以进一步开展模型优化，作为软件需求及架构优化的起点，可以开展模型优化和数据验证的交叉推进，从而实现软件的持续演进。

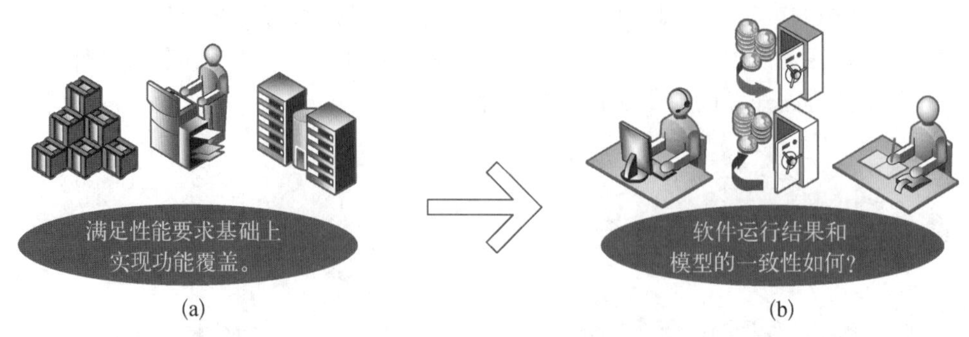

图1－11　从软件需求的覆盖性测试到数据模型一致性验证的验证内容

（a）需求的覆盖性测试；（b）设计模型的一致性验证

（3）验证方式从以软件上线的全面测试，转变为软件上线运行后的渐进优化。如图1－12所示，由于业务功能和技术的快速变化，传统的一次全面测试往往不能满足持续集成需要。因此，如何从软件运行状态出发，实现软件系统的持续治理便成为软件验证的重要形式。一方面需要业务人员、开发人员、运维人员以及测试人员深度协同工作，对软件进行验证优化；另一方面，可以根据后台积攒的大量事件日志数据，采用流程挖掘等技术生成模型，对系统实际运行情况进行分析，持续地开展基于反馈数据的模型生成和验证，进而优化模型并体现到软件的调整演化中，从而实现数据驱动的模型构建及系统优化。

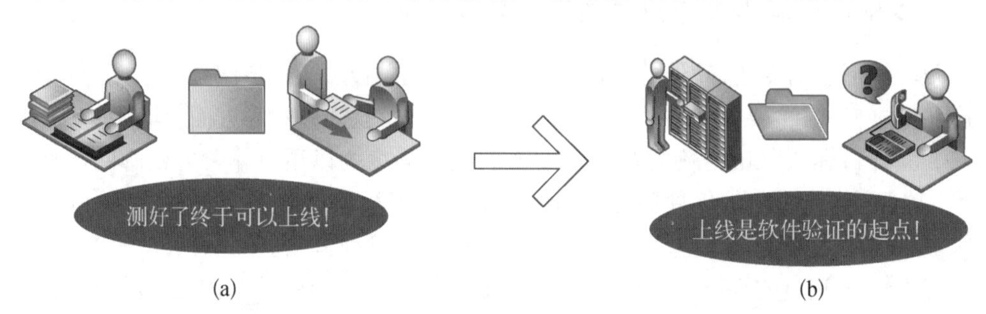

图1－12　从软件上线前全面测试到上线后渐进优化的软件验证方式

（a）以软件上线为测试的里程碑；（b）上线后的软件持续治理

可以看出，互联网环境下，软件验证在目标、内容、方式等方面都发生了变化，体现为软件验证的目标转移，内容延展，验证方式的扩大。因此，软件验证体现为以用户体验为中心的产品演进模式。

1.3　互联网时代的软件工程方法框架

根据以上软件的需求、形态、过程和验证方式的分析，互联网环境下，软件的过程、形态、管理等维度都发生了变化。在用户主导下,软件的验证方式在目标、内容、途径等方面都发生了变化,体现为软件目标越来越多地转移到用户体验上,基于数据分析的验证方式越来越被人们所关注。因此,软件验证体现为以用户体验为中心的产品演进模式。

在此基础上,这里建立了互联网时代的软件工程方法框架,如图 1-13 所示,包括了三个维度的不同环节。

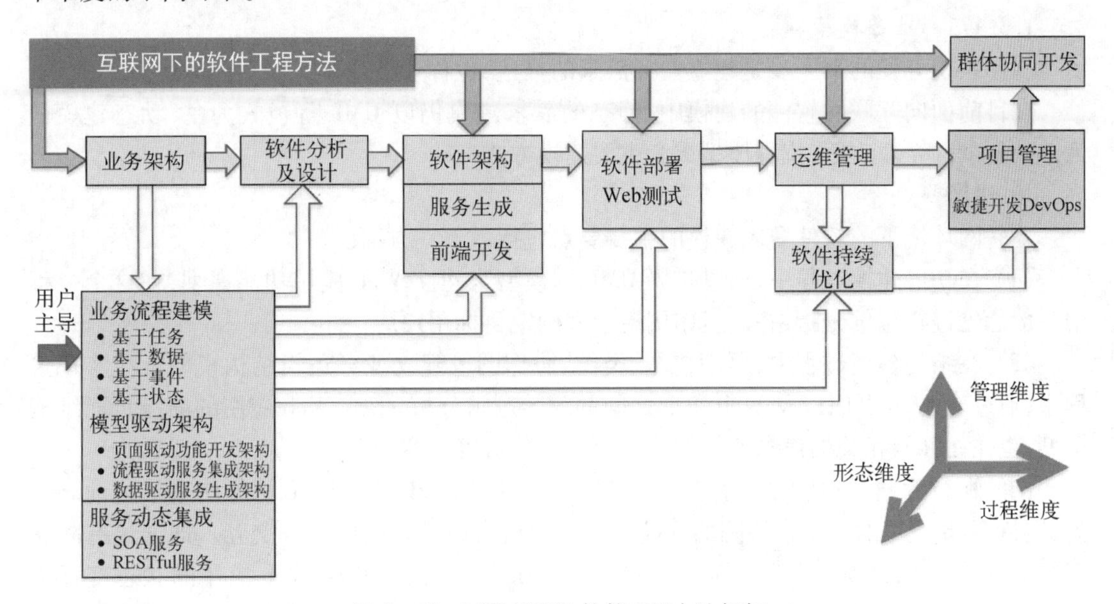

图 1-13 互联网下的软件工程方法框架

(1) 从软件过程维度来说,该方法框架覆盖了业务架构、软件分析与设计、软件架构及开发、软件测试及部署、软件运维管理以及项目管理等过程,体现为需求的全程获取以及软件的持续提交和优化,覆盖全生命周期的持续集成框架是当前软件领域关注的方向。

(2) 从软件形态维度来说,该方法框架是以业务流程为核心的服务动态聚合和自主适应,体现为是流程而不是功能成为业务构件,是服务而不是对象成为 IT 构件,是服务动态交互而不是功能组件配置成为软件构造的主流。因此,微服务和容器的结合成为开发人员新宠。

(3) 从项目管理维度来说,该方法框架的重点是群体协同开发。体现为提交的反复性,工作的协同性,过程推进的敏捷性,基于敏捷和增量迭代的项目管理成为核心特征。因此,Scrum、DevOps 结合的软件项目管理模式逐渐成为主流。

软件的过程维度、形态维度以及管理维度往往交织在一起,体现到软件生命周期的各个具体环节里以及环节间的转换推进中,难以分离,互相影响。

1.3.1 模型驱动业务建模及转换的软件过程维度

从业务建模来说,20 世纪前的主流是面向功能结构及面向数据的方法,业务建模的焦点是构造信息处理单元、存储和获取信息,因而功能建模、数据建模是建立一个软件系统的起点。随着用户要求的提高,体现完整业务处理过程的流程逐渐成为主流,以流程为核心的建模成为业务建模主流,业务流程再造也成为管理应用方面主要突破点,这充分说明企业对流程的重视。目前随着信息技术的发展,随着大数据的成长,面向(大)数据的建模方式开始进入公众视角,基于数据的视角思考成为当前的热点,基于数据的建模,基于数据的测试,基于数据的软件优化迅猛发展。然而,总体来说,基于数据的软件开发还不够完全、成熟,还需要更多的研究和实践。

简单地说,业务建模以及模型转换仍然是当前互联网环境下的软件需求描述和实现的主要方式。

1.3.1.1　业务建模

软件系统开发的第一步是建立业务需求的描述,也称业务建模。

在目前面向互联网软件的建模中,静态的需求建模仍以 UML 等模式为主,动态建模因为涉及复杂的企业应用,流程模型成为主要建模方式。

1）建模要点

互联网环境下的软件需求建模的主要要点包括以下三方面。

（1）在功能建模过程中,通过扩展 UML 的模型来建立 Web 应用功能模型,在这个过程中一般是先进行用例分析,并建立用例模型来确定目标用户。

（2）在结构建模过程中,再用包图、类图、协作图等建立业务逻辑结构模型。在实现过程中,通过对 Web 页面以及 Web 页面之间的跳转逻辑分析,形成 Web 应用的前端页面结构模型,也往往涉及相关的信息实体构建以及关系分析等内容。

（3）在行为建模过程中,通过结合有限状态机 FSM 和扩展 UML 协作图来描述动态行为,支持 Web 应用的各个模块间的导航交互以及后台组件之间的依赖交互。即通过有限状态机对 Web 应用自顶向下划分成不同层次的组成部分,从而获得 Web 应用的状态变迁关系。然后通过对不同层面上的服务器端组件,开展依赖关系描述,来获得不同组件之间的上下文依赖模型和内容依赖模型,而这种依赖关系与用户的操作行为是紧密相关的,也可以为导出 Web 应用的测试用例服务。

2）建模存在的困难

然而软件系统满足的需求,很多时候并不是稳定的数据信息和静态的处理流程,因此,面对业务流程的动态变化特点,传统建模方式应用于软件系统开发中,往往存在如下困难。

（1）从应用系统中分离出业务逻辑很难。支持业务流程变化的关键在于将流程等业务逻辑从应用系统中分离,才能实现业务流程的单独管理,当业务流程发生变化时,才能够快速调整流程逻辑,而不需改变应用逻辑的实现。但在大部分软件系统中,流程逻辑往往被固化或者隐含在实现中,独立的流程逻辑难以抽取。在这种情况下,当流程需求发生变化时,就必须重新分析、设计、实现业务软件,这不仅不能应对快速变化的市场环境,还大大增加了企业的成本。

（2）业务流程的变化较难描述。目前的软件需求分析模型中,业务流程的静态需求可以通过一些业务流程描述模型实现,然而,业务流程的变化特征却难以定义和分析,往往要通过流程仿真等方式进行推演才能体现,不够直观也缺乏直接的判断依据,这大大限制对流程变化的预见和处理方法。

（3）业务需求和软件实现之间的关联性难以建立。业务流程的可跟踪性,只有在需求和实现之间有清晰明确的关联性,软件系统才能快速准确地应对业务流程需求的变化。但目前的软件构建模式中,无论是传统的面向过程,还是现代的面向对象方法,从分析、设计和实现,所关注的是软件的数据、功能、角色,而业务流程建模不够明确,因此无法在需求和实现之间建立业务流程的关联性。

3）工作流技术的局限性

面对业务流程变化的需求,也有一些基于工作流技术的方案和系统架构,在一定程度上也实现了流程控制逻辑和应用逻辑的分离。但由于工作流技术本身的局限性,仍不能很好满足业务动态变化的需求:

(1）工作流技术起源于办公自动化,其目标是实现任务或文档在多个参与者之间的自动传递,因此它所关注的是业务流程的控制逻辑,并假定负责各流程活动执行的应用之间是相互独立的,这种相互独立性正是工作流可以支持业务流程变化的基本前提。因此,工作流技术应用于以任务或文档为中心的办公流程、管理流程等较为简单的业务流程时,由于流程中涉及的应用之间相互独立,工作流技术可以满足流程变化的需求。但复杂的应用往往与业务密不可分,多个应用之间存在着密切的业务关联性,流程控制逻辑的简单变化常常会引起多个业务功能模块流程相关性语义的冲突,致使业务流程不能正确执行。

(2）工作流是从技术层面解决业务流程的自动化问题,而业务流程的变化和管理则更多是一个业务层面的问题,因此在基于工作流技术的解决方案中,业务流程的变化需求并不能快速准确地映射到软件系统的实现构架中。

因此,传统的软件系统对于支持业务流程的变化要求还是有一定困难的。

1.3.1.2 模型驱动体系结构

早在1989年,为了解决跨平台的软件互操作问题,由软件技术供应商、开发者和最终用户共同发起成立了对象管理组织(Object Management Group, OMG)。它的工作重点是为应用开发模型驱动架构(MDA)开发实践提供一个公共的框架,制定工业指南和对象管理规范。而随着软件开发的进展,建模技术的逐步完善使得软件互操作问题的解决方法,不再仅仅局限于统一的接口标准,而扩展到软件整个生命周期,覆盖业务建模、系统设计、组件构造、组合集成、发布和管理以及软件更新。因此,OMG对于解决软件互操作问题有了新的认识,于2001年7月发布了模型驱动体系结构。

MDA方法分离了系统功能规范以及在技术平台上的特定实现,使得系统功能可以通过映射或变换,在多个平台上自动或者半自动实现。同时,使得不同的应用程序可以通过抽象模型而关联并集成在一起。这样就促进了灵活的集成和柔性的互操作,并支持软件系统随着平台技术变迁而动态演化。

MDA基本原理是提高抽象的层次,其目标是以模型驱动方式在一个抽象层次来设计软件,是一种用于构建软件特别是企业应用系统的有效方法。MDA认为系统开发的最好方法是隔离软件的设计和实现,使得业务行为和领域元素得以独立建模,因此,软件人员可以更多关注应用本身而不是把中间件支撑平台作为系统开发的核心。

MDA的主要模型包括计算无关模型、平台无关模型和平台相关模型。

(1）计算无关模型。计算无关模型(CIM)是从用户的角度来描述特定领域所面临的问题及系统需求的模型。CIM包含了系统的数据信息等,它代表了生命周期中的需求模型。

(2）平台无关模型。平台无关模型(PIM)由系统的数据、处理进程等平台无关的信息组成。一个不带有任何特定技术细节的系统模型就是平台无关模型。这种模型描述了软件独立于任何实现平台的结构和功能特征。PIM代表了生命周期中的分析模型,只定义了系统的结构和功能特征,而不考虑系统的技术实现。

(3) 平台相关模型。平台相关模型(PSM)由系统的数据、处理进程等平台相关的信息组成,包括了特定技术细节。这种模型描述了建立在特定技术实现上的软件结构和功能特征,代表了生命周期中的详细模型设计,定义了系统功能在一个特定平台上的技术实现。

在 MDA 理念下,建模语言当作是一种可以最终实现的编程语言,而不仅仅是软件设计过程中的设计语言。软件开发的重点不再是代码级程序和数据级输出,而是各种不同抽象程度的模型。开发人员可以在软件实现过程中不断拓展各种抽象或者具体的软件模型,只有最后阶段才考虑其编码实现。MDA 可以构建出高度抽象并具有机器可读特性的模型,这些模型能以标准化的方式存储以支持重用,独立于实现编程语言及技术,并被自动转化为 Schema、代码框架以及特定平台的部署描述。

MDA 可以整合多种技术,如基于组件的软件开发、设计模式、中间件、多层系统、应用集成以及契约式设计,为不同生命周期阶段的应用集成提供了完备的解决方案,通过使用软件工程方法和工具去理解、设计、操作、实施软件系统的各个方面,为提高软件开发效率,增强软件可移植性、互操作性、可维护性和技术文档的编制提供了统一的途径。

总之,MDA 结合服务计算,为业务模型驱动服务架构的软件开发新模式提供了一个起点,同时,MDA 的 CIM、PIM 以及 PSM 模型结合服务计算也有了新的内涵和意义。

1.3.2 基于服务动态交互及聚合的软件形态维度

随着变化成为市场的常态,业务敏捷性成为企业追求的目标,面向服务的开发技术也应运而生。将不同功能服务通过定义良好的接口和契约联系起来,使得构建在分布式环境中的各种应用系统,能以统一和通用的服务方式进行交互,以构建一种灵活的软件解决方案。

互联网环境下,Web 服务技术是构造分布式企业应用的一种标准框架。2003 年 W3C 组织在将 Web 服务定义为“为支持机器之间跨越网络进行互操作而设计的软件,它使用机器可处理的形式描述接口,其他系统使用 SOAP(Simple Object Access Protocol)消息通过服务描述所说明的方式与之进行交互,典型地使用 HTTP、XML 序列化以及其他 Web 标准传输 SOAP 消息”。以这些分布的、自治的、接口标准的 Web 服务为基础,通过服务组合等方式,应用程序和业务流程能够快速方便地实现集成,业务功能也能通过松散集成以构造出复杂的业务应用。因此,企业业务集成也逐步过渡到基于 Web 服务的软件体系结构上。

相比分布式计算,Web 服务提供了跨技术平台以及跨编程语言的良好互操作性。Web 服务的快速发展主要有三方面: ① 采用广泛部署的通信协议传输基于 XML 编码的消息,使得跨企业的分布式系统间的通信和互操作成为可能;② 基于文档的消息模型,适应了不同类型应用系统间的松耦合要求;③ IBM、Microsoft、W3C 和 MOG 等业界巨头及国际组织的大力扶持,使得 Web 服务得以迅速推广。

建立在开放标准基础上的 Web 服务,使得真正支持互操作性的软件构造技术成为可用解决方案。其主要优点有以下三个方面。

(1) 动态的服务替代了静态的组件。传统的基于分布式对象技术中,组件是事先部署的并且其消息交互是固定在程序中的,因此业务流程的变动会导致大量的工作需要重新完成;而 Web 服务的交互并不在服务的实现代码中实现,而是依赖服务组合等方式实现。

(2) 应用组件之间的松散耦合替代了紧密耦合。传统的基于分布式对象技术的商业系统和应用程序都是紧耦合的，因此子系统的任何改变都可能导致相关应用程序受到影响；而Web服务则只需要较简单的协同，在集成的服务发生问题时可以重新进行配置。这种松散耦合使分布计算中交互双方各自的变动不会影响对方。这点对于复杂系统的快速构造和灵活运行特别重要。

(3) 平台中立性取代了平台依赖性。传统的分布式对象技术受到厂商和平台的约束；而Web服务是开放的和基于标准的，采用具有通用意义的标准提供了在不同厂商和平台之间的广泛交互性。同时，Web服务是自描述、自包含和语言独立的，因此实现了真正意义上的平台中立。

基于Web服务，构造软件的方法主要可以分为服务组合、轻量级Mashup以及最终用户开发等三种方式。

1.3.2.1 服务组合方法

Web服务是由URI识别的软件程序，它在互联网上通过其对外接口被访问。接口描述定义了服务所执行的操作、与服务交互期间所交换的消息类型以及端口的物理位置，通过端口可以交换信息。Web服务能够被任意一个与其实现无关的应用或Web代理所调用。此外，Web服务也可以调用其他的Web服务。

服务组合是在单个的Web服务基础之上，提供高层的集成手段，通过协调若干Web服务共同工作来满足业务需求。通常将由服务组合方式构造得到的服务称为组合服务(Composite Web Service)，为组合服务提供子功能的服务称为该组合服务的服务组件(Component Service)，相关的协议包括WS-BPEL(Web Services Business Process Execution Language)等。

1) 服务组合应用层次划分

Web服务组合可以按照互联网的形式，Intranet、Extranet、Internet等应用层次划分，具体如下。

(1) Intranet：在企业内部，应用集成是大部分采用Web服务组合应用的切入点。企业通过Web服务的方式对遗留应用进行封装，不需要重写大量的代码便可以构造出新的业务应用服务，进而通过这些服务的组合实现企业应用系统在异构环境下集成。在企业内部采用基于Web服务组合的集成方式，不但可以降低企业应用集成系统的开发、部署和维护开销，更重要的能通过Web服务方式对外发布，可能为企业创造新的商业机会。

(2) Extranet：在关键业务伙伴之间，随着企业内部业务应用采用Web服务方式，位于同一供应链的关键业务伙伴，常常很自然地产生与企业内部应用进行集成的要求。因为使用Web服务，企业的应用可以通过公用的Internet交互。Web服务规范的开放性，促使关键业务伙伴之间可以通过标准规范的方式来实现业务应用的交互。

(3) Internet：在企业间，企业将自己的Web服务扩展到更多的业务伙伴和客户，形成一个以Web服务为基础的开放服务市场。通过公用的UDDI注册中心，企业更容易发现新的业务伙伴，并且实现相互之间的电子商务，形成一个新的市场。这个阶段的服务组合将以业务服务的智能化搜寻和自动化组合为特点。

2) 服务组合理论体系与技术存在的问题

服务组合的理论、方法和技术受到软件工程、人工智能以及中间件等多领域研究及技术的影响和推动，目前在实际工程中也发挥了重要作用。但服务组合的理论体系及实现技术仍不成熟，主要问题在于以下几方面。

（1）缺乏实现服务语义描述的有效机制。目前在服务的发布阶段，常用 WSDL 来对服务及其接口进行定义与描述，并通过 Definitions、Types、Message、PortType、Binding 以及 Service 6 个元素提供服务的基本描述，通过扩展机制增加了路由以及安全断言等信息。但是由于缺乏足够的语义信息，难以满足服务自动化查找以及大规模服务重用的需求。因此，提供一个富语义的 Web 服务描述语言则成为服务合成技术中首先要解决的问题。目前，解决方案有两种，一种是对现有的 WSDL 进行语义的扩展和升级，在原有的基础上，增加 WSDL 对语义本体以及 QOS 等约束条件的支持，对 WSDL 进行了扩充：另一种则是开发一种新型的富语义服务描述语言，例如，可独立编程的服务描述语言 OWL－S 语言等。虽然近年来众多国际组织和研究机构提出了多种 Web 服务语义描述规范，希望通过语义 Web 的标注方式来描述服务，计算机可理解服务的语义，从而支持 Web 服务的自动发现、匹配、组合和执行等。但这些规范只解决了如何描述 Web 服务语义的问题，并没有解决如何产生这些语义描述而将其应用到工业实现的问题。

（2）缺少高效、灵活的服务匹配方法。在服务查找与发现阶段，随着基于 Web 服务的配置和应用越来越多，为了有效地支持服务合成过程中快速地发现所需要的服务，自动化处理与匹配技术的重要性也就显得越来越高。UDDI 提供了一个统一的系统服务发现机制，它可以通过集中式服务注册或分布式服务注册来实现服务的分类与管理，并为动态服务合成提供实现的基础。实现 Web 服务发现的工业标准 UDDI 虽然提供了注册机制，并维护着一些公共注册仓库供服务提供者发布服务，但提供的 Web 服务查询只是简单的基于关键字的语法匹配，而 Web 服务接口的能力很难用关键字概括，无法满足服务发现的需求。

（3）缺少能求解大规模服务组合问题的自动服务组合方法。服务组合方法中，基于工作流的方法主要依靠领域专家经验来设计服务组合模型，因此灵活性和动态性较差。而基于 AI 规划和程序综合技术实现，这些方法都需要对 Web 服务描述进行预处理，将其映射为公理、规则或者合适的形式化描述，然后通过穷举或者形式化推理的方式得出组件服务的执行序列。从本质上看，这些方法其实是将服务组合问题转换为满足性问题求解，而后者是经典的 NP－Hard 问题。因此，由于状态空间爆炸等问题，这些方法只适用于求解小规模服务的自动组合问题。

（4）缺乏行为交互的正确性验证技术。服务动态交互时缺少交互正确性分析技术，不能有效支持无状态服务的调用需要。现有大量的 Web 服务系统常被分为离散型和交互型两类，即无状态服务和有状态服务。无状态服务的接口操作之间相互独立，不存在依赖关系，很多信息查询服务都属于无状态服务。有状态服务的接口各操作之间通常有严格的逻辑和时序关系，对服务的调用也依赖于其当前状态。传统的类似 WSDL 的静态接口模型不能表达过程和状态信息，因此无法刻画有状态服务的动态行为特征。有状态 Web 服务的动态行为特征对于服务组合效率影响极大。在这种情况下，服务组合不仅需要检查服务接口参数是否类型兼容，还要考虑对服务操作的全局调用，需要满足何种时序关系以及判定服务之间的交互是否一致。

1.3.2.2 轻量级 Mashup 技术

Mashup 的概念最早来源于流行音乐，通过将不同风格的音乐拼接、混杂在一起，重构成独特的新曲子。

Mashup 技术的核心是在网络环境中，将代表着不同来源的软件模块或者小程序，开展集成及整合，从而形成具有完整体验的 Web 站点或应用程序。在互联网时代，快速组装以实现新应用已成为一种趋势，而这些应用程序混搭而成的程序也被称为 Mashup。Mashup 是一种轻量级的服务组合方法，能以很小的代价快速实现软件需求，从而保证在系统、应用之间共享已有组件，也为企业应用开发和集成提供了一种轻量级的新方法。

从平台来讲，可以是基于 Web 上的任何东西。只要原有系统是 Web 方式的，就可以将原有系统进行 Mashup 化。在框架上可以选择一些 Mashup 引擎来帮助执行客户端的逻辑，或者用一些社会联邦的技术，把用户所关注的内容进行汇总。技术还是基于原有的技术，比如 http 及基于 http 的封装 REST，或者用 AJAX 这种扩展来进行富客户端的开发。

Mashup 给企业提供了一种新的方法，让企业里的不同系统进行融合，可以实现在部门、系统、应用之间共享组件。对比服务组合，这样的组装具有较轻的量级，能有效地减少企业开发新系统或面对新需求时的一些问题，比如：接口改写，功能扩充。这种轻量级的组装方案能有效地降低整合时的成本。

（1）作为企业级应用，Mashup 可以为企业提供如下好处：联邦型的构架允许部门之间共享组件；轻量级的解决方法减少了新解决方案的开发时间；用户通过 Web 提供的组件可以被共享。

（2）企业级 Mashup 应该具有以下关键特性：组件来自于独立部署的不同应用；组件可能来自于企业内或者企业外；组件之间并不事先预知；缩短上市时间；具有灵活性、敏捷性。

从目前国内外的市场来看，Mashup 面临着很多困难和机会：大部分开发人员创建的 Mashup 并无大公司支持，其更新和维护的问题较大；一些商业企业也在推出很多工具支持 Mashup 的商业化。虽然互联网 API 在快速增长，但是为 Mashup 提供的数据和后端服务仍然不足。这些都限制了 Mashup 在复杂应用中的深入发展。

1.3.2.3　*最终用户软件开发*

最终用户开发（End-User Development，EUD）是一组方法、技术和工具的统称。非计算机专业开发人员可以使用 EUD 工具来创建或修改软件构件和复杂的数据对象而无须具备某种编程语言的特定知识。

EUD 的流行源于两方面：一方面是因为企业正面临着拖延的项目和使用 EUD 能有效地完成项目的时间缩短，另一方面是软件开发工具功能更强大，更易于使用。

Lieberman 等人提出的最终用户开发（EUD）的定义是：最终用户开发可以被定义为一组方法、技术和工具，使非专业的软件开发人员用户在软件系统应用中，可以在某些点上来创建、修改或扩展软件的组件。这些组件可能是由最终用户定义的对象，描述了一些自动化的行为或控制序列，如数据库请求或语法规则，其编程范式可以是通过演示编程（Programming by Demonstration）、案例编程（Programming with Examples）、可视化编程（Visual Programming），或宏制作（Macro Generation）；其他用户也可以选择备选的参数来预定应用程序的行为。

EUD 的流行给软件开发人员带来了挑战和机遇，一方面将软件开发人员从单调重复的任务中解放出来，可以关注更为专业的任务；另一方面，更多的非专业人员也加入软件开发队伍，增加了软件就业的压力。近年来，低代码编程平台的兴起，和 EUD 关系密切。

1.3.3　敏捷开发与运维一体化的项目管理维度

软件行业借鉴了制造业“敏捷制造”的思想，提出了敏捷（Agile）软件开发和敏捷软件运维新模式。如图1-14所示，敏捷软件开发模式缩小了业务需求与软件开发之间的第一个隔阂，而敏捷软件运维模式DevOps的出现缩小了软件开发与系统运营之间的第二个隔阂。

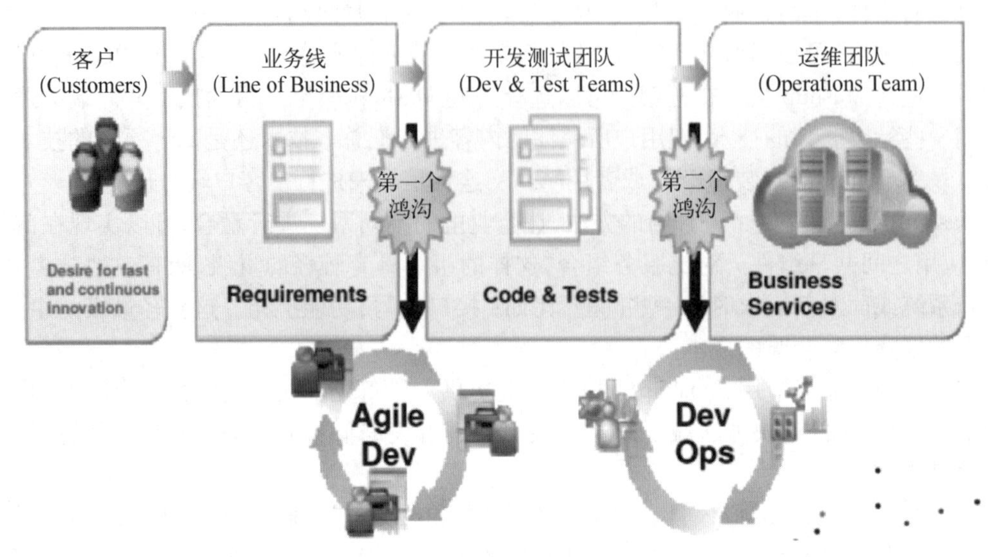

图1-14 软件开发流程与隔阂

1.3.3.1 敏捷软件开发与Scrum

与传统软件过程不同的是，敏捷软件开发强调以人为本，快速响应需求和变化，把注意力集中到项目的主要目标——可用软件上，在保证质量的前提下，适度文档、适度度量。敏捷开发基于适应而非预测，它弱化了针对未来需求的设计而注重当前系统的简化，依赖重构来适应需求的变化，通过快速、短迭代的开发，不断产出和演化可运行软件。

2001年以Kent Beck、Martin Flower、Alistair Cockburn等为首的一些软件工程专家成立了敏捷开发联盟[1]，并提出了著名的敏捷宣言。

> **《敏 捷 宣 言》**
>
> - 注重个人和交互胜于过程和工具。
> - 注重可用的软件胜于事无巨细的文档。
> - 注重客户协作胜于合同谈判。
> - 注重随机应变胜于循规蹈矩(恪守计划)。

在敏捷价值观的指导下，提出了一系列敏捷过程，如Scrum、XP、Lean、Kanban、AgileUP、AM(Agile Modeling)、FDD、Crystal等。其中最有影响力的、使用最为广泛的是Scrum[2]。Scrum认为软件开发过程更多的是经验性过程，而不是确定性过程。确定性过程是可明确描述的可预测的过程，因而可重复执行并能产生预期的结果，并能通过科学理论对其最优化。经验性过程与之相反，应作为一个黑箱来处理，通过对黑箱的输入、输出不断进行度量，在此基础上，结合经验判断对黑箱进行调控，使其不越出设定的边界，从而产生满意的输出。Scrum的核心准则是自我管理和迭代开发。

1）自我管理

Scrum 团队的目标是提高灵活性和生产能力。为此，他们自组织、跨职能，并且以迭代方式工作。每个 Scrum 团队都有三个角色：① Scrum 主管（ScrumMaster），负责确保团队成员都能理解并遵循过程，通过指导和引导 Scrum 团队更高效工作，开发出高质量的产品；② 产品负责人（ProductOwner），定义和维护产品需求，负责最大化 Scrum 团队的工作价值；③ 团队，负责具体开发工作。团队的理想规模是少于 10 人，团队成员应具备开发所需的各种技能，负责在每个 Sprint（冲刺迭代）结束之前将产品负责人的需求转化成为可发布的产品模块。针对大项目，可以通过划分为多个子项目而采用 Scrum。

Scrum 项目没有中心控制者，强调发挥个人的创造力和能动性，鼓励团队成员进行自我管理，使用自己认为最好的方法和工具进行开发。Scrum 主管的职责不是监督团队成员的日常工作，而是消除团队开发的外部障碍，指导团队成员工作。Scrum 通过鼓励同场地开发、口头交流和遵守共同规范来创建自组织团队。

2）迭代开发

Scrum 是一种演化型的迭代开发过程，如图 1－15 所示。Scrum 的核心是冲刺（Sprint），即贯穿于开发工作中保持不变的一个月（或更短时间）迭代。每个 Sprint 都会提交一个经测试可发布的软件产品增量版本。Sprint 由 Sprint 计划会议、开发工作、Sprint 评审会和 Sprint 反思会组成。

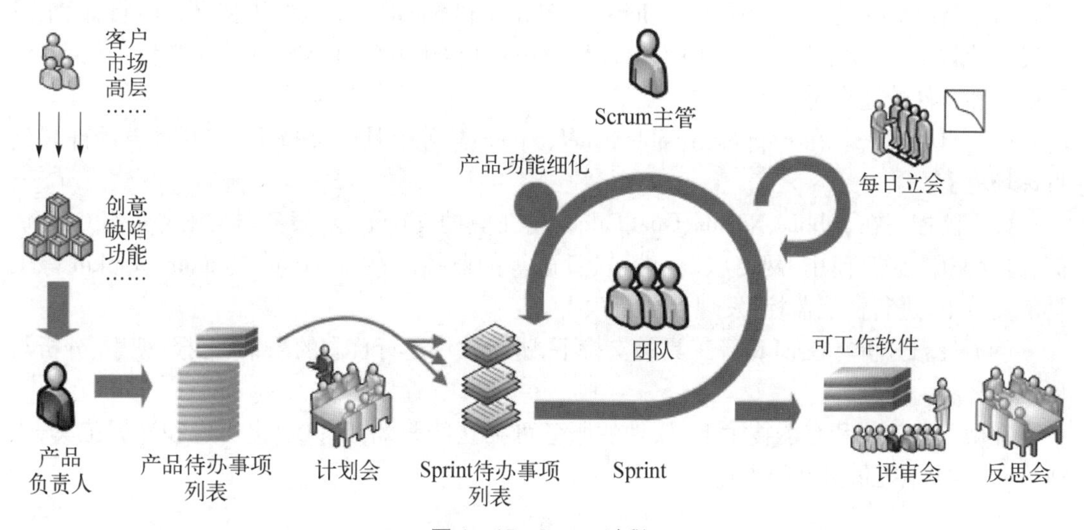

图 1－15 Scrum 过程

Scrum 采用三个主要的工件：产品待办事项列表（Product Backlog），囊括了开发产品可能需要的所有事项的优先排列表；Sprint 待办事项列表（Sprint Backlog），包含了在一个 Sprint 内将产品待办事项列表转化成最终可交付产品增量的所有任务；燃尽图（Burndown），用来衡量剩余的待办事项列表。其中发布燃尽图衡量在一个发布内剩余的产品待办事项列表，Sprint 燃尽图衡量在一个 Sprint 内剩余的 Sprint 待办事项列表条目。

在 Sprint 过程中，Scrum 主管通过每日立会（Standup Meeting）来保证项目组成员了解其他所有人的工作进度。Scrum 每日立会是每天早上进行的 15 分钟的会议，大家必须站立在白板前开会。每个团队成员要回答以下三个问题：昨天你做了什么？今天打算做什么？有没有问题影响你达成目标？通常需要与 Scrum 主管沟通解决这些问题，这些沟通不是会议讨论内容，因此每日立会只是提出问题，具体如何解决会后个别沟通，以确保每日立会控制在 15 分钟。

Scrum 非常适合于互联网时代软件的敏捷开发，因而也成为了当前最主流的软件开发过程。

1.3.3.2　敏捷软件运维与 DevOps

敏捷软件运维将开发与运营一体化，形成 DevOps（Development & Operations）[3]。它打破开发与运营之间的壁垒，使得开发与运营协同合作，从而提升开发速度，缩短交付周期。

在传统软件运维中，开发人员和运营人员采用的方法以及各自所处的角色，都存在根本性的差别。开发团队要求不断满足新的客户需求，并快速实现新的功能。而运营最关心的是“稳定压倒一切”，任何差错都有可能对生产环境中的用户造成直接影响。开发与运营间的这些隔阂降低了软件运维的效率与质量。为了按时交付软件产品和服务，开发和运营工作必须紧密合作。DevOps 就是软件开发、运营和质量保证三个部门之间的沟通、协作和集成所采用的流程、方法和体系的一个集合。

DevOps 之所以能实现有效的运维和达到敏捷性（能够快速为软件添加新功能），同时保证开发的稳定性，是基于服务的（全）自动化，包括持续集成与发布、自动部署、监控及日志分析等。

（1）持续集成与交付。在 SVN、Jenkins、Maven 和 Sonar 等工具的支持下，通过持续集成与交付的脚本，自动地从版本库中检出代码、进行自动化编译、构建、测试和交付，以保证代码质量和软件快速交付。

（2）自动部署。在 Puppet、Ansible、Chef、Saltstack 等工具的支持下，把软件自动部署到目标环境上。

（3）监控。在 Zabbix、Nagios、OpenFalcon 等工具的支持下，对服务器与服务进行 CPU 负荷、内存使用、磁盘使用、网络状况、端口、日志等的监控。在 Newrelic、Pinpoint、Zipkin 等工具的支持下，进行性能监控，发现性能瓶颈。

（4）日志分析。在 ELK 等工具的支持下，进行软件运行日志的采集、上报、搜索、分析与展现。

在微服务架构和容器技术下，软件的服务可独立部署，借助自动化构建和部署工具，为 DevOps 的实施提供更好的支持。

本章小结

- 阐述了互联网时代的软件特点及面临的挑战。
- 从软件需求、形态、过程、验证等四方面阐述了面向互联网的软件工程方法思路。
- 从过程维度、形态维度以及管理维度三个维度构建了互联网下的软件工程方法框架，阐述了互联网环境下软件工程涉及的主要技术和方法。

参考文献

[1] Agile Process[EB/OL]. http://www.agilealliance.com, 2020-03-02.

[2] Ken Schwaber, Mike Beedle. Agile Software Development with Scrum[M]. Prentice

Hall, 2001.

[3] Len Bass,IngoWebe. DevOps：软件架构师行动指南[M].朱黎明,译.北京：机械工业出版社,2017.

[4] 沈云凌.Mashup技术的研究与应用[D].上海：上海交通大学,2008.

[5] Michael Ogrinz. Mashup模式[M]. 陈宗斌,等,译.北京：机械工业出版社,2010.

第 2 章　互联网时代的软件开发模式

为应对互联网时代的挑战，软件工程从方法、过程到管理都发生了一些变化，展现出一些新的特点，本章将从开发模式出发，阐述互联网时代的软件架构演化，以及相应的软件过程和相关角色任务。

2.1　软件开发模式的演化

软件开发实施过程覆盖了从业务问题到可运行系统之间的软件各阶段，相关方法很多，涉及的要素和关系也较为复杂。当前，软件系统开发及实施方法可分为三种模式，具体如下。

(1) 定制开发模式。根据用户的定制要求，按照软件工程要求，分需求分析、设计、开发、测试、部署等阶段，采用多种软件开发管理方法，开展软件系统的开发及实施过程。理论上可以实现所有合理的用户功能和技术需求，但开发周期长、开发成本高、软件质量差异很大。传统的软件开发大都属于该模式。

(2) 套件实施模式。在已有的商业套件基础上，按照业务蓝图快速配置并构造实施软件系统。这种模式开发周期短、开发成本较低、软件质量较为稳定，但受软件已有功能和架构的限制，用户的部分特别需求往往难以得到完全满足。比如 SAP ERP、Oracle ERP 软件的实施方式均属于该模式。

(3) 模型驱动架构模式。采用业务模型驱动软件架构的开发实施模式。通过建立业务模型以描述用户需求，进而在此基础上采用模型驱动的转换方式，在软件架构基础上实现业务模型对应的软件系统的映射配置及开发实现。模型驱动架构模式介于定制开发和套件实施的两种模式之间，具有一定灵活性又能保证软件质量，是软件系统开发实施方法的主流发展方向。

值得注意的是，三种模式只是相对而言，并无严格且分明的界限。如同定制开发模式也会大量涉及模型、框架、代码等创建及重用，涉及基于技术框架的开发；套件实施模式也不能摆脱根据用户需要的二次开发等；而介于这两者之间的模型驱动架构模式很多时候更难界定,既有部分构件的定制开发,也会有相关技术平台的支持实现。

2.1.1　基于定制开发的软件构造模式

软件系统的定制开发,是指软件提供商或软件开发人员为某组织确定需求而定做的系统。定制的软件系统一般为含有高事务量的大系统,或者具有特殊业务需求的系统。定制开发模式在不考虑时间成本和质量等约束的前提下,理论上可以解决客户提出的所有业务需求。

定制软件开发的优势在于,企业可以购买大量的经验和专业技术来建立新系统。通常开发团队都会有类似系统的开发经验,并且对特定的行业和应用有广泛的领域知识。它也拥有大量有经验的人员去解决复杂的技术难题。另外,为了满足项目进度和开发期限,也可以迅速地调入大量有经验的技术人员进行项目的开发。从软件产业来说,外包开发及运维服务是软件产业成长最快的部分。

实际上,大多数大型或中型企业都有自己的软件系统开发部门或者团队。企业内部人员自行开发的一个主要难题在于,项目某一部分可能会需要另外的行业专业经验或者一些特殊的软件专业开发技术,即便是在一些中等规模的企业中,也很难完全自主地实现所有软件的自行开发。通常的解决方案是让企业人员管理和开发整个项目,而在需要额外的专业技术的领域内进行外协,聘请专门的外部顾问帮助解决问题,整个项目的进度和控制仍由内部人员来维持,但在必要的时候可以从外部获得帮助。

定制软件开发的一个劣势是周期。在定制开发模式下,一些新的软件系统是从零开始,按照软件开发周期(Software Development Life Cycle, SDLC)模型[1],如系统规划、系统分析、系统设计、系统开发、系统测试、系统实施等步骤逐步开发的,如图 2－1 所示。在一些情况下,软件系统开发团队全由企业内部开发人员组成;另一些时候,软件系统开发团队则是内

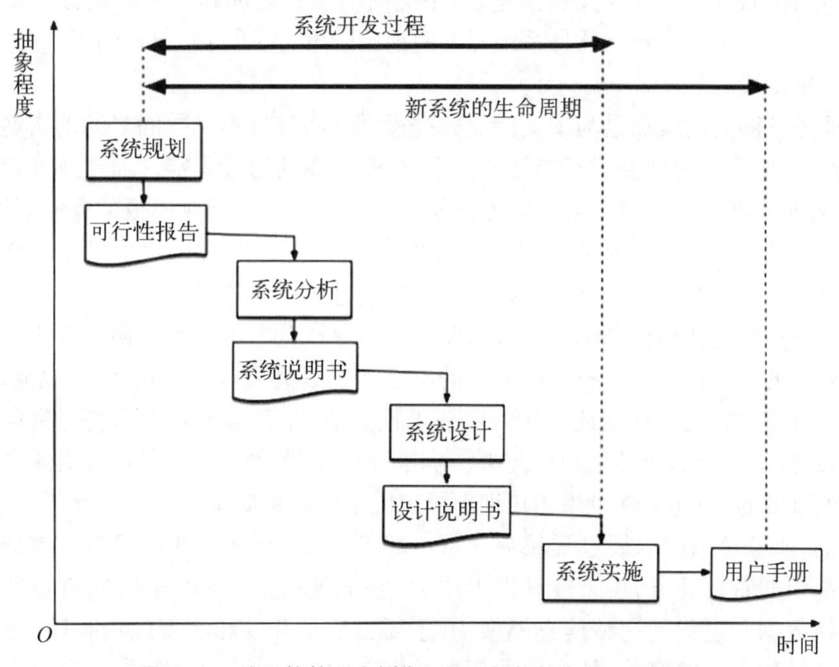

图 2－1　基于软件开发周期 SDLC 的软件定制开发过程

部开发与外部顾问的组合。更多的时候，在需求明确的情况下，也采取内部规定需求，外部人员开发并提交，内部人员进行测试验证并验收的方法开展。传统软件的 SDLC 过程是适合定制开发模式的，由于开发团队和用户的分离，需求阶段需要以甲方主导，双方共同开展及确认，测试阶段有时有用户、甲方以及第三方测试团队的介入，因此对于业务需求以及设计意图的把握是非常重要的环节。

定制软件开发的另外一个缺点是费用较大。企业或者组织不仅要支付新系统的开发费用，而且要按小时付给顾问工资。很典型的例子是，当企业内部没有强大的开发专业技术团队，或有一个经验较少且具有挑战性的开发计划时，它会选择定制软件开发。通常来说，新系统投资的期望回报必须大大高于这种方法的费用。

简而言之，定制开发模式理论上可以满足所有的业务需求。但开发周期长、风险大、成本高、软件质量的稳定性都是定制开发模式不得不面对的挑战。

2.1.2 基于套件实施的软件实施模式

套件实施模式指的是基于一些商业化平台，通过业务模型导引下的数据和功能配置，搭建可用系统的过程。目前软件系统的商业套件不少，如 SAP R/3 及 mySAP 商务套件，Oracle EBS(Electric Business Suite)，用友和金蝶的财务软件等。在这些软件系统套件基础上，建立覆盖企业业务需求的业务蓝图，指导软件系统的功能配置和界面设计，成为很多大型软件系统设计及实施的重要策略和方法。

2.1.2.1 业务蓝图

业务蓝图即参考模型，集中描述了企业业务的四个方面：事件、功能(任务)、组织、通信交互。这四个领域对于理解业务是必要的，决定了谁必须做什么事，在何时进行以及怎样进行。事件是整个业务流程的驱动要素，它会促进一个或多个功能活动的发生。

业务蓝图是软件系统的定义性描述，为系统内的所有处理和业务解决方案提供了一个全面概况。它能够引导企业从软件系统开发的初始阶段，包括当前业务的评估分析，到最后的上线及运维阶段。

设计业务蓝图的出发点是为了支持业务过程，促进客户、咨询顾问之间的沟通。利用易于理解的符号和图标，将业务过程描述成模型，如事件驱动的过程链。通过业务蓝图中的参考模型，企业可以将业务需求映射至业务框架。而拥有了某一行业模板的业务蓝图，企业也能够用业务蓝图对软件系统业务过程进行快速分析。另一方面，用户也可以选择新的业务流程，并与软件系统中的业务功能相对应，还可以配置企业业务模型。

理解业务过程是使用蓝图的一个最重要原因。业务蓝图用一种方便业务用户理解的方式说明了复杂的处理过程。业务蓝图的目的不是创建原型、生成代码或设计规范，而是将复杂的业务进行流线式的过程描述。作为业务工程方法，业务蓝图对于那些想更详细地了解过程，而不是技术细节的业务用户很重要。标准化的建模对于在不同开发团体之间进行业务交流是很重要的，因此常常也用于培训新员工以了解相关职责。

历史上，业务蓝图的发展过程较为曲折。20 世纪 70 年代末 80 年代初，数据建模成为数据处理部门的首要任务，后来逐渐发展成为“企业建模”。数据建模的核心是在企业内部创建包括数据和过程的完整信息模型，其主要目的是开发和实现应用程序。然而，那个阶段由于建模技术不够完善，从头开始创建数据蓝图成本很高，而且常常导致灾难性的后果。事实上,在这些项目当中,许多模型其实并不能为应用程序的开发或者重构提供有益的帮助。

幸运的是,蓝图技术在不断发展。管理、技术等方面的一些因素,为更好地构建业务模型提供了条件。一旦企业开始对其业务有了更好的理解,它们就会寻找一种确实能够为业务流程重建和应用程序的开发提供增值的参考模型。

以 SAP 系统的实施为例,SAP 业务蓝图[2](又称 R/3 参考模型)可作为业务工程的基础,它的目标是描述 SAP 系统的结构、集成和功能。SAP 提供的业务蓝图为每一个客户提供描述性的,但不必是标准化的解决方案,提供了各功能领域业务过程及其变量的集合,为设计业务过程提供了很大范围。客户能利用大量的不同工具创建或者扩展蓝图。业务蓝图包括企业的视图,其中包括样本业务对象,以及反映成功的案例中最佳操作的业务过程,其中的客户应用程序基础包括超过 170 个核心业务对象(采购单、销售订单、物料单等)和超过 800 个业务流程模型。

业务蓝图描述了系统支持的业务案例,这使客户能很容易地看到并分析不同的业务解决方案。并且 SAP 的业务蓝图中各业务视图之间的关联,也优化并支持了企业全局范围内的业务集成。拥有了这种逻辑操作的强大集成,软件系统的开发团队就可以采用开放式应用程序系统,更为高效地定制业务过程。业务蓝图可以帮助说明和描述系统的现有业务流程,支持软件系统的实施及应用。

基于蓝图的映射过程主要涉及业务对象和过程的确定。当已经熟知业务过程时,就需要更多地考虑业务对象了。业务对象对系统集成非常重要,因为它们表现了怎样将旧的"遗留"系统与新的系统合成一体。业务流程的配置是绝对灵活的。在大范围的可能结合中,许多参数都是可用的,还允许在必要时对业务过程进行微调。这种在软件系统内快速创建和修改业务过程的灵活性,节省了实施项目的时间和工作量。

业务蓝图可以作为企业业务建模的起点。它隐藏了技术细节,以便业务用户可以集中全部注意力在业务过程问题上。因此,用业务用户的语言编写的业务蓝图,不仅面向处理过程,而且几乎适合所有行业。

总而言之,蓝图方法是软件系统实施的很好支持,因为它具有确定业务流程,并将其分成若干良好定义的、易管理的领域规则及操作能力。

2.1.2.2　一种典型的套件实施方法(ASAP)

SAP 根据项目生命周期的一般原理,结合企业应用软件实施的特殊需求,提出了实施 ERP 系统的 ASAP 方法[2]。如图 2-2 所示,ASAP 将整个项目的实施管理分成了五个大的阶段,提供了面向实施过程的项目计划,指导实施 SAP R/3 的整个过程。

ASAP 路线图共有项目准备、业务蓝图、系统实现、最后准备、上线与支持等阶段。

(1) 项目准备阶段的主要目标是为了确定管理目标、期望值以及关键指标,并建立项目的管理组织结构,组建项目团队进行学习和体验系统环境,并定期举行工作会议,了解和监控整个项目的进展情况,以保证项目的顺利开展和最终成功。

(2) 业务蓝图阶段的目的是建立企业未来业务蓝图。它涉及企业未来的端到端的业务流程、增强功能、接口等方面的规划设计,并在项目实施中贯彻企业高层的指示,对项目各阶段进行业务实现。

(3) 系统实现阶段的目标是根据蓝图完成系统配置和开发。根据业务蓝图阶段建立的

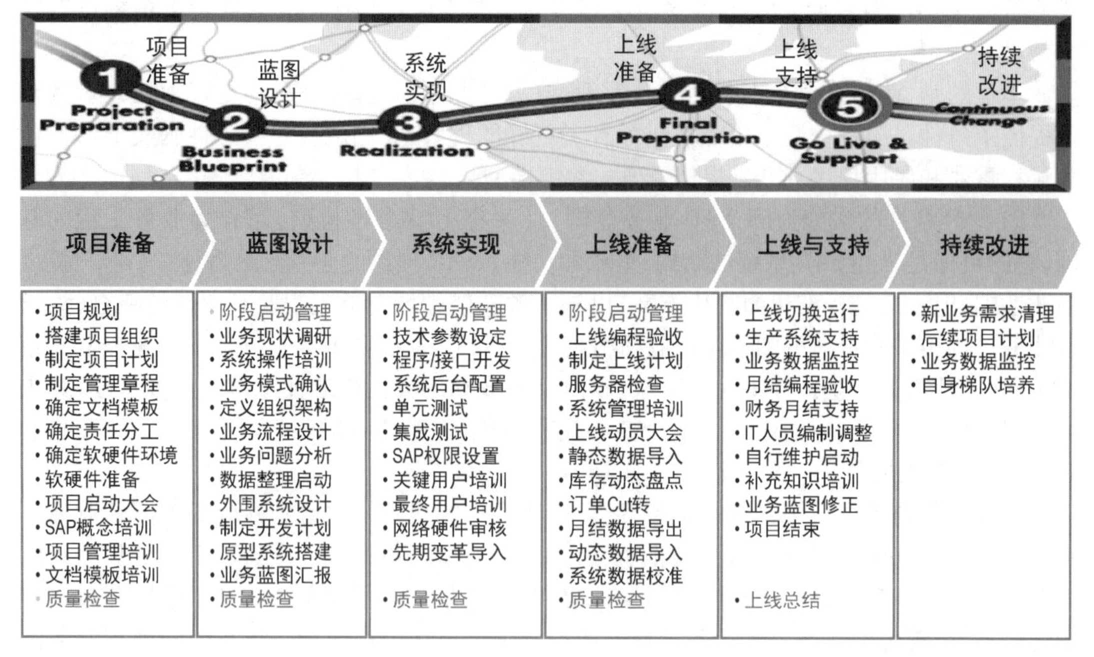

图 2-2 ASAP 路线图

流程和业务需求,构造最终用户的作业次序和工作程序。从企业的层面制定数据编码标准,制定数据收集模板和数据收集管理制度,并负责收集、整理、核对实施中的主数据,如物料、工具设备、产品结构、零件等,并保证其他数据的正确性和完备性,保证业务数据编码的标准化,并对其配置结果进行单元测试,验证开发程序的可用性。然后将测试系统中的配置传输到集成系统中,加入权限和业务数据,由业务员按照脚本进行集成测试,确保数据和流程的正确性和可行性。

(4) 最后准备阶段的目的是为了完成上线准备活动,包括数据导入、最终用户培训、系统管理和系统切换。在本阶段应确定主数据导入的策略和方法,对上线业务切换涉及的业务数据进行整理,并按照统一的模板导入到生产系统中,并进行权限的设定、测试、发放及相应的权限管理工作。

(5) 上线与支持阶段的目的是为了将系统投入运行,并建立支持体系以进行系统维护和支持。新项目系统上线后,由于业务数据非常大,会有一些新业务无法顺利进行,需要项目组成员辅助和支持,也需要记录待解决问题,以便后续处理。

基于套件的软件系统实施模式与定制开发模式相比,效果正好相反:开发周期短、风险小、软件质量得以保证、开发实施成本较低,但对于企业的所有的业务问题往往难以满足。对于用户的一些特定业务要求,需要用户适应系统。

因此,很多情况下,最佳实践反而成为基于套件的软件系统实施饱受诟病的起点,一些用户认为这是实施团队要求企业业务适应应用系统,而不是进行二次开发以实现业务需求的借口。

2.1.3 基于模型驱动架构的软件配置模式

模型驱动架构方式是当前软件系统开发实施的重要发展方向。在业务模型基础上构造的高度集成的软件系统,不仅会改善整体业务,而且可以使软件更容易调整并适应将来的业务变化。

一个业务模型通常包括数据、功能、企业、信息以及通信等方面的描述,不仅可以描述一个企业的目标任务和组织结构,还可以表述企业处理事务的动态方式。在构建的业务模型基础上,通过模型驱动的转换,实现软件的架构,进而构造出可运行的软件。具体的实现中,基于 Web 服务的软件体系,包括流行的 SOA[3](Service Oriented Architecture),基于数据处理的 ROA(Resource Oriented Architecture),以及更新的微服务架构(Microservices Architecture)都提供了实现的途径,如图 2-3 所示。

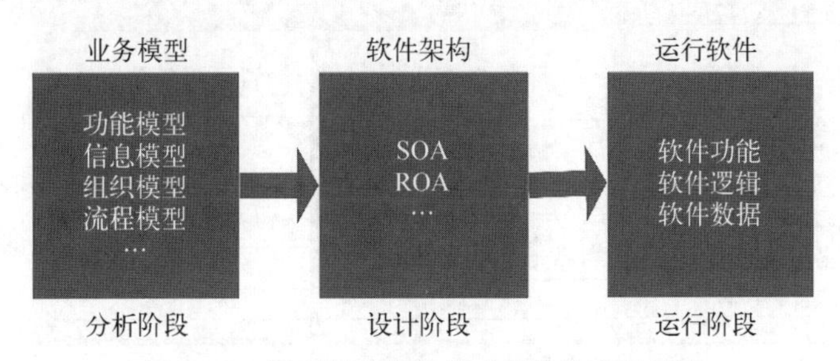

图 2-3　模型驱动架构模式的软件配置过程

业务模型驱动软件架构的开发实施模式主要体现在业务模型构建、软件架构、软件功能集成及配置等过程,涉及系统设计、系统开发、系统实施、系统部署,以及系统运维等阶段,其主要思路如图 2-4 所示。

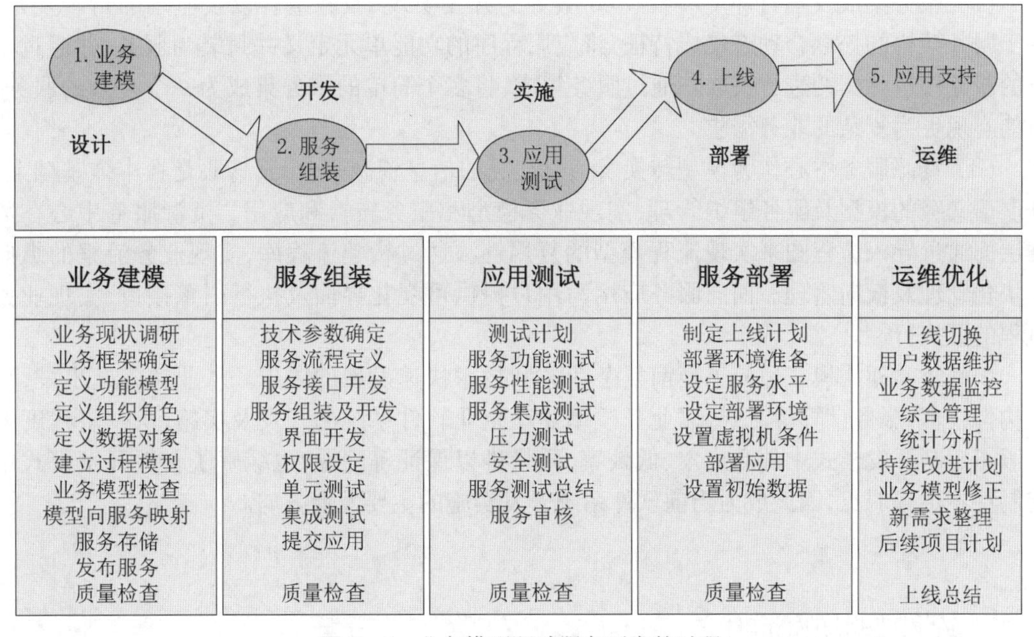

图 2-4　业务模型驱动服务开发的过程

这里给出了一个支撑平台示例,如图 2-5 所示,该平台的核心是业务建模工具和服务执行环境,以及作为连接两个平台之间的模型转换及管理的资源服务中心,可以支撑业务建模、服务建模、系统配置、执行监控、流程优化等阶段的软件实现。

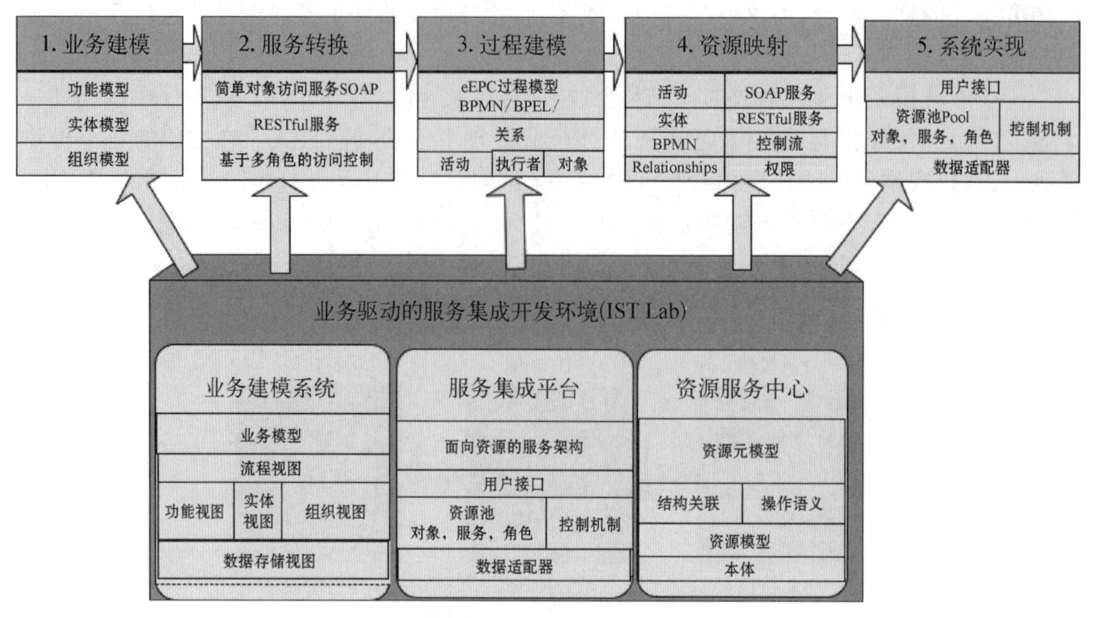

图 2-5 业务模型驱动软件架构的支持平台

(1) 业务建模工具从面向服务的多视图业务建模出发,结合业务对象视图、组织视图、功能视图和控制视图对企业信息进行建模,并将模型导出成符合业界规范的流程文件,方便 Web 服务的整合。

(2) 服务集成及运行环境涉及 Web 服务的开发实现、服务组合以及应用的封装发布。基于服务架构的松耦合动态集成特征,将应用程序的功能单元定义并封装为服务,并通过定义的服务接口和契约进行关联。通过服务集成,将多个简单的服务集成为一个复杂的服务,也能实现更为复杂的业务需求。

(3) 资源服务中心作为模型转换及信息交互的信息资源平台,其核心是在本体基础上,开展语义级的模型及服务组织管理,实现业务模型和服务转换和应用。资源服务中心在数据层面通过导入流程图来实现流程模型的复用性。通过构建流程库,实现业务流程的纵向模块化管理及横向管理。面向服务应用为用户提供可视化界面及执行引擎接口,实现业务流程的可执行性。

模型驱动架构模式适应了当前复杂业务和技术快速发展的要求。从业务问题出发,采用构件技术、服务计算等方式,以业务模型驱动企业软件系统的开发及实施,从一定程度上克服了定制开发模式中的高成本、低效率、质量难以保证等问题,也缓解了套件开发模式中定制性不足等弱点,因此成为当前软件系统开发实施的主要发展方向。

2.2 软件架构的演化

2.2.1 软件架构的演化阶段

Web 软件发展到现在,在工作流及 BPM 等中间件逐步发展下,软件系统的架构也一直在变化[3],如图2-6所示。

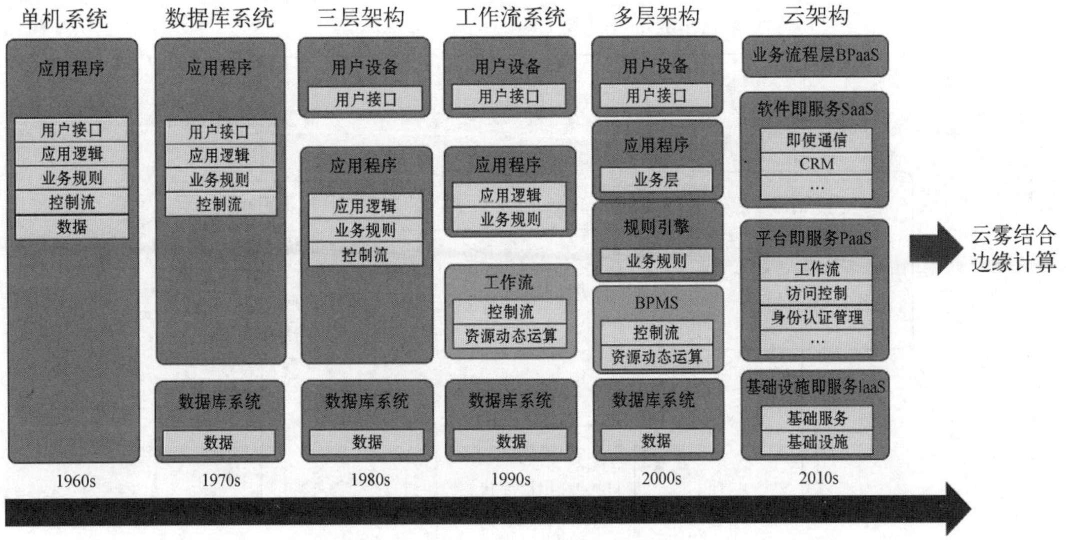

图2-6 软件系统架构的演化

软件架构的演化可以分为几个阶段。

(1) 单机系统:所有的数据、控制逻辑、业务规则、应用逻辑和用户界面都在同一个系统中。

(2) 数据库系统:数据和功能分离导致了数据库系统的出现,应用系统往往分为数据库及其应用端,往往以主机系统为主。

(3) 三层架构:网络的发展,进一步导致了多客户端系统的产生,系统往往分为C/S或B/S的客户端前端、应用服务端,以及数据库系统三层架构。

(4) 工作流系统:体现过程控制以及资源调度的工作流引擎出现,导致了业务逻辑进一步分解为动态的工作流,以及静态的业务规则和应用逻辑。

(5) 多层架构:应用服务大量出现的复用,使得工作流引擎Workflow演化为支持服务调用和流程全生命周期的业务流程管理平台BPM,包含多层灵活架构的软件基本成型。前端主要体现为网页、移动端、界面等应用前端,业务端主要体现为服务、规则、流程等应用逻辑,数据端体现为数据库、文件等多种数据源。

(6) 云架构:数据、平台、前端等层次概念逐渐模糊,软硬件的功能分配也不再明显,基础设施开始纳入整体软件,由基础设施层(IaaS)、平台层(PaaS)、服务层(SaaS)、业务流程层(BPaaS)等的分层划分逐渐扩展,体现为高度的灵活性和复杂的耦合性。

严格来说,云架构不算软件的架构,各种架构也都可以部署在云平台之上,目前越来越多的系统部署在云平台之上。因此,多层架构是Web系统当前主要的架构方式,随着应用和领域的不同,其多层架构涉及的构件以及结合方式有所差异,层次的交互也不尽相同。

2.2.2 基于MVC模式的互联网软件架构

从技术角度而言,目前的多层架构的软件开发方式为软件系统构造多个部件提供了条件。如流行的MVC(Model、View、Controller)模式把一个系统按照输入、处理、输出流程进行分离,这样一个系统就被划分为三个部分——模型、视图、控制器,如图 2-7 所示。

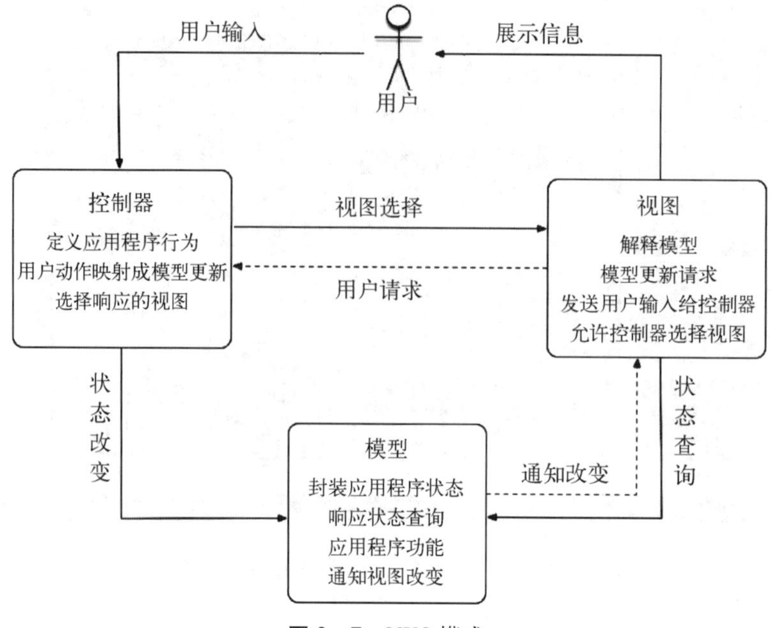

图 2-7 MVC 模式

视图(View)即用户交互界面,对于 Web 应用软件来说,可以是 HTML 界面,也有可能是其他界面要素;模型(Model)包含了业务流程、系统状态、处理逻辑、业务规则以及数据模型等内容;控制器(Controller)是指从用户端接收请求,将模型与视图进行匹配以完成用户请求,处理程序的行为。对于 Web 应用系统来说,模型接收网络的请求,对业务流程进行处理,并返回最终的处理结果,也包含数据访问的数据模型。

在 MVC 设计模式基础上,目前的多种技术架构,如 ASP.NET、MFC、JEEE 都提供了自身的一些具体实现方式,这些组合方式是根据软件分析设计方案的技术架构的主要内容,这里不再展开阐述。

因此,在互联网条件下,基于 MVC 模式划分由于简洁清晰、通用性强而成为当前多层软件架构的主流。软件常常分为前端页面(WEB 端及移动端)、后端应用服务器及数据服务器等,在此基础上进而实现具有更多复杂架构的软件架构及实现。

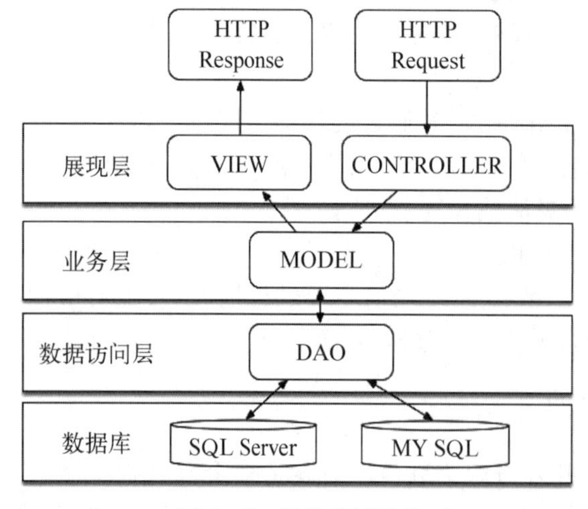

图 2-8 经典多层架构

在此基础上,互联网软件的经典多层架构如图 2-8 所示。

经典多层架构分为四层,具体包括:① 展现层:接受用户的输入和展示数据或处理结果;② 业务层:包含工作流控制逻辑,但不包含业务逻辑的处理,相对功能单一;③ 数据访问层:包含整个业务系统的业务逻辑,实现数据的存取;④ 数据库:提供整个业务系统的数据内容及管理。

在此基础上,因为移动应用的快速发展,展现层往往进一步细分为移动端和 Web 端,而数据访问层作为数据库和业务的交互,因数据库出现了多种类型的数据存储,与业务层的交互也较为紧密,就出现了很多专门的数据访问中间件,目前发展较为成熟。而业务层随着业务的复杂性增加,也扩充了很多复杂的业务处理单元。

经典多层架构分层清晰,结合服务计算提供了很好的架构,应用较广。然而,随着时间推移,各层次的组件增加很快,后续的软件运维成本会显著增加。

2.2.3　以业务为中心的微服务架构

随着各类企业的业务协同的需要,信息互通互联内容和范围的增加,各种应用的集成需求开始突出。从 SOA 技术到 SaaS,实现技术的标准化、重用性、松耦合以及互操作,便成为互联网软件发展的重要助力。然而,SOA 架构没有定义组件粒度,在现实世界容易过度耦合,虽然可以通过标准化服务接口实现重用,但面对快速变化且不确定用户的需求,显得力不从心。

随着互联网应用的发展,业务和技术差异在逐渐缩小,然而开发和运维的隔离,使得开发团队关注软件的需求满足得以交付,运维团队关注性能稳定方便运维,软件变更的影响很大,两个阶段团队难以协同,如图 2－9 所示。

图 2－9　软件开发和运维分离的困扰

随着从云端开发实现并运维的软件越来越普遍,SOA 等传统服务技术很难支持。于是开发时便考虑到运维需要,运维时实现软件灵活变更的思想开始兴起,微服务架构开始越来越受关注。

微服务是一种架构风格[5],将大型的复杂业务系统分为多个微服务,微服务以业务为中心,仅关注一件任务,也可以表述为一个小的业务能力,微服务间是松耦合的,每个微服务可以独立部署。有关微服务的架构风格并没有精确定义,但具有一些共同特性,如依据业务边界确定服务粒度,与组织架构相匹配;微服务是独立实体,独立部署;微服务间通过网络进行通信,加强隔离性,避免耦合。

微服务不是 API,也不是 SOA,而可以看成服务计算的一种优化实现方式。微服务架构的本质是把整体业务分成很多有特定业务功能的服务，通过分散小服务的动态配合，以实现复杂应用的功能。而这些服务被分类进行管理，使用统一的接口来实现交互。

1）微服务架构的主要特性

（1）基于服务的应用组件化。微服务架构将业务软件切分为多个独立的组件，采用服务实现，可以独立部署及升级更清晰的模块边界，每个服务提供方可以专注发布 API，隐藏实现细节和版本。

（2）围绕业务能力来组织微服务。在划分业务边界基础上构造微服务，因此每一个微服务团队必须是跨功能的一体化团队。每个团队都包含完整的 UI、中间件、数据库工程师，完全掌控该业务内的微服务。

（3）按产品而非项目划分微服务。不是按照项目方式开发完整应用，并提交运维团队进行运维；而是从一个产品完整的生命周期出发，开发和运营结合的开发运维一体化方式，一个团队负责完整产品的端到端开发和维护。

（4）强调智能端点和管道的扁平化。关注业务逻辑，而非服务间通信。所有的业务逻辑放在组件端而不放在通信组件中，微服务调用使用统一协议，这个协议将输入、输出从底层实现细节中抽象出来，微服务团队只需要关注如何将输入转化为输出的业务逻辑，而不需要考虑网络层实现细节。通信机制和组件尽量简单，仅提供消息路由功能的轻量级异步机制，其中 RSETful HTTP 协议是最为常用的通信方式。

（5）分散式管理。与传统整体式应用趋向采用单一技术平台不同，微服务架构鼓励分散式治理，在满足微服务技术标准基础上，每个微服务团队有充分自由选择自己团队熟悉的编程语言、数据库和其他中间件等技术栈。

（6）分散式数据。微服务架构倡导采用多样性持久化方法实现自有数据的持久化分散管理。每个微服务有自己的数据库，并且这些数据库不可被其他微服务直接访问，所有数据的读写操作都要通过微服务接口完成。

（7）基础设施自动化。结合云平台及容器技术，通过应用的持续集成和持续交付，实现服务自动化构建、部署和运维的难度。强大的自动化测试和部署工具是微服务实现的必要条件。

（8）基于故障的设计。微服务架构必须考虑每个服务的失败容错机制，如果应用系统的服务决不允许调用失败，那最好使用单体架构。微服务架构非常重视建立架构及业务相关指标的实时监控和日志记录机制。

（9）演进的设计。微服务应用注重快速更新，合适的工具可以更快地更频繁地对系统做修改，因此系统会随时间不断变化及演进。因此，如几个微服务必须同时更新，那么应将其合并。

因此，微服务架构的优点可以描述为：弹性，易扩展，简化部署，技术异构型，与业务组织结构相匹配，可组合，可替代性好。

2）实现微服务架构的要点

实现微服务架构要点：按业务分解服务；通过资源规划和容器编排实现自动化部署；服务通信和管理；数据去中心化；服务发现和负载均衡；分段升级；安全互联及权限认证等。

通过结合容器 Docker 等技术，微服务架构实现开发、测试、生产环境的统一，保证了执行环境的一致性，大大缩短了开发、测试、部署的时间，也使得迁移更为方便。

从单体架构到微服务架构的变化如表 2－1 所示。

表 2－1　从单体架构到微服务架构的变化

单体架构	微服务架构
整体部署	拆分部署
紧耦合	松耦合
基于整个系统的扩展	基于独立服务，按需扩展
集中式管理	分布式管理
应用无依赖关系管理	微服务间较强的依赖关系管理
局部修改，整体更新	局部修改，局部更新
故障全局性	故障隔离，非全局
代码不易理解，难维护	代码易于理解维护
开发效率低	开发效率高
资源利用率低	资源利用率高
重，慢	轻，快

3）微服务架构带来的问题

（1）对开发人员技能要求高。开发人员需要熟悉运维环境，也需要掌握数据存储技术，高技能的开发人员难以找到，培训周期也增加。

（2）运维开销及成本增加。由于独立服务的增加以及技术异构性带来的对多语言和环境的支持，会带来更多的服务集群成本和开销。

（3）接口的数目和匹配问题。系统拆分为多个协作组件会产生大量的新接口，在变更时也会意味需要改变很多的组件，并一起发布。在实际环境下，由于集成点的大量增加，微服务架构可能会有更高的发布风险。

（4）分布式系统复杂性。微服务作为一种分布式系统，开发人员需要采取 RPC 或其他消息传递方式来完成进程间通信机制，这往往带来网络延迟、消息序列化、异步机制、负载不均衡等状态，导致系统更为复杂。相对而言，对比单体架构应用通过语言级集成或者进程调用，微服务技术的实现会更为复杂。

（5）可测性的挑战。在动态环境下的交互会产生一些很微妙的行为，难以可视化和全面测试。因此测试微服务应用是很复杂的任务。

（6）异步机制。微服务往往采用异步编程、消息和并行机制，如存在跨微服务的事务性处理，实现机制就会变得非常复杂。

（7）代码重复。由于服务都是独立的，一些共有底层服务往往也需要独立开发，导致代码的增加。

因此，微服务只有当系统复杂度持续增加，业务对技术的支撑需求和预期加强时，考虑微服务才是合理的。如果一家起步的创业小企业，还是快速方便开发出一个系统更好。

2.3 基于流程的软件开发实施过程

互联网环境下的软件过程体现出覆盖全生命周期的持续集成框架。从用户出发，主要体现为基于用户应用流程的逐步推演过程，因此，这里以流程为核心，给出了基于流程的软件开发及实施运维过程的主要阶段以及相应的角色。

2.3.1 软件的开发实施过程

2.3.1.1 基于流程的软件系统实施过程

业务模型包括数据、组织、规则、流程等。互联网环境下，随着软件系统逐渐重点关注以用户使用过程为核心的业务过程，基于流程软件系统实施方法的重要性越发突出。

流程类软件的系统开发实施，其核心是围绕业务流程生命周期的模型构建及转换，是基于业务流程的管理活动，也提供了软件实施任务划分的基础。基于业务流程的管理活动可以分为流程设计、流程集成、流程执行、流程监控优化等阶段。如图 2－10 所示，该过程涉及业务团队、技术开发团队、运维管理团队、最终用户四大群体。

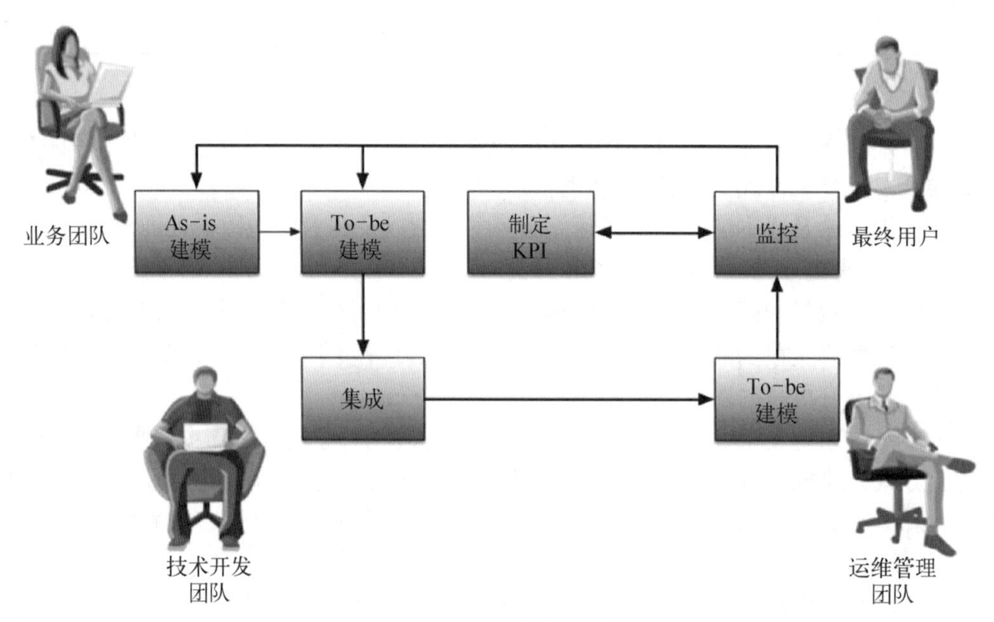

图 2－10 基于流程的软件系统实施过程

1）流程设计

流程设计包括已有流程的识别和未来流程的设计，设计流程的关注领域包括了活动流、执行者、警报和通知、扩展能力、标准操作流程、服务水平协议 SLA、任务交接机制等的设计，并将已识别和定义的过程设想描绘为可视化的流程模型。可视化的流程模型往往涉及多个不同角度，如活动流、信息流、资源、流程等。流程模型描述了在业务场景中如何完成工作，往往结合图表和文字来描述。有时候，也把流程设计和流程建模分开，虽然流程设计的结果常常通过建模体现，但有的时候也由技术人员来细化。从流程模型来看，体现出来的是建模的粒度差异,前者为了描述业务,后者面向系统开发及执行。将开发人员完成的流程建模从流程设计中脱离出来,归到流程后续的流程集成阶段是一种较为清晰的方法。

2) 流程集成

这阶段主要在流程基础上面向系统的开发和配置,因此,建模阶段不限于业务流程的建模和转换,为使流程模型可执行,可能涉及页面、数据、服务等技术要素的建模及集成。通过这些要素的集成,可构造或者配置出完整可运行的软件系统。

3) 流程执行

流程执行涉及流程模型的部署及自动化实现。自动化流程的一个方法就是开发或者购买一个工作流引擎或者流程服务器,开发相关应用程序,执行流程中所需任务。实现业务流程自动化执行的关键主要包括流程标准、业务规则和服务互操作。

(1) 为实现流程的执行,需要建立相应计算机语言来定义整个业务流程的软件。如基于 BPMN、BPEL、XPDL 等标准构建的流程模型,从而可以被计算机直接处理,以实现自动化。

(2) 系统可以利用业务规则来实现管理行为的定义,同时,业务规则引擎可以被用来驱动流程的执行。

(3) 结合服务计算技术,系统将会使用相连应用程序间的 Web 服务来执行业务操作,特别是可能的外部应用服务。

4) 流程治理

流程治理包括流程管理监控、流程优化等部分。

流程管理监控包括跟踪单个流程以获取其状态信息,也可以获取多个流程的性能统计。监控的程度取决于企业想要评估和分析的信息,以及企业想要监控这些信息的方式。

流程优化主要从建模或监控阶段获取流程性能信息,识别潜在或实际的瓶颈、节省成本的潜在可能,在流程设计时应用这些信息,作为持续改进依据。过程挖掘是通过流程实例监控分析以优化相关流程的方法和工具的集合。目的是分析通过流程监控抽取的事件日志,生成业务模型;然后将它们与一个既定的流程模型进行比较;让流程分析人员能发现真实流程的执行和一个既定模型间的差异,并分析瓶颈。

根据以上部分的分析,这里也列出了覆盖业务和技术的模型传递方式,如图 2-11 所示。

流程治理的核心是面向不同团队的信息建模、系统集成、软件部署、监控管理及优化等交互过程,包括模型交互以及任务接口的划分和交接,主要涉及体现流程的 BPEL、描述服务的 WSDL 等模型。

2.3.1.2 业务流程管理生命周期的工具支持

很多商业化软件也提供了对业务流程管理生命周期的工具支持,比较典型的是 IBM 给出的业务流程管理生命周期,如图 2-12 所示。

基于 WebSphere 套件支持业务流程的管理,具体包含了 WebSphere Business Modeler、WebSphere Integration Developer、WebSphere Process Server、WebSphere Business Monitor 四个主要组件,覆盖了从模型设计、系统开发、集成部署到业务监控等阶段。WebSphere 套件对应的四个具体组件主要有以下四阶段。

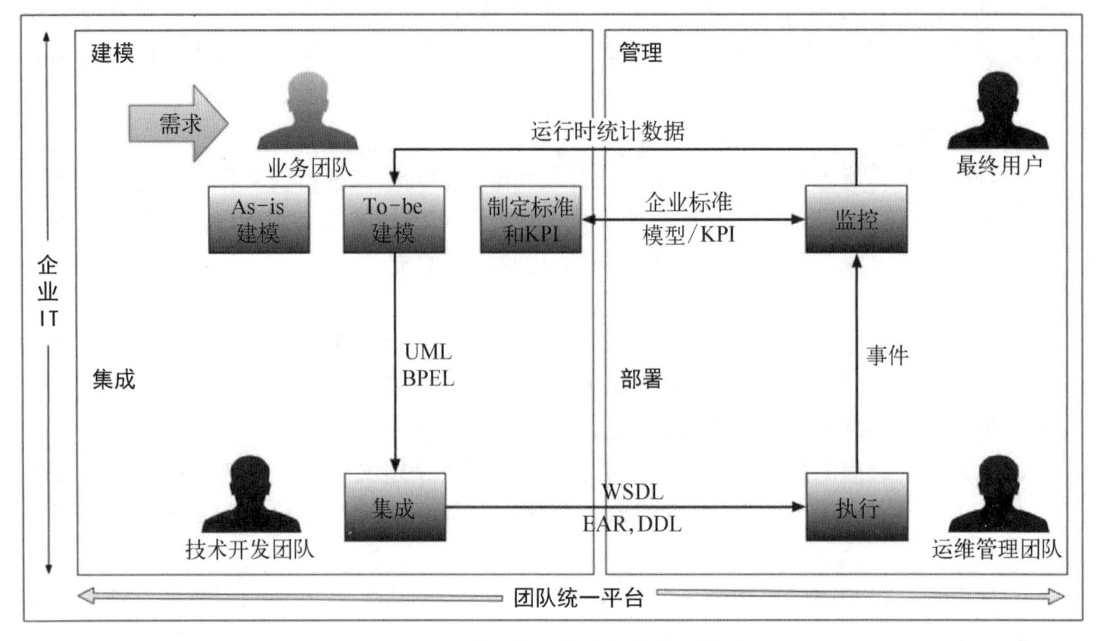

图 2-11　流程应用各阶段的模型传递

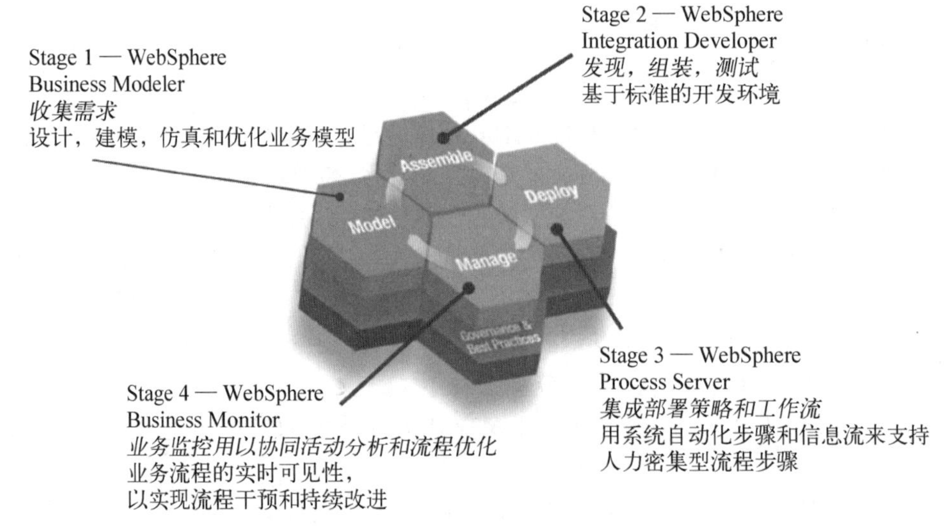

图 2-12　IBM 业务流程管理生命周期

阶段 1：建模组件（WebSphere Business Modeler）

采用 WebSphere Business Modeler 收集需求，设计，建模，仿真和优化业务模型，作为软件或服务的分析及设计基础。主要功能如下。

（1）记录在案的，可审计的模型：创建新的业务流程模型并将流程记录。

（2）符合规范的要求：流程的仿真和分析，以对当前流程模型进行仿真以降低风险，并评估成本，资源和周期对模型的影响，从而在投入生产前预测风险。

（3）定义关键性能指标：有效利用技术资源，测量是管理的关键。

（4）可靠地实施转移：导出文件用于 WebSphere Integration Developer，拉近 IT 和业务用

户间的差距。

阶段 2：装配组件(WebSphere Integration Modeler)

在 WebSphere Business Modeler 创建的流程模型基础上，采用 WebSphere Integration Developer 建立模型和组件、资源的映射关联，实现系统配置。主要功能如下。

(1) 流程描述：业务流程执行语言(BPEL)是面向流程的执行的服务编程方式，可以描述 WebSphere 业务建模工具构造的模型。

(2) SOA 组件开发：将组件和服务组合到复合应用程序中，为 WebSphere Process Server 的执行，采用动态的 BPEL 流程实现灵活的服务组合。

(3) 采用集成框架开发：在 Eclipse 基础上重用组件和资源简化开发，使生产率最高，使用方便。

阶段 3：部署组件(WebSphere Process Server)

采用 WebSphere Process Server 对所有服务的流程自动化。主要功能如下。

(1) 流程自动化：采用可靠的、可扩展的、安全的、开放的标准，使得集成运行时，重用已有服务，创建未来可重用的新服务，对所有服务的流程自动化。

(2) 变更调整：迅速改变流程行为以跟上业务需求。变更调整主要使用以下要素：① 业务规则(动态控制流程执行，构建灵活的流程)；② 状态机(即时行为改变)；③ 接口映射和关系；④ 支持流程集成的所有方面，如流程编排；采用动态资源方式支持人工任务；采用服务使得构建流程流时不用担心信息资源的细节；使用将人，应用程序，信息结合到一起的适配器；建立实时流程数据的业务对象，构建公共事件基础设施以监控活动的心跳等。

阶段 4：监控组件(WebSphere Business Monitor)

采用 WebSphere Business Monitor 实现流程运行的动态管理。主要功能如下。

(1) 持续流程改进：实时监控流程实例，实时数据导出给 Modeler，实现闭环；

(2) 查看实时性能：包括关键性能指标记分卡，跟踪成本、时间和资源，负载均衡，创建 Web 页面的 dashboards，业务活动监控以一个 dashboard 展示一个 Web 页面等；

(3) 干预部署的流程：设置情境触发器和通知，动态响应这些警报。

2.3.2　软件开发相关角色及职责

软件系统的开发实施涉及各个阶段的任务和工作。虽然互联网环境下，各种角色重叠到特定个人的现象越来越普遍，但厘清各角色的任务职责非常必要。从软件开发三种模式的各个阶段的任务出发，我们把相关人员按照阶段进行了角色划分，进而描述其任务。涉及的阶段仍按标准结构化阶段划分的方式，涉及项目的规划、分析、设计、实施、运维等阶段，如表 2-2 所示。

表 2-2　软件系统各阶段任务及关联角色

阶　段	任　　务	定制开发模式涉及角色	套件实施模式涉及角色	业务驱动架构模式涉及角色
规划阶段	确定系统范围、分析项目可行性、制定进度表和资源分配计划，开展项目预算	系统架构师	业务顾问	业务顾问 产品经理

续　表

阶　段	任　　务	定制开发模式涉及角色	套件实施模式涉及角色	业务驱动架构模式涉及角色
分析阶段	获取系统的业务需求，构建系统相关文档	业务分析员	业务顾问	业务咨询师 系统架构师
设计阶段	根据分析阶段的需求定义，设计软件的开发模型及方案	系统设计人员	技术顾问	系统设计人员
实施阶段	测试、安装和部署软件系统，培训用户并使系统上线运行	系统开发人员	技术顾问	系统实施人员
运维阶段	保持系统的有效运行	系统管理人员	运维人员	系统管理人员
应　　用		最终用户	最终用户	最终用户

下面结合实施过程简要介绍主要的几类角色，并阐述其角色的职责及需要具备的技能。

2.3.2.1　业务类角色

业务咨询师，在整个软件系统开发过程的工作，便是开展分析企业业务，进行业务建模，建立系统开发及实施的业务蓝图。业务顾问往往就是行业专家，对某一行业业务较为熟悉，具有长期行业经验。但因为目前业务划分越来越细，业务越来越复杂，也很少能出现横跨多个行业的业务专家。

2.3.2.2　开发类角色

1）系统架构师

系统架构师的主要职责是在业务模型的基础上，完成业务转换，实现业务架构的技术解决方案。可以通过在商业套件上的配置过程，或者按照业务模型的系统架构方式，指导后续的系统具体设计及开发过程。

2）系统开发人员

更快更简便有效地实现软件系统是系统开发人员的目标。通过最终客户参与的 EDU，或者基于业务蓝图模型的配置方式，基于平台开展配置转换方式来建立系统都是常见的方式。企业需要系统开发人员快速地将需求映射到软件架构中，然后测试这种设计，以确认它能满足所有需求。当完成软件开发实施阶段后，启动系统前还需要创建用户文档、执行集成测试、培训用户等任务。

3）系统测试人员

系统测试人员往往也是项目开发人员，但随着互联网的发展，系统测试常在系统运行中体现，使系统测试的职责变得更为复杂。因此，除了传统的功能、性能测试人员之外，系统运维人员（从系统日志角度）、业务人员（从反馈数据角度）都可以加入系统的测试验证人员行列。

2.3.2.3　运维类角色

系统管理及运维人员在软件系统运行中开展管理及维护，是系统的管理者。他们在系统提供的管理及监控工具支持下，实现软件系统的网络、平台、数据、用户、实例等部分信息的管理及维护，有时候也进一步细分为网络管理、数据库管理、信息安全管理等角色，以保证软件系统的稳定运行。

2.3.2.4　管理类角色

1）产品经理

产品经理的核心是软件产品，产品经理的核心任务是在产品规划的框架下，实现需求和技术的有效对接，保证软件产品和需求的一致性。

其主要任务包括：① 产品战略规划。在企业的总体战略目标下，产品经理需要规划产品的概念模型，比如目标市场用户、产品定位，甚至产品风格和价格层次等。② 产品需求分析。在确定产品的目标后，需要挖掘和分析出软件的需求。挖掘需求指的是找出更多的产品需求，目前互联网产品往往以用户为中心，因此软件需求考虑最终用户需求也相对多一些。分析需求指的是需求的分析决策，在快速变化迅猛发展的互联网环境下，需求的决策也非常重要，需求多而资源有限，因此产品经理需要辨别一些用户需求是否真实，什么条件下需要，以及在资源有限条件下的决策和权衡，规定需求的优先级。因此，产品经理要了解市场，分析用户，开展竞品观察，有很强的逻辑分析和决策能力等。③ 产品技术实现。在完成了产品的需求分析后，便需要完成业务需求到技术架构的转换，组织资源完成产品的技术实现。在复杂产品中，产品经理很多时候做的事情是一种平衡。在分析业务目标相关的影响因素下，在资源、时间、市场、成本等因素中做出决策，确定可用方案，并协调技术开发者同心协力地完成产品目标，这也是体现管理的一面。

2）项目经理

项目经理全面负责项目的执行，需要从质量、安全、进度、成本管理等方面对项目实行责任保证。项目经理是从管理角度实现项目的专业人员，可以是业务专家，也可以是技术人员，但都需要对项目进展的管理具有一定经验。

2.3.2.5　角色间的交互

需要强调的是，在软件过程中，各个角色的职责是相互关联的。例如，业务咨询师和系统架构师在传统的软件定制开发过程中，与系统分析员和系统设计员职能相近，其职责一方面是找出系统业务问题，定义系统功能，即“what”；另一方面是找出解决方案，构造系统的解决方案，即“how”。另外，软件系统最终用户是系统的最终使用者，在软件系统的支持下，完成各项具体的业务任务。

目前的软件系统在开发过程中，越来越重视最终用户的直接参与，与业务咨询师、系统架构师讨论业务需求，提供自服务功能完成软件的搭建。另外，业务模型的有效性，技术架构的灵活性和柔性，都只能通过最终用户在使用中验证，最终用户在整体软件系统开发实施过程中的融入程度往往是软件系统成功与否的重要保证。

本章小结

● 软件开发模式的三种模式的比较分析。

● 阐述了软件架构的演化历程，结合互联网环境阐述了经典多层架构的内容，以及微服务架构的主要特点。

● 阐述了面向软件开发实施的流程全生命周期过程，相关的工具支撑，以及相关主要角色的职责和任务。

参考文献

[1] Lan Sommerville. 软件工程[M]. 程成,陈霞,译. 北京：机械工业出版社,2008.

[2] Thomas Curran, Gerhard Keller ,Andrew Ladd. SAP R/3 业务蓝图：理解业务过程参考模型[M]. 潇湘工作室,译. 北京：人民邮电出版社,2000.

[3] 毛新生. SOA 原理方法实践[M]. 北京：电子工业出版社,2007.

[4] N Russell,Wil M P van der Aalst, et al. Workflow Patterns：The Definitive Guide[M]. Cambridge：The MIT Press, 2016.

[5] Leader-us. 架构解密：从分布式到微服务[M]. 北京：电子工业出版社：2017.

[6] A Hofstede, VDA Wil, M Adams, N Russell. Modern Business Process Automation：YAWL and Its Support Environment[M]. Berlin：Springer, 2010.

[7] John W Satzinger, Robert B Jackson, Stephen D Burd. 朱群雄,李澄非. 系统分析与设计(第3版)[M]. 李芳,等,译. 北京：电子工业出版社,2006.

[8] 沈备军,陈昊鹏,陈雨亭. 软件工程原理[M]. 北京：高等教育出版社,2013.

第3章 面向复杂软件构造的业务架构

软件的灵魂是业务,其核心是满足业务需要的信息技术体现。因此描述出软件的业务问题,构造其业务架构,为后续软件的分析和设计奠定基础,是构造复杂软件重要的一步。

3.1 面向复杂软件构造的业务模型

互联网时代的激烈竞争,使得越来越多的企业或用户认识到,软件系统不再仅仅是支持业务的实现和执行,而是推动业务发展的发动机和利器。因此,以模型描述并分析企业的业务问题,是分析、设计以及实施复杂软件系统的重要步骤,也是软件重用性的体现。

3.1.1 业务模型概述

软件系统是为了解决企业或者组织的业务问题的技术系统,构造软件的前提是对涉及企业的业务状态进行建模及分析。因此,软件系统与业务模型密不可分。

从宏观上讲,软件系统本身可以理解为一个模型,软件系统的建立就是计算机信息模型的建立过程。从微观上讲,软件系统本质上可以看作是由一系列相关模型构成的有序集合。

软件系统开发中使用的模型包括输入、输出、过程、数据、对象和对象之间的相互作用。大多数的模型是图形模型,使用一些规定的符号和规则画出软件结构和行为的表示图,这些模型通常包括业务流程图、数据流图、实体联系图、结构图、类图、顺序图等。还有一种对软件系统开发和应用都很重要的模型是项目计划模型,如甘特图等。这些模型是对系统开发项目自身的表示,突出显示项目任务及其完成的时间节点。

业务建模[1]是人们为了理解和分析企业业务,对于企业某些方面的业务描述的过程和结果。业务建模主要研究企业业务如何开展,同时也是改进企业业务结构及运作的基础。以模型为基础开展工作会增进开发人员对业务的理解,同时,也有助于找到需要改进业务的新思路,帮助其构建并综合多种角色的想法。从本质上讲,在业务分析中采用标准而规范的手段描述企业的状态,就是业务建模。

在IT领域,模型是描述、共享、改造企业软件系统的工具。业务模型是企业决策的基础，根据业务目标的优先级对决策产生影响，获取适用的资源。同时它也是企业业务运营的最新描述，能够表现出业务过程中的变更或者改进，通过业务建模可以对企业业务运作进行合理的调整，帮助企业在竞争环境中生存。

那么，在一个企业或者系统中，哪些模型能用于描述企业的业务状态呢？

(1) 功能：检查库存状态，查询客户订单，查看产品物流等。

(2) 数据：商品，客户，材料，产品、供应商等。

(3) 组织单元：销售，采购，财务，生产，物流部门等。

(4) 资源：服务器，中间件，网络设施，货车，生产设备等。

(5) 服务：信用查询，身份认证，云存储等。

(6) 事件：客户请求已接受，订单已创建，物料已到达，发票已寄出等。

可以看出，企业中存在很多不同的业务对象，它们常常也是其他业务系统的组成部分，其中许多重要元素，如客户、供应商、订单和规则，并非完全在一个软件系统内部定义，而是各自具有一定独立性，可以存在于很多系统中，也可以和其他的系统进行交互。而值得注意的是，这些对象也不是孤立的，而是存在着复杂的关联以及交互关系。

建模是我们研究客观世界的途径。建模不是复制，而是模拟，是强调本质而忽略细节的抽象模拟。因此，软件系统不能看作是一个黑箱，仅仅根据输入和输出信息进行分析处理，而应作为一个开放并相互关联的复杂系统来处理。

一个典型的业务建模实例如 3－1 所示。

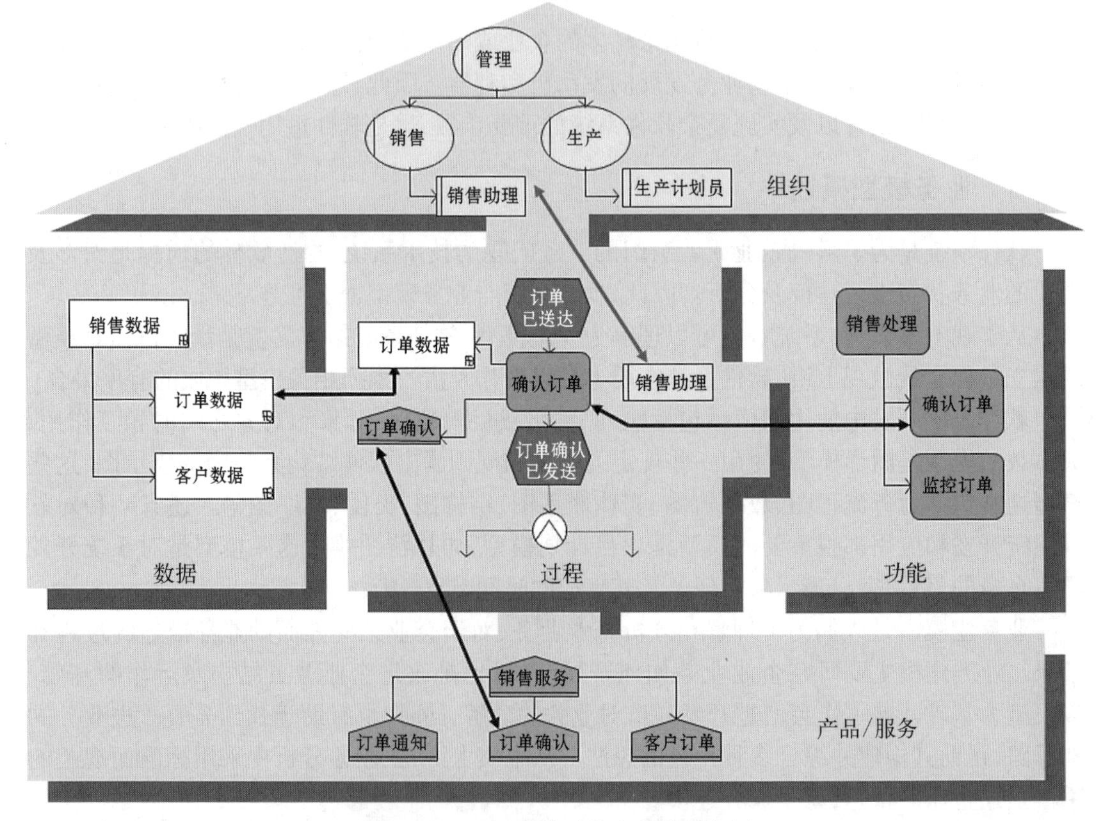

图 3－1 以 ARIS 表示的企业模型实例

从图3-1可以看到,以一个确认订单活动为核心,这里描述了一个涉及多个要素的确认订单流程。由订单已送达事件触发活动的执行,完成后产生订单确认已发送事件,处理活动是订单确认,订单确认处理活动涉及组织单元销售助理、服务订单确认,使用到数据订单。在此基础上,以流程模型所在的流程视图为核心,相关的模型分别属于组织视图、数据视图、功能视图、服务视图。因此,整个业务模型分为了五个视图,每个视图包含各自的模型,如组织视图的组织机构图、过程视图的EPC模型等。每个模型又包含了事件、活动等对象。通过视图、模型、对象三个层次逐步展开对于业务的描述,构造一个初步的完整业务架构,可作为软件构造和实施的参考。

3.1.2　业务模型的作用和意义

1）业务模型的作用

业务模型是针对业务功能的抽象描述,是为了应对错综复杂现实世界的简化,而建立的标准而规范的描述手段和统一视图,作为业务分析,或者定义软件系统需求的基础。业务建模是建立该企业或组织的业务模型,从业务建模来说,需要考虑定义模型的目的、范围、视角以及粒度,其中:定义模型的目的指建模是为了什么;定义模型的范围要说明模型覆盖的领域和范围;定义模型的视角是从现实世界哪些方面的特征考虑,有哪些特征可以被忽略;定义模型的细致程度指模型的精度和模型的粒度。

(1) 从目的来说,业务建模是为了反映企业核心业务功能,从而建立相应的描述,以更好地理解业务的关键机制、改进业务,为业务支持的软件系统实现及实施提供表述基础,确定新的业务机会,明确外购需求等。

(2) 从范围来说,企业本身是具有某种特定目的的复杂系统,业务中的不同要素相互作用以实现这个目标。业务系统会与产生的结果或者发生的事件相联接并相互影响,所以在分析系统时必须综合考虑各种情况,而不能孤立地进行分析。正因为如此,业务的边界定义可能会比较困难,但和实现软件的技术模型却有相对明显界限。

(3) 从视角来说,业务模型是从业务人员的角度来描述问题,而不考虑如何实现系统或开发软件。例如,一个网上订餐系统的业务模型,应该关注如何使得餐馆在平台注册以及用户如何在平台订餐,从而实现餐馆和用户的沟通,重点不在于用单机还是云平台实现系统。

(4) 从粒度来说,业务模型的当前用途决定了模型的细致程度。例如,当前模型是作为业务工程的一部分而开展讨论和交流,那么模型表达清晰业务特点即可,但当模型将作为软件需求指导软件开发时,则需要描述清楚模型的交互关系,以便后续软件的构造和接口开发。因此,模型的粒度应该由针对的用户以及条件所决定。

2）业务建模的目的

简单来说,业务建模的目的就是为了对反映业务核心功能的复杂实现建立相应的描述,业务建模为了更好地理解业务的关键机制、作为业务支持软件系统的基础、改进业务、确定新的业务机会、明确外购需求等。

业务建模涉及一组具有相关性的活动、方法和工具,它们被用来建立描述企业的业务。对于企业来说,将软件系统建立在一个基础性的业务模型之上可以带来以下好处:业务逻辑可以在系统之间重用;系统之间更易于整合,便于信息的交换和共享;软件系统自然成为总体业务的一个内在组成部分，为业务提供足够的支持并提高工作的效率；系统更容易随着业务模型的变化进行相应的升级及修改，这些变化可能来自周围环境变化、业务目标或者业务的改进和革新，这大大减少了软件系统维护和持续更新的成本。

3）业务模型的意义

业务模型对软件系统的开发应用具有重要意义，然而，业务模型永远不可能完全精确或完整。原因很简单，不同的人对于相同的业务有不同的看法，没有一个所谓的完全精确的业务模型能够同时得到大家的一致赞同。业务模型不能也不应该包含所有业务细节，一方面由于建模语言以及建模概念本身的局限，并不是每个细微之处都能够被捕捉到；另一方面试图覆盖所有细节的模型，将会导致难以理解或者非常复杂的风险。业务建模应该主要集中表现业务的核心任务及其关键机制。因此，建模人员的职责就是发现并表述核心业务内容，而不是面面俱到地考虑描述方法和模型。

业务模型可以从不同角度进行分类。如图 3－2 所示，按表示形式可以分为可视化模型和形式化模型；按抽象程度可分为概念模型、逻辑模型和物理模型等；按内容可以划分为功能模型、信息模型、数据模型、控制模型和决策模型等；按架构可以分为表现模型、逻辑模型、数据模型、存储模型等；从其他不同的视角还可以建立更多的模型分类。

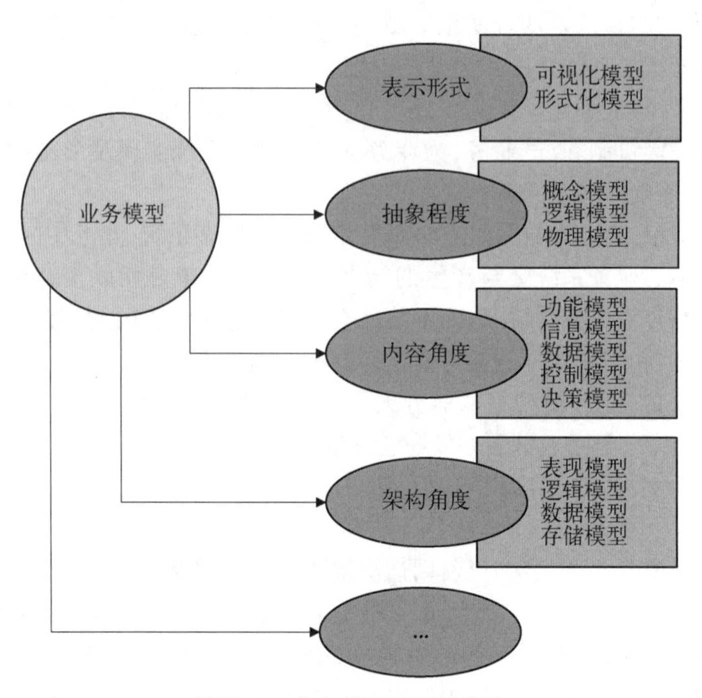

图 3－2 业务模型的不同分类

业务建模是为了了解企业的某些方面进行的描述，是一组具有特定目的的互补模型的一致集合，这些特定的模型描述了企业中某些用户的特定需求的不同侧面。从本质上讲，业务建模是后续软件系统实施的指导。

3.1.3 业务建模与软件建模

业务模型定义了软件系统的需求，主要表现为：业务建模是抽取、整理复杂业务建立服务的基础;业务建模是实现业务标准化和规范化的体现;业务建模是平台服务部署及运维的保障。

然而,业务建模和软件建模是不同的层次,业务建模是系统开发的前提保障。业务建模的出发点是通过模型驱动方式来构建和集成各类业务应用,从而提升软件的开发、实施和维护效率。理想情况下,业务模型中所描述的对象可以转变或者映射为软件系统中的对象。图3-3表示了业务模型与软件系统之间的映射关系。

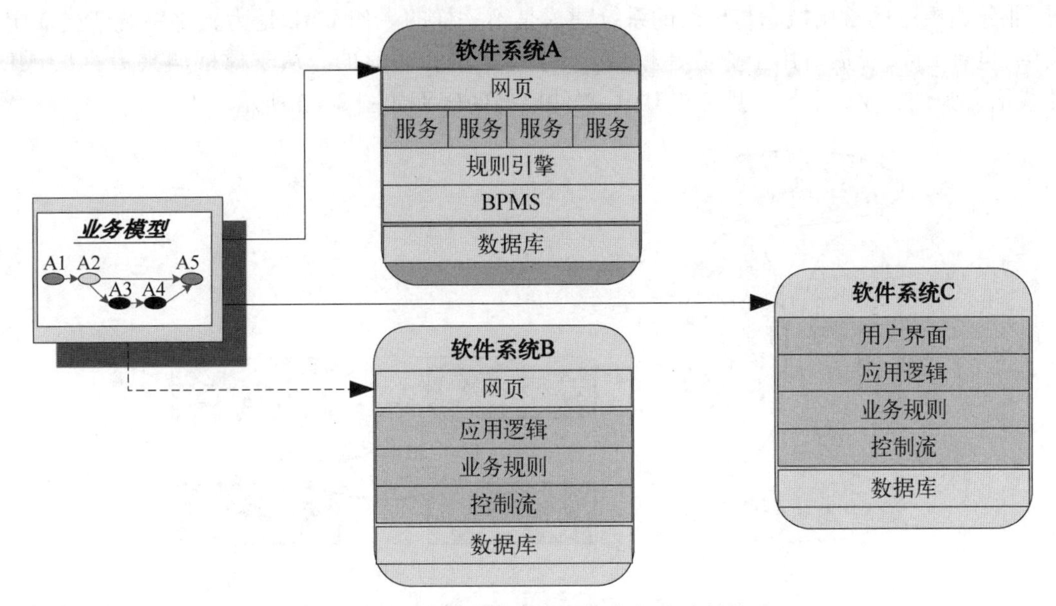

图3-3　业务模型与软件系统之间的映射关系

但是通常情况下,业务模型与软件系统之间并不是一对一的映射。软件系统中有许多在业务模型中完全没有涉及的对象,反之亦然。因此,在分析和识别业务模型要素基础上,建立业务模型到软件体系架构要素的关联映射,实现业务和软件的转换和映射,有助于快速准确地实现软件系统。具体的涉及业务模型主要包括过程、功能、信息、角色等模型,软件系统的架构要素因不同的系统而异,但主要涉及用户界面、数据库、控制策略、业务处理单元等要素。

业务模型与软件模型既有联系,又有差别。两者在建模语言、表述概念、生命周期阶段具有一定区别,但也互相影响,在一定条件也可以转化。

(1) 业务模型可以作为软件系统建模和设计基础。在业务建模和软件建模中采用相同的建模语言和相同的概念当然具有优势,在现实情况下尽管存在一些特例,如现代软件开发过程中包含了部分业务建模的活动,但业务和开发的鸿沟仍是软件开发实施中的主要问题之一。一般来说,业务建模和软件使用不同的语言、技术和概念,这使得整合这两种模型变得困难。

(2) 业务模型可以转变为相应的软件系统模型,但这一步骤不是业务建模阶段的任务。很多时候,业务模型就是作为业务蓝图存在,作为业务分析及讨论的交流载体,很多时候并不都展开为系统的开发实现。

(3) 业务模型和软件模型的表述概念具有一定差异。通常作为两个不同的项目的一部分,由两个团队来完成,两个模型之间没有一对一的关系。因为不是所有的业务过程都会由软件来描述或开发,许多业务模型中的元素并没有在软件模型中出现。许多过程包含的活动是在软件系统之外手动执行的,因此不会成为软件模型的一部分。业务概念,如目标模型,通常也被排除在软件系统之外。同样地,软件模型中也包括了一些业务模型中没有的内容,如详细的软件技术解决方案和构造。

简而言之,软件系统和业务系统之间存在许多相似之处,但是它们之间也存在一些差异,业务建模中的常用概念与标准的系统建模是不一样的。如 UML 是为软件系统建模而定义的,也有 UML 扩展可用于业务建模,但差异还是较为明显的。从支撑框架来说,以 UML 建模语言为例,UML 业务模型[2]与 UML 软件模型的区别如图 3-4 所示。

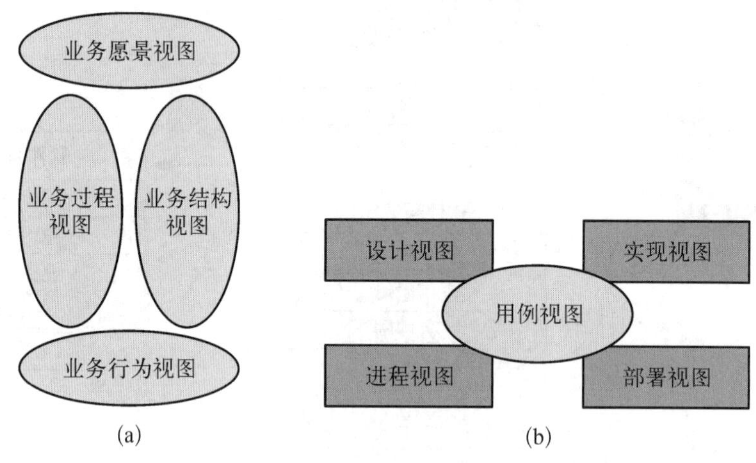

图 3-4 业务模型与软件模型的不同支持框架

(a) UML 业务建模框架;(b) UML 软件建模框架

另外,业务建模与软件建模处于生命周期的不同阶段,对现实中的业务要素和业务思想进行捕捉,并将其直接转化为程序设计语言很危险,它将扰乱业务建模的重点。业务模型与软件模型的区别和联系如表 3-1 所示。

表 3-1 业务模型与软件模型的区别和联系

比较项	业务模型	软件模型
目的	面向企业业务分析	面向软件系统开发
领域	属于业务层面	属于技术层面
模型层次	层次较高:组织、业务概念,规则,流程等	可能比较底层,数据类、函数、表字段,进程等
支持框架	ARIS,Zachman,UML 业务建模框架	SSH,RUP

3.2 业务架构方法

业务架构即业务蓝图,描述了业务的要素及其集成方式,是对企业复杂业务的分析和设计的出发点。业务架构是企业架构中与业务相关的一部分，常采用文档和框图来描述企业的业务情况。

3.2.1　业务架构及要素

一个企业的架构通常包括业务架构、信息架构、技术架构等部分，如3－5所示。业务架构作为企业架构的上层指导性架构，描述企业的业务顶层策略及实现，作为信息架构、技术架构等部分创建和分析的基础。

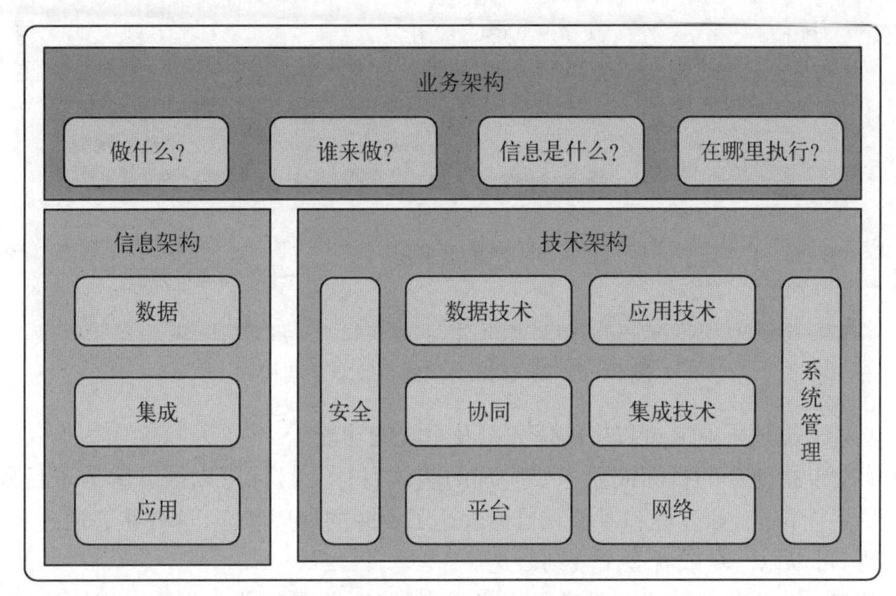

图3－5　企业架构和业务架构

业务架构首先是架构，用来指组织的企业或业务单元的架构或组成方式。第一要义是对象管理组织OMG的业务架构工作组给出描述，其正式定义是："业务架构提供了一个组织里共同的理解，并用于实现战略目标和操作需求的一致化。"

许多框架都有一个共同目标：通过概括或者抽象方式描述出一个结构，使得复杂的对象及对象关系能通过该结构相互作用，从而连接企业的人员、过程和技术，构筑企业业务理解和分析的基础。

图3－6展示了一个典型的企业建模过程及相关模型，该模型以ARIS体系[3]为例。

企业中各个业务有不同的目标和内部结构，但使用了类似的概念用来描述这些相互联系的概念，它们之间的关系和结构以及各种情况下它们之间的动态交互。业务系统的模型描述了这些概念，用来定义业务系统的主要概念有以下六个。

（1）信息对象：用来表述业务资源，如人、原料、信息和产品，这些业务中使用的或者产出的物品。这些对象放置在各个结构之中并彼此关联，可以分类为物理、抽象和信息形式。

（2）过程：业务对象状态变化过程中所执行的活动。过程描述了业务中的操作如何完成，以及如何受规则的支配。

（3）组织：业务流程执行的主体和客体，包括角色、岗位、组等组织方式，对业务过程中的任务负责。

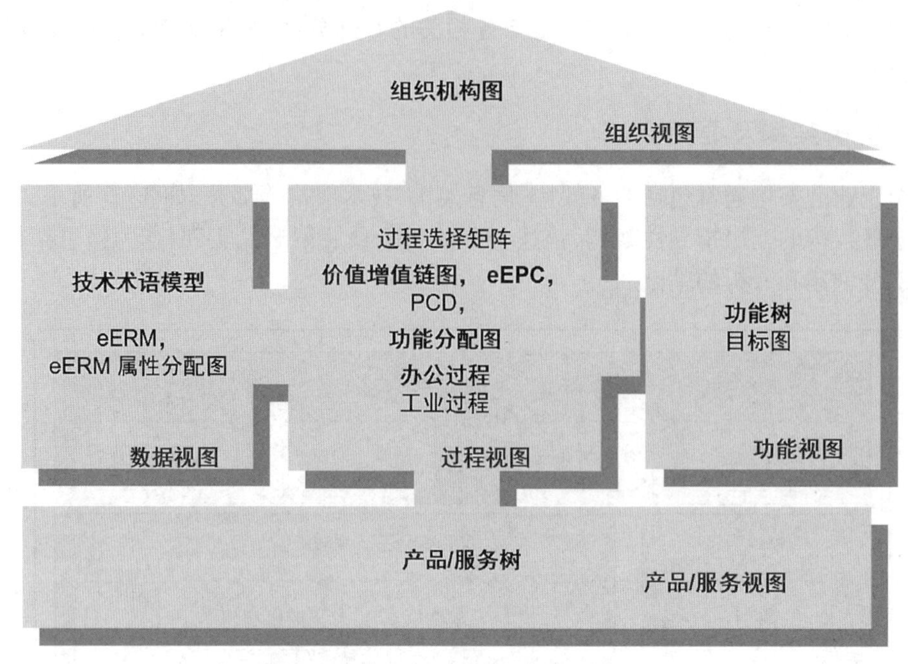

图 3－6 以 ARIS 为例的企业业务架构

（4）功能：描述了业务过程中的任务以及系统的功能。

（5）目标：指业务的目标或业务要实现的整体目标。目标可以被分解为子目标，并分派给业务的各个部分，如过程和对象。目标表达了资源的期望状态，这些状态通过各个过程的运作实现，可以以一个或者多个规则表达。

（6）规则：对业务的某些方面进行定义或者约束，并表现业务知识。规则决定业务如何运作或者各种业务资源怎样进行组织并相互联系。规则可以在业务外部执行，也可以在业务内部进行定义以实现业务目标。规则可以分为功能性规则、行为性规则和结构性规则。

基于这样的目标，业务框架可以划分为三个层次。

第一个层次：视图。一个业务模型由几个不同的视图表示，其中各个视图专注于表示业务的一个或者多个特定属性。视图是一个特定观点的抽象描述，同时忽略与此无关的诸多细节。

第二个层次：模型图。每个视图都由几个模型图组成，每个模型图都表达了业务结构的特定部分或者特定的业务状态。引入多个图表对于将业务模型可视化是非常必要的，因为每种类型的图表都有不同的目的，表达了业务模型视图的不同方面或机制。

第三个层次：业务对象及关联。模型图中有不同的对象及其关系，通过使用不同的对象表征业务概念，并通过关系让模型图中的不同概念相互关联。其中对象可以是物理存在的，也可以通过包含业务中其他内容的相关信息来描述其他对象。而关联是连接各对象的方式，目前来说，通过过程联系各对象，是当前的主要形式，即通过过程中的活动，这些活动消费、提炼或者使用某些对象去影响或者生产其他对象。

3.2.2　业务架构原则

业务模型较为复杂，具有分层次、多视角、复杂相关性、时序性等特点。因此，企业业务建模，或者说企业建模需要遵循以下原则。

(1) 分离的原则：由于企业模型较复杂，将整个企业或者复杂业务系统考虑为一个整体进行研究显然是不合适的，因此，必须对企业的各个侧面分离出不同视图，进而再逐步进行分析。

(2) 分层的原则：在企业模型构建的不同阶段，会涉及不同级别的人员，关注或者需要的模型不同。因此，在建模过程中，必须以不同的抽象程度的不同层级模型，反映系统的不同层面。

(3) 分解的原则：根据总体目标，将功能活动逐步分解成各个组件，进而逐步细化。

(4) 一致性原则：需要各组件在语义及语法上保持一致，这是目前业务建模中最重要也最难以满足的要求。

(5) 模块化原则：构建相对独立的各个模块，以便维护模型，从而适应各种变化。

(6) 通用性原则：需要提高模型的通用化程度，通过定义构件、接口、协议等方法，将模型等共性要素统一表示。

(7) 功能与行为分离原则：功能考虑做什么，行为是怎么做，区分功能和行为，以保证不至于过早陷入细节的泥潭。

(8) 活动与资源解耦原则：活动描绘需要做的事情，资源描述了执行这个活动的人或设备，活动与资源解耦可以有效提供执行的柔性。

这八大原则可以分为三类，体现不同的建模要求：分离、分解、分层和一致性原则描述的是面向复杂情况的建模方法，企业业务要素纷繁复杂，不按层次、分离视图、分解功能将无法开展建模，而一致性则是这个过程中的质量保证；模块化和通用性原则描述了建模实现的目标，是工程化以及工业化的要求；功能与行为分离以及活动与资源解耦则是针对建模中容易出现的问题，功能与行为分离原则可以控制复杂性的展开，避免过早陷入细节的泥潭；而活动与资源解耦原则是为了更好地体现系统的柔性，提高业务执行的效率。

3.2.3　业务建模方法及发展

按照业务建模方法的类型，先根据功能、过程、信息等业务要素的重要性区别，再进一步按照应用特性划分建模方法。这里按照基于功能、基于过程、面向多视图集成、面向服务、以及面向大数据五种建模方法阐述。

1) 基于功能的建模方法

以结构化分析与设计方法(structured analysis and design technologies, SADT)和 IDEF[4] 为代表的功能分解法成为 20 世纪 90 年代企业建模的主要方法。如图 3-7 所示，这里给出了典型的基于功能建模方法 IDEF0。

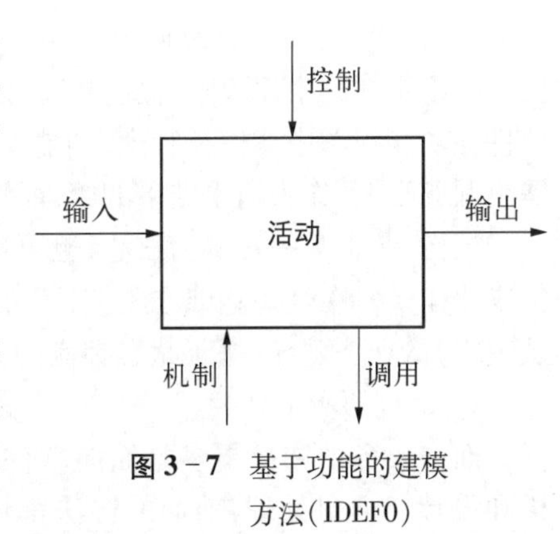

图 3-7　基于功能的建模方法(IDEF0)

基于功能的建模方法存在几个主要问题：首先，由于功能分解法的基本组件仅有一个，因此该方法虽然有很好的通用性，但缺乏丰富的语言描述能力；其次，功能分解法的严格递进关系很容易导致企业的组织结构之间，尤其是在不同的组织单元之间造成交流障碍，形成自动化的孤岛。

2）基于过程的建模方法

该方法将过程定义为一组活动的偏序集，过程与子过程之间形成递进关系。活动之间有一定顺序，活动的执行也需要时间的触发。面向过程的典型建模方法有：数据流图、UML活动图、IDEF3 动态建模方法等。

业务流程建模方法按照流程的连接要素，还可以进一步划分为以下四类，通过不同的方式，将业务过程的控制流、物料流和信息流等进行集成。

（1）基于数据的流程建模：以数据流图为主，将活动按照数据流向连接。

（2）基于活动的流程建模：以活动图为主，将业务活动通过时序关系连接。

（3）基于事件的流程建模：以 EPC 为主，将业务活动通过事件连接。

（4）基于状态的流程建模：以 PetriNet 为主，将业务活动通过状态事件连接。

表 3 - 2 给出了四种流程建模方法的比较。

表 3 - 2　流程建模的基本方法比较

流程建模方法	主　要　组　件	连接方式	主要代表模型
基于数据的流程建模	数据实体、数据活动	数据流	数据流图
基于活动的流程建模	活动	系列流	活动图
基于事件的流程建模	功能活动、事件	事件流	EPC
基于状态的流程建模	系统状态、状态转移事件	状态变迁流	PetriNet

3）面向多视图集成的建模方法

面向集成的建模方法是一种多视图业务建模方法，其核心是以某一视图为核心，实现集成化建模。以流程视图为核心的多视图业务建模，可以看作是基于过程的业务建模的扩展，如以流程模型为控制核心，以功能视图、组织视图、数据视图为辅，来实现集成化建模的 ARIS 体系。

如 3 - 8 所示，这里以 ARIS 为代表的多视图集成建模方式，基于事件过程链实现了多个视图的集成。在图中，控制视图中以功能（Function）为核心，当功能前置的事件（Event）通过消息形式到达，触发功能的执行，产生新的事件，从而形成事件过程链。在这过程中，以功能为核心，相关的目标（Goal），组织单元（Organizational Unit），人力资源（Human Resource），硬件（Hardware），应用软件（Application Software），机器（Machine），环境数据（Environment Data），以及输入（Input）及输出（Output）等被定义及描述。这些要素中，人力资源，硬件，机器等在组织视图中建模及管理，环境数据和事件在数据视图中建模及管理，目标、功能、应用软件在功能视图中建模及管理，功能产生的输出，或者说结果可以单独管理，很多时候也扩展出服务视图，作为输出结果的管理及展示。

当然，基于某一资源为核心，也可以实现集成化建模，如基于人员、资源、数据等方式的集成化建模。在这些基础方法上，还可以按照应用特点，将业务建模划分为基于资源（数据及组织）的业务建模、基于状态控制的工作流建模等其他方法。

4）面向服务的建模

面向服务的建模更多是面向软件的构造和运行开展建模，从服务角度开展业务的分析和设计。通过处理，前面的方法都可以面向服务开展业务转换，构造出标准 SOA 服务

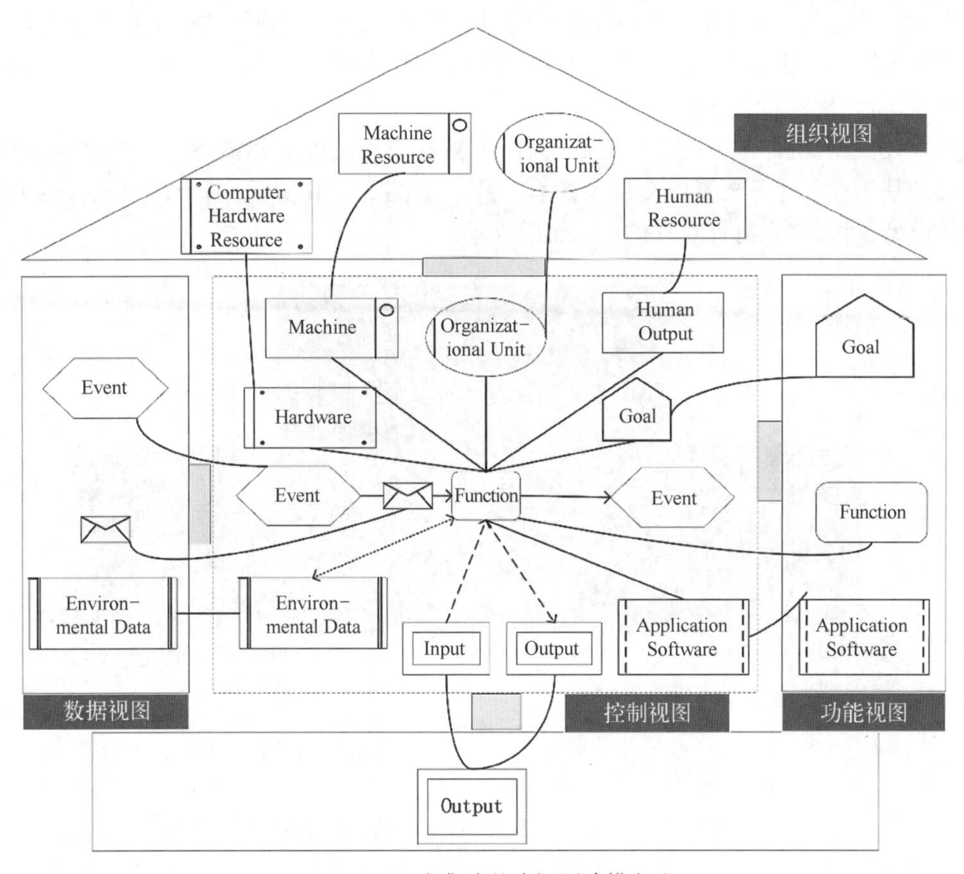

图 3-8　面向集成的多视图建模方法

或者 RESTful 服务等方式,实现建模的服务转换及应用。图 3-9 给出了面向服务建模的主要分类。

Service用户

Service提供商

	服务操作	服务提供	服务定义	服务需求
设计	技术信息的发展和交付	法律信息和技术架构的设计和提供	信息的规范化服务协同	用户需求的概念信息
交付	技术信息服务/基础设施	系统级功能信息服务供应	信息服务的使用	信息提供者提供服务
评估	服务基础设施和运营绩效	服务提供的有效性及其SLA指标	SLA服务的感知和期望	满足客户需求的信息

图 3-9　面向服务建模的主要分类

在一定程度上,面向服务的建模体系不同于基于功能、基于流程等的正向业务建模方式,从建模角度出发,其提供了从软件系统到业务模型的逆向构建方式,并逐渐成为新兴的建模方法。

5）面向大数据的业务建模

随着大数据、机器学习技术的兴起,面向大数据应用的业务建模逐渐成为热点,其本质上大多是基于核心业务要素的多维度综合分析。如图 3－10 所示,基于用户画像的购买行为分析模型,可以建立有针对性的产品推荐功能。

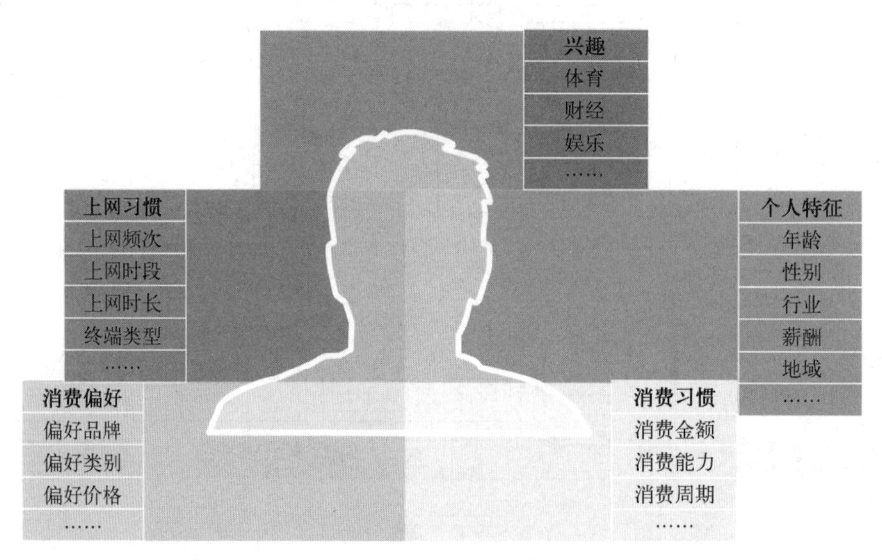

图 3－10 一个面向多维数据分析的业务建模实例

由于此类建模和业务耦合较多,且对数据具有较大依赖性,目前尚未单独形成较完善的方法体系。限于篇幅,这里暂不做展开。

3.3 典型的企业业务框架

一般认为,企业业务架构为企业信息架构的设计、规划、实施和管理提供了一个全面的方法,是一个架构框架也是一组工具,可用于开发许多不同的体系结构。

企业业务架构是用一组构件来定义和描述软件系统的方法,并显示这些构件如何集成在一起的结构。它推荐了一些公共的专业术语,包括了一些工具和可用于实现构件的一些兼容产品列表。

框架体系即企业业务模型建立、管理、应用的框架,是企业业务要素的组合方式。一种以流程、功能、信息等关系的信息建模矩阵[5]如表 3－3 所示[1]。

表 3－3 信息建模矩阵

	流　程	功　能	业务对象/信息	组织/任务
流　程	流程模型		状态转换图	
功　能	流程图	功能模型		组织权限图

续　表

	流　程	功　能	业务对象/信息	组织/任务
信　息	顺序图	数据流图	信息模型	
组　织		用例图	协作图	组织模型

从表 3－3 可以看到，业务架构涉各业务要素及其关系，可以用各种图表示，这些图即成为了建模的主要方式。

针对不同的视图模型，国内外开展了许多研究，提出了多种建模方法。常用的企业业务建模框架有：CIM－OSA、ARIS、DEM、IDEF、PERA、GERAM 等。然而，由于企业业务模型具有多层次、视角多变、复杂相关性、时序性强等特点，基于现有的建模方法建立的模型与理想情况还有很大差异。

下面将主要介绍 Zachman、CIM－OSA、DEM、ARIS、PERA 五种业务模型框架。

3.3.1　Zachman 框架

Zachman 企业框架（Zachman Enterprise Architecture Framework）[6] 是约翰·扎科曼（John Zachman）在 1987 年创立的全球第一个企业架构理论，以帮助企业识别业务与信息架构之间关系的模型。Zachman 框架是企业建模领域中的权威，被认为是企业业务架构中第一个也是影响力最大的框架方法论，其他许多框架都派生于它。

Zachman 框架是一种组织架构工具，一种用来设计文档、需求说明和模型的工具。许多人认为 Zachman 框架的影响是跨学科的，不但在企业软件开发或者 IT 项目中有效，而且在企业管理及其他方面也意义重大。甚至有人认为理解了 Zachman 框架后，在其他方面做事也会变得高效。Zachman 也说：这个框架事实上已经存在了几千年，而且在以后肯定也将继续存在，只是对它的理解和使用方式会稍微有些改变。

3.3.1.1　Zachman 框架概述

Zachman 框架对于企业架构（Enterprise Architecture，EA）的功能定制提供了很多帮助，是一种用来开发和维护架构的工具。在框架中，企业的各个主题被分为一个 6×6 的单元格矩阵，每个单元格代表某个组织的一个唯一视图。

Zachman 框架的描述可参考图 3－11，其由六个功能视图和六个角色角度组成。Zachman 框架的六个功能描述视图为数据（Data）、功能（Function）、网络（Network）、人员（People）、时间（Time）、动机（Motivation），六个角色为规划者（Planner）、拥有者（Business Owner）、设计者（Designer）、构造者（Builder）、转包商（Subcontractor）、运营企业（Functioning System）。

从图 3－11 中可以看到，Zachman 框架有 36 个方格，列代表企业最重要的方面（数据、功能、网络、组织、时间、动机），行按照不同角度（规划、业务、系统、技术、细节、资产）和一个相关角色（规划者、业主、设计者、建立者、子承建者）来划分。每个方格就是一个角色和企业元素的交汇。从左到右在表格中水平移动时，可以看到同一个角色在系统的不同侧面的功能描述；从上到下在表格中竖直移动时，可以从不同角色的角度观察同一个功能视图的推进过程。

	数据	功能	网络	组织	时间	动机
企业规划 规划者	重要业务对象列表 实体=业务对象类	业务过程列表 功能=业务过程类	业务执行地点列表 节点=主要业务地点	重要组织单元列表 组织=主要组织单元	重要事件列表 时间=主要业务事件	业务目标列表 目标=主要业务目标 手段=成功要素
业务模型 业主	如：语义模型 实体=业务实体 联系=业务联系	如：业务过程模型 过程=业务过程 I/O=业务资源	如：业务分布模型 节点=业务地点 连接=业务连接	如：工作流模型 组织=组织单元 工作=工作成果	如：主进度表 时间=业务事件 周期=业务周期	如：业务规划 目标=业务目标 手段=业务策略
系统模型 设计者	如：逻辑数据模型 实体=数据实体 联系=数据间的联系	如：应用系统体系结构 过程=应用功能 I/O=用户接口	如：分布式系统体系结构 节点=处理器/存储器/等 连接=线路属性	如：员工接口体系结构 组织=任务 工作=交付的成果	如：处理结构 时间=系统事件 周期=处理周期	如：业务规则模型 目标=结构声明 手段=行动声明
技术模型 建立者	如：物理数据模型 实体=表 联系=指针/键	如：系统设计 过程=功能模块（计） I/O=数据单元/集	如：技术体系结构 节点=硬件/软件 连接=线路说明	如：描述体系结构 组织=用户 工作=筛选方式	如：控制结构 时间=执行 周期=分量周期	如：规则设计 目标=条件 手段=行动
各部分的详细描述 子承建者	如：数据定义 实体=字段 联系=地址	如：程序 过程=语言描述 I/O=控制块	如：网络体系结构 节点=地址 连接=协议	如：安全体系结构 组织=身份 工作=职务	如：时限定义 时间=中断 周期=机器周期	如：规则说明书 目标=子条件 手段=措施
具体实现	如：数据	如：功能	如：网络	如：组织	如：进度表	如：策略

图 3－11 Zachman 框架组成

在 Zachman 框架中，各行各列的模型描述抽象程度有所不同。以数据为例，从业务拥有者的角度，数据意味着业务实体，可能包括实体本身的信息，也可能包括实体间关系；而从数据库实现者的角度来看，数据就不是业务实体了，而是保存在数据库的属性和字段。

3.3.1.2 Zachman 框架特性

Zachman 框架构建的企业架构主要特点在于考虑了企业中的每个利益相关者的描述

需要。通过把每个视图精简到相关角色涉及的视图，以提升模型的质量，确保技术组包含在业务组的规划中，每个业务需求能够追踪到技术实现，并且不会规划出多余的业务功能。

Zachman 框架中的每一行都代表一个独特的视角，但是，每一行必须提供足够的细节来定义这一层次的可交付产品方案，并且明确地转换到下一个较低的行。每一行的观点必须考虑到其他角色的观点及其约束。例如，高层的限制影响下面的行，较低层可以影响但不一定影响较高的行。该框架每一层之间的垂直方向可以有交互。

为适应现代信息架构的应用，Zachman 框架进一步做了调整，如图 3－12 所示，形成了从项目范围、企业模型、系统模型、技术模型、部署包、运维系统等六个新的生命周期维度。

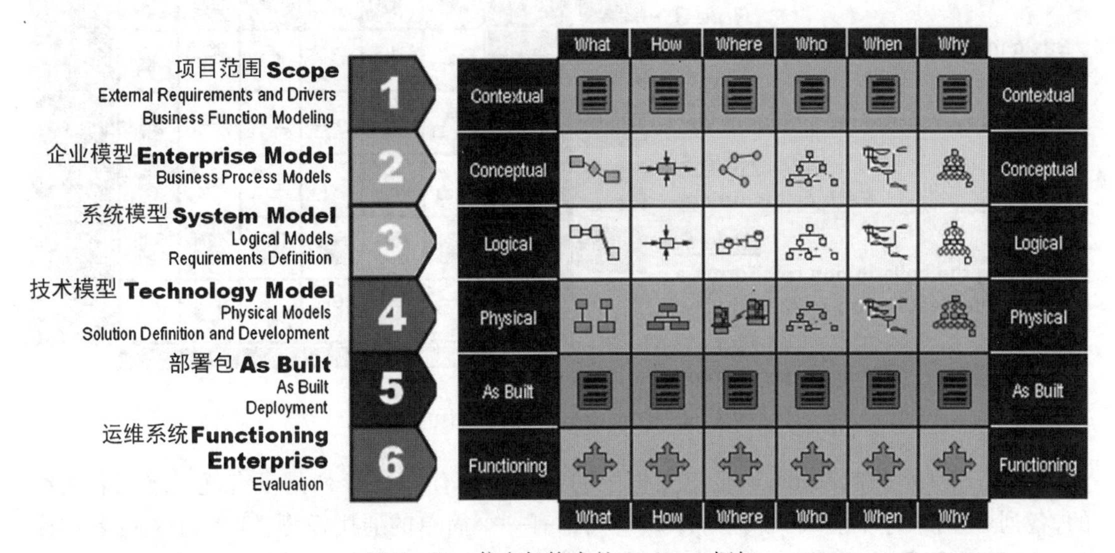

图 3－12　信息架构中的 Zachman 框架

信息架构中的 Zachman 框架，每一行都代表从一个特定角度出发解决方案。

(1) 项目范围(Scope)。项目范围图描绘出系统总体的规模、形状、组成关系以及最终结构。它对应于一个规划者或投资者希望对系统的范围、成本以及一般环境中运作方式的概要估计。

(2) 企业模型(Enterprise Model)。企业模型描绘了从业主的角度来看的最终结构，如何开展业务的日常运作。它们对应于企业业务模型，显示构成业务设计的业务实体和流程，以及它们的关联关系。

(3) 系统模型(Systems Model)。系统模型是从设计者的角度将规划转换成详细的需求陈述。它们对应于由系统分析员设计的系统模型，需要确定出相关的业务实体、流程的数据元素、逻辑流程流和处理。

(4) 技术模型(Technology Model)。技术模型对应承建者计划，承建者必须从建设者的角度重新描述设计师计划，包括工具、技术和材料的限制。承建者计划必须适应软件系统模型的编程语言、输入、输出设备，或其他所需的相关技术细节。

(5) 部署包(AsBuilt)。部署包是分包商等实现、完成以及部署的产物。分包商按计划进行工作以建立特定的详细部件的规格描述。这些对应的详细规格将给到具体程序员，他们只需开展单个模块编码,而不用关注整体的上下文或系统结构,可以采用模块化的系统软件采购和实施而不是自行开发并创建组件。

(6) 运维系统(Functioning Enterprise)。运维系统指的是最终的系统可以提交运维的部分,可以评估以持续优化。

在信息架构中,Zachman 框架具有一些规则,以描述信息架构中的关系和约束,具体如图 3-13 所示。

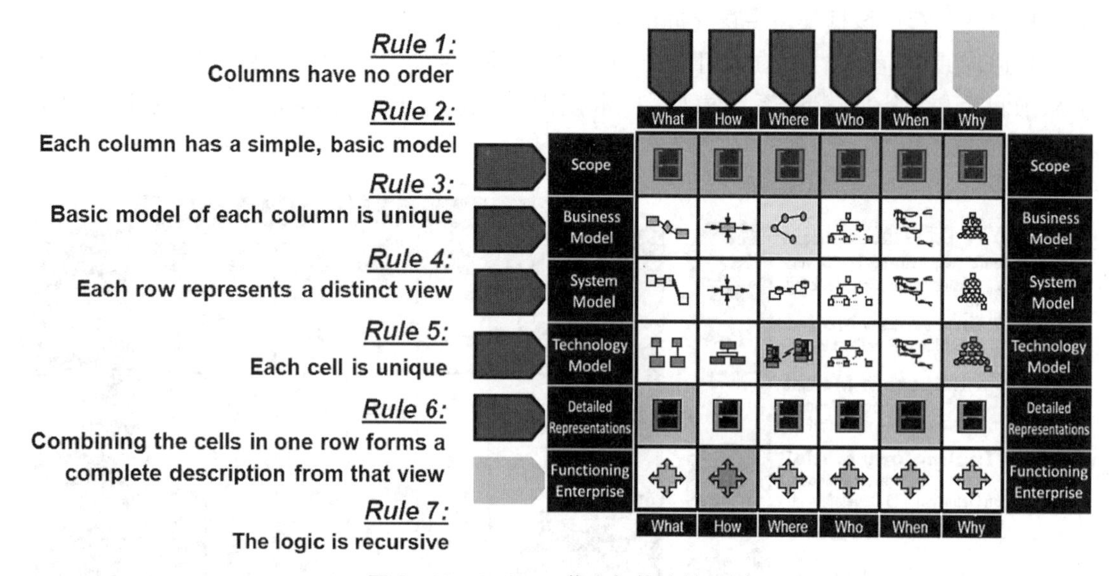

图 3-13 Zachman 信息架构中的规则

由图 3-13 可知,Zachman 信息架构中的主要规则有: ① 各列是没有优先级或者次序的,各列可互换,但不能减少或增加;② 每列都有一个简单的通用模型;③ 每个列的基本模型、关系对象及其结构是唯一的;每个关系对象是相互依存的,但表示目标是唯一的;④ 每行描述了一个唯一的独立视图,每一行描述特定业务群组的视图,如功能视图、数据视图、组织视图,并且它是唯一的,所有的行通常存在于大多数层次组织中;⑤ 每一个单元是唯一的,因此任何一个模型,按照视图和阶段的不同,一定可以有一个唯一而且确定的单元,以实现其分类,不同模型的组必然产生一个特别实例的描述,单个单元的模型也代表了针对某种目标的构造产物;⑥ 每一行的所有单元模型的综合,构成了从该行来看的完整模型,5W1H 的表述构成了问题的完整表述空间。

Zachman 框架是通用的,因为它可以对任何物理对象以及概念对象加以分类;它也是递归的,因为它可以用来分析本身的组成架构。

3.3.1.3 Zachman 框架评价

Zachman 框架本身并不是一个完整的从业务到技术的解决方案,如何确保技术架构和业务架构的一致并不容易。因此,应该将框架和模型作为企业架构的基础,然后再选择并实现支持该业务架构的软硬件组件以及相关实现的工具。Zachman 框架同时也存在不足: 例如,没有给出构架的详细步骤或实现过程,缺乏必要的分析仿真支持等。最重要的是,尽管 Zachman 框架可以帮助组织或者管理各种基本模型,但是站在企业的角度,其尚未提供描述企业的复杂业务方面的相关支持。

3.3.2　CIM - OSA 框架

3.3.2.1　CIM - OSA 框架概述

CIM - OSA 体系结构(Computer Integrated Manufacturing-Open System Architecture)是欧共体的多家企业和大学组成的 ESPRIT - AMICE 组织,经过六年多开发的一个开放体系结构,以支持集成制造系统的应用。

CIM - OSA 不仅建立了一个对模型进行分类的体系框架,也构建了一个支撑企业工程运行环境的集成结构,从多个层次和多个角度反映了企业的建模、设计、实施、运行和维护等各个阶段,提供了系统描述、实施方法和支持工具,并形成了一整套形式化体系。

CIM - OSA 是一个包括生命周期维、内容视图维和通用维的三维框架,如图 3 - 14 所示。

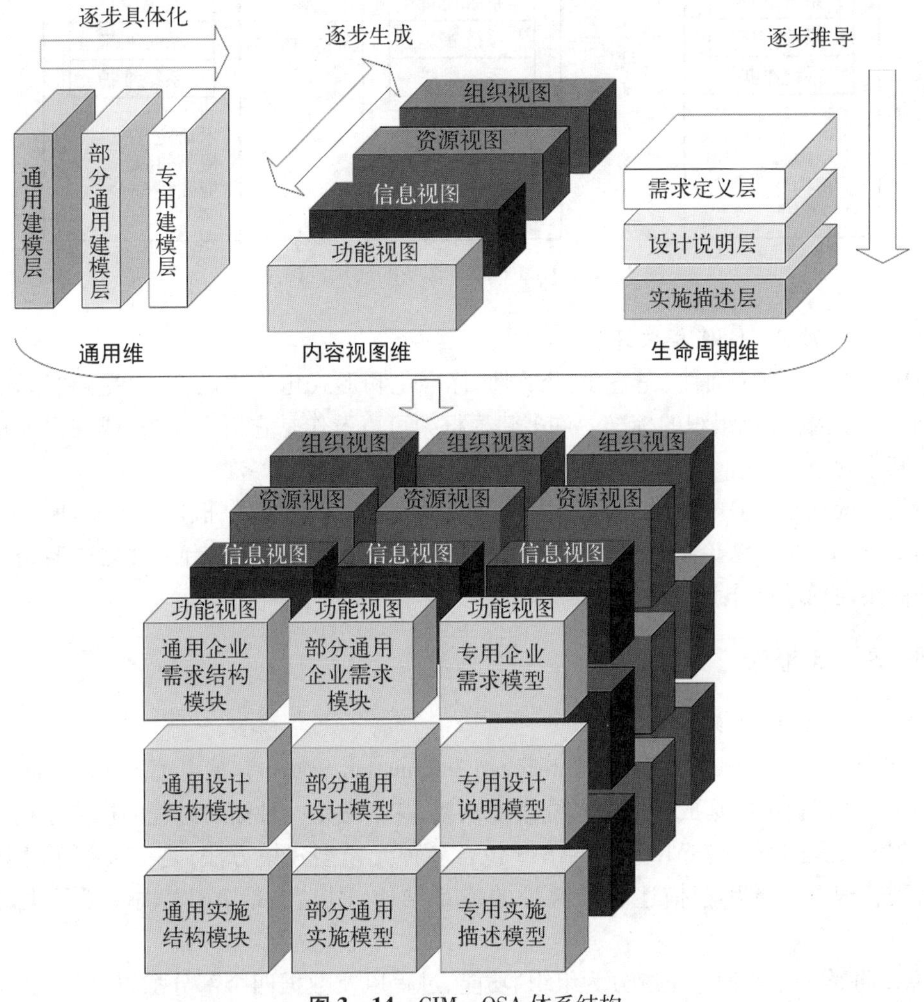

图 3 - 14　CIM - OSA 体系结构

(1) 生命周期维指系统开发从需求定义层到设计说明层,进而到实施描述层的逐步推导过程(Stepwise Derivation)。

(2) 内容视图维从组织视图、资源视图、信息视图、功能视图逐步生成过程(Stepwise

Generation)。

(3) 通用维从通用建模层到部分通用建模层,进而到专用建模层的逐步具体化过程(Stepwise Instantiation)。

图 3-15 展示了模型从通用到专用的发展过程,其中通用层次、部分通用层次和专用层次分别与通用模型、参考模型和专用模型对应。

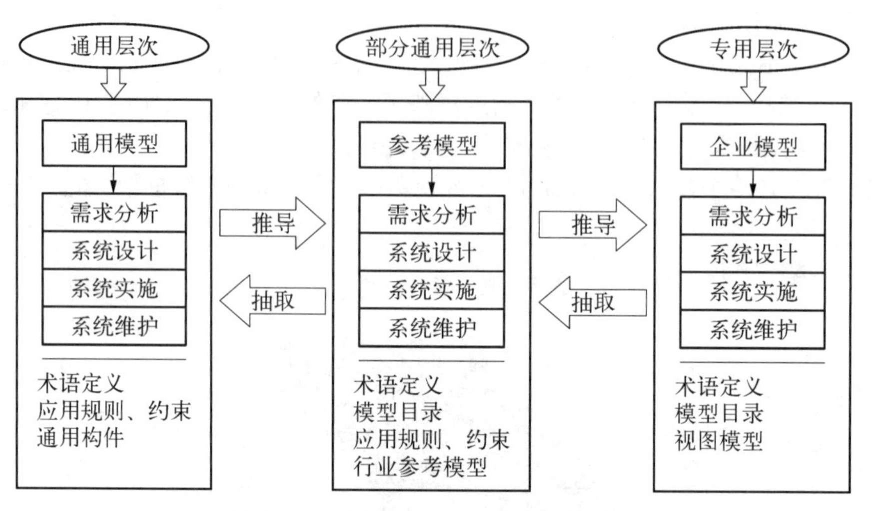

图 3-15 CIM-OSA 体系的通用维模型

3.3.2.2 CIM-OSA 框架评价

CIM-OSA 具有全面性、完整性、开放性、标准化和形式化等优点,因而受到国际上的好评,并成为国际标准化组织的标准。许多建模框架可以看作是它衍生而来,或在很大程度上借鉴了其思想。

不足之处在于,CIM-OSA 框架过于强调模型的形式化,使得一般用户较难理解,限制了其应用。没有一种方法论指导建模过程的开展实施,因此,目前也没有一种完全遵循该体系结构的商用建模软件作为应用支持。

3.3.3 ARIS 框架

3.3.3.1 ARIS 框架概述

ARIS 体系结构(Architecture of Integrated Information System)是由德国 Saarland 大学希尔(Scheer)教授提出的集成化信息系统模型框架,其本质是一种面向过程的模型结构。

希尔教授是这样定义 ARIS 的:ARIS 包含各种元模型建模方法,是一种基于计算机的业务流程管理概念的用于描述业务流程的体系结构,同时也是 ARIS 软件工具集的理论基础。

ARIS 将整个企业信息系统分为组织、功能、过程以及数据四个部分加以分析,在每个部分又细分为需求定义、设计规格与实施部署。ARIS 框架如图 3-16 所示。

ARIS 的理论基础可以概括为四个视图、五个层次和两个阶段。

ARIS 的四个视图为功能视图、数据视图、组织视图和过程视图。其中过程视图也叫控制视图,起到集成各视图的作用,由过程将系统功能、使用数据和参与组织等不同类型信息

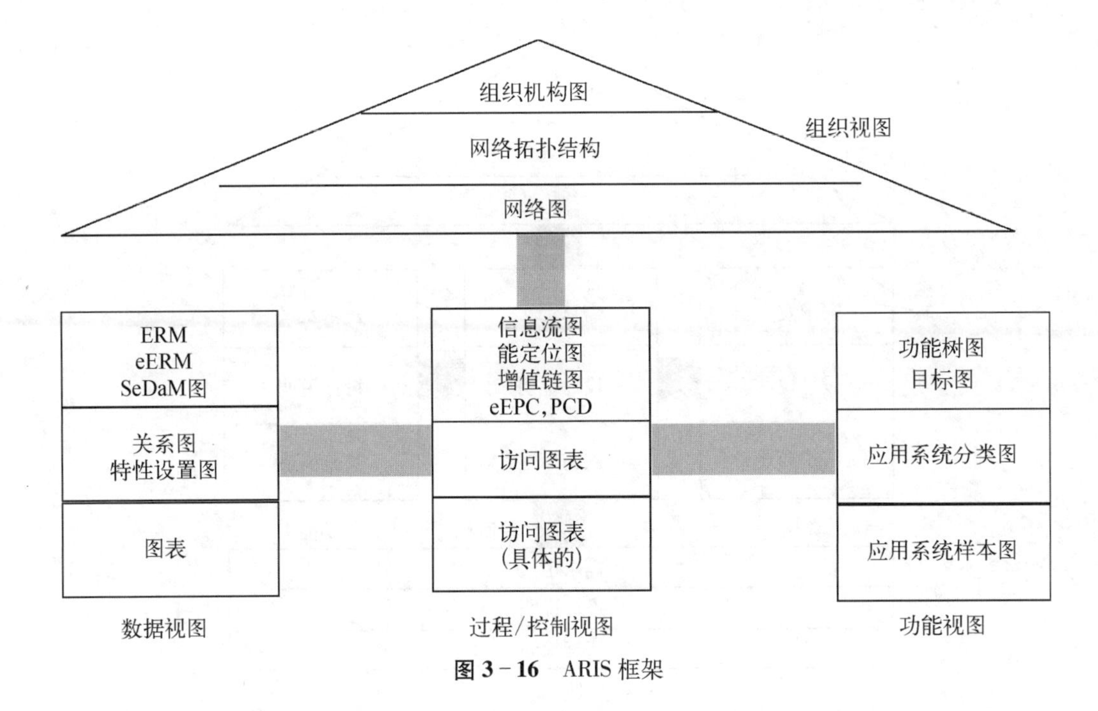

图 3－16　ARIS 框架

关联在一起。ARIS 的五个建模依次为现行系统分析、需求定义、设计说明、实施描述和运行维护。其中现行系统分析、需求定义、设计说明、实施描述称为系统建立阶段,运行维护称为系统运行阶段,即为 ARIS 的两个阶段。

3.3.3.2　ARIS 体系特性

从技术层次上总结,ARIS 理论体系具有如下特性: 覆盖业务问题解决的生命周期,以过程为核心的集成,面向对象的建模与关联。

1）覆盖业务问题解决的生命周期

ARIS 理论定义了五个建模层次: 现行系统分析、需求定义、设计说明、实施描述和运行维护。尽管 ARIS 中各视图的不同阶段都有相应的不同模型,在 ARIS 框架的所有视图中都包含了涵盖业务问题解决生命周期的三个建模层次: 需求定义、设计说明、实施描述。ARIS 的生命周期如图 3－17 所示。

2）以过程为核心的集成

ARIS 框架是从过程链模型发展而来的。在框架中,组织视图、数据视图和功能视图的构建过程是相对独立的,各视图之间的关系由控制视图来描述,可以通过从流程模型演化而来的控制规则来维护模型的一致性和完整性,以记录和维护组织视图、数据视图和功能视图之间的关系,这是 ARIS 区别于其他框架的重要特征。

图 3－18 展示了 ARIS 以过程为核心的集成方法,描述了基于过程的集成模型。另外,由于 ARIS 是面向过程的建模,因此,引入工作流管理系统成为可能,这有助于实现流程的自动化执行。

3）面向对象的建模与关联

ARIS 以面向对象方法描述了企业各视图中的模型。各视图都有其不同的模型,视图中的每个模型又都有其具体类型和特定对象,对象之间通过不同类型的关系联系在一起。关

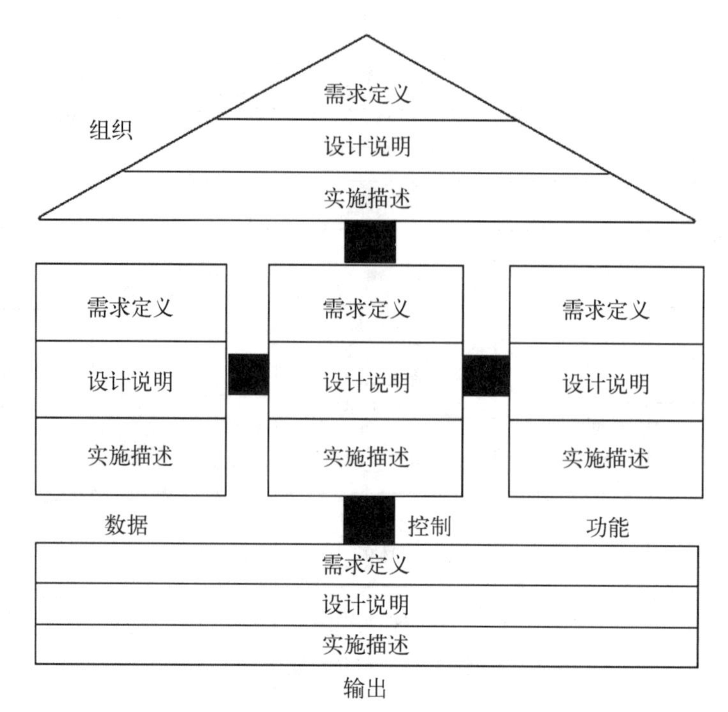

图 3－17　ARIS 的生命周期

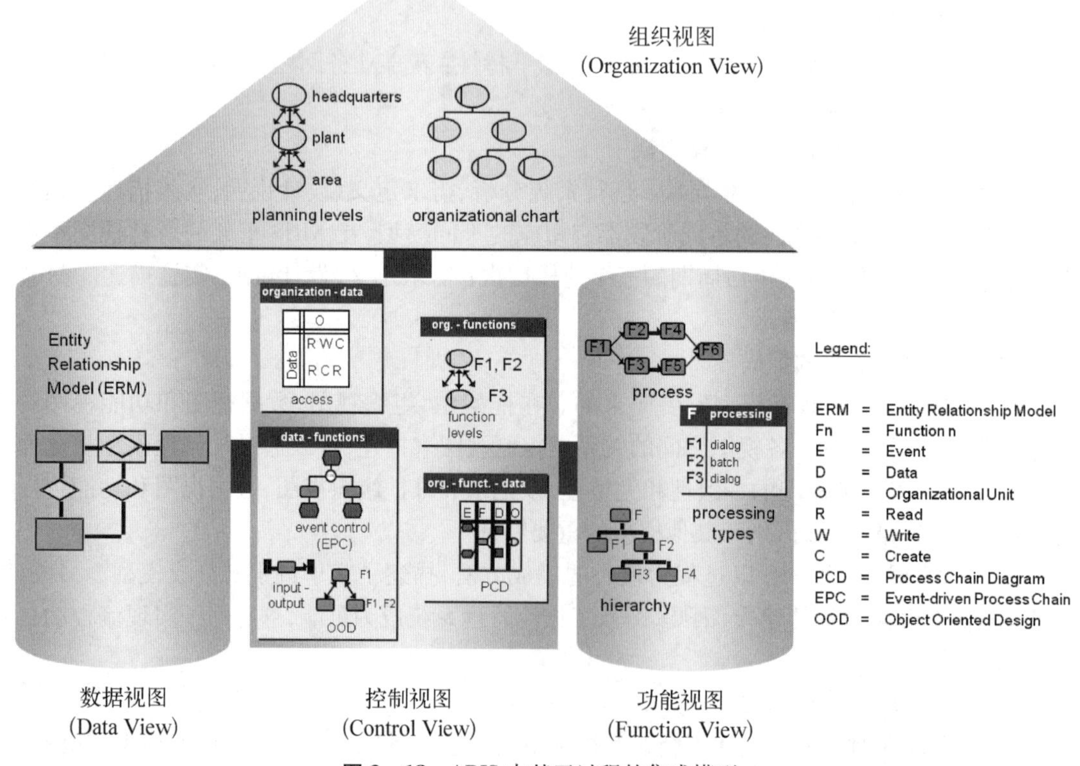

图 3－18　ARIS 中基于过程的集成模型

系从源对象指向目标对象,关系类型由两个连接对象的模型类型决定。如图 3-19 所示,子模型为来自于组织视图的组织结构图,包括了组织单元、人员、岗位等对象,通过执行等类型的关系,数据、功能以及人员关联在一起。因此,通过各视图中不同模型里的信息对象及对应关系的建立,构成了 ARIS 应用于分析和实施的模型基础。

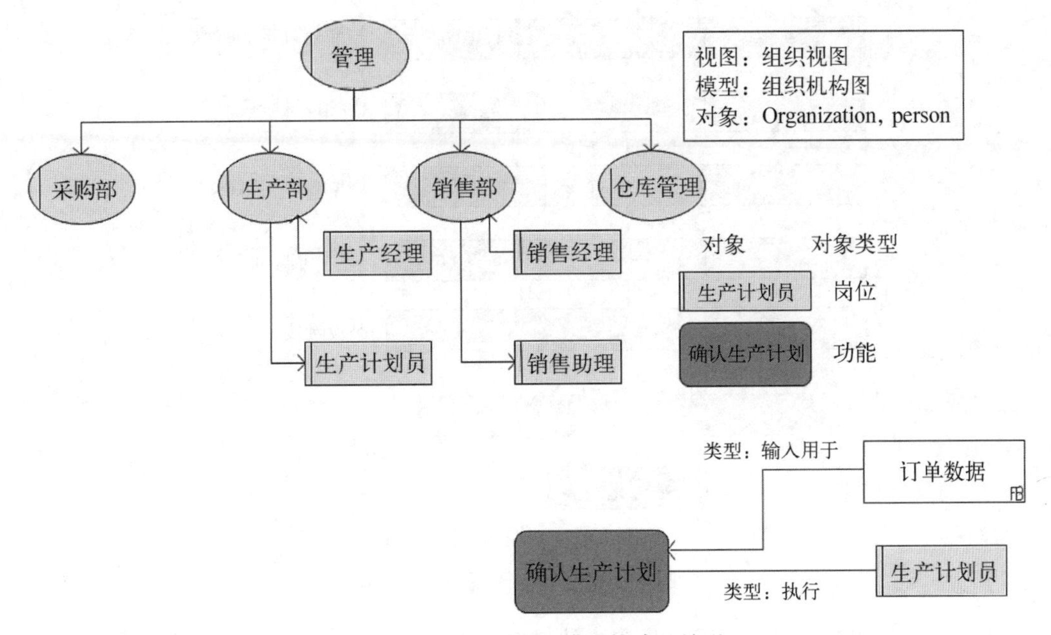

图 3-19　面向对象的模型构建及关联

3.3.3.3　ARIS 体系评价

ARIS 是一种基于过程的模型结构,描述了企业的多个视图,并将这些视图相互关联而形成一个企业集成信息框架。ARIS 的设计理念是把描述企业程序的所有基本概念依据不同的视图进行划分,把多个复杂的模型纳入一个整合性的框架。企业建模人员可以只专注于各自视图内的概念物体,整合各视图的模型以形成完整的分析,不会有重复或冲突。ARIS 体系实现了对于企业系统的多视图、多层次、多关联、全生命周期的描述,并提供多种模型的关联,为不同建模方法之间的自动转换和综合分析提供了基础。

3.3.4　PERA 框架

PERA 体系结构(Purdue Enterprise Reference Architecture)[7]是美国普渡大学于 1992 年提出的企业参考结构。PERA 强调基于任务的建模思想,按覆盖企业全部生命历程的任务阶段进行分层,以任务为核心开展企业功能的分解。PERA 体系结构用来描述企业过程,主要包括功能视图和实施视图。PERA 体系框架如图 3-20 所示。

PERA 体系框架建立了覆盖企业生命周期各阶段的分层任务,覆盖了项目的概念设计、功能分析、功能设计、详细设计、构造和安装、运行和维护,以及最后因过时而退出市场的整个生命周期过程。PERA 体系是基于任务的建模方法,也考虑了对人的行为活动建模,作为一种非形式化描述方法,比较容易被没有计算机相关知识的用户理解。

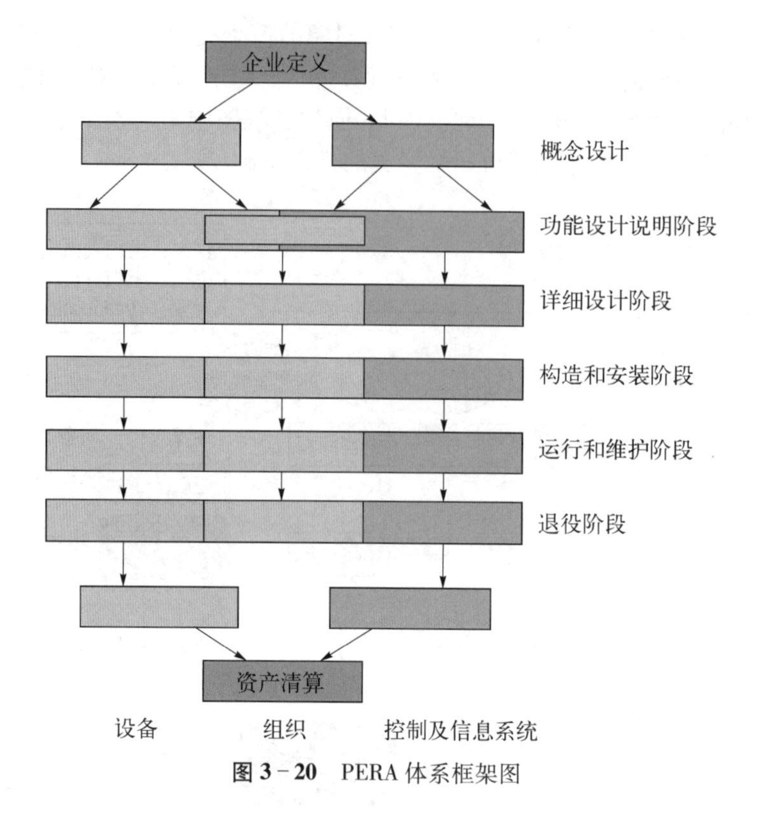

图 3-20 PERA 体系框架图

PERA 框架的特点是覆盖了系统实施的最完整的生命周期，其缺点是，由于描述的非形式化，缺乏数学建模基础，难以建立建模工具，也不能支持仿真优化和冲突检验等模型验证，导致其可执行性非常差。

3.3.5 DEM 方法

动态企业建模方法（Dynamic Enterprise Modeling, DEM）的核心是以业务过程作为模型驱动，为企业提供一个可以连续变化的框架结构。当企业业务过程变化时，相应的业务模型也随之调整，进一步触发有关应用系统的自动重新配置，使企业的应用系统与企业业务得以快速匹配，从而增加系统应用的柔性和适应性。

DEM 提出的原因是因为当时 ERP 系统实施中存在的一些问题。例如，ERP 软件实施费用昂贵且实施周期太长，实施成功率低；ERP 软件太复杂，维护困难；ERP 的业务模型僵化，无法灵活满足新的业务需求等。

从软件工程的角度来讲，DEM 本质特征是用动态的管理模型来建立一个新的企业信息系统，其核心是两个思想：一是快速构造面向特定需求的企业业务模型，充分利用过去的实例知识和实践经验，这表现在 DEM 的基于参考模型快速建立特定企业模型方面；二是在不断进行动态重组的企业中，企业信息模型能够针对应用环境和业务流程的变化而动态调整，这表现在 DEM 的基于企业模型的快速系统实施方面。

荷兰 BaaN 公司开发了 BAAN IV ORGWARE 工具，使 DEM 得以实现。该工具由企业参考模型、企业建模工具、企业效能管理工具和企业实施工具四部分组成，其架构如图 3-21 所示。

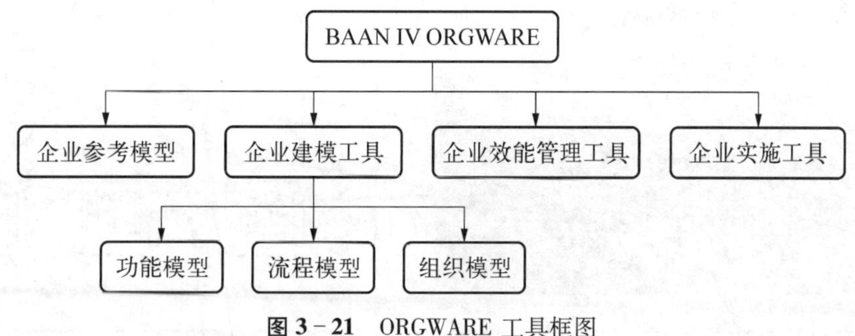

图 3－21　ORGWARE 工具框图

(1) 企业参考模型：这些参考模型为某些领域的企业，如自动化、电子和项目工程领域提供了建立本企业模型的参考。

(2) 企业建模工具：用图形描述业务模型的组织结构、功能特点及业务过程。

(3) 企业效能管理工具：这是性能管理工具，包括一套应用与软件模块对应的预定义性能指标，即评价模块。

(4) 企业实施工具：通过三个预定义模型的连续赋值来实现系统实施，每个模型表示结构的不同方面，组合起来就表示了企业实施过程。

DEM 的典型企业层次结构如图 3－22 所示。每个业务模型包含一个业务控制模型、一个业务功能模型、一个业务流程模型，还有一个业务组织模型。

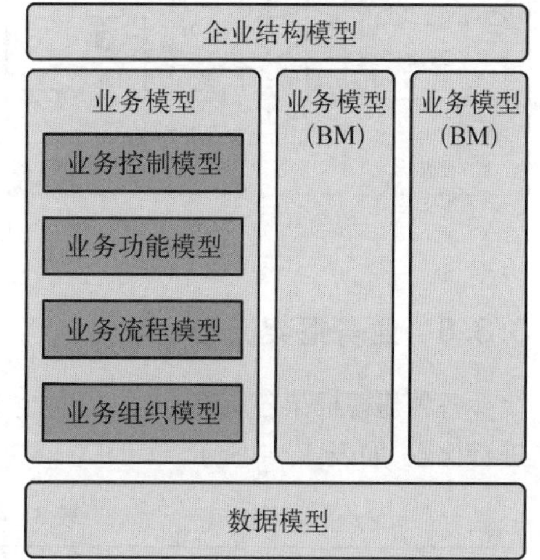

图 3－22　DEM 的典型企业层次结构

企业建模工具中各部分的逻辑对应关系，如图 3－23 所示。业务功能模型与业务流程模型和业务组织模型相结合，生成了企业级参考模型和项目模型。其中，参考模型针对行业，是由行业咨询机构根据众多企业提炼总结的最佳业务实践，一般为某行业定义的业务模型；项目模型针对企业，是专门为某一特定类型客户设计的业务模型，可以作为企业的基本模型，经过一定的修改建立各种企业模型。

DEM 模型可以辅助企业实施柔性信息系统和支持经营过程的重组，把针对行业的参考模型或针对企业的项目模型作为起点，可以大大加快实施过程。

DEM 框架对软件工程的影响较大，很大程度上促进了模型驱动软件开发方法的发展。然而，由于实现思路主要局限在基于 DCOM、CORBA 等中间件技术，未能赶上 Web 服务的快车，因此，DEM 框架在业界的影响并不是很大。反而是其思路的核心，如模型驱动的软件快速构造技术，在之后的代码生成、基于模板的程序生成等方面得到了应用，一些快速开发框架也借鉴了其思路。目前，DEM 框架从最开始的革命性思路，成为了当前的常识，其动态建模框架的思想已融入各种企业实施过程，以及敏捷开发技术中，然而，DEM 框架本身已逐渐衰败，受到的关注越来越少。

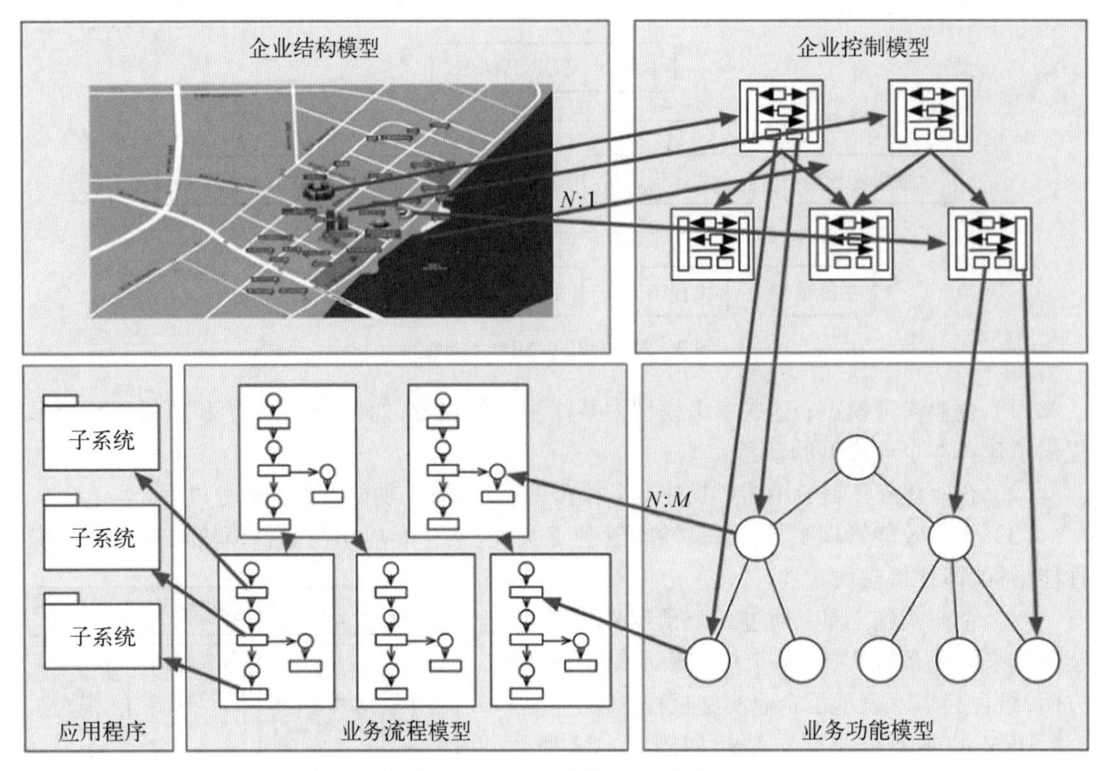

图 3－23 DEM 逻辑对应关系

3.3.6 业务框架比较

各种建模框架各有特点,应用时也要因地制宜。现将四种典型企业业务建模体系结构进行比较,如表 3－4 所示。

表 3－4 业务体系框架比较

		Zachman	CIM－OSA	PERA	ARIS
结构	维数	二维	三维	二维	三维
	覆盖的视图	完全	基本完全	不太完全	基本完全
	视图间的联系	松散	松散	松散	紧密
	覆盖的阶段	建立期	建立期	整个生命周期	建立期
	模型开放性	较强	强	弱	较强
应用	参考模型	多	较多	少	很多
	建模工具支持	较强	弱	无	强
	可操作性	强	较弱	较弱	较强

通过上述表格对各种企业建模方法对比,发现 ARIS 视图间的联系紧密,要优于其他三种建模方法,而且 ARIS 采用更加利于描述业务流程的三维结构,用此方法建立的企业模型结构将更加严密。ARIS 方法更加全面,不仅有一套完整集成体系,还提供了一系列的开发

工具,可以帮助企业完成各阶段建模工作,并提供了多元功能,为企业建模提供了丰富的方法。

因此,理想的业务建模框架应该具备以下特性: ① 要划分视图,一般需要包括流程、信息、功能、组织等主要视图;② 视图之间具有较强的集成性,保证各视图中模型间的语法和语义的一致性;③ 业务框架要贯穿企业整个生命周期;④ 具有开放性,能够持续治理;⑤ 具有建模工具的支持和建模流程模型的指导,具有可操作性;⑥ 框架应满足不同层次的建模需要,覆盖企业中的所有重要业务对象并具有层次结构。

不同的开发者可结合企业的特点,从不同的视角、层次和描述的深入程度来描述企业的业务。

本章小结

● 从业务问题的描述出发,阐述了业务模型的作用及意义。

● 将业务模型和软件模型进行了对比,阐述了两者的关系和区别。

● 阐述了业务架构的要素和建模原则,并从业务流程建模方法的发展,描述了业务建模的主要方法特点。

● 阐述了当前主要的业务建模体系,介绍并比较了一些典型的企业建模框架,在此基础上,给出了理想的业务建模方法应用具备的一些特点。

参考文献

[1] 张维明. 信息系统建模[M]. 北京: 电子工业出版社,2002.

[2] Hans-Erik Eriksson Magnus Penker. UML 业务建模[M]. 夏昕,何克清,译. 北京: 机械工业出版社,2004.

[3] August-Wilhelm Scheer. 下一代业务流程管理: ARIS 与 SAP 应用案例[M]. 黄官伟,武亚平,译. 上海: 同济大学出版社,2007.

[4] 陈禹六. IDEF 建模分析和设计方法[M]. 北京: 清华大学出版社,2000.

[5] 原慧琳. 基于设计结构矩阵(DSM)的业务流程建模与重构[M]. 北京: 清华大学出版社,2012.

[6] 顾基发,王浣尘,唐锡晋,等. 综合集成方法体系与系统学研究[M]. 北京: 科学出版社, 2007.

[7] 李雁碧. 系统集成与集成自动化系统的研究[J]. 中国管理信息化,2011,14(14): 59-61.

[8] Wil van der Aslst, Kees van Hee. 工作流管理[M]. 王建民,闻立杰 ,译. 北京: 清华大学出版社,2004.

[9] Marlon Dumas, Wil Van der Aslst, Arthur H. M. ter Hofstede. 过程感知的信息系统[M]. 王建民,闻立杰,译. 北京: 清华大学出版社,2009.

第 4 章　业务流程建模方法

流程建模方法按照基本组成单元的连接方式,可以建立基于任务、数据、事件、状态等四种建模方法,也对应着时序执行流、数据流、事件流、状态变迁流四类流程。

4.1　基于任务的流程建模方法

4.1.1　基于任务的建模

基于任务的建模方式即基于功能的建模方法,包括基于功能结构的任务划分,以及面向顺序执行的活动系列及其控制逻辑的描述,这些是业务建模中最基本的描述方法。

4.1.1.1　*功能分解方法*

任务的功能分解涉及业务分析和软件系统等不同层面[1],可以表述为功能分解图和模块结构图。

功能分解图的本质是从顶向下,将一个复杂的系统分割成小的模块,分层组织功能模块,模块按照高内聚、低耦合方式设计并组织。这使得问题表述规范、简单并易于理解维护,是目前基于功能任务划分的主要方式。图 4 - 1 给出了一个功能分解的示例。

在软件构造阶段,类似的表述还有早期的模块结构图,描述了系统中每部分的功能和子功能以用于软件的结构化分析设计。在模块结构图中,每个模块需要完成某一特定功能,高层模块对低层模块有调用关系。最顶端的主模块,可以调用下一层的模块,传递信息并得到返回信息。每一个中间层模块功能是控制它下层模块的处理过程,各模块均有控制逻辑和错误处理逻辑。在端点或叶子节点上的模块包含执行程序功能的确切算法。模块结构图具有严格的层次关系,一个低层的模块永远不会调用高层模块。

无论是功能分解图还是模块结构图,重要的是功能任务的划分。功能任务的划分有很多种方式,常涉及模块的内部耦合和集成应用等方面的综合权衡决策。

一般来说,功能划分的质量指标主要是根据划分后的功能模块或功能组件的耦合度和内聚度两方面进行考虑。

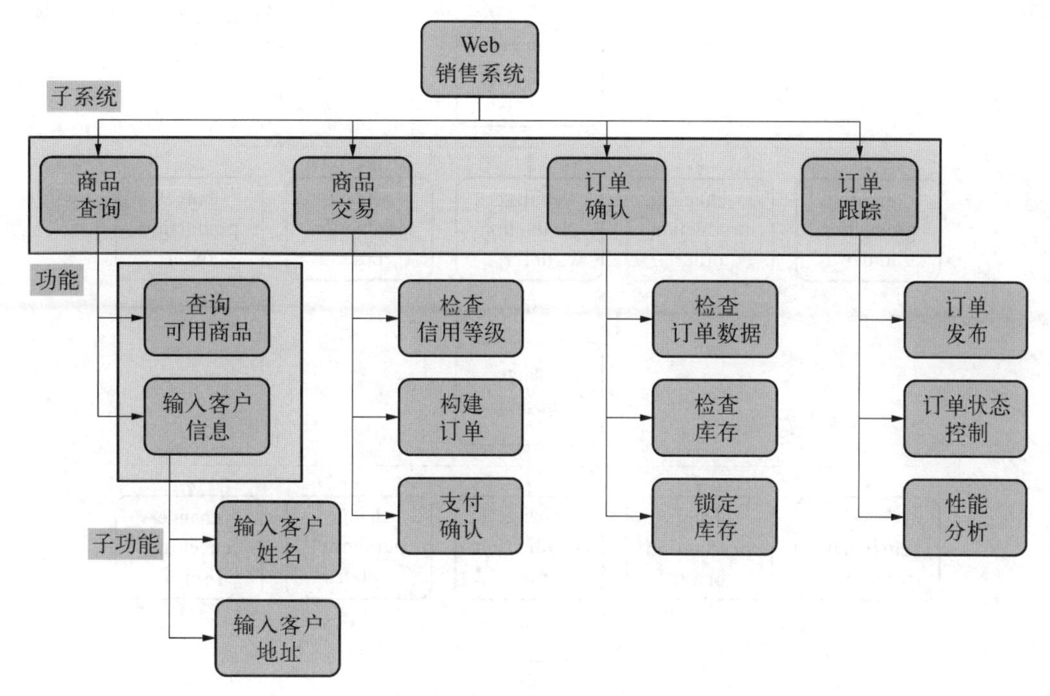

图 4－1　功能分解示例

1）耦合度指的是一个功能组件与其他功能组件的相关程度

建模的目标是使功能组件尽可能互相独立。一个独立功能组件有一个严格定义的接口,包括一些预先定义好的数据域,可以在不同的环境下执行。功能组件只需要在这些预先定义好的数据域中读取传回结果即可,而无须知道其他组件调用它的方式。一般来说,仅有简单的数据耦合是最好的耦合,当调用组件时,有一个特定的数据项传过去,然后执行组件并得到一个返回的输出数据项,这样的功能组件的重用性较好。

2）内聚度指的是功能组件内部的凝聚程度

内聚度指在一个完成良好功能任务的内部所有代码的凝聚程度。具有高度内聚的功能组件只执行一个单一的功能,所有指令都是功能组件的一部分。低内聚的功能组件可以完成具有多个松散关系的功能。一般来说,耦合及传递的特定数据项的数量可以很好地表示功能组件的内聚程度。执行一个单一任务的功能组件往往是高内聚的,因为所有的内部代码使用同样的数据项。低内聚的功能组件往往有高耦合,因为相互有松散关系的任务经常对不同的数据项进行操作。因而,低内聚的功能组件经常由上层模块传递一些相互联系不大的数据项。

在业务建模阶段,功能任务的划分主要方式是基于角色活动进行划分,以组织单元或者角色的任务区分为主。不同组织单元负责的任务尽量分开,同一个组织单元的功能尽量合并在一起,这样的划分方式,对于明确职责,减少组织间的过多交互具有积极作用,也符合高内聚低耦合原则。

在软件设计阶段,具体来说,功能任务还可以根据信息对象、操作、流程等方式进行划分,如图 4－2 所示。

这些任务划分方式中,其实现方式各具特点。基于信息对象的任务划分方式是指,各个

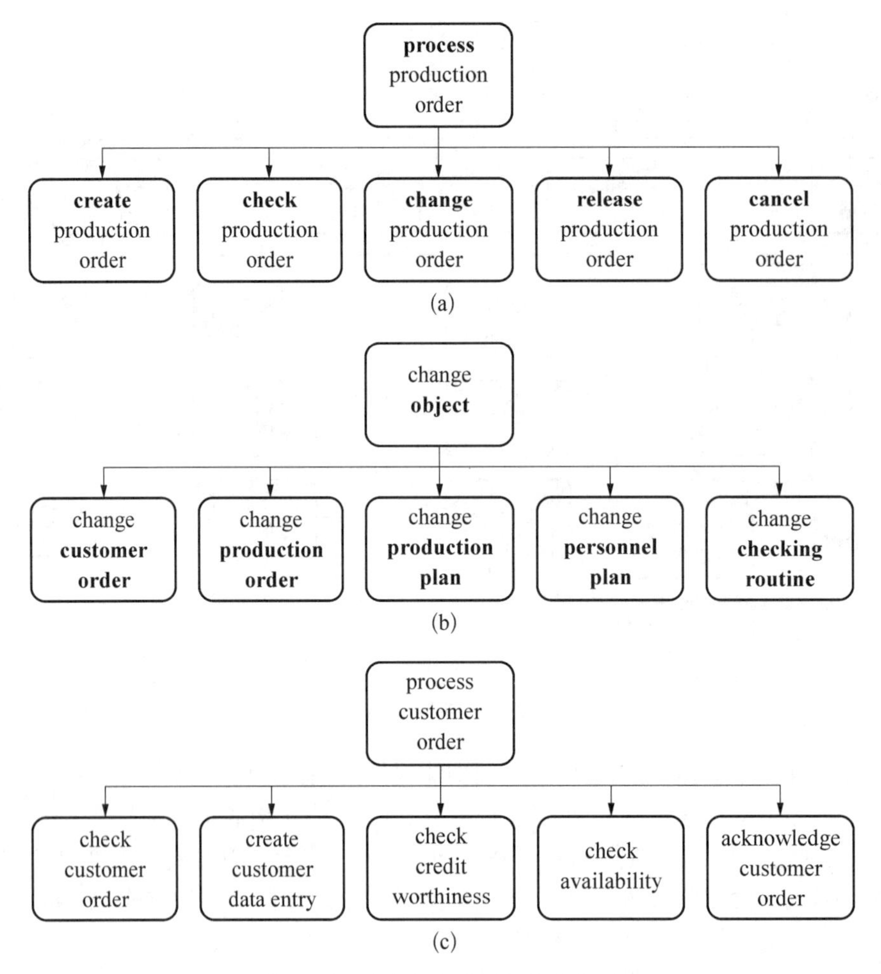

图 4-2 功能任务分解的主要形式

(a) 基于信息对象的任务划分;(b) 基于操作的任务划分;(c) 基于处理流程的任务划分

信息对象和后续面向 RESFful 服务构造较容易对应,适应于以数据为核心的软件开发实现;基于操作的任务方式是指,根据操作的任务划分,往往和具体功能结合,适应于采用基于 SOAP 的接口方式构造,适应于划分功能处理类似软件的开发实现;根据流程的任务划分方法是指,通过业务流程的逐步分解,构造出子系统、模块等结构,是大多数系统划分的主要形式,适应于大多数复杂的软件系统的开发实现。

实际过程中,功能任务的组成往往是多种方式的结合,如子系统层面采用基于处理流程的方式,在具体功能上常采用基于操作的任务划分方式,面向后续 RESFful 服务构造,也有采用基于信息对象的方式。

4.1.1.2　基于数据的功能划分

任务的划分方式可以从和相关业务要素的关系进行划分,例如,以任务和业务单元的关系为基础划分,属于一个角色的可以划分一个任务,涉及多个角色交互尽量划化为多个任务。另外,基于数据的活动聚类[2]也提供了一种较好的划分方式,只是涉及数据的处理。

现有某航模产品相关的一批不同粒度任务待处理，具体任务名称可简单描述为“0 总装、1 蒙皮、2 机翼、3 摇臂、4 弹簧、5 副翼 、6 伺服器、7 拉杆、8 发动机 、9 发动机机架、10 襟翼、11 发动机叶片”，另外第 0 号任务为总体集成任务，由企业自行完成，其余任务则分解到外部企业进行生产。

（1）任务相关性矩阵构建。根据任务相关性规则，对其相关关系进行分析，建立任务的相关性矩阵，如图 4－3 所示。

$R_{Tij}=$

	MT_0	MT_1	MT_2	MT_3	MT_4	MT_5	MT_6	MT_7	MT_8	MT_9	MT_{10}	MT_{11}
MT_0	0 1											
MT_1		0 1.00	1 0.85			0.70					0.70	
MT_2	1	0.85	0 1.00			0.85					0.85	
MT_3				0 1.00	0.75		1 0.85					
MT_4				0.75	0 1.00		1 0.75					
MT_5		0.70	1 0.85			0 1.00					0.50	
MT_6	1			0.85	0.75		0 1.00	0.5				
MT_7	1						0.50	0 1.0				
MT_8	1								0 1.00	0.5		1 0.95
MT_9	1								0.50	0 1.0		0.30
MT_{10}	1	0.70	0.85			0.50					0 1	
MT_{11}									1 0.95	0.3		0 1.00

图 4－3　某实例的任务相关矩阵

（2）以图 4－3 所表达的相关性矩阵为基础，进行聚类计算，获得聚类谱系图，如图 4－4 所示，其中纵坐标为任务间的距离。根据相关资源间的紧密关系确定聚集。本例中的结果为以下 5 个聚集｛MT_8，MT_{11}｝，｛MT_9｝，｛MT_3，MT_4，MT_6｝，｛MT_7｝，｛MT_1，MT_2，MT_5，MT_{10}｝。

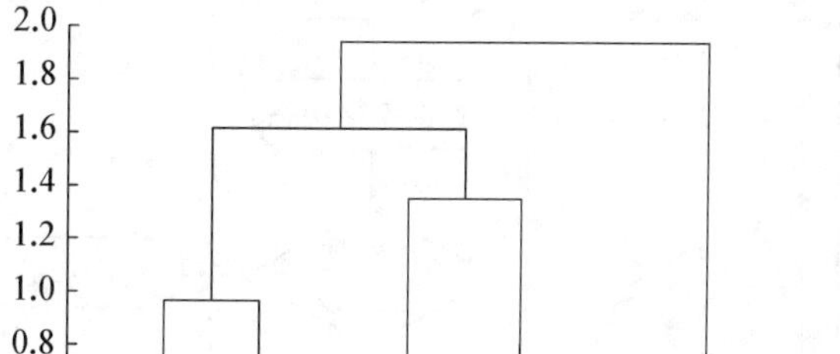

图 4－4　任务的聚类谱系图

（3）任务分解。分解演化相关任务，重新建立任务关系，其过程如图 4－5 所示，各个聚集内的任务有较高的相关度，可优先扩散到关系紧密的不同外部企业中进行生产。

4.1.1.3　基于时序的活动描述

按照执行时序描述的流程，主要采用活动图描述。在业务流程描述中，活动图着重表现系统的行为，描述了各个活动的顺序执行关系，以及遵循的控制规则。

活动图着重表现活动的控制流。在活动图中也没有通常的循环控制结构，活动图也在一定程度上能够表现并发情形。比较而言，顺序图着重描述对象之间传递的消息。

为满足多个组织或者多角色的交互描述，一般采用带泳道的活动图描述业务流程。通

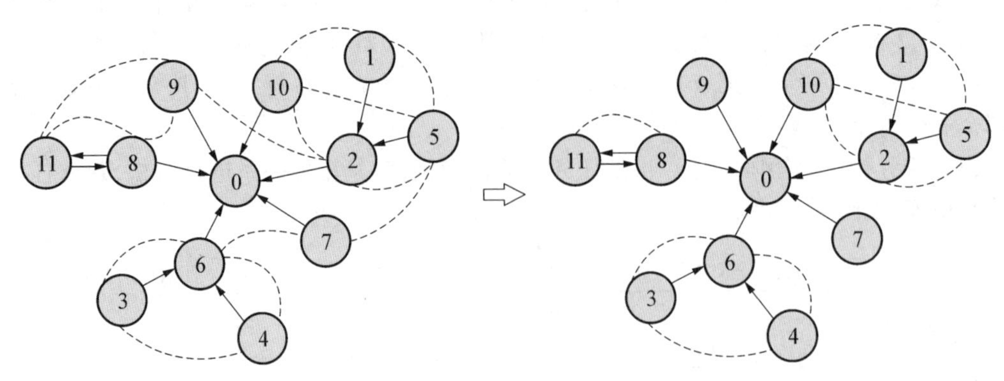

图 4-5 任务分解

过在各个角色间描述出所要进行的活动，以及活动间的约束，识别出多个角色间的交互活动。图 4-6 为一个跨组织的活动图实例，体现了多个角色协作实现销售业务流程的执行过程。

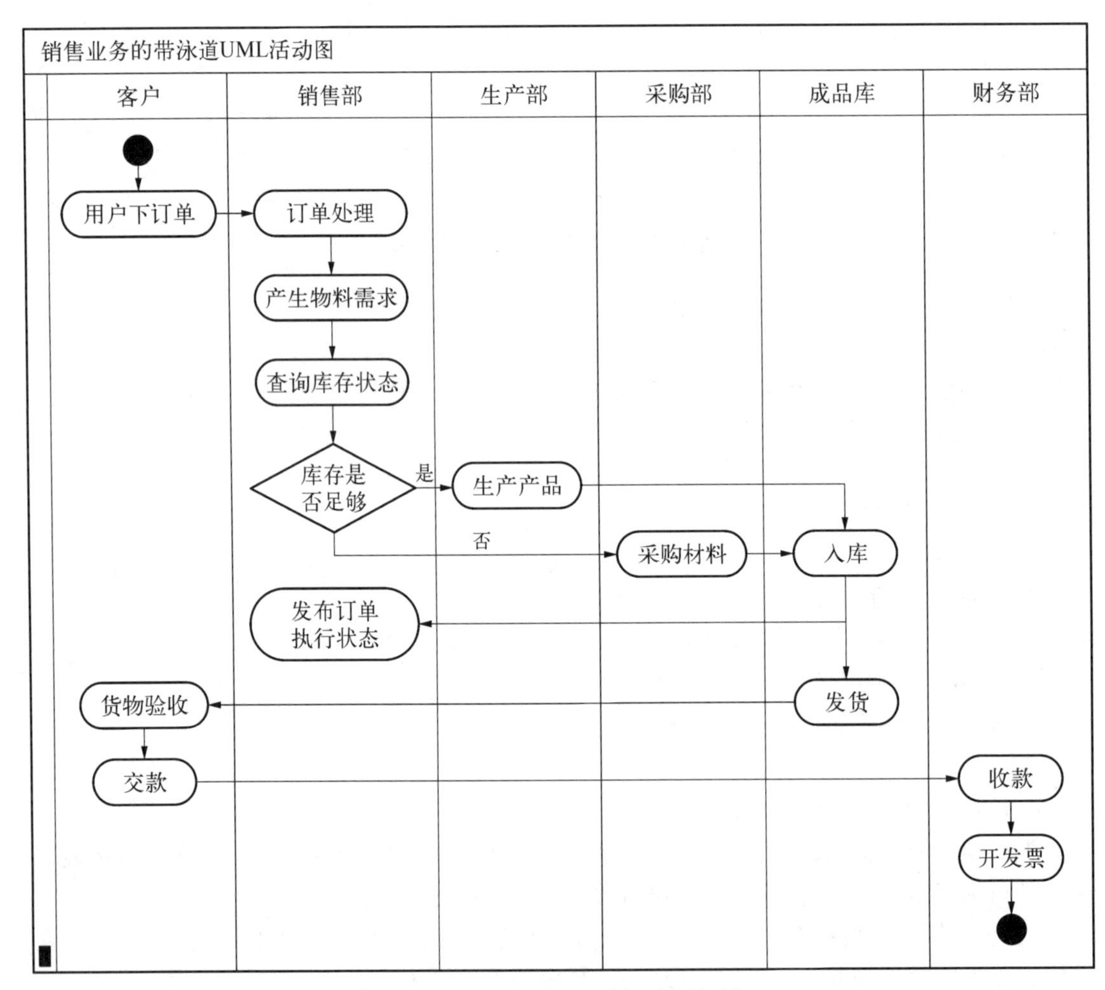

图 4-6 一个跨组织的活动图实例

4.1.1.4　角色行为图

角色行为图(Role Activity Diagram, RAD)是一种常见的图形化描述方法,主要用在组织建模中,也是另一种基于活动执行时序描述流程的方法。

通常情况下,一个流程中的各角色的任务并不是完全独立的,常常需要不同部门或者人员间的合作。这些合作是通过各种形式的交互实现的,这些交互也常常伴随信息或文档等信息对象的传递,甚至是对象的互换。因此,RAD 的基本思想是将流程中的所有活动按角色聚类,然后从各个角色内部或者外部的执行活动中展现其交互,从而可以重点把握各种角色的责任,并关注角色间的合作。

RAD 的概念主要涉及以下五点:角色指具有一定职责并完成一组活动的个人或部门;目标指通过交互过程达到最终的状态或状态集合;活动包括了前置状态和后续状态,确定了各个活动的发生顺序,形成一种时间流序列;角色间的交互作用,并不表明每个交互活动或者作用的物理形式,而是作用的意义,包括对象的同步、传递和互换;经营规则描述了业务约束条件,包括了顺序、决策和并行等。

RAD 强调了流程中的角色职责,单个角色的行为被表示为垂直的一串节点,水平线则表示多个角色的参与。

RAD 由基于活动的流程图扩展而来。从组成元素上看,除了活动外,RAD 还包括状态和控制等元素,状态表明活动的原因和结果,控制表示活动的路径选择等。RAD 元素符号说明如图 4-7 所示。

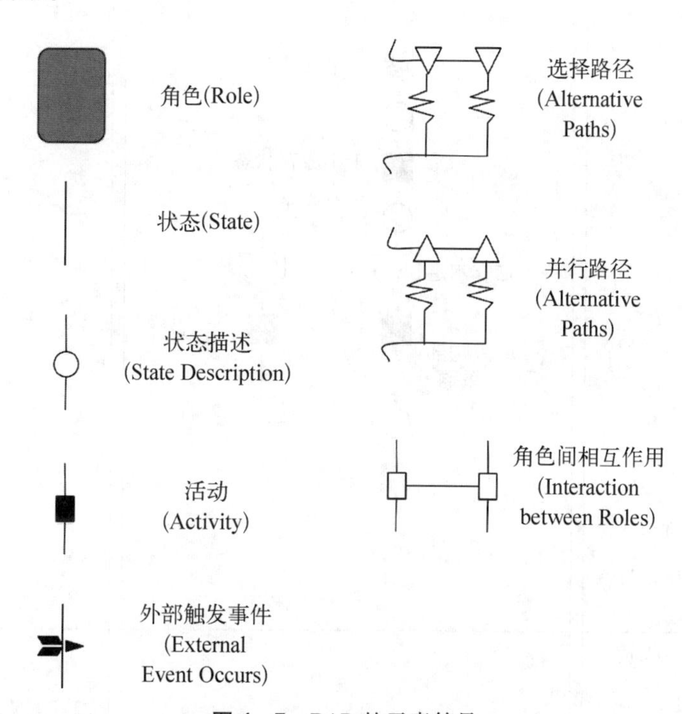

图 4-7　RAD 的元素符号

RAD 的主要特点有以下五个。

(1) 按角色分解流程。角色通常是由担负一定职责的个人或部门。流程中的角色是相对独立的,利用各自的资源集完成相应活动,并通过与其他角色的交互实现合作。

(2) 基于角色状态描述的流程目标。目标表述了一种功能性的状态,即流程试图达到的最终状态集合,所有角色的最终状态表示了流程的目标。

(3) 按时序执行的活动。各个活动按照时序连接,依次执行。

(4) 关注角色的交互作用而不是形式。在交互方面,RAD 并不表明每个交互作用的物理形式,而关心的是作用的意义和达到的效果。

(5) 体现企业的经营规则。通过路径控制,实现企业经营规则。RAD 中有专门的符号将角色、目标、活动和作用等概念联系在一起,体现经营规则的路径控制也有路径选择和并行路径等两种。

交互作用可以发生在两个角色之间,也可以在多角色间进行。这些角色同样要遵循同步要求,即各角色在到达开始状态后,同时发生作用,且同时结束。至于这一过程的时间则可长可短,依具体情况而定。

图 4-8 为一个销售过程的 RAD 实例。

RAD 表示法扩展了基于活动的流程表示方法,虽然使角色的交互更为清晰,但也增加

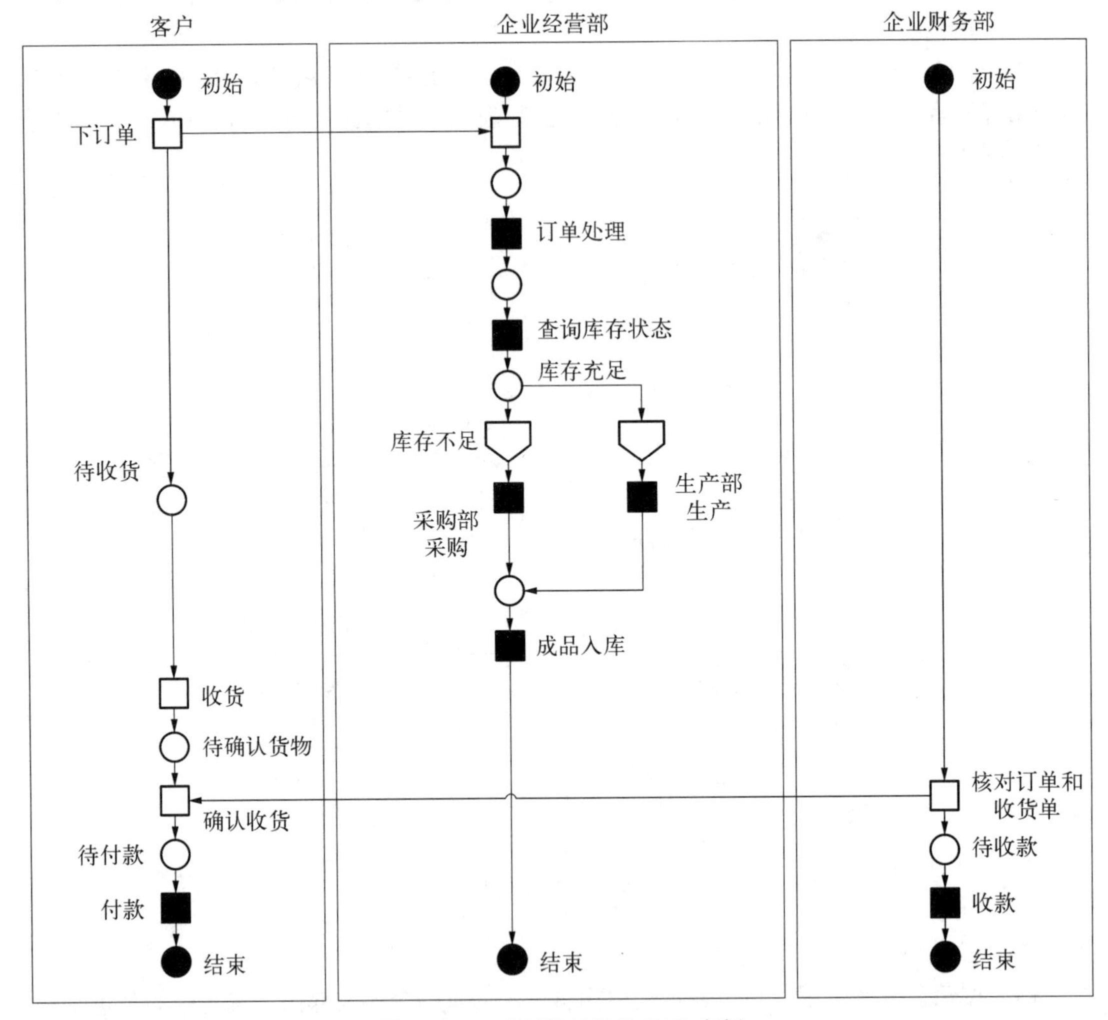

图 4-8 一个销售过程的 RAD 实例

表示的复杂性。在一些情况下，RAD 由于不具有模型分解的能力，只适合用于流程的总体概览，不能深入地描述流程细节，因此不便于用来表述特别复杂的流程。

为解决复杂性问题，RAD 图可以采用非层次化进行划分，如图 4－9 所示，给出了上例的一个展开表达。

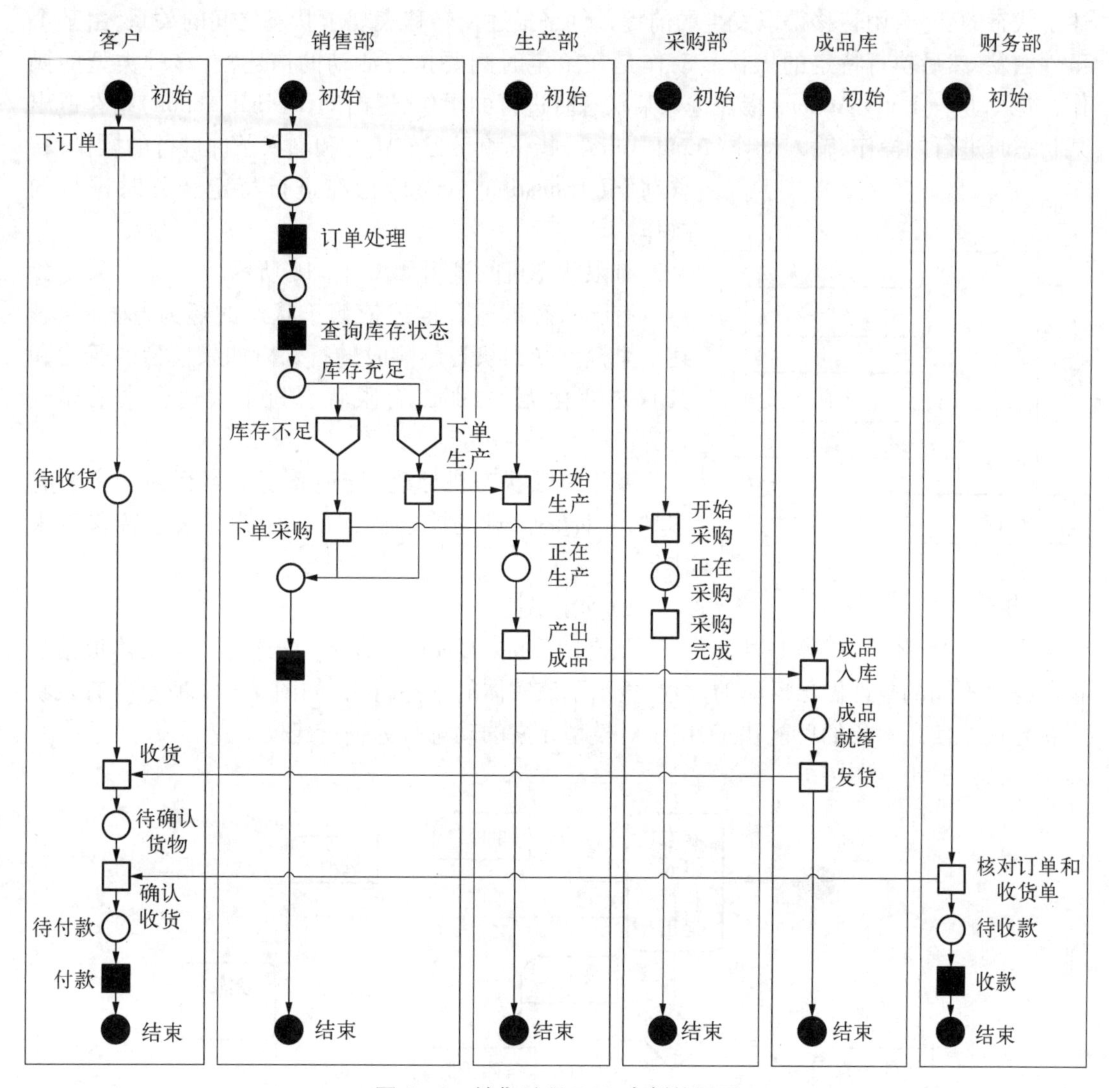

图 4－9　销售过程 RAD 实例的展开

通过嵌套，一个自有的活动可扩展为新的 RAD 图，相关角色和活动可以重新展开。这与很多传统系统分析工具采用层次化的结构分解不同。不过，有时企业经营过程并不太适合结构化分解，它更趋向于多维网络结构。因此，RAD 图在一定场合是适用的。

4.1.2　任务的执行控制

在对业务任务进行分解以及描述后，为了研究软件系统或各个组件的复杂行为，需要以主要的信息对象为基础，描述软件系统的动态状态及变化，同时作为系统行为的控制核心。

任务状态描述的理论基础主要是有限状态机(Finite State Machine,FSM)。有限状态机表示了有限个状态以及在这些状态之间的转移行为的数学模型。一个有限状态机由多个状态组成,各个状态由转移连接在一起,主要涉及状态、转移以及动作等概念。

其中,状态是对象执行某项活动时的条件,反映了系统开始到现在的输入变化。转移描述了状态的变化,用转移得以发生的前提条件来描述。转移表现了状态之间的关系,由某个事件触发,然后执行特定的操作。动作是在给定时刻要执行活动的描述,有多种类型的操作:进入动作(Entry Action)指在进入某状态时进行的操作,退出动作(Exit Action)指在退出某状态时进行的操作,输入动作(Input Action)指依赖于当前状态和输入条件进行的操作,转移动作(Transition Action)指在进行特定转移时进行的操作。

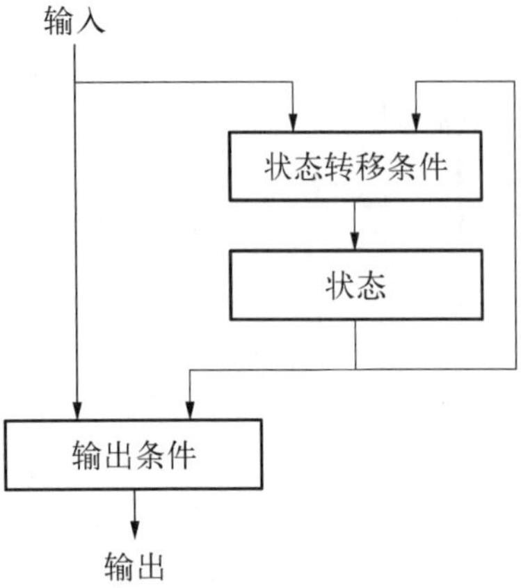

图 4-10　有限状态机的逻辑图

有限状态机的逻辑如图 4-10 所示。

有限状态机适合描述依赖于状态的行为,适合于表述一个模型受到状态影响时的行为。如果模型的行为和其状态变化无关,那么有限状态机不太适合来描述其行为。

基于有限状态机原理,描述系统动态行为的方法有多种,一种是常见的状态图,另一种是用状态转移表来表示。

1) 状态图

状态图(State Chart Diagram)描述了一个实体根据当前状态对不同的事件做出反应的过程,显示了该实体的动态行为,如图 4-11 所示。有限状态机定义了信息对象的可能状态,用于对模型元素的动态行为进行建模。

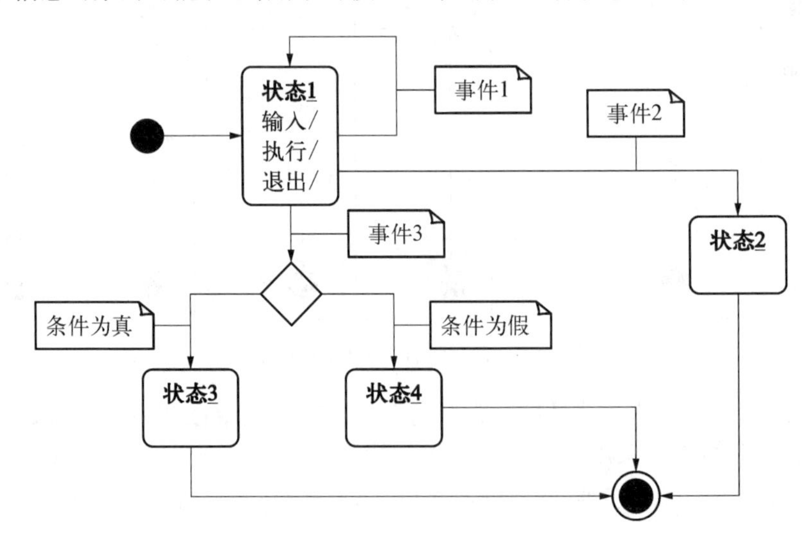

图 4-11　状态图

2) 状态转移表

另一种表述资源状态的方式是状态转移表。资源的状态转移表不仅清晰地反映了什么状态在什么事件驱动下可能转移到什么状态,还对资源状态转移矩阵的构建进行了初步分析。如表4-1所示,表头横向为资源所有的状态,纵向为资源状态发生转移的条件或事件,表中为当前列状态在行条件的作用下转移到的目标状态。例如,当前状态 S_1 在条件 C_1 的作用下将变化到下一个状态为 S_2。

表4-1 状态转移表

条件	状态 S_1	状态 S_2	状态 S_3	状态 S_4
条件 C_0	…	…	…	状态 S_0
条件 C_1	状态 S_2	…	…	…
条件 C_2	…	状态 S_3	…	…
条件 C_3	…	…	状态 S_4	…
条件 C_4	…	…	…	状态 S_1

状态图和状态转移表可以在一定条件下实现相互转换,这方面可以适应于不同建模者的习惯。任务的执行控制是实现页面跳转、系统运行的关键。一般来说,用户交互可以采用状态图,但涉及很多条件的组合和复杂跳转时,采用状态转移表可以方便计算机的处理。

4.2 基于数据的流程建模方法

基于数据的流程建模方法主要指以数据为核心的建模,主要涉及数据的分类建模以及数据流的表述。

4.2.1 数据分类及建模

1) 数据分类方法

不同企业对于数据的划分有着不同的认识。由于数据使用者不同,企业数据可分为主题域模型、概念模型、逻辑模型、物理模型[3]。而不同的企业也建立了自己的数据分类方式。

(1) SAP认为,ERP系统的数据可以分为两大类。一类是主数据,指的是类似客户、产品、供应商等,是在一段时间内不会被频繁创建或修改的“静态”信息;另一类是业务数据,指的是生产订单、报修单一类的和业务活动相关,大量且频繁被创建或者处理的“动态”凭证。

(2) Oracle认为,主数据是描述核心业务实体的关键事实(如客户、产品、员工、地区等)和这些事实之间的数据关系,这些关键事实在多个业务系统中被反复用到,在多个应用系统交互时,相同的业务实体也可能有所区别。

(3) Microsoft认为,主数据是改变缓慢,并可以跨系统共享的业务关键名词,通常包括人、物、地点和抽象对象等业务实体的信息。企业的数据分为五类:非结构化数据、元数据、交易数据、分级数据和主数据。

(4) IBM认为,主数据是用来描述企业核心业务实体的数据,具有高业务价值,且可能存在多个异构应用系统中,并可以在企业内跨部门重复使用。数据管理的范畴通常包括主数据、交易数据以及元数据。其中主数据定义了企业核心业务对象,如客户、合作伙伴、员工、产品、物料单、账户等;主数据还包括用以描述主数据之间关系的关系数据,如客户与产品的关系、产品与产品的关系等。主数据特点是:① 准确的、集成的;② 跨业务部门的;③ 是在各个业务部门被重复使用的。

2) 数据分类整理

基于这些说法,我们按照时间稳定性以及应用的特点,按照软件设计的要求,把数据分类整理为以下四类。

(1) 主数据:主要是相对稳定、可以在公共范围内重用的基础数据,如人员、物料、产品、设备、地点、供应商等,可独立存储并单独存在,主要的操作可以分为只读不写,以及单独的增删权限等。

(2) 业务数据:和业务相关的数据,可以通过多种主数据的引用而来,如订单核心是引用了客户、产品具体的金额等信息。业务数据是大量生产及重复处理的业务数据。

(3) 状态数据:面向流程类应用的信息控制所建立的数据,主要体现为主数据或者事务数据的动态变化。

(4) 关联数据:更多是连接业务数据和主数据的中间数据,和数据处理过程相关,体现出基于主数据构造出一些处理需要的数据,进而可以组合生成直接和业务相关的业务数据。

3) 数据建模

因此面向复杂应用需要,如图 4-12 所示,一种典型的数据建模方式往往涉及各类数据的建模和关联。

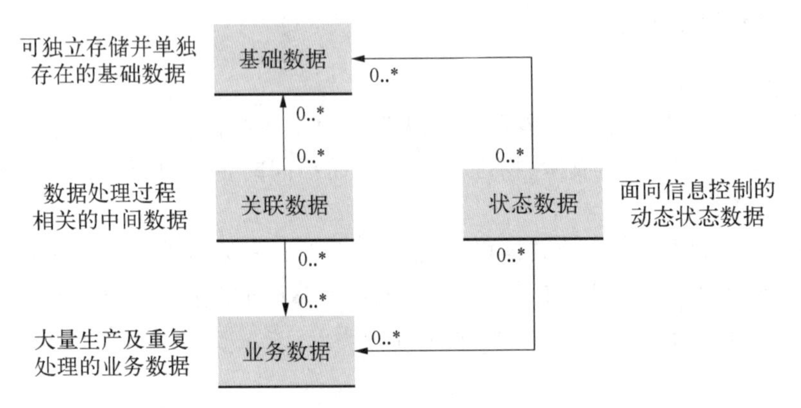

图 4-12 按照类型划分的数据建模思想

参考以上建模思路,图 4-13 给出了一个车辆调度的数据模型。乘客、站点、司机和车辆被抽象为一些基本信息对象,而面向运行过程中的调度、计数、路线等抽象为关联信息对象,体现为基本信息对象的关联,业务信息对象体现为事务相关直接可用的信息对象,为各关联信息对象的进一步组合,而状态信息对象则保存不断变化的事务状态。

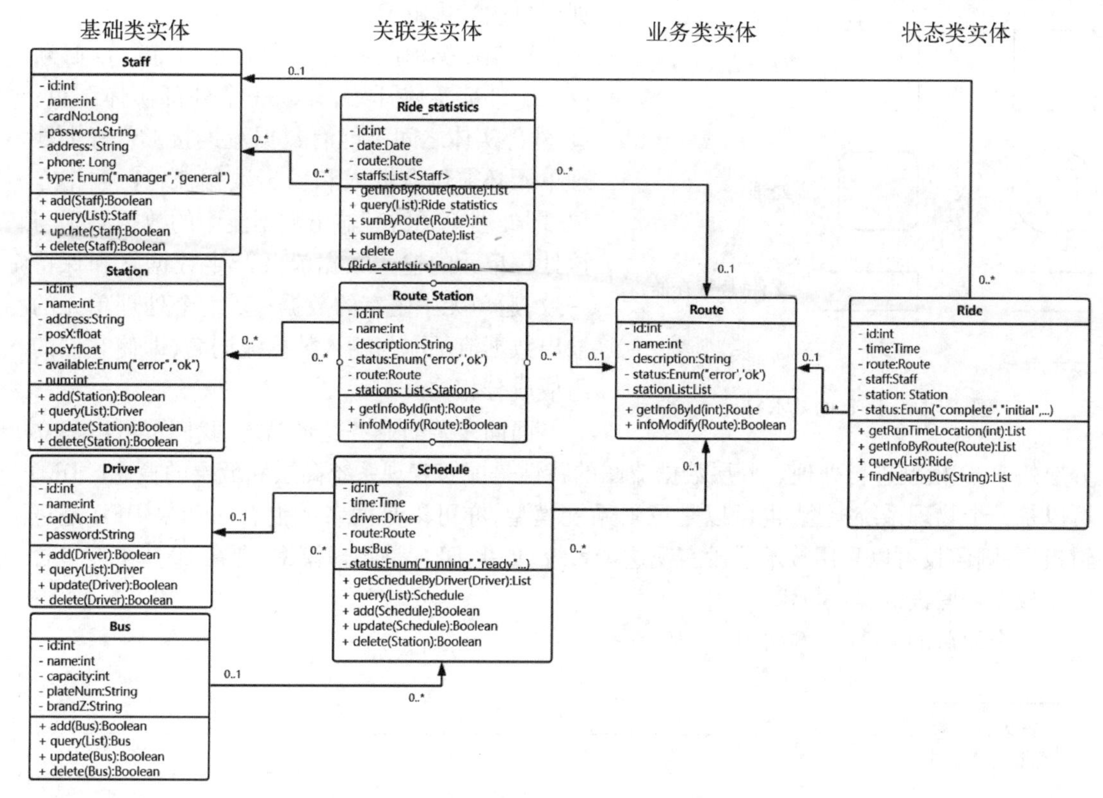

图 4-13　按照类型划分的数据建模实例

4.2.2　数据流图

数据流图(Data Flow Diagram,DFD)是一种图形化模型,是从数据处理和传递的角度来表达系统的逻辑功能,以及数据在系统处理活动之间的逻辑流向和变换过程。数据流图在一张图中展示了系统的输入、输出、处理和数据存储,是用于表示软件模型的一种方法。

数据流图中有以下几种主要元素。

(1) 外部实体(数据源或数据终点):系统边界之外的实体,可以是个人或者组织以及其他软件系统。它是系统外部数据的来源和目的,提供数据输入或接收数据输出。

(2) 处理模块:数据进行处理的单元,定义了数据从输入转化到输出的算法或规则。它接收一定的数据输入,对其进行处理,并产生输出。

(3) 数据存储:表示信息的静态存储,用来存储一个数据实体的内容,供将来的数据访问及提取,可以是持久化对象、文件、数据库表等。

(4) 数据流:数据流是数据在系统内的传递路径。由于数据流是流动中的数据,所以必须有流向,也包含了一组具体内容的数据。

事实上,Yourdon & Coad 和 Gane & Sarson 给出了两种不同的 DFD 表示法,且都涉及了以上四种元素。和 Visio 软件采用方式一致,这里采用了 Gane & Sarson 的表述方法,如图 4-14 所示,DFD 是符号不多的图形化模型,它很容易被理解并得到普及。开发人员很容易从 DFD 图中看出系统中相互关联部分,而最终用户、管理人员和其他人员只需要稍加培

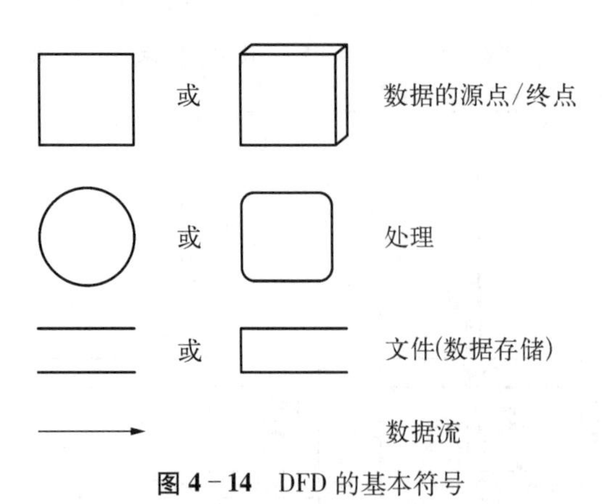

图 4-14　DFD 的基本符号

训即可读懂理解 DFD。

绘制数据流图需要注意的原则有：① 必须以一个外部实体开始，并以一个外部实体结束；② 外部实体之间不能有数据流连接；③ 每个处理单元必须包含输入和输出数据流；④ 数据守恒，即处理单元所有输出数据流中的数据必须与该处理单元的输入数据流及产生数据之和保持一致，避免无中生有的数据；⑤ 一个处理单元的输出数据流不应与输入数据流同名，即使它们的组成成分相同。

面向复杂的业务逻辑描述，我们也可以建立分层的 DFD 模型进行处理。分层数据流图的特性是能够表现系统高层和低层的概念。DFD 可以是一个物理系统模型，也可以是逻辑系统模型，亦可以是两者的混合。如果 DFD 是逻辑模型，则假设可以采用技术手段实现这个系统；如果 DFD 是物理模型，则在 DFD 中应包含一个或多个假设的实现技术。

一个简单的 DFD 实例如图 4-15 所示。

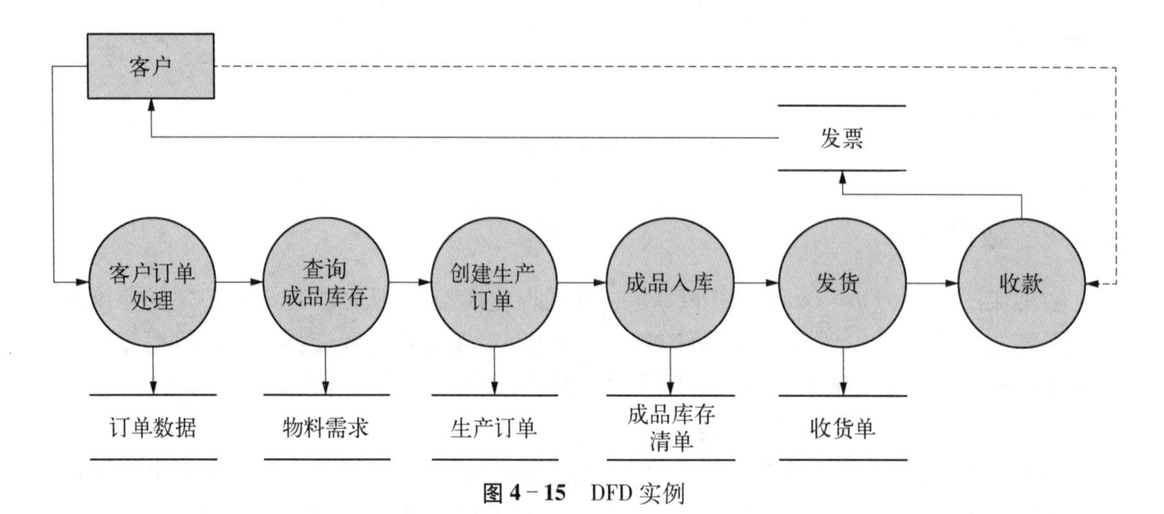

图 4-15　DFD 实例

4.2.3　数据流图与业务流程图比较

业务流程图(Transaction Flow Diagram, TFD)是结构化分析方法中一种常见的分析模型。TFD 采用尽可能少的符号及连线，来表示业务处理过程，具有易于阅读和理解的特点，是分析业务流程的重要方法。

目前，对于业务流程图的基本图形符号尚无统一的标准，但一般来说，在同一系统开发过程中所使用的基本图形应是一致的。业务流程图的基本符号如图 4-16 所示。

对于业务流程图来说，其核心在于描述处理活动的时序关系，业务活动与组织单元的对应关系，以及业务活动与数据读写存储关系，因此，其基本结构可以表示为处理活动为核心，体现为文档流，包含数据的读写支持的内容。

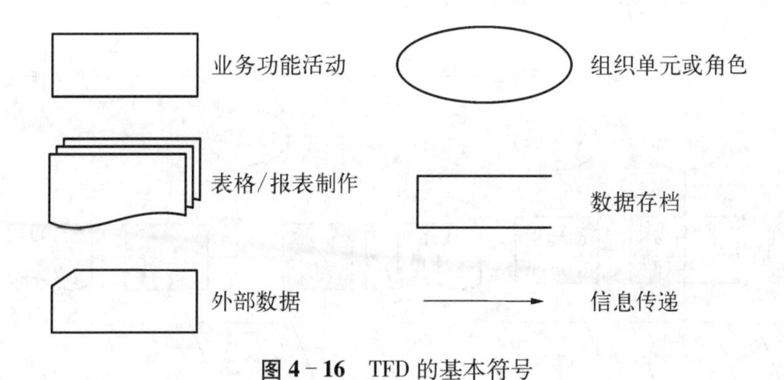

图 4－16　TFD 的基本符号

图 4－17 是一个入库流程的 TFD 实例。

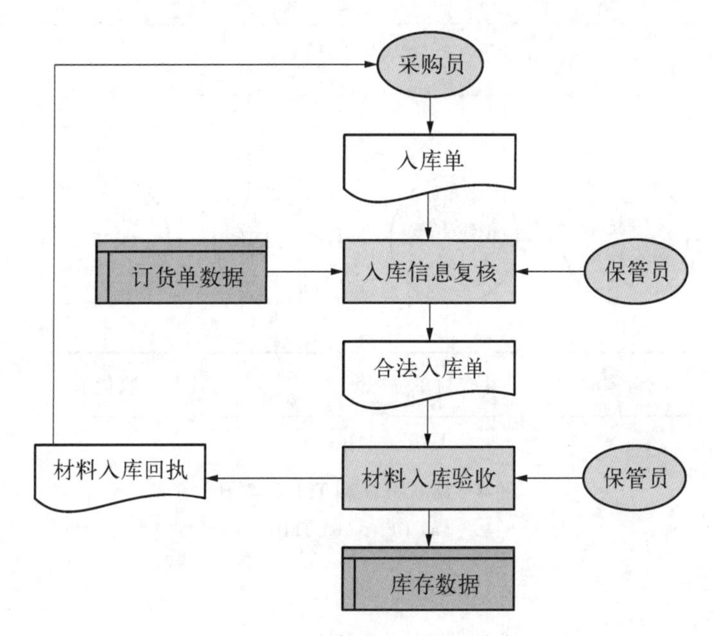

图 4－17　入库流程的 TFD 实例

根据业务活动的多少,有时业务流程还会有所变形。但从基本要素来说,只要业务流程图描述了活动的顺利执行,以及活动与组织单元的对应关系,数据流以及外部文档流因素反而在其次,这使得 TFD 和 DFD 既有区别又有联系,图 4－18 为二者对比。

TFD 和 DFD 的关系可以阐述如下:

(1) TFD 和 DFD 都是描述业务数据处理过程的图形建模方法。

(2) TFD 强调业务流程中每一项处理活动和具体部门的"业务关系"。而 DFD 更注重描述业务内数据间的关系及业务的"系统特征",标识业务通过外部实体与其环境交换信息。

(3) 从使用者的角度来看,用 TFD 描述企业各项业务的数据处理过程更容易与用户进行交流。DFD 比 TFD 抽象,描述的是业务系统内的数据处理过程,但难于描述系统的控制流。

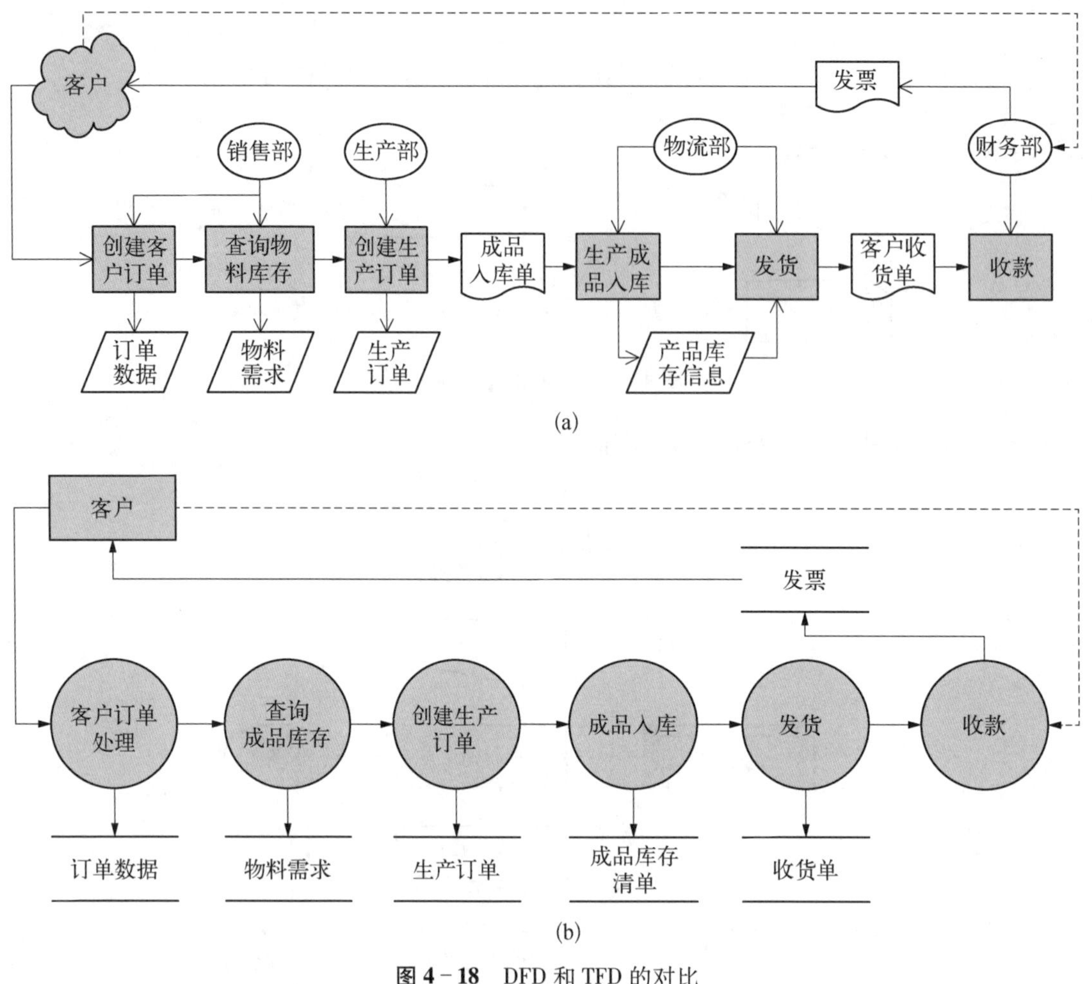

图 4-18 DFD 和 TFD 的对比

(a) DFD; (b) TFD

4.3 基于事件的流程建模方法

4.3.1 事件过程链基础

事件驱动过程链(Event-driven-Process Chain, EPC)是一种参考了实体关系模型(ER Diagram)和数据流图(Data Flow Diagram, DFD)建立的流程建模方法,由 Keller 等人在 20 世纪 90 年代初期提出,强调由起始事件和终止事件定义一个流程,目前被广泛应用于 ARIS 以及 SAP 业务工作流等业务建模平台中。

EPC 出现之前,其他描述业务组织和过程的方法都太过复杂,使用了太多太复杂的符号。它们过于面向技术系统,既不能提供并行过程的表述,也不能提供诸如组织或信息流视图这样的观察角度。而 EPC 方法从用户、管理人员和咨询顾问的角度出发描述了业务信息系统,同时加入了其他一些重要特征,如组织结构、功能、数据和信息流,便于业务人员理解,并利用实际业务经验开展重用。

1) EPC包含的基本语义元素

EPC[4]包含的基本语义元素有EPC事件、EPC功能、逻辑连接符等。

(1) EPC事件。EPC事件描述了状态的发生,同时又充当了诱发另一个事件发生的触发器。通常是触发系统流程某种行为的消息或请求,可以是现实世界中的一个状态,也可以是某种状态的改变。

一般有如下三种情况:能够触发流程启动的外部变化,如客户订单到达;流程内部处理过程中的状态变化,如产品库存使用完毕;带有外部影响的最终结果,如货物已送达。

根据事件在流程中出现位置不同,可以把事件表述为开始事件、中间事件以及结束事件。从这方面来说,事件体现了流程中每个任务的前提或后果。前提指在一个活动开展或执行之前,必须满足的条件;后果就是一个活动执行的结果,可以是人或计算机操作的结果。事件的命名常选用对于流程的开始或推进有意义的表达。

(2) EPC功能。EPC功能表示业务流程中完成特定任务的活动。代表了一个事件驱动的任务执行或转换过程。每个功能都有信息或物料等输入,经过处理过程后创造出的输出,可能是信息或产品,处理过程中可能会消耗资源。流程中的每个功能应该是增值过程,实现某项任务,完成业务流程改进的目标。一般来说,功能采用动宾短语来表示。

(3) 逻辑运算符。逻辑运算符描述了事件、功能或流程之间的逻辑关系。逻辑关系主要有与(AND)、或(OR)、异或(Exclusive OR)等。构建这些逻辑规则的目的是为了描述并行、分支、决策、事件触发等复杂业务流程。

这三种逻辑运算符的特征描述如表4-2所示。

表4-2 EPC规则表

操作符	在功能之前(单输入多输出)	在功能之后(多输入单输出)
OR	或决策,在一个决策之后有一个或多个可能的结果路径	或事件,功能有一个或多个触发事件
XOR	异或决策,在某一时刻有且只有一个可能的路径	异或事件,在某一时刻有且只有一个可能的触发事件
AND	与分支,流程被分成两个或多个并行的分支	与事件,所有的事件要同时满足才能触发功能

操作符与流程中的合并及分叉连接,可以产生更多的EPC语义,如:XOR split表示激活后续分支中的其中一个,AND split表示同时激活了所有的后续分支,OR split表示激活一个、两个或者多个后续分支,XOR join表示当后续分支中一个可选分支执行后继续,AND join表示等待所有进入的分支完成后继续,OR join表示等待所有的活跃分支完成后继续。

因此,EPC表述的业务流程中,一个功能由一个或多个事件触发,而功能的执行结果又会产生一个或多个事件,事件进而触发更多功能。触发及产生交替,就形成了一个事件和功能连接的消息链——事件驱动过程链。一个典型的EPC模型如图4-19所示。

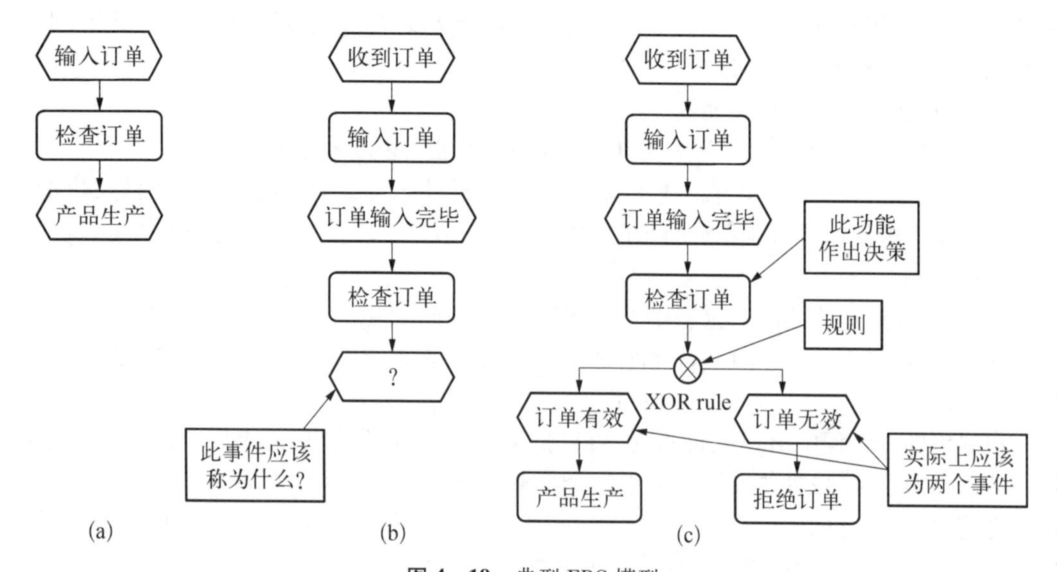

图 4-19 典型 EPC 模型

(a) 只有功能的流程;(b) 添加了事件的流程;(c) 正确建模

2）EPC 建模特点

EPC 在业务建模中主要有三个特点,具体如下。

特点 1: 适合业务人员建模。EPC 中使用了大量的业务人员容易理解的图元,从业务层的角度出发描绘了系统,适合于业务人员的开展和执行,如图 4-20 所示,一个常见的流程示例具体涉及客户(Customer)、企业(Company)、供应商(Supplier)等三个角色,以及三个角色对应的五个活动,分别是创建订单(Create)、订单处理(Order Processing)、原料采购(Purchasing)、原料提交(Provide Shipment)、产品生产(Production)。客户下单后,需求发生(Demand Occurred)事件产生,逐步触发了各个活动,产生了采购订单(Purchase Order)、订单接受(Order Acceptance)、生产订单发布(Release)、原料装运(Shipment)、生产完成(Product Finished)等事件。在此基础上,围绕企业内部执行的订单处理(Order Processing)、原料采购(Purchasing)、产品生产(Production)等,各类人员和各类资源被分配给各个活动,以支持活动的开展。从图 4-20 中可以看到,相关的企业各类资源都给了相关的图例,包括物料、IT 资源、设备资源等。这种围绕业务活动的建模和资源分配适合业务人员的思维特点,因此方便了业务人员建模。

特点 2: 降低了建模的复杂性。一个流程可以分为数据、功能、组织等不同部分,可以由不同人员通过不同方式开展,这样降低了建模的复杂性。如图 4-21 所示,一个通用的 EPC 流程包括了来自于各种视图中的多种元素,例如作为核心的活动便来自于功能视图,围绕活动的事件和环境数据来自于数据视图,职员以及关联的组织单元来自组织视图,每一个 EPC 流程都涉及数据、功能、组织等要素的组织和连接。在这种情况下,数据、功能、组织等视图的要素可以分别建模,但又通过流程实现集成和关联。因此,这种建模方式,可以有效减少建模的复杂性,又同时通过流程实现了各视图元素的一致性。

特点 3: 实现快速到程序的映射。基于 EPC,可以很容易地实现业务模型到实际流程的执行,这里给出了设计到运行的映射关系。因为,从业务到运行工作流可以很方便地开展,

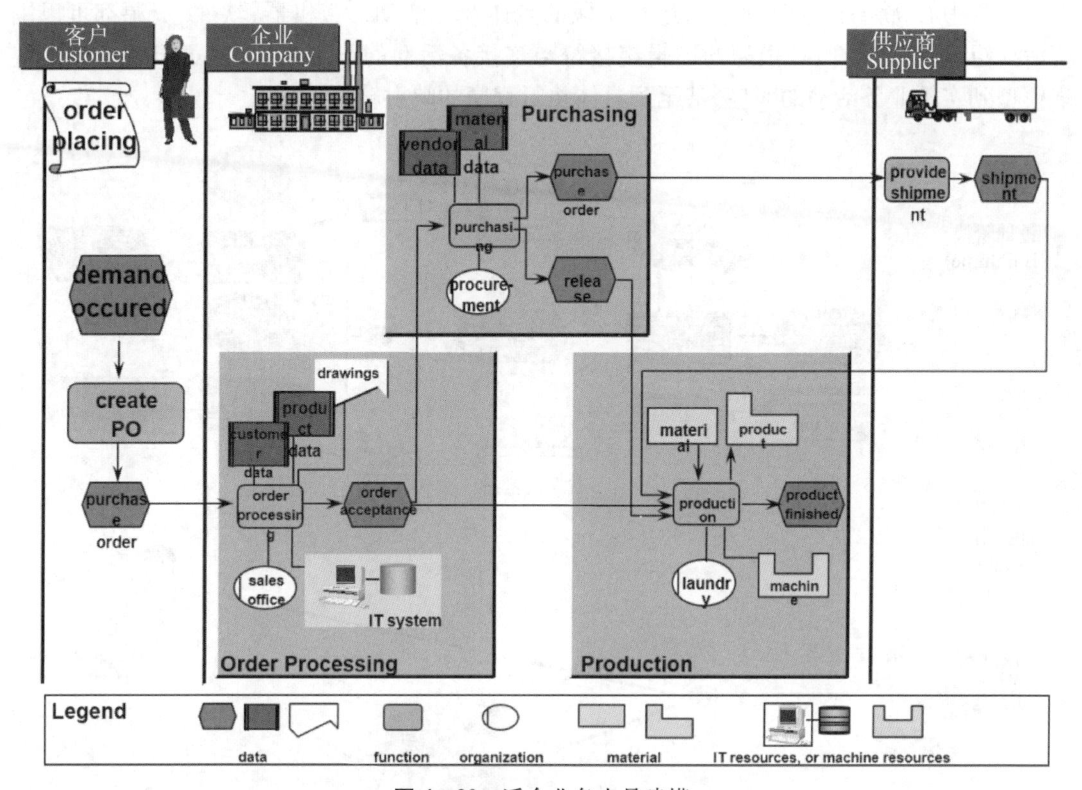

图 4－20　适合业务人员建模

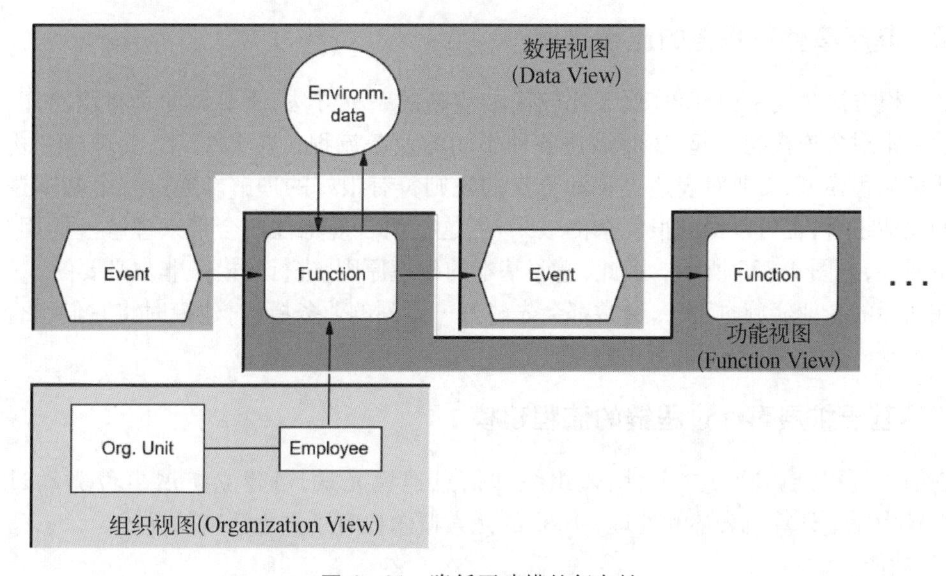

图 4－21　降低了建模的复杂性

便于理解且方便实施，这也是 EPC 模型得到业务人员青睐的重要原因。如图 4－22 所示，设计阶段建立的 EPC 模型本身可视作围绕活动的各个模块通过逻辑符连接。因此，只需要根据活动为中心，将各个活动映射为运行阶段的具体业务活动，人、机器、软件、资源都可以围绕活动组织，然后将 EPC 模型的逻辑连接符与连接各活动的路由对应，就可以很方便地实现模型到实际业务活动的对应，甚至到具体执行程序的映射转换。

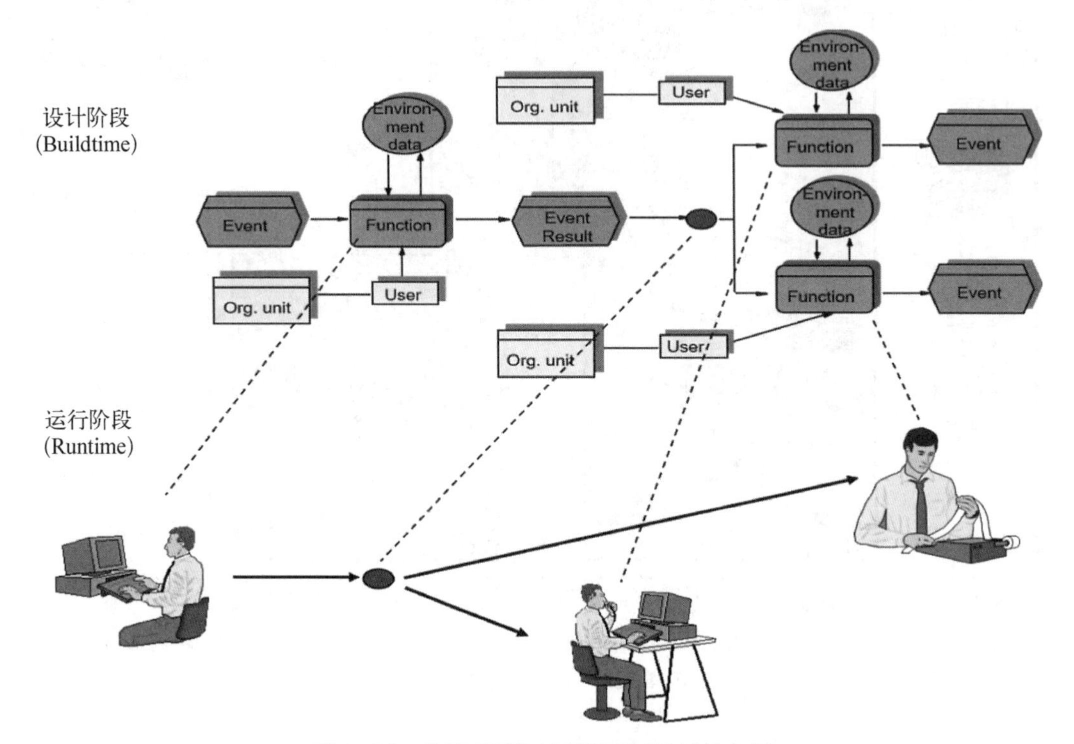

图 4－22 从模型到执行程序的映射转换方便

4.3.2 基于事件过程链的流程建模

从建模方法角度来说，EPC 属于比较简洁清晰的一种方法，所要做的是将以功能、事件为主的基本对象连接到一起，从而描述各种不同的业务流程。在 EPC 中，要理解和构建复杂的业务流程模型，需要对表达决策和分支的规则符有很好的理解。通过三个基本逻辑连接符的灵活组合，也可以得到很复杂的效果，但这些组合规则往往会带来理解上的困难，也容易犯错误，如图 4－23 所示。因此，遵照基本的建模原则，进行建模是非常必要的。

在实际的企业实施过程中，通常都会先建好一系列的业务模板，建模时将它们组合起来就可以了。

4.3.3 基于扩展事件过程链的流程建模

在事件过程链（EPC）之上，引入组织和信息建模元素，可建立扩展事件驱动过程链（eEPC），为便于计算机表述和处理，eEPC 的元素概念也有了更为清晰的描述。

1）功能

功能是为了实现一个或多个企业业务目标而作用在信息对象上的一个任务、操作或活

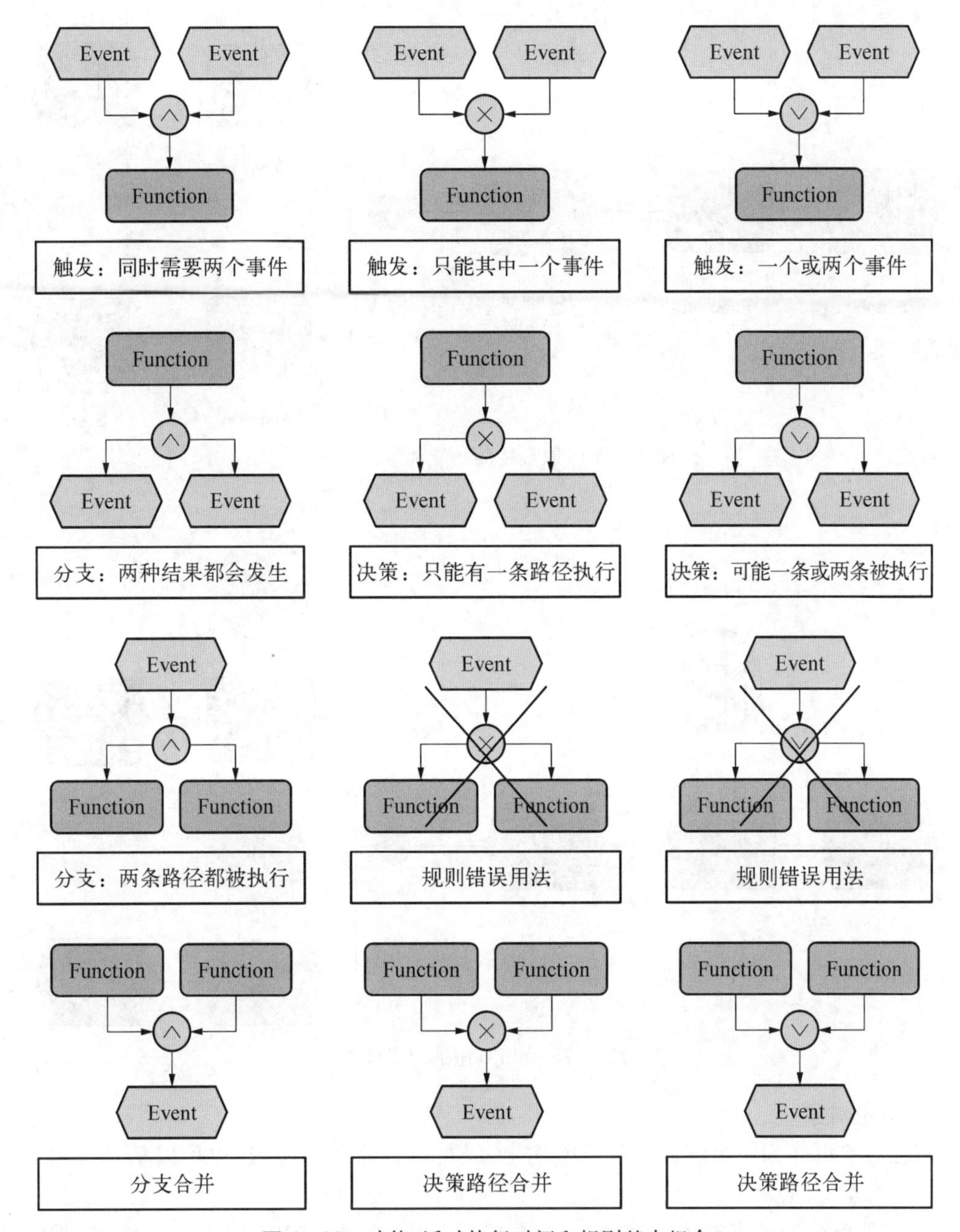

图 4－23　功能、活动执行时间和规则基本组合

动。一个功能可以由活动执行时间和成本来定义，功能是事件产生的载体。

2）事件

事件描述了与业务相关的信息对象状态。如图 4－24 所示，事件是某种行为相关的消息或请求，也可理解为某种状态的改变。这个状态可包括功能的前置或者后置条件，可能控制或影响业务过程的运行。

3）组织单元

组织可以是一个位置、公司、部门或员工。eEPC 中的组织概念如图 4－25 所示。

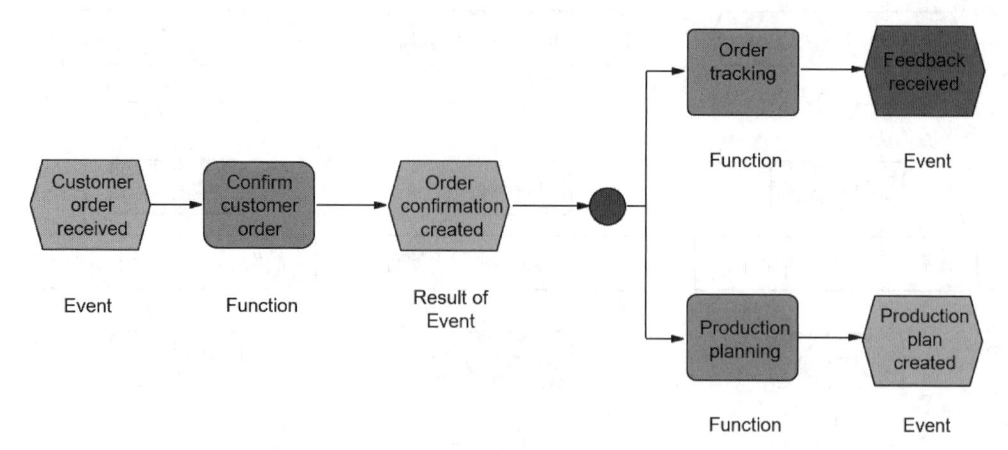

图 4-24 eEPC 中的功能和事件的概念

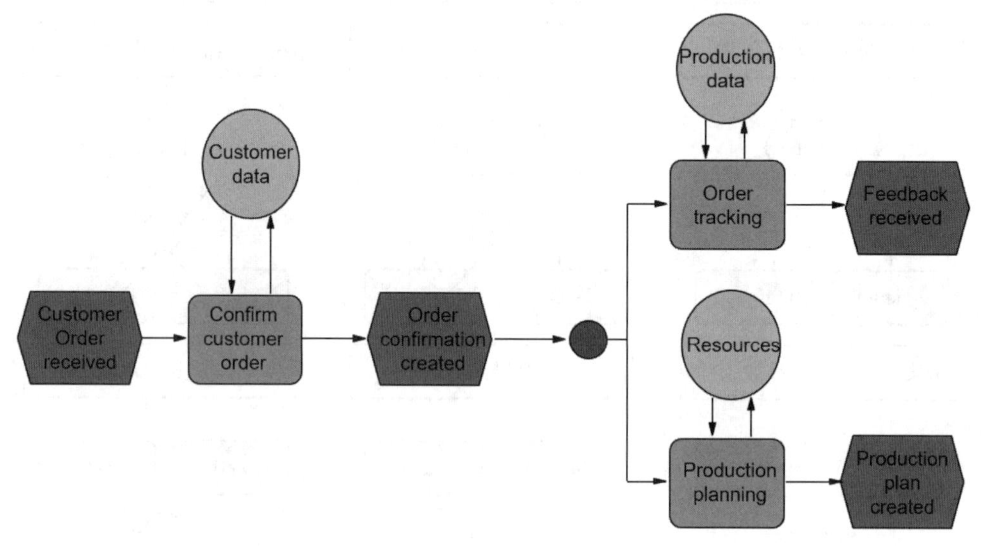

图 4-25 eEPC 中的组织概念

4）信息对象

信息对象可作为一个流程的输入或输出，既可以在系统内生成，也可以从外部输入，如图 4-26 所示。

要实现复杂的业务建模，需要对基本规则进行扩展，eEPC 的主要建模规则包括：① 每一个流程必须至少包含一个开始事件和一个结束事件；② 功能与事件永远交替着出现；③ 事件和功能永远只能有一个输入和一个输出连接；④ 事件是静态的，无法决定决策，决策必须是由功能作出，不要在事件后使用带有决策的规则连接，如图 4-27 所示。

总体而言，eEPC 提供了一种容易理解的方式来建模，适应于表达基于消息传递的业务交互以及软件集成场景。当然，在涉及复杂的控制系统和基于数据的应用系统时，基于状态或数据的建模方式也许更合适。

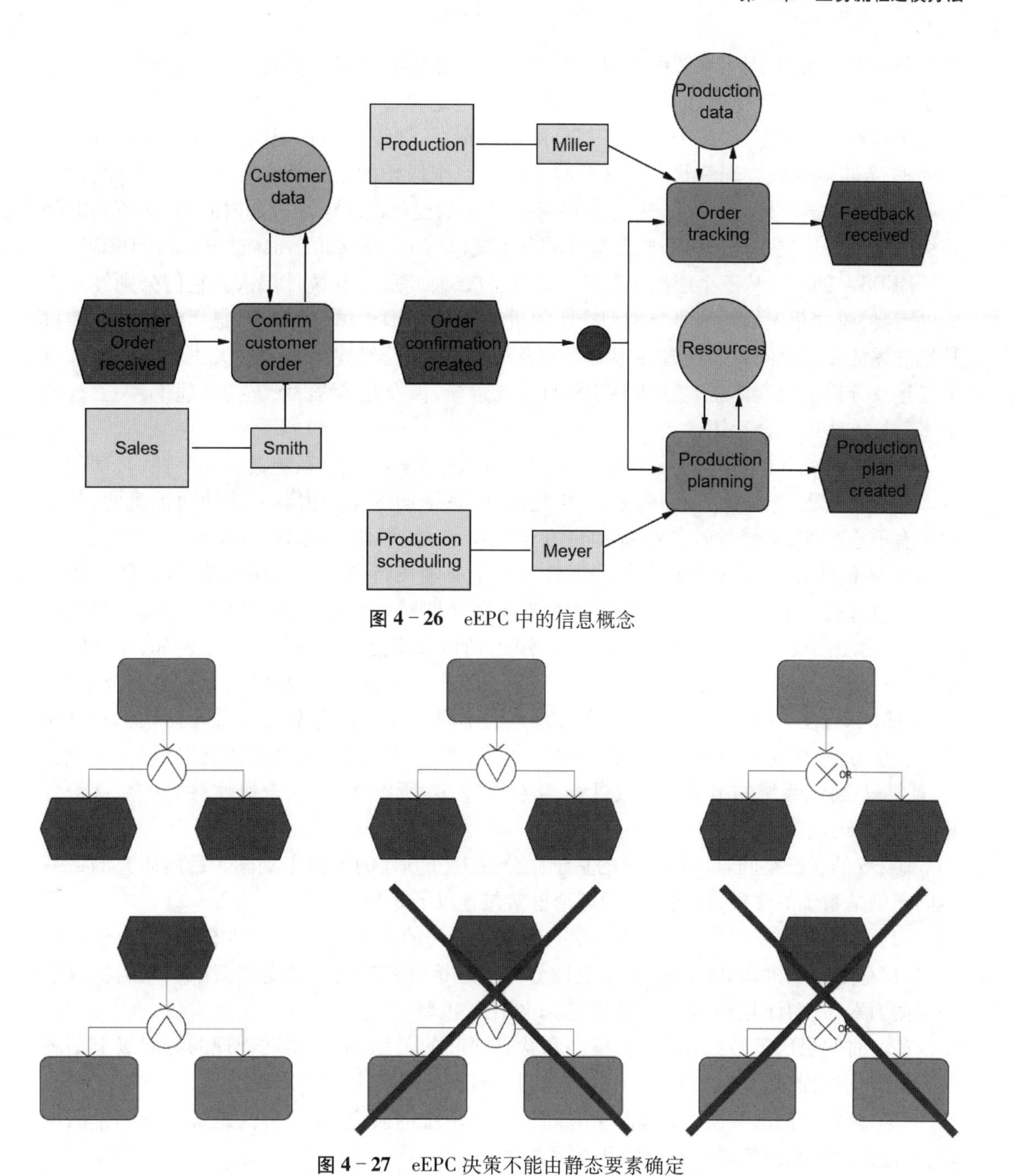

图 4 - 26　eEPC 中的信息概念

图 4 - 27　eEPC 决策不能由静态要素确定

4.4　基于状态的流程建模方法

4.4.1　离散事件动态系统

在实际应用中，如制造系统、计算机系统、通信系统等，都难以用传统意义下的微分方程或差分方程来描述,因为系统的进程更多是一批离散事件,而不是连续变量。系统行为遵循的是一些复杂的人为规则,而不是常见的数学物理定律。例如制造系统中的状态通常只取有限个数的离散状态,对应于系统各部分的不同情况,如设备运行或闲置、加工任务进行或待处理、人员缺席或在岗等状况。这些状态则由系统操作的启动或完成,任务执行的步骤,某些环境条件的出现或消失等变化,这些系统状态的变化取决于离散的时间值,而不是时间连续的变量。这类系统被称为离散事件动态系统(Discrete Event Dynamic Systems,DEDS)。

DEDS[5]的研究从三个层次上展开:逻辑层次、时间层次和统计层次。它们分别针对不同的需要,建立相应的系统研究模型。而随机现象在 DEDS 中非常普遍,最后都要涉及随机特性的评估和优化问题。经过多年的研究及应用,人们已经建立了多层次、多侧面、多种模型描述及分析的研究体系。复杂 DEDS 的系统建模,涉及运筹学、系统控制理论、人工智能等多学科方法的综合运用。

这类系统的分析研究,需要考虑下面这些特点:① 动态性,系统具有动态性,其动态行为以及过渡过程对于应用较为重要。② 复杂性,系统的变化是由事件驱动而推演的,其过程带有不连续性;系统的性能指标却带有连续特点,如平均吞吐率、等候时间、利用率等。③ 一定随机性,因为有些驱动系统的事件发生带有随机特点,此外,任务的完成、任务间的衔接等也都有一定的随机性,所以常常需要使用处理概率事件与随机过程的方法和技术。④ 层次性,由于这类系统一般是人造复杂系统,所以多半是按层次组织的。例如,在时间跨度上,有小时、班(8 小时或者 12 小时)、日、周、月、年等层次,在组织结构上也会涉及企业、部门、团队等;在空间跨度上,常涉及分布地点的不同层次。因此,需要对每个层次都建立相应的分析方法,常常涉及各种因素的分解及集成,上下层次之间还必须协调以保持一致性。⑤ 计算复杂性,系统的组成单元数目大,事件状态多,所以常有“组合爆炸”的危险,这给分析计算带来了很大困难。

DEDS 的状态空间难以用传统的基于微分或差分方程的方法来刻画。目前研究的最基本问题仍是系统的建模,当前公认的理论框架包含以下 3 种模型。

(1) 逻辑层次模型:只涉及物理状态和事件之间的关系,属于确定性模型,主要包括形式语言/有限自动机和 PetriNet,用于定性分析。近年研究趋向在确定模型中引入随机因素和时间因素,其中计时 Petri 网和随机 Petri 网比较重要。

(2) 时间层次模型:不仅涉及事件和状态之间的关系,而且要在物理的时间级上刻画与分析演化过程,主要方法为双子代数,如网络演算就属于这一层次。

(3) 统计性能层次模型:起源于对随机服务系统的研究,主要方法是排队论和排队网络,理论分析的基础是过程的马尔可夫性。

此外还有运行分析法、平均值分析法、近似分析法和摄动分析法等,中国在 DEDS 系统的研究领域处于国际前列。

4.4.2 Petri 网理论

4.4.2.1 经典 Petri 网

1) Petri 网发展概述

Petri 网[6]是 Carl Adam Petri 于 1962 年在其博士论文中首次提出,作为描述离散系统异步并发操作的工作模型。Petri 网是从流程的角度出发,为描述复杂系统提供的一种有效的建模工具,能自然地描述并发、冲突、同步、资源争用等特性,是描述、分析和控制离散事件动态系统最有效、应用最广泛的方法之一,在计算机、自动化、通信控制等领域都获得了广泛的应用。

Carl Adam Petri 是一名物理学家,他在表达现代物理学理论,即不确定性原理时碰到了困难,而当时的自动机理论也不适合表达,因此他发明了 Petri 网以描述并发现象。Petri 网里不存在所谓的全局时间概念,每一个节点拥有自己的独立时序,只要条件满足,就可以发生。

1985 年前,Petri 网主要被用于理论分析。20 世纪 80 年代中期后,由于引入高阶 Petri 网和许多工具,相关研究大量增加,目前已有超过 10 000 以上的论著。实际的应用也越来越多,最早是应用于计算机信息处理,在工程上主要是车间自动制造系统,目前在计算机、自动化、通信、交通、电子电力、服务与制造等方面都得到广泛应用。

2) Petri 网特点及两个基本概念。

Petri 网的特点: ① 从控制和管理的角度模拟系统,不涉及系统所依赖的具体专业领域和原理,这样可以简化某些细节,易于理解;② 精确描述系统中事件的依赖和不依赖关系,这是事件之间存在的、不依赖于观察的关系;③ 具有统一的语言描述系统结构和行为,方便建模及仿真,可作为沟通不同子系统间的桥梁;④ 与顺序模型不同,Petri 网系统比其他图形建模工具更适于描述并发和冲突。

从建模角度而言,Petri 网最大的特点在于可视化图形描述且被形式化数学方法支持,研究领域认为 Petri 网是所有流程定义语言之母。

Petri 网图形表达的直观性和便于编程实现的特点,使得它已经成为目前工作流及作业流建模的主要工具之一。Petri 网建模具有以下优点: Petri 网建立在严格的数学基础上,精确描述系统中事件的依赖关系和不依赖关系,这是事件之间不依赖于观察的关系,已有了许多成熟的分析方法和工具;Petri 网兼顾了严格语义与图形表示两方面,具有统一的语言描述系统结构和行为,方便建模仿真,从而起到沟通不同子系统作用;Petri 网是一种基于状态的建模方法,与基于事件的流程建模方法不同,Petri 网系统比其他图形建模工具更适于确定触发方式、描述同步并发系统,并具有更高柔性。

当然,Petri 网在流程建模中也存在不足,主要体现在: Petri 网不如基于活动的图形容易理解;Petri 网组成模型的元素数量过多;Petri 网的建模中不能在网中体现数据流,尽管基于状态建模的 Petri 网能够精确地对流程的控制逻辑进行定义。大部分情况下,数据流也与控制流一致;但当两者不一样的时候,Petri 网就无法表示这种独立于数据流之外的控制流。

Petri 网在计算机及软件工程中可以应用到工作流管理、并行程序设计、数据分析、协议验证等。在其他领域,Petri 网的应用也非常广泛,包括: 性能分析,如制造系统设备使用率、生产率、可靠性等;系统控制,直接从可视化模型中产生 DEDS 监控编码,进行系统实施控制;系统仿真,系统分析与评估的系统仿真;数字分析,可通过结构变化描述系统的变化,支持 DEDS 形式的数学描述与分析;模型转换,还可以转化为其他的 DEDS 模型,如马尔可夫链等。

Petri 网观点可简单地归纳为两个基本概念: 事件和条件。系统状态可描述为一组条件,这些条件就是系统状态的逻辑描述。事件是系统中的动作,事件的出现是由系统状态控制的，发生后会改变系统的状态。有很多系统都可以从事件与条件的观点去建模：前条件，由于事件是动作，所以它可以发生，为了使事件发生，必须使某些条件成立，这种条件称为事件的前条件；后条件，事件的发生可能破坏前条件而使另外的条件成立，这种条件就是事件发生的后果，称为事件的后条件。

3）经典 Petri 网的结构

一个 Petri 网的结构由库所、转移和连接等元素来表达，其状态由分布在库所中的托肯决定。如图 4－28 所示，Petri 网的具体表述如下：库所（Place）是圆形节点，用于描述可能的系统局部状态；转移（Transition）是方形节点，用于描述导致系统状态变化的操作或事件；连接（Connection）是库所和转移之间的有向边，具有方向，用有向弧表示，可以从库所节点指向转移节点，或者从转移节点指向库所节点；托肯（Token）是库所中的动态对象，可以从一个库所移动到另一个库所，用实心小圆点表示。

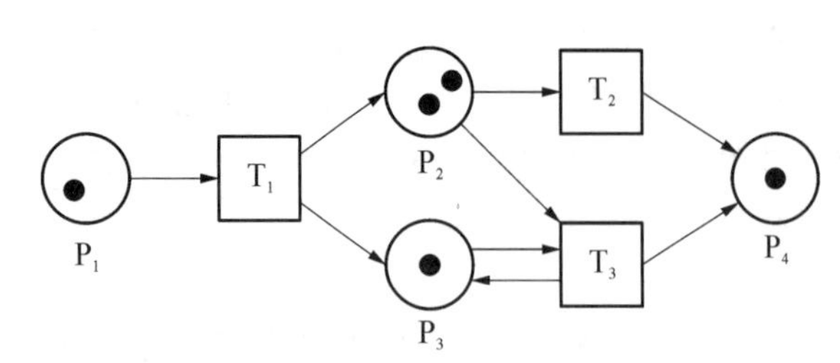

图 4－28 一个简单的 Petri 网例子

4）Petri 网的规则

Petri 网的规则主要包括：连接是有方向的，其上可以标出权重；两个库所或转移之间不允许有边，且不应该有孤立节点；库所可以拥有任意数量的托肯。

为表述方便，我们建立了以下定义，简要明确地描述 Petri 网。

定义 1：输入库所，即以转移为基础，连接到转移的库所为该转移的输入库所，对应该转移的前条件。

定义 2：输出库所，即以转移为基础，转移连接出的库所为该转移的输出库所，对应该转移的后条件。

如图 4－29 所示，这里的例子中，转移 T_1 具有三个输入库所（P_1、P_2、P_3）和两个输出库所（P_3、P_4）；库所 P_3 既是 T_1 的输入库所又是它的输出库所。

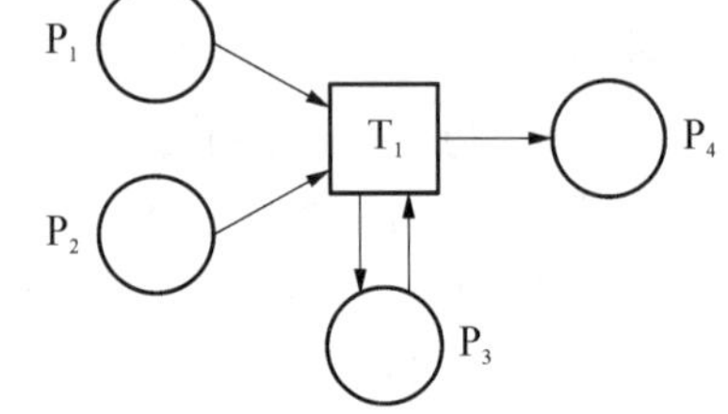

图 4－29 转移 T_1 的输入输出库所

定义 3：使能条件，即转移是主动元素，而库所和托肯是被动元素。

如图 4－30（a）所示，转移 T_1 不能激活，不满足所有库所都有托肯条件；如图 4－30（b）所示，转移 T_2 可以激活，满足了所有库所都有托肯条件。转移可以被激活的使能条件为：如果输入库所都包含了托肯，那么转移就被激活。

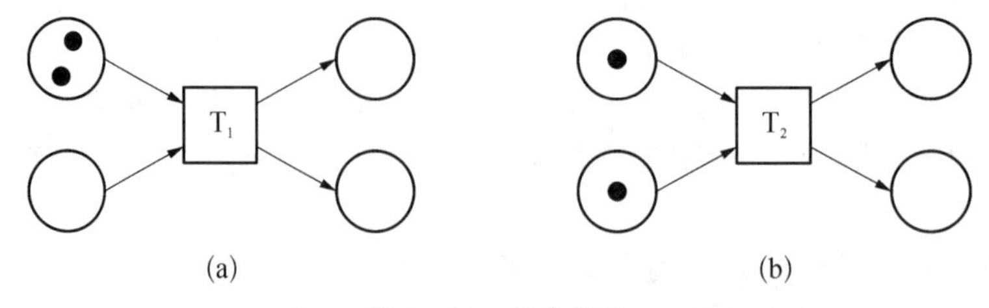

图 4－30 使能条件

定义 4：自动点火激活的转移可以被点火，点火将消耗输入库所的托肯，并为输出库所产生托肯，如图 4－31 所示。

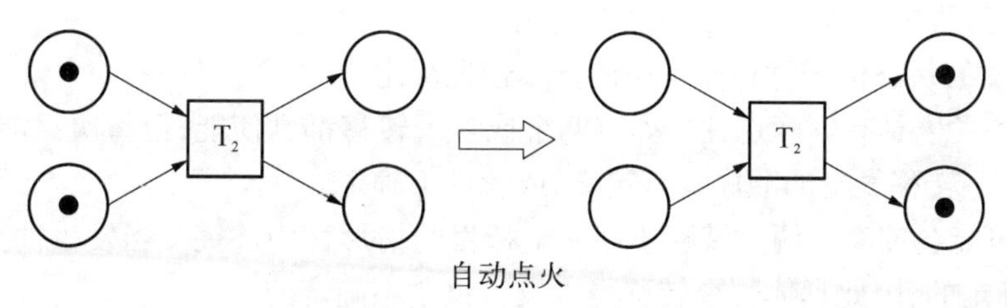

图 4－31 转移的点火

一个托肯迁移的例子，如图 4－32 所示。

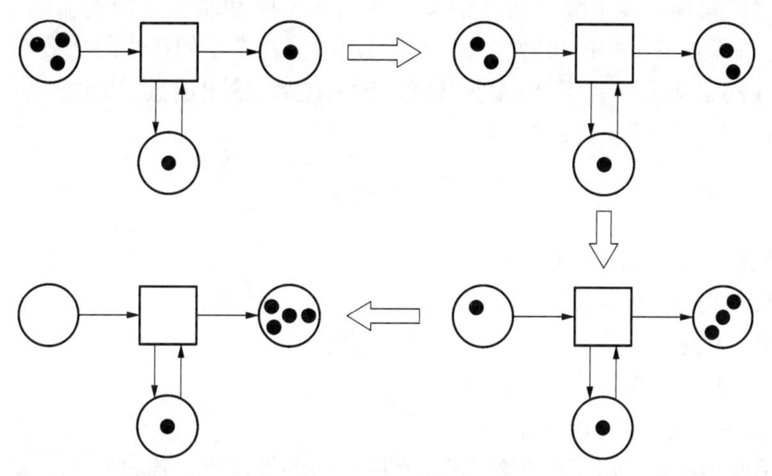

图 4－32 一个托肯迁移的例子

冲突的描述：Petri 网中，托肯的点火具有的冲突与不确定性，如图 4－33 所示。

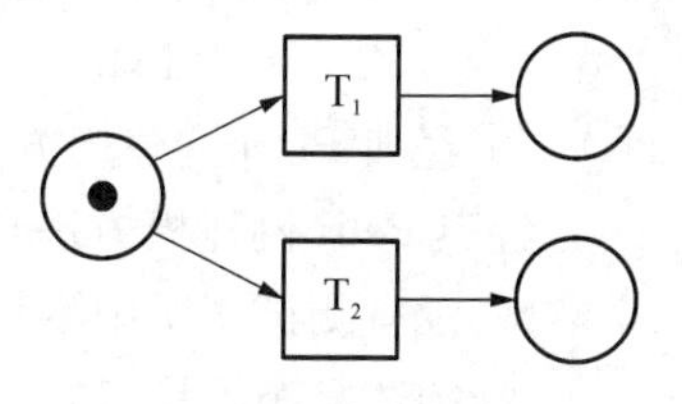

图 4－33 冲突的描述

两个转移竞争同一个托肯，产生冲突；即使有两个托肯，依然存在冲突。

Petri 网的状态根据处理的需要，可以有当前状态、可达状态、死状态等类型。

定义 5：当前状态（Current State），即 Petri 网的状态由当前库所中的托肯分布情况确定。

定义 6：可达状态（Reachable State），即通过一系列激活的转移的点火，从当前状态可以达到的状态。

定义 7：死状态（Dead State）：没有转移能够激活的状态。

5）Petri 网的行为

Petri 网的行为可以小结如下：

① 转移的使能条件是可以准确描述的。如果一个转移的每个输入库所都拥有托肯，该转移即被认为已使能。当一个转移发生时，所有输入库所的托肯被消耗，同时为该转移对应的所有输出库所产生托肯。

② 转移的发生是原子的。也就是说，不存在转移只发生了一半的可能性，要不发生，要

不未发生。

③ 托肯数目不守恒。如果一个转移,其输入库所的个数与输出库所的个数不相等,那么在消耗产生过程中,托肯个数也将发生变化。

④ Petri 网的状态由托肯在库所中的分布情况决定。

⑤ 转移的发生具有不确定性。如有两个或多个转移都已使能,但每次只能发生一个转移。这种情况下转移发生的顺序没有定义,或者说不确定。

⑥ 转移可能会冲突。两个转移争夺一个托肯的情形称为冲突。当发生冲突的时候,由于时序是不确定的,因此具体哪个转移得以发生也是不确定的。

⑦ Petri 网的结构是静态的。也就是说,不存在发生了一个转移之后忽然冒出另一个转移或库所,从而改变 Petri 网结构的可能。

⑧ 两个节点间存在多个弧连接的情况。在输入库所和转移之间的弧的个数决定了该转移变为被允许需要的托肯的个数,弧的个数决定了消耗产生的托肯的个数。

一般 Petri 网定义为五元组,即库所、转移、输入函数、输出函数、初始状态。任何图都可以映射到这样一个五元组上,反之亦然。

$$\sum = (P, T, F, K, M0)$$

其中,P 为位置的集合,表示系统的状态;

T 为转移的集合,表示系统中的事件;

F 称为 P→T 的流关系,其规定资源的输出流;

K 称为 T→P 的流关系,其规定资源的输入流;

M0 称为 Petri 网∑的初始标识。

Petri 网中的 Token 表示工作对象,转移是网络中的控制点。通过算法扩展,Petri 网也可以具有处理模型求解系统运行的能力。

4.4.2.2 高阶 Petri 网

1) 经典 Petri 网建模方法的缺点

经典 Petri 网建模方法具有一些缺点,这些缺点阻碍了 Petri 网在复杂问题中的使用。

① 没有测试库所中零托肯的能力,也就是一般情况下的冷启动问题。

② 描述复杂模型时容易变得很庞大。

③ 模型不能反映时间方面的特征,难以支持性能和时间等相关的处理。

④ 不支持构造大规模复杂的模型,如自顶向下或自底向上的建模方式。

2) 高阶 Petri 网建模方法扩展

为解决经典 Petri 网中这些不足,高阶 Petri 网[7]在着色、时间和层次化等方面进行了扩展。

以一个银行业务办理的例子来说明,如图 4-34 所示。

(1) 采用颜色(灰色)进行扩展。着色是一个托肯通常代表具有各种属性的对象,因此托肯的值或者颜色可用来表述由托肯对象的具体特征。

某一托肯经常代表了具有某种属性的对象

因此,具有颜色的托肯表示了建模的托肯对象的特定属性,如图 4-35 所示。

如不采用着色 Petri 网,要表示客户和职员的匹配,可能就要建立以下的结构,针对不同

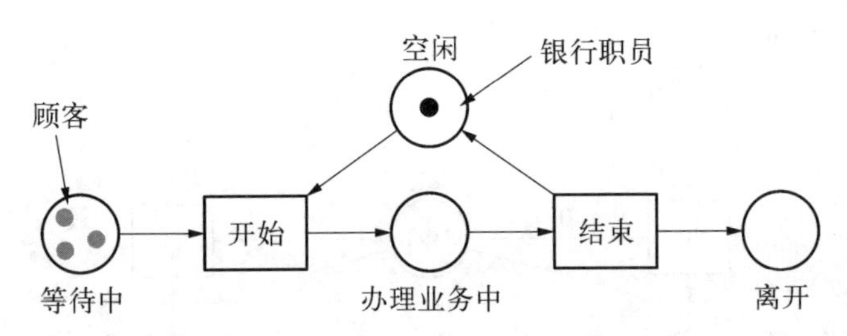

图 4 - 34　一个银行业务办理的 Petri 网描述

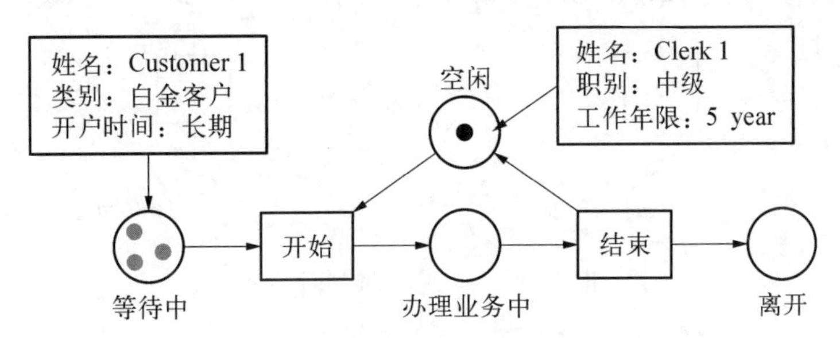

图 4 - 35　银行业务办理的着色 Petri 网

客户进行分类，再匹配后进行处理，这带来了复杂的 Petri 网结构，使表述复杂的情况显得繁琐。相反地，应用了着色 Petri 网，只需要将资源匹配放到开始的转移（活动中进行），减少了描述的复杂性。

每一个转移可以增加一些形式化描述，例如：产生的托肯数目，这些托肯的值，或一个规则表示的前提条件。

复杂性被分解到网络和托肯的值上，这种处理产生了紧凑、可管理和自然的流程描述。

（2）时间的扩展。为了进行性能分析，需要建模时考虑延迟、处理时间等因素，因此时间的扩展主要有在托肯增加时间戳、在转移增加产生托肯时的延迟，并增加时序逻辑以更好描述系统的行为过程。

为了进行性能分析，需要对持续时间、延迟等时间概念进行建模，因此，每一个托肯都有一个时间戳，而转移确定了产生一个托肯的延迟，如图 4 - 36 所示。

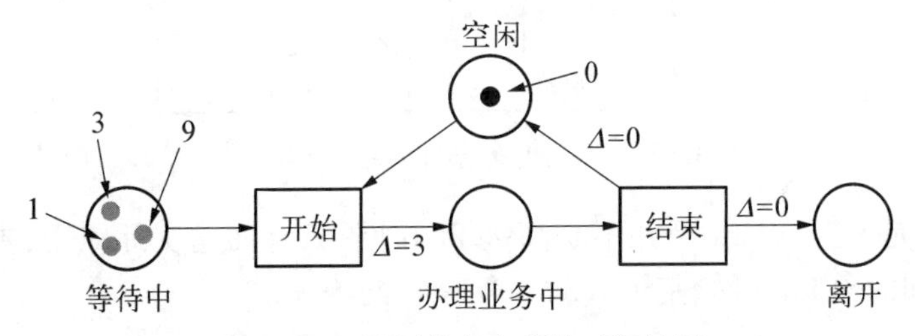

图 4 - 36　银行业务办理的时间扩展

另一个例子是交通灯，如图 4 - 37 所示。注意本例子中的时间标注，是否合理。

（3）层次化是构造嵌套结构表示子网，从而实现了由库所、转移和子网构成的网络，可以实现不同粒度的模型表示。对复杂的 Petri 网可以采用子网方式添加其复杂结构，这时一个转移可扩展为一个子网，一个子网是对库所、转移和子网的扩展，如图 4 - 38 所示。

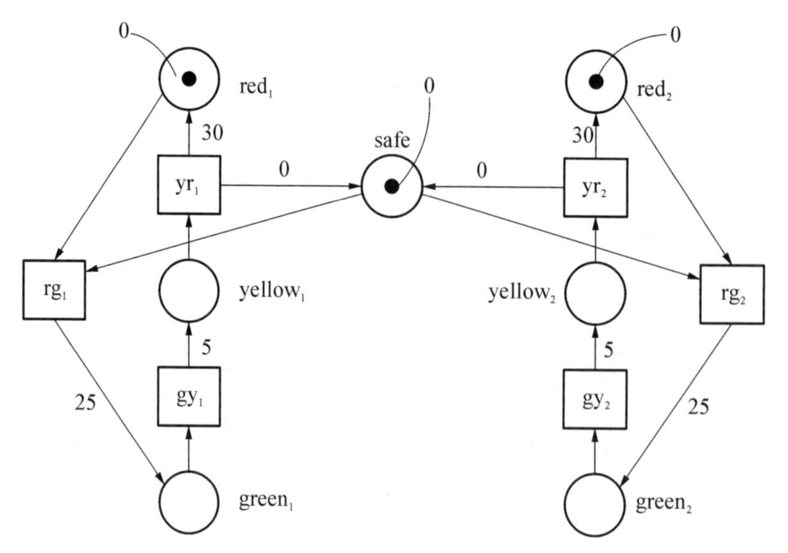

图 4-37 交通灯的时间扩展

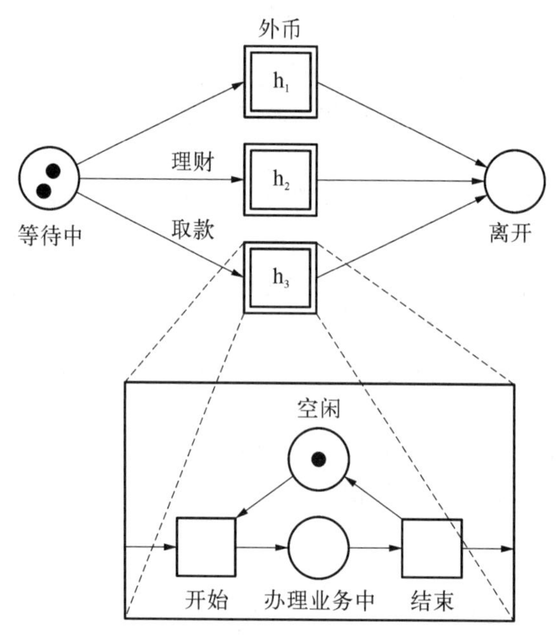

图 4-38 银行业务办理的层次 PNG 表述

需要指出的是,高阶 Petri 网并不是高级 Petri 网,只有面向实际应用,更多的扩展才有可能开展,如面向对象 Petri 网、基于 Agent 的 Petri 网等。

4.4.3 基于 Petri 网的流程建模方法

将 Petri 网用到流程建模中,流程的状态用位于库所的托肯来表示,状态之间的变换用转移来表示。如:库所代表缓存、渠道、地理位置、条件或者状态;转移代表时间、传输或者转换;托肯表示对象、信息或对象的状态。

Petri 网建立步骤:① 根据状态与事件的定义,确定系统的状态集和事件集;② 确定系统中状态与事件的关系;③ 将库所和转移对应起来,建立 Petri 网模型图;④ 根据系统情况,决定 Petri 网模型图的初始状态,设定初始状态下的托肯分布;⑤ 基于初始状态判断哪些事件可被激发,当模型激活后,模型状态图将发生变化,又引起一些事件被触发。

下面以一个电子商务网站的交易流程为例。电子商务交易流程可用描述为:客户通过浏览信息向商家提交订单意向,商家接到提交的订单意向后,通过查看库存信息形成可供订单;对可供订单确认后,客户输入用于电子支付的卡号和密码;得到银行的支付确认后,商家将可供订单转为有效订单,同时产生库存信息变更;商家按有效订单配送货物,并修改库存信息。最后商家开始下次交易的处理。

(1) 相应的状态集和事件集。

转移(事件)可概括为:

T_2 表示查看库存;T_1 表示支付确认;T_3 表示配送货物。

状态(库所)可概括为:

P_1 表示(客户)订单;P_2 表示可供订单;P_3 表示有效订单和库存信息;P_4 表示(商家)库存。

(2) 关系如表 4-3 所示。

表 4-3　事件状态关系

事　件	前　条　件	后　条　件
T_1	P_1;P_2	P_1;P_2
T_2	P_4	P_2
T_3	P_3	P_4

(3) 不妨设定,初始时客户、商家库存的托肯均为 1,这样即可建立图 4-39 所示的 Petri 网模型。

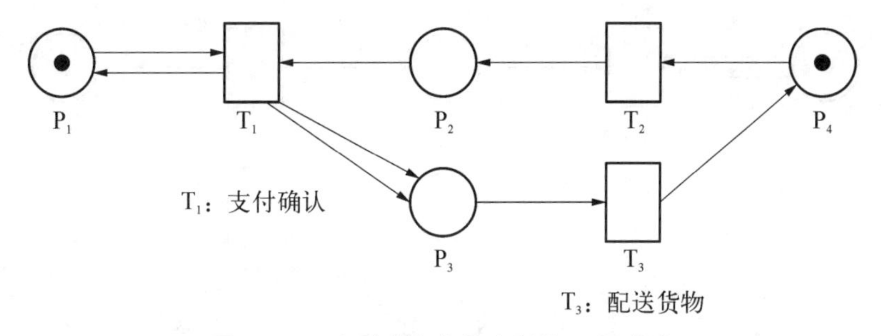

图 4-39　电子商务交易流程的 PNG 表述

(4) 在此基础上,该 Petri 网模型的变化可以用两部分表述。① 以商家的库存变化为例(见图 4-40),该 Petri 网的状态变化为:Token(商品)库存的流动过程 $P_4 \to P_2 \to P_1 \to P_3 \to P_4$,执行转移为 T_2,T_1,T_3。

② 以用户的订单变化为例(见图 4-41),该 Petri 网的状态变化为:Token(客户)订单的流动过程 $P_1 \to P_3 \to P_4$,执行转移为 T_1,T_3。

从具体建模的过程来看,转移或者执行的操作方面较为明确,但状态以及库所方面往往

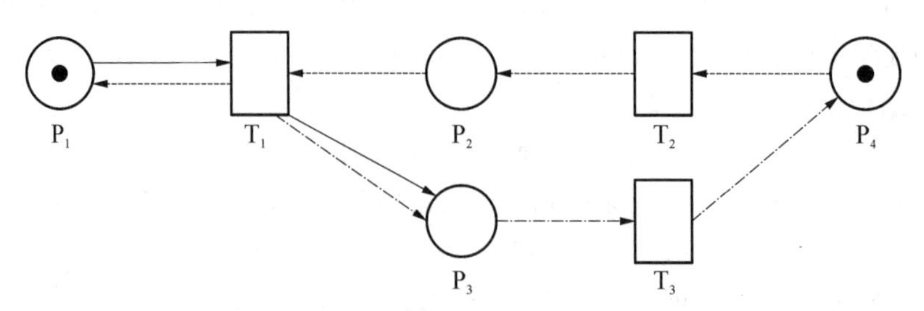

图 4-40　商家库存信息的变迁过程

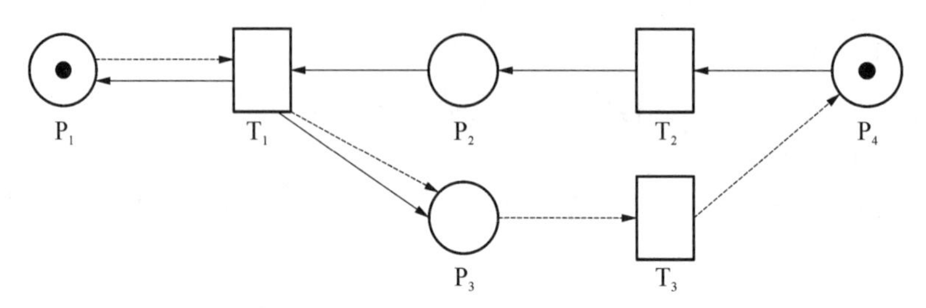

图 4-41　用户订单信息的变迁过程

因人而异,差异很多。上例中,库所 3(有效订单和库存信息)完全可以表述为库所 3(有效订单)和库所 5(库存信息),具体的模型如图 4-42 所示,也是该业务流程建模的可用表述。

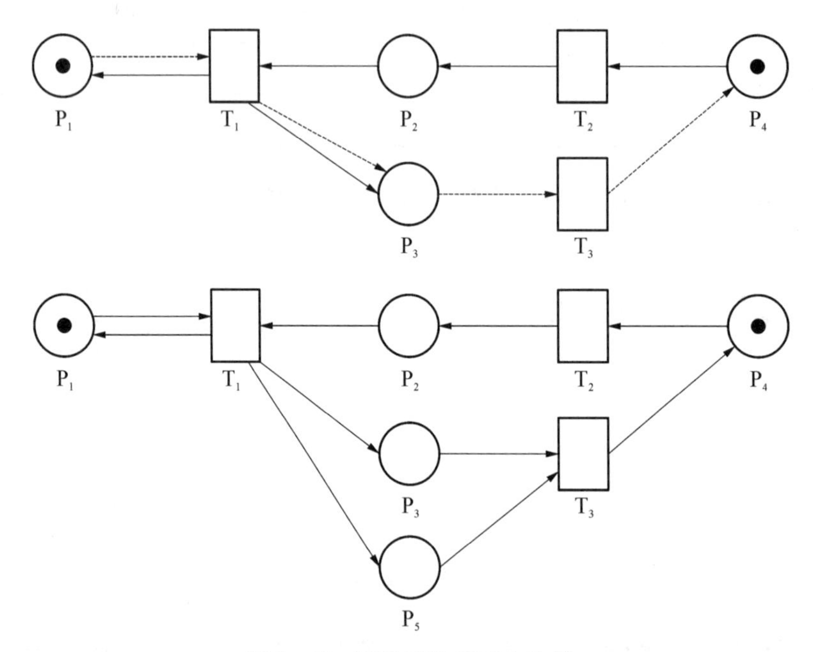

图 4-42　两种 PNG 表述的比较

事实上,同样一个业务流程,可以建立不同的 Petri 网进行描述,如何建立一个合适的模型,从转移和库所出发均可,同时需要考虑多方面要素,但最核心的点是关注其中相对不变的要素,这样有助于缩减建模的工作量和复杂性。

本章小结

- 以流程为核心,可以建立基于任务、数据、事件、状态等四种建模方法,也对应着执行流、数据流、事件流以及状态变迁等动态建模方法。
- 基于任务的流程建模方面,其核心是时序下的任务执行过程,适用于描述通常意义上的任务开展过程。
- 基于数据的流程建模方法,其核心是信息处理过程。
- 基于事件的流程建模方法,其核心是基于消息的信息交换过程,体现出的是无论状态变化还是外部导致的事件驱动过程。
- 基于状态的流程建模方法,其核心是状态变迁驱动的系统演化进程,适用于复杂并发的应用场合。

参考文献

[1] 理查德 F. 施密特. 软件工程: 架构驱动的软件开发[M]. 汪贺,李必信,周颖,译. 北京: 机械工业出版社: 2016.

[2] 安波,廖文和,郭宇,等. 扩散制造任务建模及分解方法[J]. 南京航空航天大学学报,2010,42(6): 731 - 734.

[3] WHITTEN J L, BENTLEY L D. 系统分析与设计方法[M]. 7 版. 肖刚,孙慧,等,译. 北京: 机械工业出版社: 2007.

[4] MAARLON DUMAS, WIL VAN DER AALST, AUTHOR H M TER HOFSTEDE. 过程感知的信息系统[M]. 王建民,闻立杰,译. 北京: 清华大学出版社: 2009.

[5] 肖田元. 离散事件系统建模与仿真[M]. 北京: 电子工业出版社: 2011.

[6] 吴哲辉. Petri 网导论[M]. 北京: 机械工业出版社: 2006.

[7] WIL VAN DER ASLST, KEES VAN HEE. 工作流管理[M]. 王建民,闻立杰,译. 北京: 清华大学出版社: 2004.

第 5 章　业务流程模型的分析及执行

业务流程建立之后，需要进行分析才能作为后续执行的基础，这主要涉及业务流程的定性定量分析及优化。开展了定性定量分析之后，流程的执行也涉及工作流建模、资源分配以及相关标准等部分。

5.1　面向流程执行的工作流建模

业务流程执行和应用的核心是工作流。在描述或定义了流程之后，要实现流程的执行，也就是构造工作流模型，将业务工作分解为相关的任务、角色、资源，并按照一定流程和规则来执行这些任务并进行监控。

5.1.1　工作流建模过程

工作流技术源于 20 世纪 70 年代，受到网络等信息基础设施的限制，最初的工作流系统主要以企业内部的文档处理为主，这时候工作流系统不是作为一个独立平台在应用，而是在具体应用系统中体现，如文档的流转及审批等处理。当时众多工作流技术的产品出现，如 IBM 的 Domino notes，在文档传递和处理中得到了非常成功的应用，推动了工作流技术的发展和应用，工作流系统也开始作为一个中间件平台，被大量运用于各类基于文档的处理过程中。

到了 20 世纪 80 年代，人们在工作流方面的研究重点便转移到流程模型上，如 Petri 网模型的构建和应用中。

进入 20 世纪 90 年代，随着网络技术的发展，企业的信息资源越来越表现出异构、分布、松散耦合的特点，企业地理位置和决策信息的分散性，都推动了 C/S 架构、B/S 体系以及分布式处理技术的快速发展。

工作流管理系统由最初的无纸办公环境，到实现业务流程自动化执行。工作流技术逐渐地作为一个独立的平台为企业其他应用提供流程管理。1993 年国际标准化组织工作流管理联盟（Workflow Management Coalition，WfMC）的成立，标志着工作流技术的概念和术语得到了广泛的认可，在业界也有了明确的一席之地。

1）工作流的结构

工作流是支持企业经营流程重组（Business Process Reengineering, BPR）和流程自动化的手段，工作流是实现流程的组织管理和流程执行的最有效工具。图 5-1 表示了工作流管理系统的一般结构。

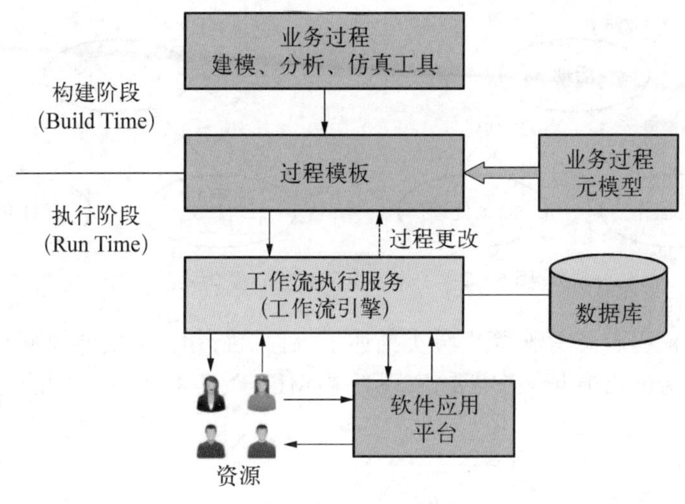

图 5-1　工作流的结构

工作流的组成组件主要包括：

① 建模工具：包括业务流程模型的建模、分析、仿真工具，实现流程的建模支持。

② 过程模板：包括流程模型、组织结构和信息技术等信息。

③ 工作流执行服务：基于工作流引擎执行流程操作，实现流程的运行时支持。

④ 业务过程元模型：定义了支持工作流管理和功能的信息结构，如流程模型的结构、流程模型实例的操作描述等。

⑤ 数据库：保持所有由构造和运行阶段的组件管理信息，如数据库目录、用户实例数据和用户定义表格等。

⑥ 软件应用平台：作为应用载体，实现基于工作流的业务应用，如办公系统、财务应用等。

其中，工作流引擎是工作流的核心软件，主要包括流程模板解析、流程实例创建、流程任务调度以及流程的监督和管理功能等。工作流引擎的协作方式可以分为两类：一是单工作流模式，工作流执行过程中所有服务不属于其他流程，不需要流程间交互，这种模式下，把相关的服务按一定顺序和条件进行组合并按照流程执行即可；二是多工作流模式，工作流执行过程中涉及与其他流程实例的交互，侧重于业务流程之间的交互执行，是一种较为复杂的业务流程模式。

工作流引擎的核心概念之间的相互关系可以用图 5-2 表示。

2）工作流建模的步骤

在此流程建模工具以及工作流引擎的基础上，流程的建模及执行主要包括流程识别、流程定义、资源分类、流程执行等阶段，如图 5-3 所示。其中，流程定义描述了执行流程的步骤和执

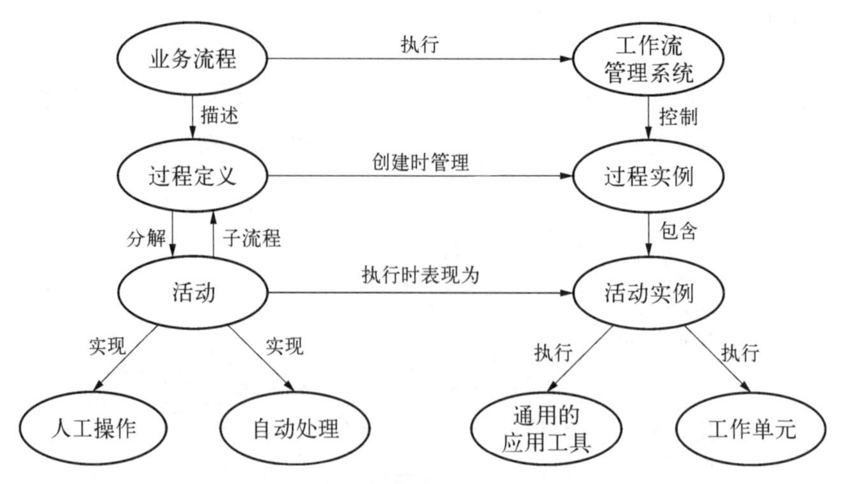

图 5-2 工作流引擎的核心概念关系

行的顺序,构建出流程定义模型;资源分类描述了流程执行相关的资源模型及分类方式,并建立相应标注;资源分配指根据业务需要,实现资源和任务的匹配,保证流程的高效运行。

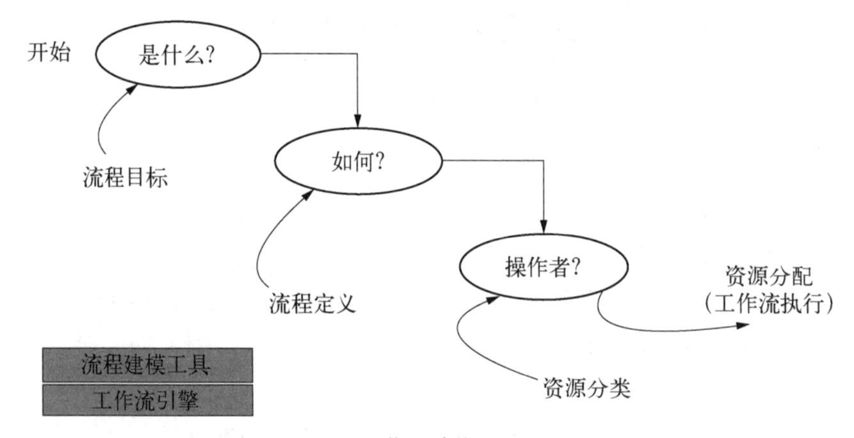

图 5-3 工作流建模的主要步骤

5.1.2 流程定义模板

流程定义描述了流程所需的步骤和执行的顺序。流程定义模板主要由流程、实例、任务、路由、触发器等模型组成。

1) 流程模型

流程(Process):描述了案例的执行方式,是企业业务流程的抽象表示,主要包括构成流程的活动,活动间跳转规则,可能被调用的应用,以及流程运行中涉及的各种参数。一个流程模型应该有比较强的描述能力、易于使用、易于修改,从而适应不断变化的环境。流程模型的一次执行就是流程实例。在执行中,工作流引擎将解释相应的流程定义,生成有关的活动实例,并根据预定义的控制规则,确定活动实例的执行顺序,同时完成活动实例之间的数据交互。

流程可能由多个子流程构成,每个子流程又由其他的任务、条件以及可能更细致的子流程组成,直至分解到任务。流程定义了案例的生命周期,因此每个流程都有开始和结束,用来标识案例的出现和完成。

2)案例

案例(Case)指工作流的处理单元。案例包括了有限的生命周期,对应一个工作流的开始和结束。案例在某生命周期内的某个状态,有三个元素:一是案例变量(实例的参数),指案例相关属性的值,可随案例进展而发生变化;二是已经满足的条件,指被满足的需求,说明案例进展;三是案例的内容(应用数据),工作流系统通常不保存案例内容和细节,可能由其他系统管理。

例如,研究生学习课程完毕,进入开题阶段的条件可设定为平均学积分75分。在这个例子中,案例就是各位研究生,状态是待开题,和工作流相关的属性是学积分分数,其他的性别、爱好、身高、发表论文等属于研究生案例的内容,不在工作流中保存。

3)任务

任务(Task)是工作逻辑单元,指的是工作流中的一个逻辑步骤或环节,不可分割且必须完整执行,不是流程实例的一次执行,而是流程中具体划分的逻辑任务的执行。

任务、工作项以及活动等概念具有一定的区别和联系。任务可以是很多案例执行的逻辑步骤,工作项是任务和特定案例的结合,活动是实际执行中的任务,包括工作项以及具体的资源和触发方式。工作项和活动都是任务的实例,如图5-4所示。

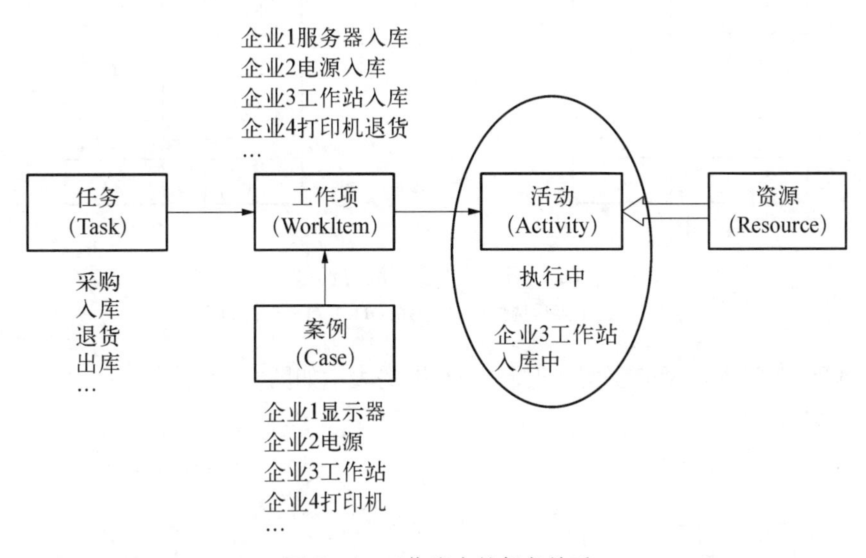

图5-4 工作流中的任务关系

一般来说,任务的实例可以描述为一个工作项,它将由一些特定角色或用户负责。某个用户所负责的所有工作项将构成其工作项列表。任务实例的执行过程,是某用户处理其负责的工作项,之后由工作流引擎调用后续环节并生成相应的工作项,同时通知其他有关用户继续进行处理的过程。依次反复进行,直至整个流程的完成,体现出基于工作流引擎的工作项生成及处理过程。

活动相关的信息包括:参与的用户、相关应用程序或数据,以及活动的一些约束条件等。一部分工作流应用数据将用于控制工作流的执行,这些数据一般被称为工作流的控制数据。

4）触发器

触发器(Trigger)是工作项执行的触发条件。在现实中,系统是一个响应式系统,也就是说它被环境触发,某些任务需要触发条件。根据不同的任务类型及特点,可以划分四种不同类型的任务：自动,不需要任务触发;人工,用户操作,需要资源作为启动;消息,外部触发,需要外部的事件(如消息,电话);时间,任务需要时间触发。

5）路由

路由(Router)决定了哪些任务需要被执行或以何种次序执行。业务流程中经常出现的基本控制流如图 5-5 所示。

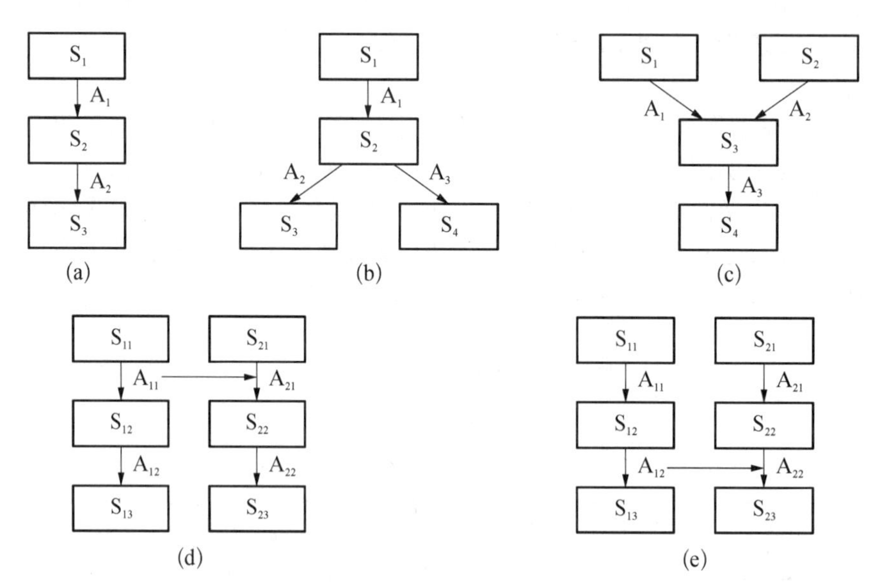

图 5-5 基本控制流的表示

(a) 顺序;(b) 互斥选择;(c) 合并;(d) 并行分支;(e) 同步

在此基础上,过程定义的模型映射到 Petri 网的表示如图 5-6 所示。

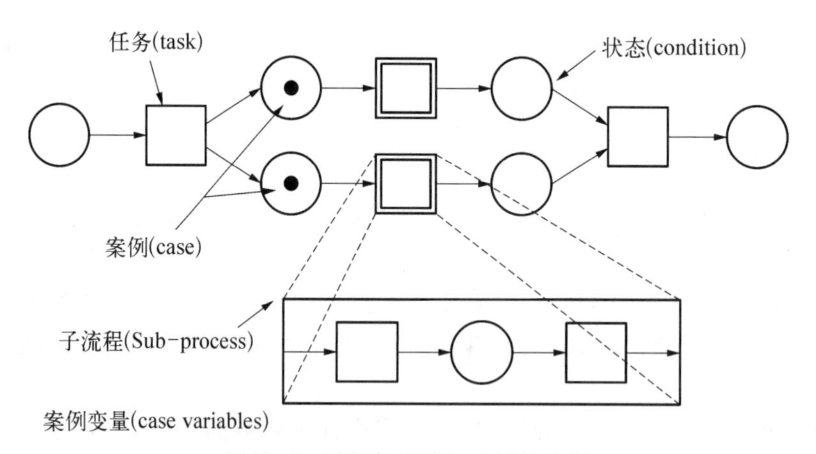

图 5-6 过程定义到 Petri 网的映射

这样,基于 Petri 网可以建立任务、案例、状态以及子过程、实例变量等多种要素。为更加紧凑地表示,参考 YAWL 的工作流语法[3],这里列出了基于 Petri 网的工作流模型基本语法,具体如图 5-7 所示。

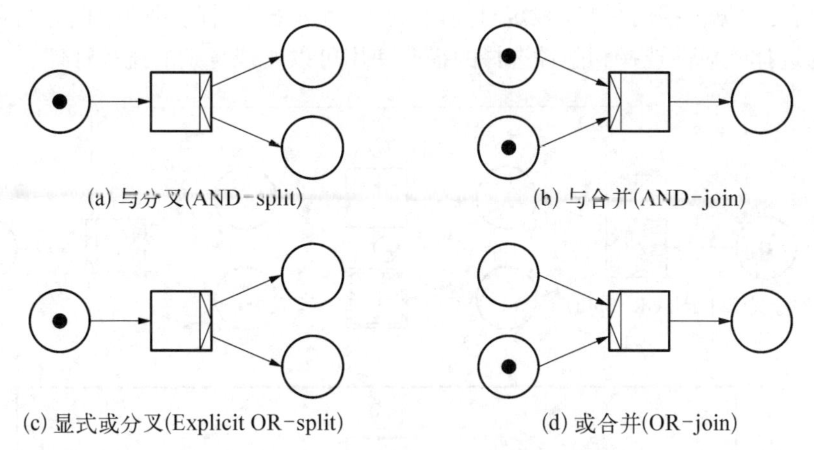

图 5-7　基于 Petri 网的工作流模型基本语法

在此基础上,可以描述出复杂的流程定义,如可以采用循环路由表示重复执行多次的活动等,具体如图 5-8 所示。

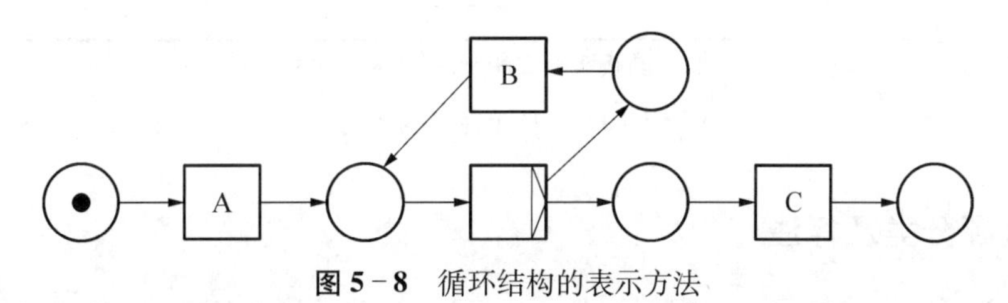

图 5-8　循环结构的表示方法

在 YAWL 语法的工作流模型基础上,图 5-9 给出了一个出租车投诉处理流程的例子。

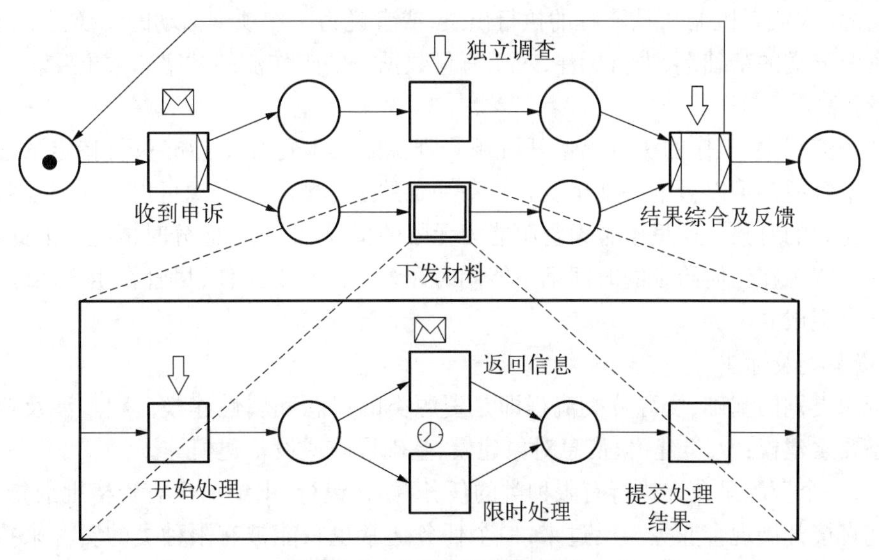

图 5-9　出租车投诉的例子

在此例基础上,我们也可以比较显性选择和实际运行中的隐形选择等不同用法,如图 5-10 所示。显性选择可以通过预先定义的业务规则实现,如收到申述后,直接根据预先确定的规则,独立调查或下发材料到出租公司;而下发材料展开的隐形选择则不是通过预定义的规则,而是根据上报的材料(限定时间内)或者超过限定时间后的处理等两种方式实现不同路径的选择。显性选择和隐性选择的搭配使用可以实现复杂的流程管理。

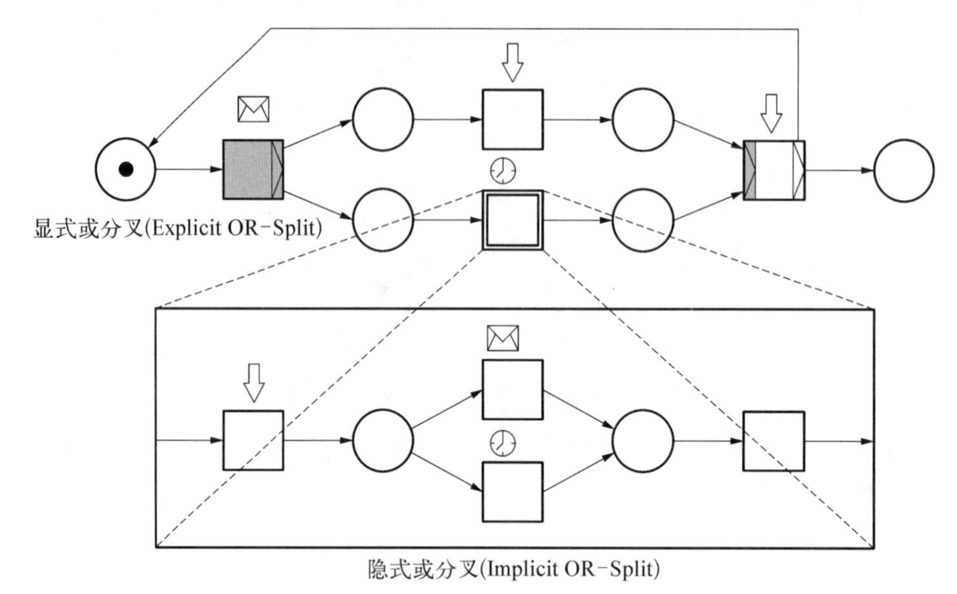

图 5-10 两种选择结构的比较

5.1.3 资源分类及标注

流程定义可以表述执行一个案例的业务执行流程,涉及哪些任务,以及这些任务的执行次序。然而,通过流程定义却无法说明每个任务到底应该由谁来执行,这就需要给每个工作项分配资源(人或者机器),从流程的执行出发,或者说为工作项到活动的转换提供条件。

在资源分类的基础上,进行标注,对于海量数据下的工作流的效率非常重要。

1) 资源

在业务流程里,工作的执行离不开资源。资源的根本特征是能够执行特定的任务。我们假定每个资源都可以被唯一地确认并具备一定的工作能力。资源可以是人、机器,是具有有限工作能力的对象。这里不考虑资源能力无限的情况,也不考虑分时情况。因此,一般设定任何一个资源在任何给定的时间都不能同时在多个活动上工作,尽管在生产实际中,这种限制未必一定成立。

2) 资源类及标注

在资源类别的基础,资源分类流程即是资源类的概念和属性建模流程。涉及业务流程中的静态要素建模:人员建模、信息对象建模、基础设施或设备建模等。

通常,一个资源只允许执行有限种类的任务,如在银行,出纳员没有资格批准贷款,大堂经理不能直接开展现金业务。反过来,一个任务通常也只能被有限种类的资源来执行。为每个任务都标识出可以由哪个具体资源来执行,现实上是不可行的,我们只能标明该任务可使用的一类资源，执行时从该类资源中选择具体执行的资源。

因此我们将资源划分成资源类，进而可以用标签对这一类别的资源进行标注，加以区分。如图5－11所示，一个资源类是一组资源，具有共同特征的资源集合，可以完成某项特定的任务。资源的分类标注是资源的区分和选择的前提，是后续资源分配的基础。一般我们采用两种方式划分资源，基于任务特征和基于组织关系。在大部分情形中资源的划分由两部分组成：我们称由多个职能结构构成的部分为角色模型，由多个组织单元构成的部分为组织模型；在资源类的基础上，对资源进行标注，建立各种标签，既实现了资源的统一扁平化存储，也可以更好地对资源进行分类使用。

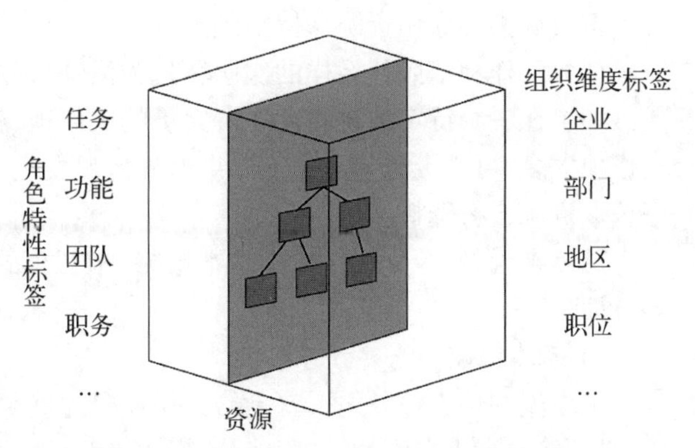

图5－11　根据不同维度定义的资源分类标签

因此，具体的资源分类和标注主要根据实际需要，从角色功能或组织管理等方面开展，标签在资源中的使用，为网络环境下海量资源的语义管理提供了基础。

5.1.4　资源的分配策略

如图5－12所示，为确保有合适的资源来执行任务，我们在流程定义中给每个任务提供了一个分配原则，详细说明了执行任务的资源需要符合的前提条件。一般情况下，我们可以指明资源应该归属的资源类，符合要求的资源必须属于这些多个资源类的交集。我们还可以定义一些更加复杂的分配原则。提供给任务的分配原则，详细指明了资源必须符合的前提条件。在大多数情况下，某一工作项相关联的活动，会有一个以上的资源具备执行它的资格。

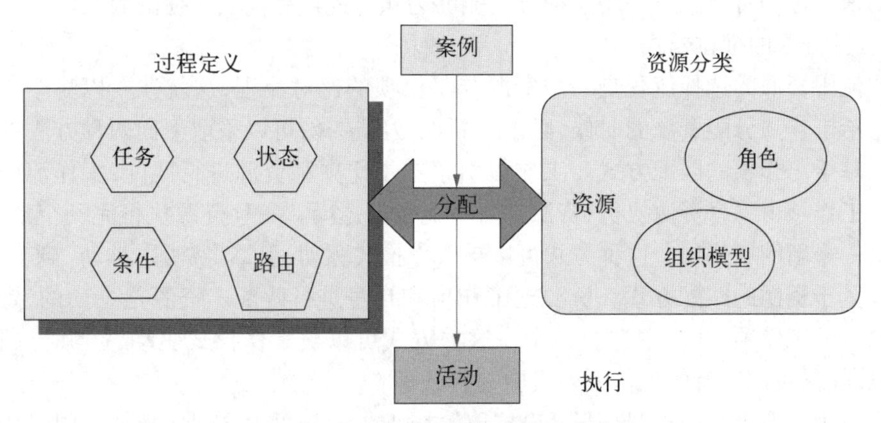

图5－12　流程定义和资源分类的分配

1）系统目标决策要点

工作流系统的目标就是尽可能快捷地完成工作项，实现案例到活动的转化，必须要考虑两个方面的决策：

（1）由谁来做什么，或者说活动的执行采用哪个资源？

由于资源是有差别的，就涉及对于一个特定的工作项，到底把哪个资源分配给它。涉及推模式还是拉模式、负载均衡、特定类型、柔性要求等方面。另外还要注意，尽可能让那些属于很多资源类的通用资源保持空闲。

（2）工作项依照什么样的次序转化为活动，采用哪种排队规则？

如果在一个特定的时间存在着大量的工作项，就很难立刻把它们都转化成活动。毕竟，工作项太多，可用资源却不足。如果这种情况发生，我们必须对工作项应该依照什么样的次序获取资源进行选择。

总体来说，资源分配包括了基本策略、推拉模式选择、排队原则确定以及资源选择策略等方面。

2）基本策略

工作流的核心任务之一就是给工作项分配资源，以确保一个特定工作流的高效、可靠执行，必须综合考虑资源特征、职能分离和案例管理等方面。

（1）资源分配可能依赖于案例的属性。举一个依赖于案例属性选择组织单元的例子，评估一个保险索赔，公司会选择距离该地最近的分部来处理这件事情，这时候我们就需要采用顾客的地址作为案例的属性。又如，税务局处理纳税申报单时，需要用纳税人的姓名作为案例属性来确定具体的财产估价团队。根据案例属性，我们能够确保一个活动被合适的资源执行。

（2）职能分离的考虑。为了避免欺诈，对于同一个案例的两个连续的任务不应该全被一个人执行，我们把这种考虑叫作职能分离，若干同属一个案例的任务由不同的人执行可以避免一些错误。例如，在银行等涉及财务处理的任务中，职员不能执行同一案例的两个连续的任务，如审核报销业务的人员不能同时执行付款任务。

（3）连续任务的执行。如果大量连续性的任务由一个职员来完成或者在一个职员的权责下，那么这个职员就被称作案例管理员。案例管理员对相应案例负有非常大的权责，对相应案例的情况也非常熟悉。采用这种方式能够为顾客提供更优质快捷的服务。

3）资源分配的推拉模式

工作流中资源的选择流程是一个资源与工作项的比对流程，这就涉及以哪个作为基准的考虑。给工作项分配资源的时候，必须不断地做出选择，可以采取下面两种方法：

（1）基于工作项的匹配方式。工作流引擎把工作项和资源进行匹配，工作流引擎能够选择每个工作项由哪个资源执行，资源本身不能做出选择。一旦资源执行完一个活动，就可能被分给一个新的工作项。这种方式可以被看作推式驱动，引擎将资源"推动"到工作项上。

（2）基于资源的匹配方式。资源把工作项和自身进行匹配。资源是主动的，资源考查它能够执行的工作项，并从中选择一个。这种方式可以被看作拉式驱动，资源"拉取"工作项，一同放在该资源所有的工作项列表中进行处理。

实际应用一般采取介于"推动"和"拉取"之间的方法，采用拉动的原则，同时用工作流引擎生成的工作项次序作为辅助手段。在此过程中，（人力）资源能够看到可以执行的工作项次序表，该次序表是由工作流引擎根据某一种排队规则，对工作项进行拣选而成。资源最好选取列表中的第一个工作项，也可以选择其他的工作项。在这种混合的方法中，工作流引擎充当了调度的角色，同时资源还保留着决定做什么的自由。

4）资源分配的排队原则

当选择资源的时候,工作项次序起到了决定性的作用;反过来,资源的选择也会影响工作项向活动转化的次序。很多不同的方法都能够用来选择次序,特别是可以借用多种在工厂生产管理中采用的排队规则。

实际上,在一些资源中的路由与产品在机器中的路由案例,与生产部门中的工艺路线非常相似,下面是一些工作流中常用的排队规则。

(1) 先进先出(FIFO):如果工作项按照创建的次序来处理,或者按照案例被创建的时间来处理,都可以认为它符合先进先出规则。FIFO是一种最为简单有效的规则,在实践中被广泛使用。

(2) 后进先出(LIFO):与先进先出相反,在这种规则下,最近创建的工作项要首先处理,在一定情况下,如货物装卸,只有一个出口的上下车等情况,这种分配规则能够提高平均服务水平。

(3) 最短处理时间(SPT):如能根据案例的一些属性,预先估计得到一个活动需要的时间,就可以按照简单的和耗时的、容易的和困难的案例区分。这时候,先选择耗时少的工作项,经常能够降低整体流程的平均处理时间,这就是最短处理时间规则。反之,如果需要给耗时多的任务以更高的优先级,就是最长处理时间(LPT)排队规则。

(4) 最短剩余处理时间(SRPT):对于一个给定的案例,关注每个特定的活动需要的时间,能够估计出整个案例的剩余处理时间。如对剩余处理时间最短的案例优先处理,能够减小正在执行工作的数量,这就是最短剩余处理时间规则。反之,如果总是优先执行剩余处理时间最长的案例,这就是最长剩余处理时间(LRPT)排队规则。

(5) 最早截止期限(EDD):案例总是在某一时间开始,然后需要在某一时间前完成。按照案例的截止期限决定次序,这就是最早截止期限的排队规则。当然,在决定次序的时候,正在执行的任务也需要被考虑进去。

注意,每一种排队规则所需要的信息量不同,导致实施代价也差别很大。FIFO不需要很多信息,是其被广泛应用的原因。SRPT除了需要任务处理时间信息,还需要路由信息。实际应用中也会存在更高级的排队规则,需要考虑正在进行的任务、未来的任务以及资源可用性等。这些高级规则的特点在于对工作流当前状态的综合应用,也可能包括对未来工作流状态的预测。

5）资源选择策略

工作项究竟应该按照什么样的次序转化为活动,和资源的选择策略关系密切。如果一个工作项可以被多个资源执行,那么就需要考虑以下事项:

(1) 让资源发挥自己的专长。一个资源通常能够执行许多种类的任务,其中某些种类的任务可能是其专长。例如,一个查税人员具备评估各种纳税申报的资格,尤其擅长建筑承包商的纳税,因此如果遇到建筑承包商的纳税,应该尽量交给这个查税人员。

(2) 让一个资源连续做类似的任务。任何人和机器开始执行新任务的时候,都需要额外的预热时间。也就是说,开始一项新的任务需要准备时间,如打开一个被新任务使用的应用程序的时间。通过一个接一个地执行类似的任务,可以缩短预热时间。此外,重复性工作,可以按部就班,有效地降低平均处理时间。

(3) 为将来尽可能预留弹性资源。如果两个资源在执行某工作项上的能力相当,则必须在这两个资源间选择一个完成当前工作项时,最好选择那个相对只能够处理少量种类工作的资源;换句话说,当还有其他的资源可以选择时,尽量让通用性好的资源空闲,以保持流程对于将来变更的适应性。

用工作流系统来管理业务流程,可以更容易地实现业务流程的改变,如适应任务的变化、资源的重新安排等。因此,工作流的管理和应用都是企业业务工作中很重要的方法。

5.2 流程的定性分析

业务流程分析主要包括流程的定性分析和定量分析两部分。定性分析主要关心所定义流程在逻辑上的正确性,以消除异常结构,如进入死循环的“活锁”,以及流程停止,不能继续执行的“死锁”。定量分析主要考虑所定义流程的性能,其重点在于建立一些性能指标,如流程的平均完成时间、能力利用率和吞吐率等。

5.2.1 流程定性分析基础

从定性方面来看,业务流程首先需要从逻辑上保证其可达性和合理性。在流程开展执行前,需要检验流程的状态是不是可以达到预定目标,这主要通过可达性实现;然后再检查该流程是否合理,这可以通过考查其结构来实现。

一般来说,业务流程的常见检测方法有以下几种。

(1) 死锁检测(Deadlock):通过深度、广度优先搜寻算法对流程模型进行重复探索,直到发现死锁。

(2) 活锁检测(Livelock):检验流程模型中的连通回路,是否会在某些状态中一直循环,而无法转移到其他状态的情况。

(3) 确定性检测(Deterministic):检测流程模型最后是否会到达一个唯一最终状态。若进程最终会指向一个唯一的状态,则称该进程是确定的。

(4) 无终止检测(Nonterminating):检测流程模型是否会终止。

(5) 可达性检测(Reachability):检测流程模型是否可以到达某个特定的状态。

(6) 线性时序逻辑检测(Linear Temporal Logic, LTL):检测流程模型是否符合给出的线性时序逻辑。

5.2.2 可达性分析

可达性分析是用来说明案例所有的可达状态的分析方法,一般用可达图(Reach-ability Graph)来表示。可达图是一种描述流程执行情况的描述方法,包含由节点和有向箭头表示的有向图,节点对应状态,箭头表示状态改变的途径。通过状态和状态的变化来表达流程的行为,可达图能够表达被建模流程的行为。

从基于 Petri 网的流程建模方法可以知道,Petri 网的初始状态决定了哪些状态可达,以及其到达次序。事实上,给出一个 Petri 网,就能绘制一个可达图。Petri 网也是完全形式化的,因此可以采用计算机构造可达图,如图 5-13 所示。

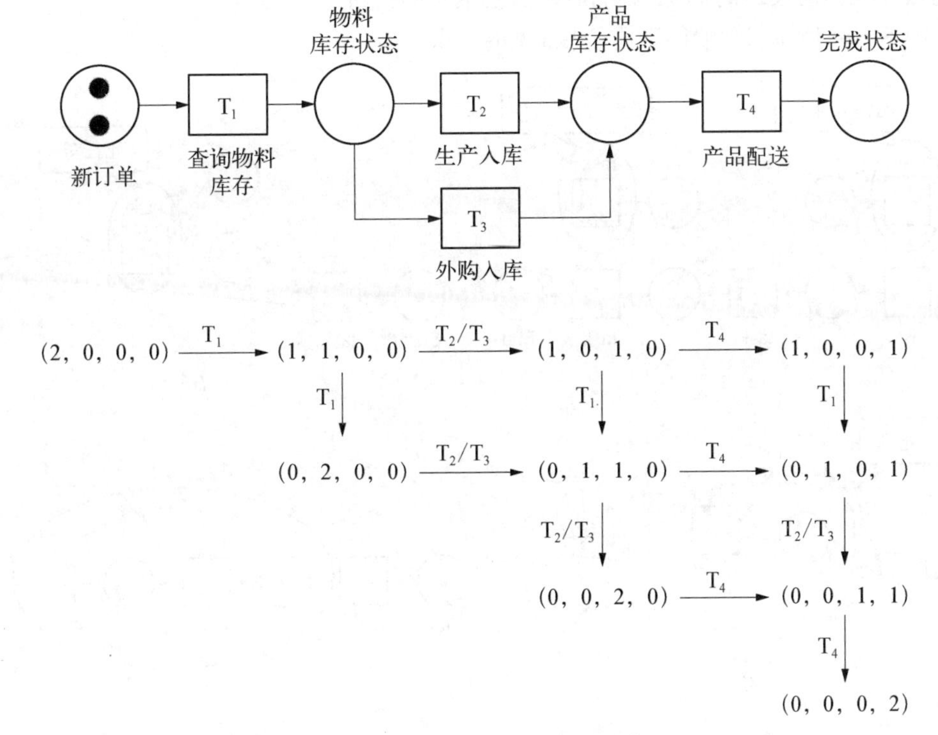

图 5-13　基于 Petri 网表示的流程及其可达图

然而,应用可达图进行流程分析也有一些缺点。首先,对于复杂流程,构造可达图往往需要大量的计算,没有计算机的支持,采用可达图来分析几乎是不可能的。第二,可达图只是一种现有流程状态的推演,需要大量的计算时间,且不能提供准确的诊断,如果托肯在某个库所中堆积,可达图将是无限的。第三,可达图在不合理流程模型的完善优化方面显得无能为力。

5.2.3　合理性分析

定义的流程模型必须符合一些最低要求,这样才是一个合理的流程,才能保证流程可执行。因此,每个合理的流程都必须满足以下三点要求。

1) 流程不包含不必要的任务

不必要的任务具体包括两类。一类是任务的输入或输出条件不完全。如果任务没有输入条件,就不清楚什么时候执行;如果任务没有输出条件,它对案例的完成就不会有任何贡献,可以被丢弃。另一类是有死锁的任务,虽然任务具有输入或输出条件,但从逻辑上不可执行。

2) 每个提交的案例必须能够被完全完成

简单来说就是没有死锁或活锁。死锁指的是流程在到达结束之前发生了阻塞,不再执行。活锁是流程中具有无法脱离的循环路由,把案例带进无休止的循环。

3) 案例完成后再没有引用

一种情况是流程已经执行完毕,但仍有活动执行,良好的流程定义要有清晰的开始和结束。一旦到达了结束条件,不应该还有任务被执行。另一种情况是,案例完成后,定义的流程中仍然存在当前案例的标记,影响后续其他案例的执行。

如图 5-14 所示,这里给出了一些常见的错误。

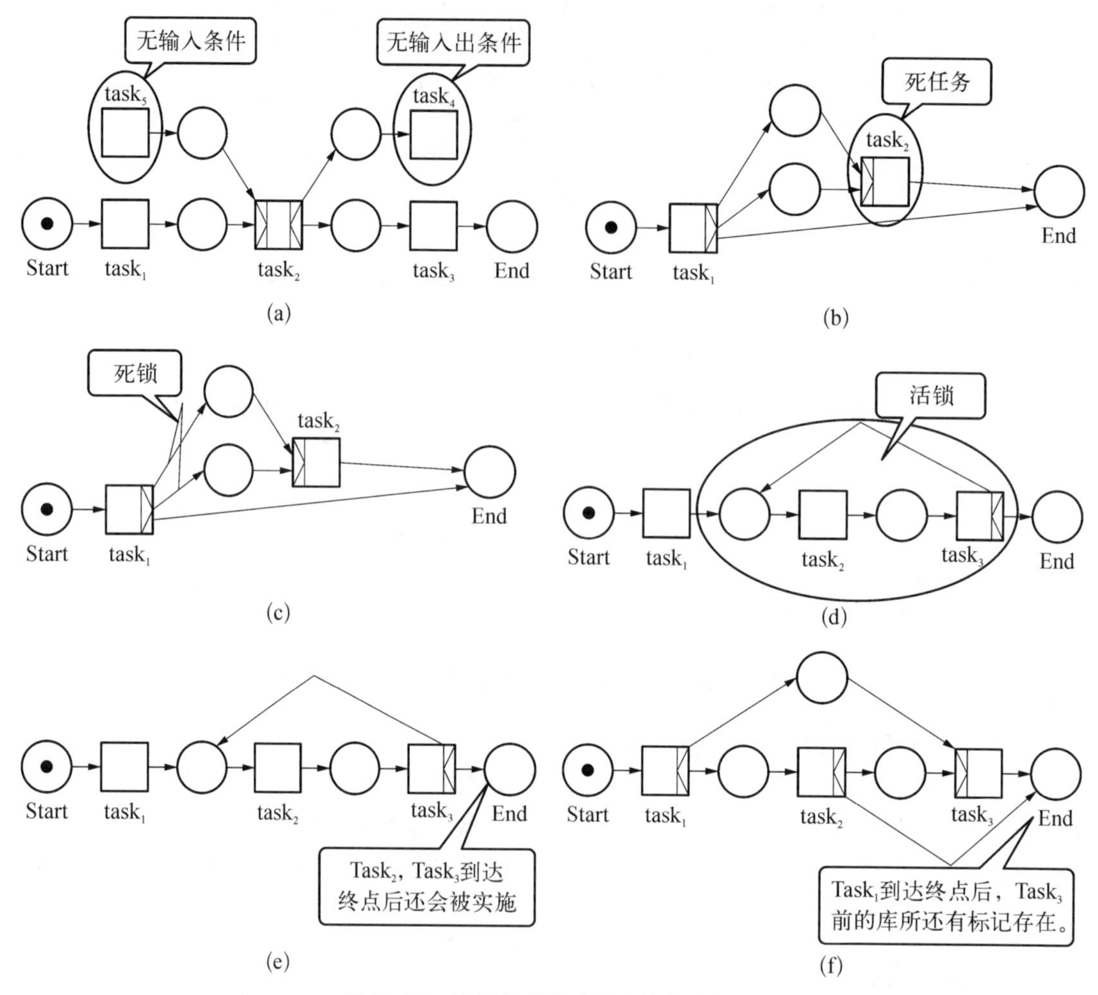

图 5-14 流程合理性分析中的常见错误

(a) 任务输入或输出条件不完全;(b) 有死任务;(c) 死锁;(d) 活锁;(e) 流程已经执行完毕仍有活动执行;(f) 案例完成后仍然存在托肯

如有以上问题,不需要进一步了解流程内容,就能够确定流程定义是错误的,这些错误和流程结构相关。因此,一个可执行的流程模型可以描述为工作流网,基于 Petri 网的工作流网定义如下:Petri 网定义的工作流流程只有一个作为开始的库所 Start 和一个作为结束的库所 End;每个转移(任务)或每个库所(条件)必须处于从 Start 到 End 的有向路径上,即不应该有游离的任务和条件,这样从库所 Start 起始,每个任务或条件都可达,从每个任务起始,库所 End 也总可达;游离在流程之外的转移对流程的执行结果没有影响,在任何时候都可以被实施,不具备任何意义。

符合上述语法要求的工作流网,仍可能出现一些异常情况,比如潜在的死锁和无法结束。因此,我们可以定义一个合理的工作流网,当且仅当它符合下面三项要求。

要求一:每个案例一定能够被成功完成。对应于库所 Start 的每一个托肯,最终会有且只有一个托肯出现在库所 End 中。

要求二：一旦某个案例被完成，就不再被引用。当库所 End 出现托肯时，其他所有库所都是空的。

要求三：每个任务在原则上都能被执行。对每个转移，从初始状态都能到达该转移就绪的状态。

流程合理性的判定是一件比较困难的工作，通常构造一个初始库所只有一个托肯的可达图，可以来检查基于 Petri 网的流程模型是否满足合理性的三项要求。对应于最后一个要求，需要考查是否每一个任务的实施都对应了可达图中的状态转移。对应前两个要求，需要考查可达图是不是只有一个最终状态，并且只在库所 End 中有一个托肯。通过对合理性三个方面的形式化表述，可以采用可达图对其进行自动检查。

5.3 流程的定量分析方法

5.3.1 流程的性能分析基础

业务流程性能分析的目标是查找流程执行中的瓶颈，在此基础上进行流程模型或流程执行中涉及资源等方面开展优化。下面列出了业务流程中出现瓶颈时的表现：

其一，流程中案例的数量太多。如果流程中存在大量的案例，或者流程中正在执行的案例数量太多，就说明可能存在问题。这么大的数量可能因为案例到达的速度太大，或者因为资源缺乏弹性，也可能因为流程包含了太多需要连续执行的步骤。

其二，实际处理时间之外的时间过长。如果实际的案例处理时间只占流程总时间的一小部分，说明其他的等待时间过长，这种情况下，需要通过整体安排来缩短完成时间。

其三，服务水平不高。一个流程的服务水平，反映了一个组织在一定期限内完成案例的能力。如果服务完成时间波动很大，就会带来服务水平的不均衡，因为结构性能力短缺。一定的服务时间波动是正常的，但出现严重的服务"供不应求"的情况，就说明服务水平低下。

流程的定量分析主要涉及流程执行的性能，工作流的性能分析主要有以下三种方法。

1）马尔可夫分析方法

对于每个给定的流程实例，可以自动构造一个马尔可夫链。马尔可夫链包含了案例的可能状态和状态间的转移概率，其实就是增加了转移概率的可达图。许多流程性质可以采用马尔可夫链进行计算推演，例如，流程从起点到终点可以有多条路径，涉及某路径的概率有多大。将成本和时间等要素引入马尔可夫链，可获得更多性能指标算法。马尔可夫分析方法的缺点主要有两方面，第一方面，并不是所有性能都能被分析出来；另一方面，其分析处理过程特别复杂非常耗时，哪怕是原本不是很复杂的问题。

2）排队论

排队论可以用于对用户等待时间、完成时间和资源利用率等系统性能指标进行分析。在工作流中，如果涉及一个拥有大量相同资源队列的处理过程，可以采用排队论来处理。当然，整个工作流涉及的情况往往不是单队列系统，这时就需要采用队列网络的数学方法进行。事实上，排队论中的很多假设有并行路由存在的工作流流程并不合适，一些情况下，排队论方法很难直接应用于流程性能分析。

3）计算机仿真方法

计算机仿真是一种灵活的分析技术，其核心是基于一定的概率进行路径选择，跟踪可达图中的路径，可以用来分析各种工作流。由于计算机仿真是借助计算机推演执行的重复流程，大部分仿真工具还提供了可视化的流程执行过程展示，很容易使没有数学背景的人接受和理解，使得流程的仿真应用较为广泛。但是仿真模型的建立和分析非常耗时，而且仿真结果的深入处理需要较多的概率统计知识。

为了确定流程瓶颈的存在，需要为流程性能制定测量基准值，因此引入了流程性能指标以分析和度量业务流程的性能。这些衡量流程的指标主要反映了工作流定量方面的特性。

一般将流程指标分为两类：

一类是外部性能指标（面向案例）。外部性能指标聚焦在工作流应用环境所关注的一些方面。例如，平均完成时间和平均完成时间的稳定性等，其中一些指标还可根据案例的具体特性继续划分。

另一类是内部性能指标（面向资源）。内部性能指标表明了需要在哪些方面进行努力，来提高外部性能。例如，资源利用率水平、单位资源负责案例数、在处理的案例数量、退回的数量和周转量。周转量是案例通过系统的速度，等于一段时间（如一天）除以案例的平均完成时间。

总体来说，分配额外内部资源来提高外部性能可以短期解决几乎所有的流程瓶颈，然而，一方面资源是有限的，另一方面，这样的方法也产生很多费用和其他代价，所以这样的方法往往是最后的选择。因此，通过重构工作流结构，或者建立更好的分配策略来取得费用和性能的平衡更为重要。

5.3.2 排队论理论

排队论（Queuing Theory）又称随机服务系统理论（Random Service System Theory），是研究排队系统的数学理论和方法，也是运筹学的一个重要分支。具体而言，排队论是在规律性概率的基础上，研究各种排队系统，以解决排队系统的最优设计和最优控制问题。

排队是在日常生活和生产中经常遇到的现象。各种问题虽不相同，却都有要求服务的人或物和提供服务的人或机构。排队论里把要求服务的对象统称为“顾客”，把提供服务的人或机构称为“服务台”。不同的顾客与服务组成各式各样的排队系统。任何一个排队问题的基本排队流程都可以用图 5-15 表示。每个顾客按照各自方式到达服务系统后，加入排

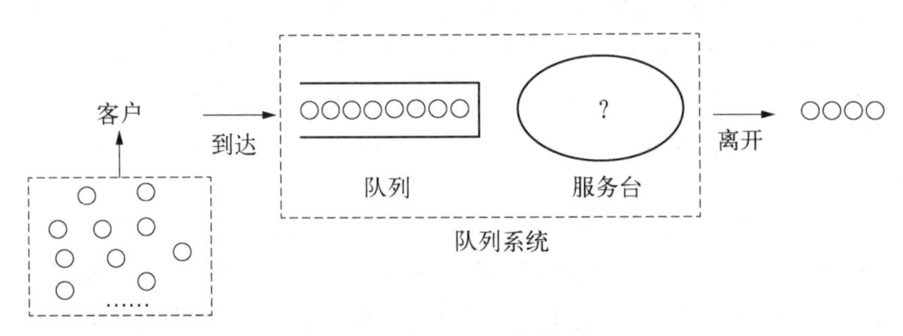

图 5-15　排队系统模型

队队列等待接受服务,而服务台按一定规则为队列中的顾客提供服务,顾客接受完服务后离开。

排队系统服务的对象是顾客(Customer),各顾客从不同的顾客源出发,随机到达排队系统,并按照一定的规则等待服务;为顾客服务的媒介被称为服务台(Server);队列和服务台共同组成排队系统;顾客在服务台中服务的时间随机,在服务结束后顾客离开系统。

排队系统的随机性是指顾客的到达情况,如相继到达时间间隔,与每个顾客接受服务的时间等,事先无法确切知道。因此,排队论也被称为随机服务系统理论。一般来说,一个排队系统一般由输入流程、排队规则和服务机构组成。

1）输入流程

输入流程是指要求服务的顾客按怎样的规律到达排队系统的流程,有时也称之为顾客流。一般可以从三个方面来描述一个输入流程。

顾客总数。顾客总数可以是有限的,也可以是无限的。如到售票处购票的顾客总数可以认为是无限的,而某个工厂因故障待修的机床则是有限的。

顾客到达的形式。这是描述顾客是怎样来到系统的,是单个到达,还是成批到达。用户到图书馆借书是单个到达的例子,而购买的物料入库则可以看成是成批到达。

顾客流的概率分布。即顾客相继到达时间的间隔分布。这是首先需要确定的指标,一般有负指数分布、泊松分布和爱尔朗分布等。

2）排队规则

排队分为有限排队和无限排队两类。前者是指系统的空间是有限的,当系统被占满时,后面再来的顾客将不能进入系统;后者是指系统中的顾客数可以是无限的,队列可以排到无限长,顾客到达后均可进入系统排队或接受服务。无限排队具体又分为以下三种。

(1) 等待制。指顾客到达系统后,所有服务台都不空,顾客加入排队行列等待服务,一直等到服务完毕以后才离去。如排队医院挂号,排队列车售票等。

等待制中,服务台选择顾客进行服务时通常有如下四种规则: ① 先到先服务 (First Come First Serve,FCFS),按顾客到达的先后顺序对顾客进行服务,这是最普遍的情形;② 后到先服务(Last Come First Serve,LCFS),仓库中叠放的钢材,后放上去的先被领走,重大消息优先刊登,都属于这种情形;③ 随机服务 (Service in Random Order,SIRO),当服务台空闲时,不按排队序列而随意指定某个顾客去接受服务,如电话交换台接通呼叫等;④ 有优先权的服务 (Priority,PR),如老人、小孩先进车站,重病号先就诊,遇到重要数据需要立即中断其他数据的处理等,均属于这种规则。

(2) 损失制。指系统所有服务台都已被占用,当顾客到达不愿等待而选择离开系统。如电话拨号后出现忙音,顾客不愿等待而挂断电话,如要再打则需重新拨号。

(3) 混合制。这是等待制与损失制相结合的一种服务规则,一般是允许排队,但又不允许队列无限长。大体有以下三种: 一是队长有限,当等待服务的顾客人数超过规定数量时,后来的顾客就自动离去,另求服务,即系统的等待空间是有限的;二是等待时间有限,即顾客在系统中的等待时间不超过某一给定的时长 T,当等待时间超过时间 T,顾客将自动离去,并且不再回来;三是逗留时间有限,或者说等待时间与服务时间之和有限。

3）服务机构

服务机构可以从以下三个方面来描述。

（1）服务机构数量及构成形式。从数量上说，服务台有单台和多台之分。从构成形式上看，有单队单服务台式、单队多服务台并联式、多队多服务台并联式、单队多服务台串联式等。

（2）服务方式。指在其一时刻接受服务的顾客数，有单个服务和成批服务两种。

（3）服务时间的分布。在多数情况下，对某一个顾客的服务时间是一个随机变量，与顾客到达的时间间隔分布一样。服务时间的分布有定长分布、负指数分布、爱尔朗分布等。

为了区别各种排队系统，根据输入流程、排队规则和服务机构的变化对排队模型进行描述或分类，可给出很多模型。1953 年肯道尔（Kendall）提出一个分类方法，称为 Kendall 符号，其形式是 X/Y/Z。1971 年，在一次关于排队论符号标准化的国际会议上，将 Kendall 符号扩充为以下标准形式：X/Y/Z/A/B/C 或[X/Y/Z]：[A/B/C]。

排队系统的 Kendall 表示各符号的意义为：

X 表示顾客相继到达时间间隔的概率分布，可取 M，D，E_k，G 等，其中：

M 表示到达流程为泊松流程或负指数分布；

D 表示定长输入；

E_k表示 K 阶爱尔朗（Erlang）分布；

G 表示一般相互独立的随机分布。

Y 表示服务时间分布，所用符号与 X 相同。

Z 表示服务台个数，取正整数。1 表示单个服务台，S 表示多个服务台。

A 表示系统中顾客容量限额，或称等待空间容量。若系统中有 K 个等待位（$0<K<\infty$），当 $K=0$ 时，说明系统不允许等待，即为损失制；若 $K=\infty$ 时，为等待制系统；当 K 为有限整数时，表示为混合制系统。

B 表示顾客源限额，可取正整数或∞，即有限和无限两种。

C 表示服务规则，如 FCFS，LCFS 等。

5.3.3 基于排队论的流程指标计算

在实际应用中，流程的主要性能指标主要指：平均队列长度、案例完成时间（平均流动时间，等待时间）、资源利用率（工作负荷，关键设备占用情况）、单位时间处理案例数量、预定标准时间完成案例的百分比、周转量和回退的数量等。

（1）平均队列长度。队列长度是正在执行的工作项数量（Work In Process，WIP），指的是队列中的顾客数，即排队等待的顾客数与正在接受服务的顾客数之和；队长是指队列中正在排队等待服务的顾客数。队长分布是顾客和服务员都关心的，特别是对系统设计人员来说。如果能知道队长的分布，就能确定队长超过某个数的概率，从而确定合理的等待空间。

（2）案例完成时间。案例完成时间包括等待时间和逗留时间。从顾客到达时刻起到开始接受服务为止的这段时间是等待时间。等待时间是顾客最关心的指标，因为顾客通常是希望等待时间越短越好。从顾客到达时刻起到他接受完服务这段时间称为逗留时间，顾客的等待时间加上服务时间,是顾客关心的重点。

(3) 资源利用率。体现为工作负荷,或关键设备占用情况,这对于整体流程的能力估算以及服务水平具有至关重要的作用。体现为服务员的服务强度。有的时候也可以转换为时间的表示,如交替出现的忙期和闲期等。

单位时间处理案例数量,预定标准时间完成案例的百分比,以及周转量和回退的数量等其他指标,在一定情况下,也可以转换为与队列长度、时间特性等有关的指标。

以单服务台模型讨论了应用排队论的计算过程。重点讨论基本模型[M/M/1]:[∞/∞/FCFS],顾客到达流程是泊松分布,服务时间服从负指数分布的单服务台排队系统。该模型适用于以下条件: 输入流程,顾客源是无限的,顾客的到达流程是泊松流程;排队规则,单队,对队长无限制,先到先服务;服务机构,单服务台,服务时间服从负指数分布。

此外,还假定服务时间和顾客相继到达的间隔时间相互独立。设单位时间内,有 λ 个新案例到达,需要被一个资源处理。这个资源单位时间内能够完成 μ 个案例。

则这个资源的能力利用率 ρ:

$$\rho = \lambda/\mu。$$

假设处理时间和案例到达时间间隔都服从负指数分布,流程中的平均案例数量 L:

$$L = \rho/(1-\rho)$$

平均等待时间 W: $W = L/\mu = \rho/(\mu-\lambda)$

平均系统时间 S: $S = W + 1/\mu = 1/(\mu-\lambda)$

例如,对于某一 Task,每小时平均有 8 个案例到达,每小时平均处理 10 个案例。

由题可知, $\lambda = 8$, $v = 10$

1. $\rho = \lambda/v = 8/10 = 0.8$
2. $L = \rho/(1-\rho) = 4$
3. $W = L/v = 4/10 = 0.4\ \text{h} = 24\ \text{min}$
4. $S = W + 1/v = 24 + 6 = 30\ \text{min}$

给定资源利用率一定时,平均队列长度(WIP)的情况,如表 5-1 所示。

表 5-1　给定资源利用率对应的平均队列长度

给定资源利用率	WIP 平均数	利用率	WIP 平均数	利用率	WIP 平均数
0.10	0.11	0.80	4.00	0.980	49
0.25	0.33	0.85	5.66	0.990	99
0.50	1.00	0.90	9.00	0.999	999

有关多服务台模型主要研究单队、并行的多服务台排队系统。如同单服务台系统一样,可以分为基本模型、有限队列模型,以及有限顾客资源模型等,这里不再阐述。

5.4 业务流程执行的标准

5.4.1 业务流程管理

业务流程管理(Business Process Management, BPM)是指以流程为核心,开展流程的自动执行与监测的工具和方法。BPM 利用自有的流程语言、设计工具和引擎,提供了一种图形化的业务活动、集成企业应用以及管理手工任务的途径,其出现是为了解决企业中基于流程的软件系统在应用时对于变更的敏捷性、实时效果评估、资源整合与优化等问题。

从流程定义到流程执行,不同的流程定义与模型中使用公共定义数据提供了多方面的协定,提供了流程建模的概念、符号和表示法,也提供了一种绑定图形化的符号与可执行的块结构流程语言的方法,帮助定义的流程得以执行。如图 5-16 所示,流程设计模型到流程执行模型转换包括了较多的标准。

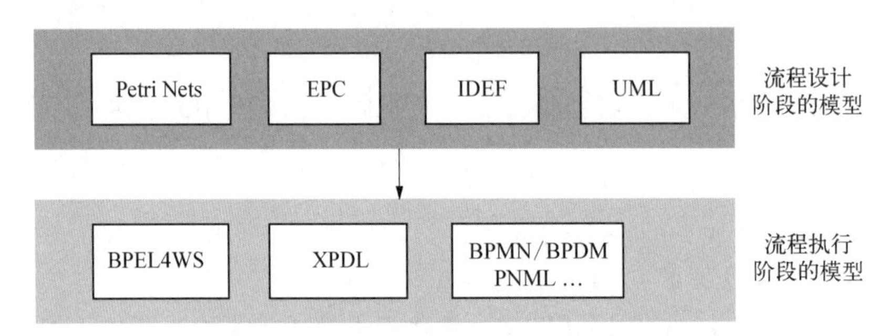

图 5-16 流程设计模型到流程执行模型转换

为使业务流程管理标准化,不同组织建立了不同的业务管理规划及标准,目前的三大业务流程标准包括:

(1) XPDL (WfMC)。XPDL 可保证流程定义在两个设计工具之间进行交换,并保证流程执行语义的一致性。XPDL2.0 包含对使用 BPMN 进行描述的扩展。

(2) BPEL/BPEL4WS(OASIS 组织——IBM, Microsoft, BEA)。BPEL 主要是用来支持基于 Web Service 的自动化业务流程,没有任何有关人工活动的内容。但构成业务流程的活动的种类超过 WS-BPEL 的定义,如业务流程往往需要人工参与执行,WS-BPEL 也没有考虑任务列表等问题。

(3) BPMN/BPDM(BPMI +OMG 组织)。BPMN 是 BPM 及 Workflow 的建模语言标准之一, BPMN 提供了一些较为通用及容易理解的符号,实现业务分析、流程实现,以及应用监控全过程的支持。BPMN 也提供了可以生成可执行的 BPEL4WS 的模型转换方式,类似于一种使用 XML 对 Web Service 进行编程的语言。因此,BPMN 的出现补充了从业务流程设计到流程开发方面缺失的工作。

5.4.2 XPDL

XPDL(XML Process Definition Language)是 WfMC (Workflow Management Coalition)的标

准,工作流程由活动和转移定义,也涉及参与者、应用、数据域等。开源工作流引擎 OBE 及一些其他开源工作流引擎在使用 XPDL,XPDL2.0 包含对使用 BPMN 进行描述的扩展。XPDL 可保证流程定义在两个设计工具之间进行交换,并保证流程执行语义的一致性。

XPDL 流程定义转换的原理如图 5-17 所示。

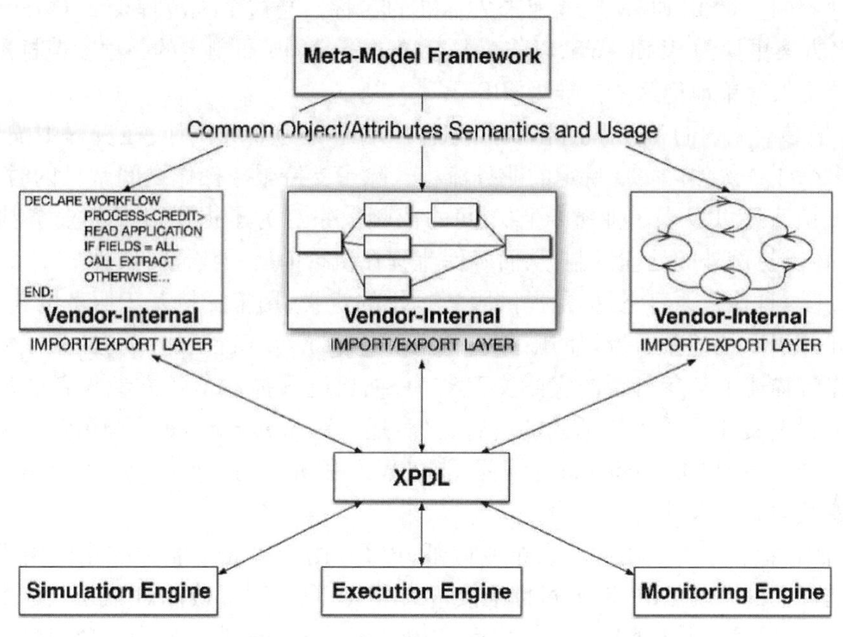

图 5-17　基于 XPDL 的流程定义转换的原理

XPDL 示例如图 5-18 所示。

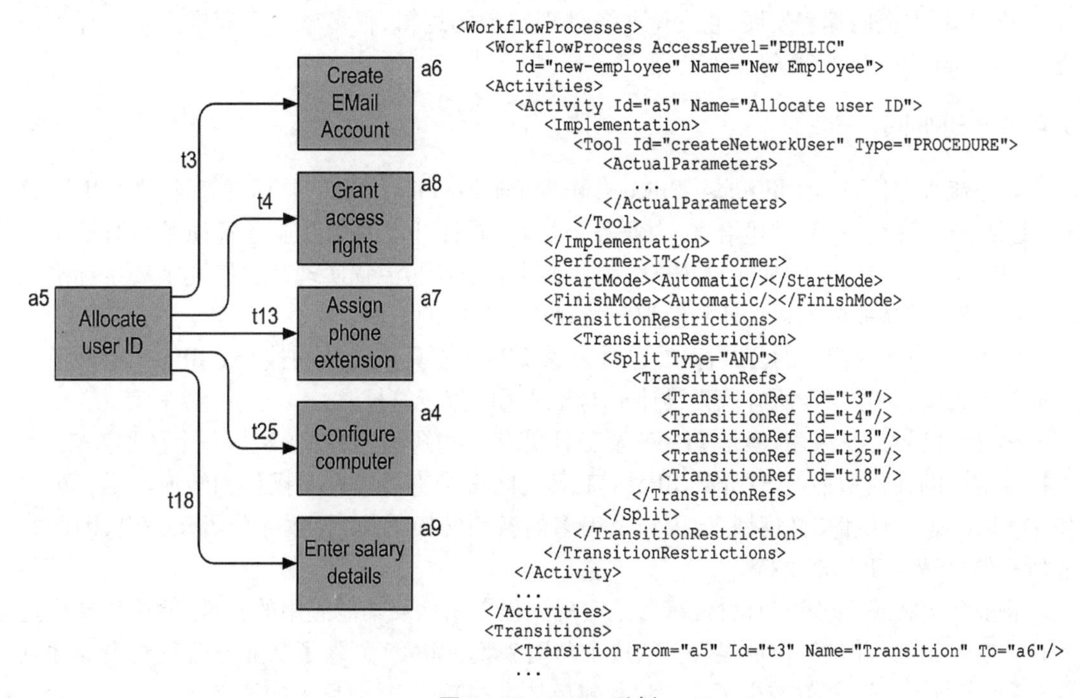

图 5-18　XPDL 示例

5.4.3 BPEL

BPEL（Business Process Execution Language）是由IBM、微软和BEA等多家公司或研究机构制定的流程描述语言。BPEL的多个版本中，BPEL、WSBPEL和BPEL4WS之间事实上并没有其他不同。WSBPEL是规范和未决标准的名称。当这个规范提交到OASIS时，按照OASIS命名方案更换为BPEL4WS，以作为整合Web Services而制定的一项规范标准。然而，大部分团体仍然简单地称这个标准为“BPEL”。

BPEL把参与流程的Web服务以及服务客户端定义为业务伙伴，在流程中描述如何调用与协调多个业务伙伴以实现特定的业务流程。除了支持服务操作之间常见的时序与逻辑关系，BPEL语言还可以表示业务伙伴之间的依赖关系。为了提供可靠的业务执行流程，BPEL语言还支持例外的处理机制，从而确保流程在执行前后的数据一致性。

BPEL是一种执行语言，目标是提供服务编排的定义，用来支持基于服务的自动化业务流程。因此，BPEL描述基于流程的服务组合主要包括了可执行工作流和抽象流程两部分，可执行工作流描述了各参与者的实际交互行为，抽象流程描述了各方参与者的消息交换。但是，BPEL没有提供有关人工活动的内容，只表述了对Web Service的调用顺序关系，采用类似XML的方式对Web Service进行编程，能在Web服务之间以标准化的交互方式。因此，在软件供应商中获得广泛认可。

BPEL的价值在于可重用性。在企业内部，BPEL用于集成企业标准化应用程序集，并扩展到先前孤立的系统。BPEL通过标准接口共享Web服务，屏蔽掉IT底层技术的复杂性，从而让IT资产复用成为可能。在企业之间，BPEL通过合作伙伴连接来实现服务的调用，将企业与业务合作伙伴的集成变得更容易更高效。整体而言，如果说Web Service实现了应用接口的可重用性，那么BPEL实现的是流程的可重用性。

BPEL基本上向编程发展，它支持业务处理流程的逻辑，很多软件厂商推出了更详细的规范，如IBM、Oracle、SAP等软件公司。

5.4.4 BPMN

业务流程建模标注（Business Process Modeling Notation，BPMN）描述基本的BPMN符号，主要目标是提供一套描述语言，为业务分析者、软件开发者以及业务管理者与监察者使用。BPMN还支持生成可执行的BPEL，因此在流程设计与流程实现间也搭建了一条标准化的桥梁，补充了从业务流程设计到流程开发和执行阶段的工作。

BPMN是OMG维护的公共标准，已被多家BPMS工具厂商共同接受。BPMN定义了一个业务流程图，是被当今所有流程设计工具都采用的流行符号。

尽管其已被广泛采用，但是BPMN及工具仍有一些缺陷，如BPMN是一个图形建模，不支持标准化的元模型描述，这导致BPMN工具之间很难直接实现互操作和转换。尽管可以使用XPDL来存储和交换模型，但因涉及很多的模型转换工作，导致部分语义丢失，因此并非所有的BPMN工具都支持。

将业务流程模型转换为执行模型，是实现流程自动化及其他应用的关键，但这个转换过程往往容易出错，并且工作量很大。从这个角度来说，BPMN创建了从业务流程建模描述到IT执行语言的一座桥梁，减少了业务流程建模技术的断层，具有巨大的意义。

5.4.5　业务流程标准的比较

各种流程执行标准有其特点,这里对一些流程标准进行两两比较,可以更进一步深化对这些标准的理解及其应用的范围。过程建模方法的基本模型对比如表 5 - 2 所示。

1) EPC 与 XPDL 的比较

EPC 为业务人员的建模复制方面提供了很好的支持和参考。EPC 表述的模型,很适合类似供应链流程管理、企业生产过程实现等业务流程的应用。这样的业务流程对于"活动处理的前后状态"很重视,因此基于状态来实现业务对象的生命周期控制和业务规则控制。

相比较而言,XPDL 屏蔽了状态理念,导致形式化分析困难,其元模型则仅描述了活动与活动之间的连接关系,很难描述出活动之间的状态影响及变更关系。而在 XPDL2.0 中已经做了改进,将部分的 Event 概念纳入其中。

表 5 - 2　过程建模方法的基本模型对比

过程建模方法	基 本 元 素 模 型	表示 State 的对象
PetriNet	Place, Transition	Place
EPC	Event, Function, Connectors	Event
Activity Diagram	State, Decision	State
FSM	State, Action	State
XPDL Metadata	Activity, Transition	

国内的流程发展早期依赖于办公自动化和审批流,偏重于离散活动的组合关系,属于单工作流模式范畴。很多客户眼里:流程只是一些任务的组合,并不涉及复杂的交互和状态控制,因此采用 XPDL 的 Activity 和 Transition 也基本可以描述。加之工作流联盟 WfMC 也是一个有着较长历史的国际化标准组织,对于客户和开发商都有一定影响力,因此,这样的标准比较容易被接受。

2) BPMN 和 BPEL 的比较

BPMN 是在业务流程建模及业务应用的需求中产生的,本质上是可视化标注上的一个更高层次的业务建模抽象,为业务人员提供所需的工具。而 BPEL 是一种面向执行的抽象语言,即如何应用现有服务以执行任务。BPMN 只是为业务描述设定了标准,还不足以生成可运行的代码,如何将 BPMN 转化为可执行的代码,是工作的关键。同样,把完成的 BPEL 代码转化为业务人员能够理解的表达也很重要。因此,这两种标准是业务和技术的两端,具有相辅相成的关系。

3) XPDL 和 BPEL 的比较

严格意义上,BPEL 与 XPDL 不是一个层次的规范。XPDL 标准表现为一种流程定义的格式,是一个围绕 BPM 建模、仿真、运行和管理整个生命周期所建立的模型。WS - BPEL 是一种执行语言。WS - BPEL 的目标是提供 Web 服务编排的定义,主要是用来支持基于 Web 服务的自动化业务流程,没有任何有关人工活动的内容。

XPDL 和 BPEL 有着不同的目标,对工作流的控制模式支持比较全面,在功能方面有大量交叉。BPEL 主要是用来支持基于 Web 服务的自动化业务流程,没有任何有关人工活动的内容。构成业务流程活动的要素有时会超过 WS - BPEL 的定义范围，如业务流程往往需要人工参与活动验证和执行，WS - BPEL 标准里也没有考虑任务列表等欠缺。XPDL 相比 WS - BPEL 缺乏了一些对 Service 的调用顺序关系以及执行流程属性数据的赋值运算一类的结构化 xml 元素的表述，XPDL 的节点类型主要为自动节点、人工节点、嵌套子流程、块活动、路由活动等。

如表 5 - 3 所示，这里从目标、用户、范围等方面，给出了流程标准的比较。

表 5 - 3　三种流程执行标准的比较

流程标准	XPDL	BPEL	BPMN
维护组织	WfMC	OASIS	OMG
核心目标	数据共享及交换	服务自动化编排	业务流程设计到流程开发
针对用户	运维者	IT 编程人员	业务人员
特点	缺少状态	无人工活动	多种交互方式
适用范围	简单的活动关系，如办公审批流程	程序的互操作实现	业务定义到组件映射
标准特点	大而全	可读性较弱	定义完备
针对生命周期阶段	设计到执行期	动态执行期	执行期

总体而言，其他业务流程标准 ebXML、EPC、RosettaNet 与 XPDL/BPEL 均有联系，在功能方面也有重合，各有特点。在很多遗留应用中 WfMC 影响力强大。WS - BPEL 被众多学院派等严重怀疑中，面向复杂应用的全自动化的发展方向存在变数。BPMN 当前应用较为广泛。

本章小结

- 从流程的执行出发，阐述了流程的分析和优化的主要方法，包括马尔科夫链、排队论和仿真方法。
- 阐述了工作流执行的流程定义、资源分类以及资源任务分配等方面。
- 基于排队论阐述了流程的定量分析方法，以及初步的排队论理论方法。

参考文献

[1] WIL VAN DER ASLST, KEES VAN HEE. 工作流管理[M]. 王建民，闻立杰，译. 北京：清华大学出版社，2004.

[2] HAMDY A TAHA. 运筹学导论[M]. 薛毅，刘德刚，朱建明，等，译. 北京：人民邮电出版社，2008.

[3] 方锦烽，孙玲芳. YAWL 语言及其系统初步研究[J]. 企业技术开发，2005，24(10)：6 - 7+10.

[4] MARLON DUMAS, WIL VAN DER AALST，AUTHOR H M. TER HOFSTEDE. 过程感知的信息系统[M]. 王建民，闻立杰，译. 北京：清华大学出版社：2009.

第 6 章　业务模型驱动的软件配置实现

在对软件的业务分析基础上，可以构造相关的业务模型，作为软件配置实现的参考。在该处理过程中，软件的复杂逻辑设计往往也是实现工程级应用的核心要素，也是体现软件智能性的关键。

6.1　模型驱动的软件架构

6.1.1　模型驱动架构的方法

现代软件开发实现的趋势，逐渐从精细设计、采用硬编码、基于软件功能为特点的方式，向粗粒度设计、以配置组装、基于过程或数据驱动的方式转换。

传统软件的开发过程主要可分为需求分析、模型设计、代码实现等阶段，体现为需求文档、设计模型、源代码等主要产物，如图 6－1 所示。从需求规格文档开始，在模型设计阶段构造出流程、功能、数据等软件设计模型，之后结合具体软件开发语言开展代码实现。具体代码实现的方式可以在设计开发环境基础上，由设计模型生成代码框架，进而进行编码；也可以在模板的基础上实现业务代码的注入及集成，从而构造出可运行的软件系统。

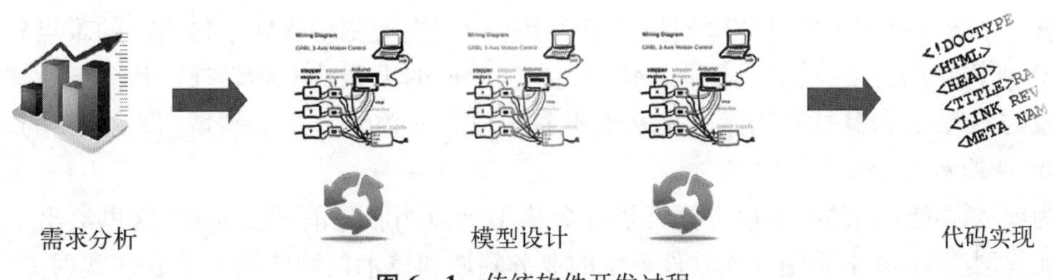

图 6－1　传统软件开发过程

互联网条件下，模型驱动的软件系统的实现过程主要可分为需求建模、模型设计、模型配置、模型转化，最后通过配置及集成的方式实现最终的软件制品。软件制品可以是一些代码实现的结果,也可以是多个服务集成起来的系统。一般情况下,将模型用于软件构造的过程如图 6－2 所示。

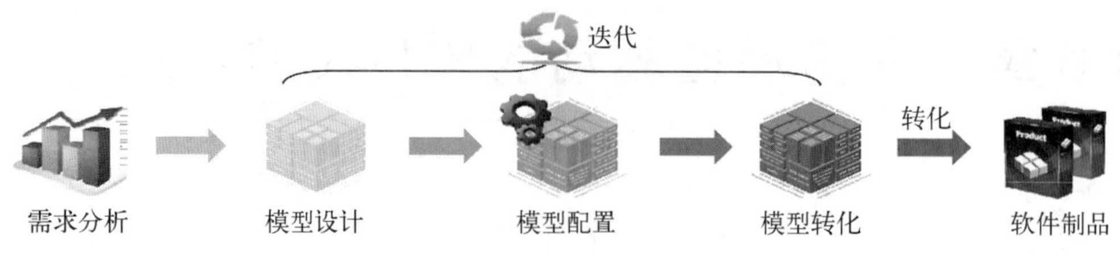

图 6－2 现代模型驱动的软件开发过程

以模型驱动软件架构的理论基础是模型驱动架构(Model-Driven Architecture, MDA)。MDA 是由国际组织 OMG 给出的架构方法,其涉及的主要模型有计算无关模型(Computation Independent Model,CIM)、平台无关模型(Platform Independent Model,PIM)、平台相关模型(Platform Specific Model,PSM)、具体实现模型(Implementation Specific Model,ISM)。

简化起见,CIM 可以看作业务模型,PIM 可以看作高层次的设计模型,PSM 可以看作如持久化风格和表现风格的技术实现模型,ISM 可以看作具体的实现代码。在 MDA 下,软件开发过程主要通过模型到模型的转换,以及基于模板的代码生成或基于设计模式的代码开发,实现最后的代码,如图 6－3 所示。

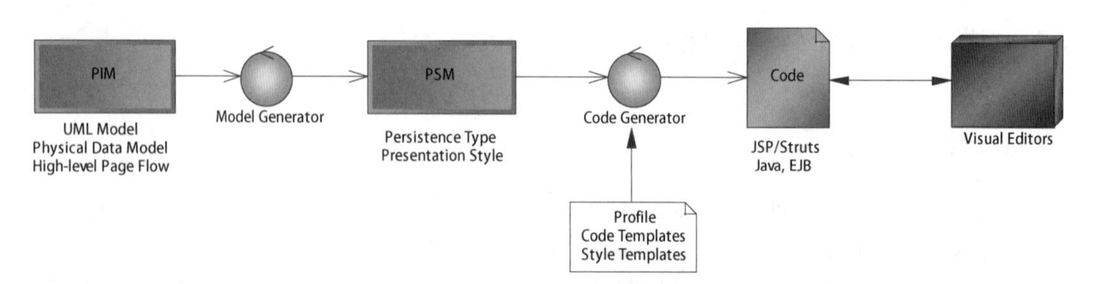

图 6－3 模型驱动的代码生成过程

在当前来说,模型驱动架构的作用和趋势主要体现为采用服务计算技术的导入。模型驱动架构以业务流程应用为核心,采用功能建模和数据建模结合,导入特定领域模型构造服务以简化开发,应用于软件设计与开发、集成分析等生命周期阶段。

目前 PIM 到 PSM,以及 PSM 到 ISM 或者说代码生成的技术方面已相对较为成熟,其本质是软件系统在领域中的具体模型映射和模板生成。模型驱动软件架构当前的难点和核心是 CIM 到 PIM 的转换,其本质是业务领域到技术领域的模型映射和转换。从服务计算在软件开发的导入来看,其核心仍然也是基于服务实现业务领域到技术领域(IT 领域)的转换,如图 6－4 所示。

为展示模型之间的关联以方便开展业务模型到应用服务的开发实现,这里给出了一个业务元模型实例,其本质是建立软件系统的业务领域和技术领域的模型关联和映射关系,如图 6－5 所示。涉及业务领域的用户视图、控制视图、数据视图,以及与技术领域的系统视图的对应和关联,可以在一定程度上描述基础性软件的关系,可用于软件模型生成和转换的参考。

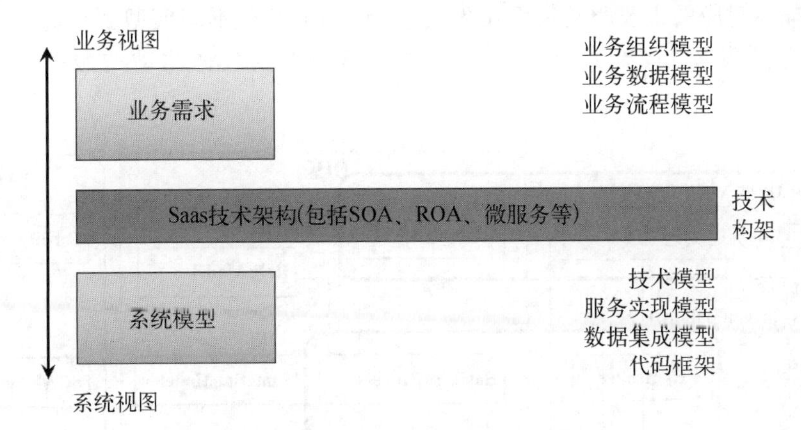

图 6-4　基于服务的业务领域到技术领域转换

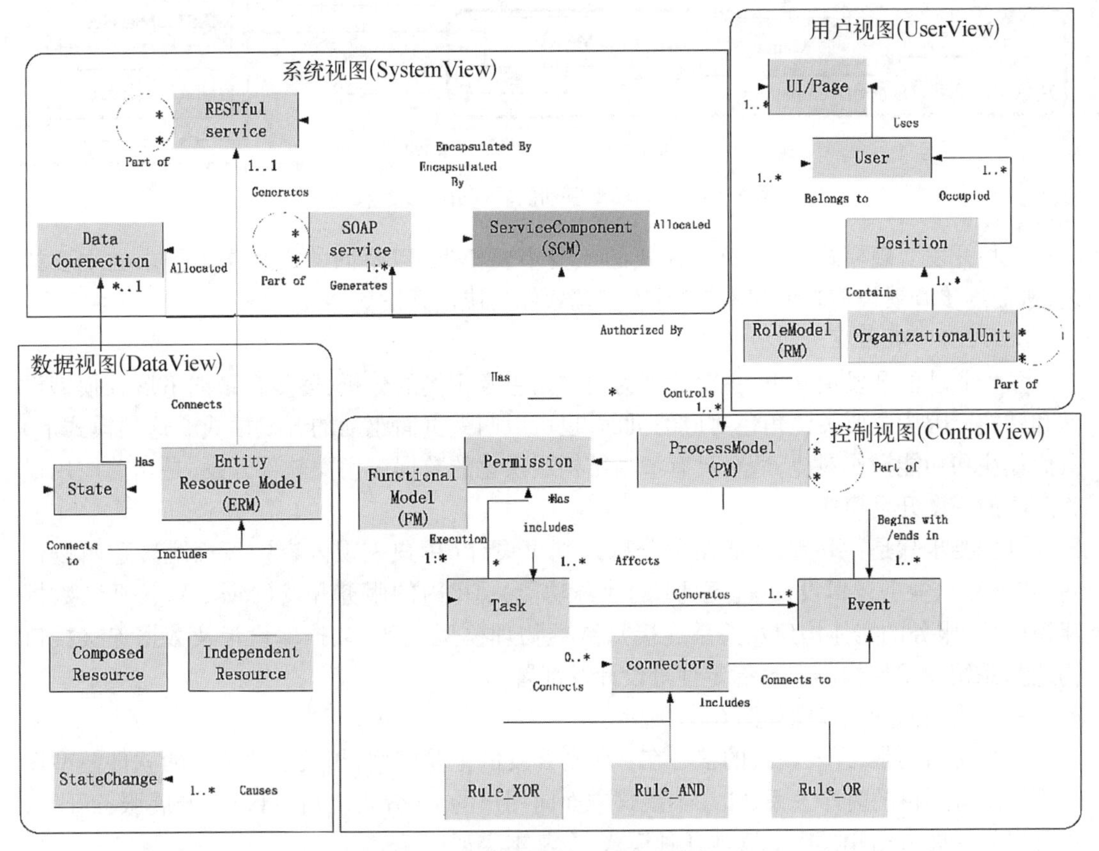

图 6-5　面向服务开发的业务元模型

6.1.2　三种模型驱动开发模式

基于 MDA 架构思想,我们面向服务开发构造出相关模型的转换和映射关系。其核心是面向计算无关的领域模型 CIM,如角色、数据、业务逻辑、功能、UI 组件等,以及基于 MVC 模式平台无关的服务组件 PIM,如 Web 页面、服务以及数据连接。在该业务元模型基础上,可以从不同的模型需求出发,实现 CIM 模型与 PIM 模型的映射和转换。

以需求描述对应的主要驱动模型出发,我们建立了三种不同模型驱动的开发模式:页面驱动的功能开发模式、流程驱动的服务集成模式以及数据驱动的服务生成模式,如图 6-6 所示。

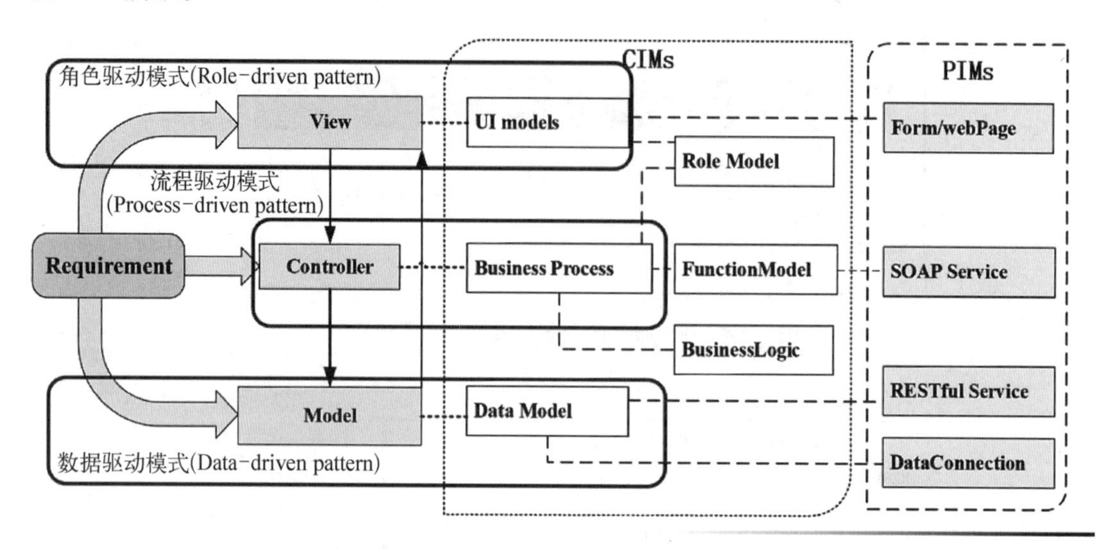

图 6-6 不同模型驱动的软件开发实现模式

三种开发实现模式基于 MVC 模式的三类主要模型,以不同的模型作为需求的主要描述,进而逐步开展模型映射和系统转换,实现软件的快速开发。

6.1.2.1 页面驱动的功能开发模式

角色驱动的开发模式下,主要体现为通过角色及用例的分析,逐步自顶向下展开模型设计和转换。因为主要关注角色对应的页面,也可以叫做页面驱动的开发模式。这种模式下,页面往往和功能操作对应,适合具有清晰结构层次化的数据应用类软件开发,是当前应用最为广泛的一类开发模式。

其主要步骤是:用例分析(角色分析),网页设计(用户表现内容),页面跳转逻辑设计(操作流程),业务逻辑设计(基于 UI 的业务功能),UI 内的服务开发(Java, V. NET),数据建模(基于服务的实体构建及关系连接),数据物理模型实现(数据库设计及数据连接接口构造),系统技术架构(安全、稳定性等设计及部署)。

一个典型的开发步骤如图 6-7 所示。

值得指出的是,开发模式的核心在于驱动开发的主要模型,相关步骤涉及的软件模型设计不一定有严格的时序关系,如在本模式中面向用户的 UI 分析之后,可以先开展服务开发,也可以先开展数据建模等。其他几种模式,也基本类似。

6.1.2.2 流程驱动的服务集成模式

流程驱动的服务集成模式下,主要体现为通过根据业务流程的任务分析,逐步展开任务和服务的绑定和映射。这种模式下,流程任务往往和功能服务对应,主要基于已有服务注册中心的服务重用及集成,也和流程引擎关联,在文档审批等流程类的开发中应用较广泛。

其主要步骤是:定义业务流程(多用户协同业务流程),流程细化(单个业务流程模型的任务分解),流程生成(产生可执行的 BPMN、BPEL 流程),服务实现(基于 Java, . NET 等开发并实现服务),数据建模(基于服务设计实现相关数据模型及数据连接接口),服务绑定

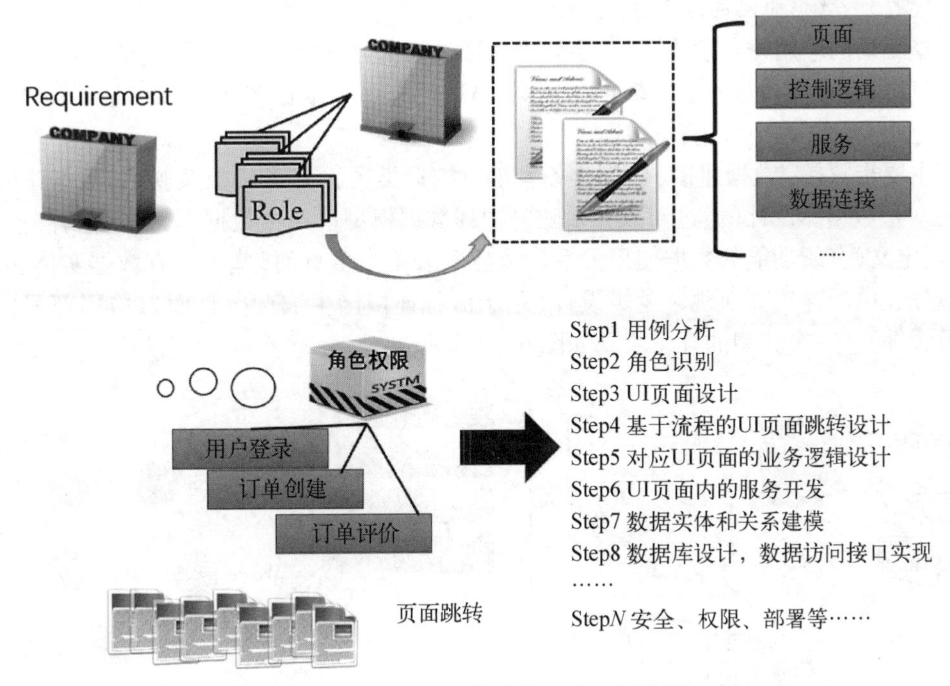

图 6－7　页面驱动模式的开发过程示例

（基于流程绑定多个服务，并关联网页），服务组合及发布（服务组合后发布于服务注册中心），应用部署（基于流程引擎开展部署，设置权限等）。一个典型的开发步骤如图 6－8 所示。

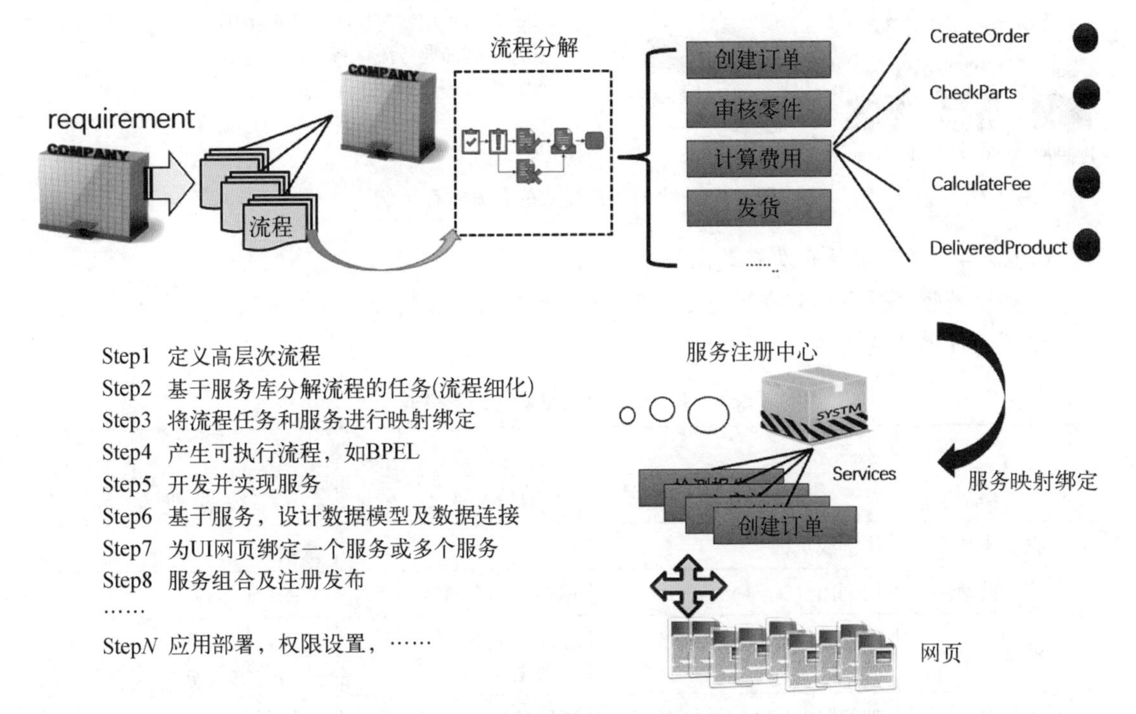

图 6－8　流程驱动模式的开发过程示例

6.1.2.3　数据驱动的服务生成模式

数据驱动的应用开发模式下，主要体现为通过根据业务数据的分析，逐步从底向上展开服务开发，最后实现与业务逻辑绑定的网页。这种模式下，数据实体往往和业务实体对应，在信息应用类的开发中应用较广泛。

其主要步骤是：数据建模（分析业务表单以构造类图），业务抽象及映射，数据建模（实体及关系），数据库设计（通过对象关系映射物理数据模型以产生数据库），数据访问接口构造，用例定义（分析功能的数据使用关系），为业务表单产生页面（基于已有数据实体和表格进行业务表单配置），页面跳转逻辑设计（基于流程连接已生成产生页面），应用部署（包括权限设置等）。一个典型的开发步骤如图 6-9 所示。

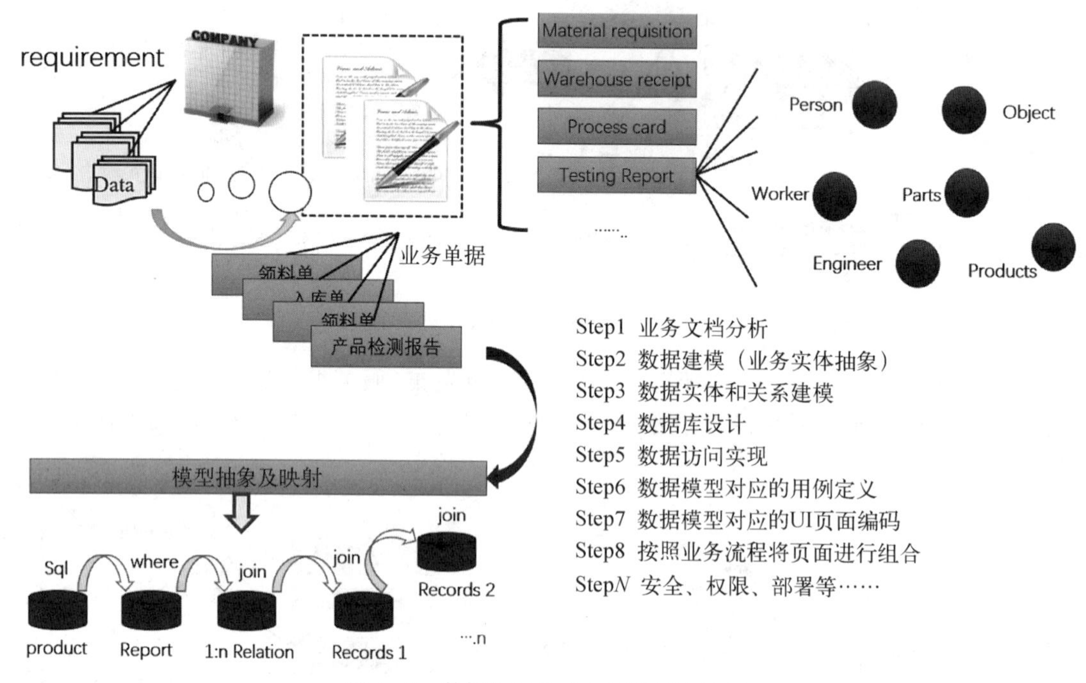

图 6-9　数据驱动模式的开发过程示例

6.1.2.4　模型驱动开发模式比较

三种模型驱动开发模式在目标、要素、特性等方面各有特点，适合的范围也有差异。这里给出了三种模式的比较，如表 6-1 所示。

表 6-1　三种模型驱动的开发模式

比较项	模　式		
	页 面 驱 动	流 程 驱 动	数 据 驱 动
驱动要素	用例或页面	流程	数据
核心模型	用例图	流程模型如 BPMN	类图
模型关系	角色功能分配 流程任务关系	流程任务关系 功能数据关系	流程数据关系 数据角色关系
涉及服务	功能服务	功能服务	数据服务

续　表

比较项	模　式		
	页面驱动	流程驱动	数据驱动
支持服务类型	SOAP 服务	SOAP 及 RESTful 服务	RESTful 服务
可适应的关系变更	角色功能关系 流程功能划分功能服务关系	角色人物关系 流程功能划分 功能数据关系	流程数据关系 角色数据关系
自动化程度	中	低	高
柔　　性	低	中	高
应用场景	层次化应用系统	现有服务集成	内容分发类系统等
开发难度	低	高	中
开发周期	中	长	短
开发成本	中	高	低

6.2　复杂业务逻辑的描述

软件的复杂性可以体现在业务、信息以及技术架构等方面，涉及业务建模、软件设计、测试部署以及运行维护等方面。复杂的业务逻辑可能涉及算法及推理、操作及结构约束、复杂关联以及时间相关的存在性判断等，具体依赖于不同业务的要求和处理方案。

这里主要从业务规则出发，阐述了复杂业务逻辑的表述。

软件中的业务规则主要可以分为六种：推理规则，从其他事实推导出的条件和策略；计算规则，从已有条件进行计算得到的条件和策略；激励反应规则，描述什么条件需要为真，才能触发相应的行为；操作约束规则，确定操作的前提和后续条件以保证操作的正确性；结构约束规则，有关类、对象及其关系的策略和条件；存在性规则，事物何时出现和消失的规则，描述了一个对象何时创建和销毁。

这些业务规则如何体现在模型中，会影响模型的行为，可能影响流程的活动执行次序，也可能体现到业务实体之间的联系。

值得强调的是，有些业务规则可能内含在模型元素中，并不能够很容易地直接翻译，但无论如何，将业务规则显式地表示，即便是文本描述的形式，对于复杂软件的分析和设计也总是有用的。

6.2.1　推理规则

推理规则指为了得出结论，需要经过一系列考虑的步骤。推理规则可以使用到某个活动的具体处理中，最终体现为业务实体的判断或具体处理。

如图 6－10 所示，例如在一个网络订餐软件收到一个客户选择到付的大额订单，需要对客户类型加以判断，以确定订单是否进入下一步处理，软件制定的规则如下：“A Customer is a trusted Customer IF AND ONLY IF the numbers of successful transactions related to this

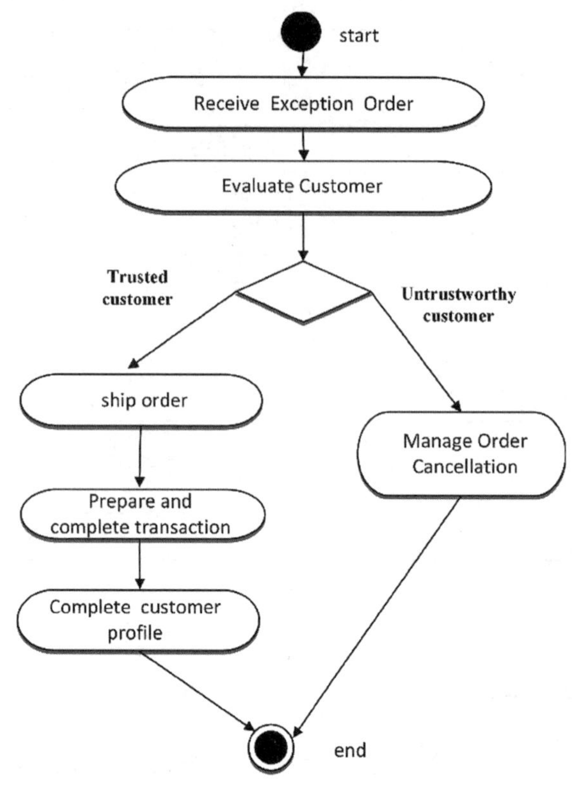

图 6-10 推理规则示例

Customer are more 10 times. ”。

6.2.2 计算规则

与推理规则类似,计算规则看起来像一个算法。计算规则是可以追溯到具体执行的某一活动中,最终表现为用户和业务实体的操作。

计算规则可以描述值的计算。

例如,一个点餐订单里的订单总价格可以这样计算:

“The price of an Order IS CALCULATED AS FOLLOWS

Order Price= Sum (Product i + profit) + Logistical Fee. ”

如图 6-11 所示,当为订单生成一份账单时,计算订单总价格时将在原有订单中的所有产品基础上累加每个产品应有的利润,并加上每单的配送费,可以成为发送订单的一部分。在软件具体实现中,该规则可以转换成数据对象的关联和操作。

6.2.3 激励反应规则

该规则主要影响业务用例中的控制流选择,可以在相关的业务用例中选择一个条件分支,或可选分支。该规则可以作为业务流程控制逻辑的一部分。有时候,如果涉及的动作不明显,也可以将它作为一个活动状态的一部分。

如图 6-12 所示,在送餐系统的订单处理中,可以建立订单取消操作发生的规则:

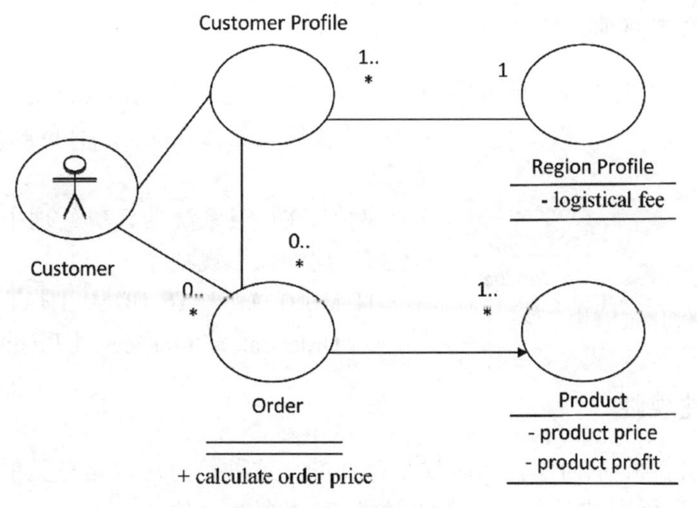

图 6－11　计算规则示例

WHEN a Request of Order Cancelled is received

IF Order is not shipped THEN Close Order

ELSE IF Order is shipped THEN Call Manage Order Return

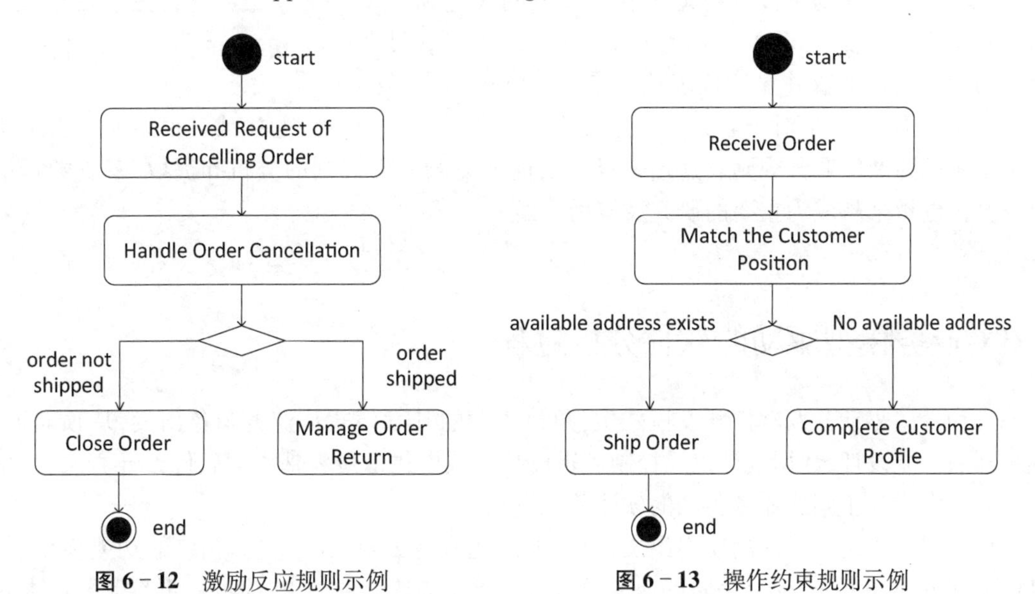

图 6－12　激励反应规则示例

图 6－13　操作约束规则示例

6.2.4　操作约束规则

该业务规则通常转化为流程的活动“前置条件”或“后置条件”，或者转化为工作流中的条件路径或备选路径。为达到某性能目标，该业务规则也可以作为业务用例的其他特定规则。

如图 6－13 所示，在订餐系统订单处理中发现以下规则：

Ship Order to Customer

ONLY IF Customer has an available address in the dispatching area.

6.2.5 结构约束规则

结构约束规则主要影响着业务实例之间的关系，通过业务实体之间的联系来表达，很多时候，该规则是隐藏在业务实体的联系甚至是多重联系中。

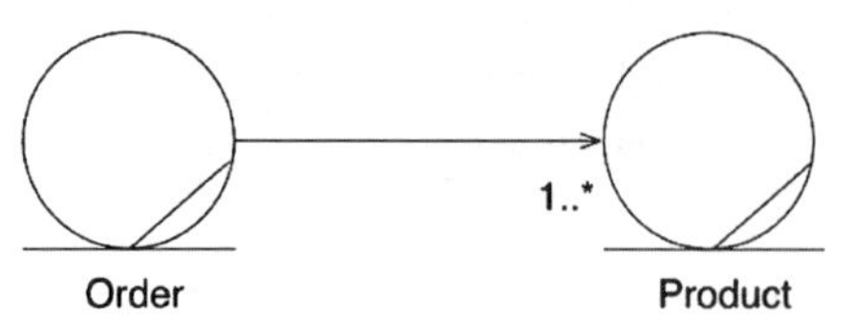

图 6－14 结构约束规则示例

例如，在订餐系统的订单处理中，如图 6－14 所示，可以建立以下规则：

IT MUST ALWAYS HOLD THAT

an Order refers to at least 1 Products.

6.2.6 存在性规则

存在规则控制确定的对象什么时候是存在的。这种信息可以是在类模型中固有的，比如聚合对象只有当周围的对象都存在的时候，它才存在。如图 6－15 所示，如果一个订单软件的套餐产品的有效日期比当前日期要早的话，那么就已经过期，不能再以这个价格销售。

Package Product
-promotionPrice: double -expirationDate: Date
+normalValue(): double +productSet(): int

图 6－15 存在性规则示例

这六种业务规则可以支持复杂软件业务的表述和实现，结合对象约束语言（Object Constraint Language，OCL），可以将软件的业务规则抽取并显式地表达出来。但整体来说，复杂软件的业务描述，无论对于业务类还是技术类人员都是一个巨大的挑战。很多业务人员不能也不愿把涉及的业务规则表述出来，因此，面向复杂业务规则的分析和提取，基于数据的业务分析也越来越成为重要的研究及应用方面。

6.3 业务模型驱动的软件分析过程

三种模型驱动开发软件开发模式中，角色驱动的开发模式从业务角色出发，从顶向下，逐步开展功能设计、数据设计以及控制逻辑设计。该模式是最为基本的软件设计方法，这里主要以该模式为主阐述业务驱动的软件开发过程。

该过程主要是从软件的使用出发，对业务问题进行分析，通过建立相应的功能模型、信息模型和行为模型[1]，建立完整的业务模型来分析及描述业务需求，为进一步将业务需求转换为功能架构及设计方案提供基础。

主要的基本任务包括。

（1）业务流程识别，即流程模型，指从业务核心价值链出发，建立面向软件业务的高层流程模型描述。

（2）功能场景识别，即场景模型，指从业务流程出发，对主要的应用场景进行分析，以交互方式分析软件如何具体完成业务流程的细化和执行，建立功能场景。

（3）功能用例构造，即功能模型，指根据细化的功能场景，描述相应的用户功能关系，构造功能用例。

（4）数据流识别，即数据模型，指根据功能场景，分析并发现其中的数据流、数据类以及相关的数据关系。

（5）状态控制及行为识别，即行为模型，指面向功能场景的推进过程，分析并建立数据对象的状态变化，描述系统的行为及控制方式。

6.3.1　业务流程识别

业务问题分析的核心是找到软件的核心业务流程。考虑到业务问题较为复杂，往往需要根据业务建立多个层次的模型。因此，在业务分析的基础上，构造端对端的处理方式，逐层分解并进行细化是保证业务软件可用的关键。

企业中的核心业务流程就是企业增值链模型，其概念是由迈克尔·波特在《竞争优势》中首次提出。如图 6－16 所示，企业的基本活动包含原料进货后勤、生产作业、发货后勤、经营销售和售后服务等五项基础性活动，是能够直接创造价值的活动；支持活动包括企业的基础设施、人力资源管理、技术开发和财务采购四项支持性活动，质量监控活动贯穿于所有活动，是基本活动和支持活动的质量保证。

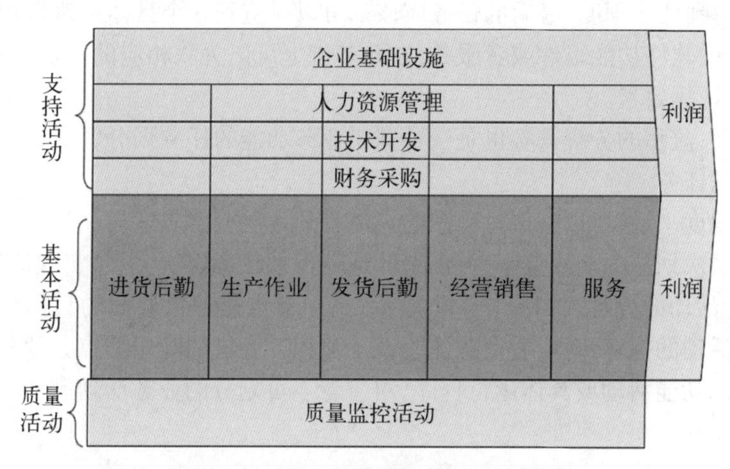

图 6－16　基于价值链的企业活动分类

所有实体企业的活动可以分为基本活动、支持活动以及质量活动三类，三类活动的网状结构便构成了价值链。基本活动为企业直接产生增值利润；支持活动提供基本活动的实现支持，通过减少开支、提高效率间接实现利润。

实体企业的大致核心活动都类似，可以用进货、生产、提交、销售、服务为主的这五类主要活动描述，只是不同的环节有所差异，例如，汽车厂重视生产，超市重视销售等，但基本都可以用这些活动表述相关的物流和信息流。随着互联网发展，产生了很多非实体企业，很多互联网企业没有这样的活动划分，但也可以从资金流方面加以类似分析。

因此，根据企业的核心业务，识别主要流程是业务分析的基础。主要涉及业务流程相关的角色、任务、约束等要素的建模和关联，实际操作中常常会遇到一些问题。

1）角色识别

业务流程是多用户协同交互的过程，因此要从角色或组织单元出发，保证角色的结构化，或者确认是在同一层次的角色或用户，这是角色识别以及划分任务的关键。按组织单元划分角色是一种传统做法,但受已有部门的约束,容易导致新的信息化孤岛,因此角色识别以及划分时尽量以业务流程的推进为核心,根据任务进行划分是一种通常的做法。

2）任务识别

业务流程建模时有一个重要问题,如何判断一个任务是否要纳入核心流程,或者说,如何判断一个任务是核心流程中的任务还是辅助支撑的活动。核心任务过多可能导致在顶层设计时就陷入细节泥潭,而有疏漏核心任务又会影响业务的开展。登录密码输入错误,入库产品质量达不到标准,或者提交订单未成功等,这些任务在流程的核心活动是否需要表述,是否需要加入判断分支,是很多业务分析及系统设计人员都会遇到的问题。

对于是否流程中的任务的一个简要判断依据是假设技术非常理想,那这些活动是否还存在? 从业务出发,确定合适的业务决策活动分支,而不要把质量活动纳入流程,这样可方便核心业务活动的表述,而质量活动根据企业不同的阶段,可以在所有或部分活动上另行添加,这是保证核心流程活动时不至于陷入细节泥潭的重要方式。

3）任务划分

如流程分解到什么程度,最后的任务应该都可以对应到一个具体可执行的流程,如 EPC 模型,或者对应的软件功能组件或者服务,在此基础上可以关联相应的可执行功能活动并有效分配人员、资源等要素。

在业务层面,流程的分解其实也是一种基于业务功能的任务划分方式,只是对象核心是一个逻辑定义的任务。

从抽象的角度来说,可以采用过程图建立流程的逐层分解表述。

基于流程层次划分的流程分解,可以有效地分析及任务层次关系,实现流程描述到子流程,以及到功能活动的分解。如图 6-17 所示,高层节点是逻辑层面的目标任务,它的目标控制具体功能活动的执行,对应着业务流程或子流程。底层的叶子节点是执行活动,它包含实际执行功能的功能活动或具体运行程序,对应着不可划分的业务活动。

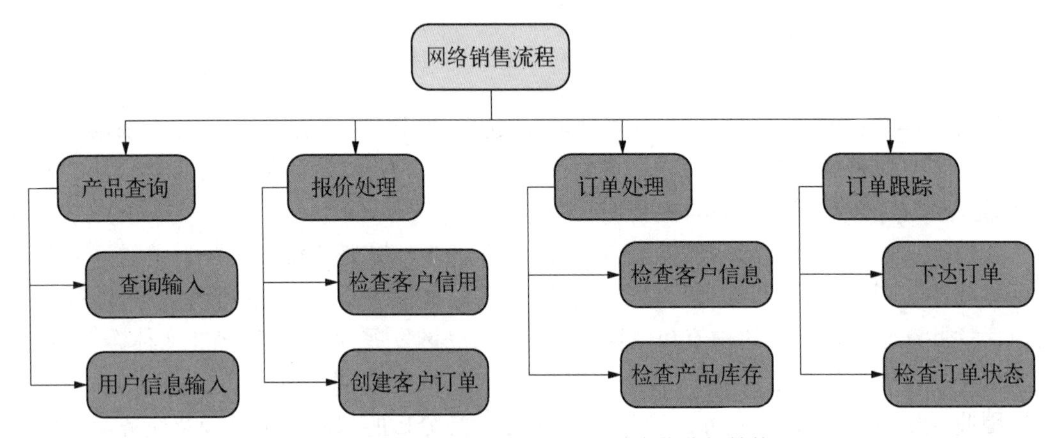

图 6-17　一个网络销售系统的层次化分解结构

流程从上而下,体现的是流程到子流程、活动的划分;从下而上,对应的是活动对子流程,对整体流程的支撑作用。因为流程分解主要基于层次化结构开展,往往不能适应活动的动态执行,在时序上的不均衡无法避免,只能依据其他方式进行补充完善。

6.3.2 功能场景识别

功能场景是软件应用过程中的主要场景，是开展详细任务分析的高层次功能模型，在一定程度上也可以看成是依据软件使用模式的划分步骤，体现信息流。一个业务流程可以分为主要的几个功能场景，如一个共享充电桩应用软件，如图6－18所示，其核心的功能场景可以分为找桩、充电交易、取车等。一个会议室预订系统可以分为预订、会议室使用以及结算统计等场景。

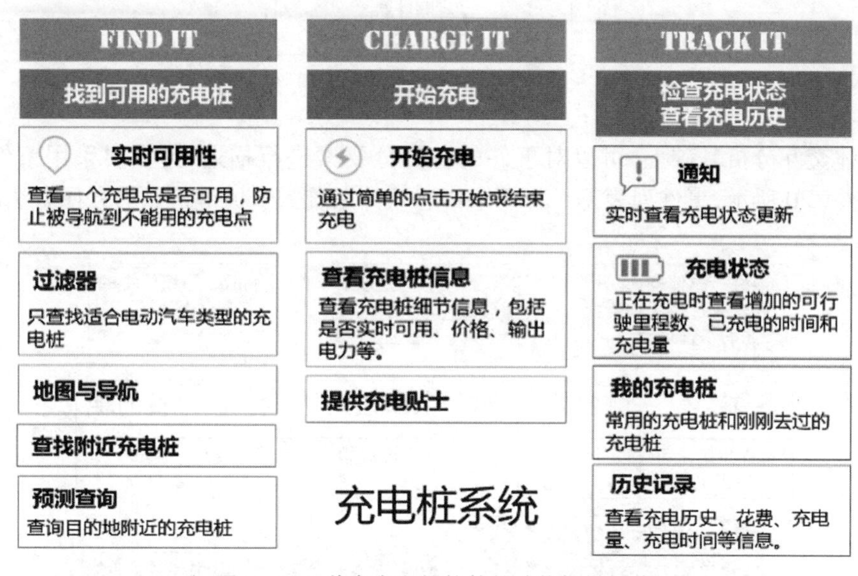

图6－18　共享充电桩软件的功能场景划分

基于功能场景，可以细化流程的执行，为建立细化功能模型提供了基础。在业务流程的基础上，我们采用基于事件的交互分析，对涉及主要功能场景进行识别。这个过程主要涉及基于实体交互图和事件表的建模和分析。

实体交互图作为软件业务的外部分析，完成多个外部实体的交互方式，在此基础上构造相应事件表作为功能用例分析以及数据分析的来源。

下面以一个采购过程的例子来阐述建立实体交互图的方法，具体的流程表述如下：物料需求计划生成，生产部门提出总的物料需求计划（Material Requirement Plan），提交采购部门；采购部门查询仓库库存状态，根据物料需求与库存的比对，确认并产生采购请求（Purchase Order Request，POR）；采购部门向多家供应商发出询价单（Request For Quotation，RFQ）；根据供应商的产品、价格、交货时间进行比较，选择其中一家供应商创建采购订单（Purchase Order，PO），如物料种类、数量、交货时间、付款时间方式等；采购部门对订单状态（Query Order Status）进行跟踪、查询；仓库根据收货单（Goods Receipt）对货物进行验收（种类、数量、质量）；付款部门检查发票（Invoice）、收货单、采购订单三者符合后，向供应商付款。

与其对应的，这里给出了一个包含生产部门、采购部门、付款部门、收货部门，以及供应商等五个实体的交互过程，如图6－19所示。

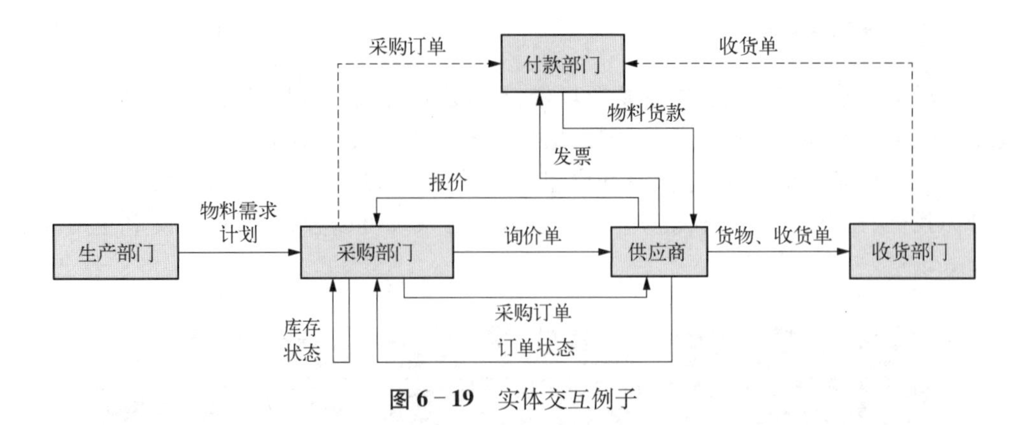

图 6-19 实体交互例子

在实体交互分析基础上,可以对事件的各部分要素进行描述,这主要采用事件列表进行。如图 6-20 所示,事件列表是一种用来描述软件系统需求关键信息的方便方法。

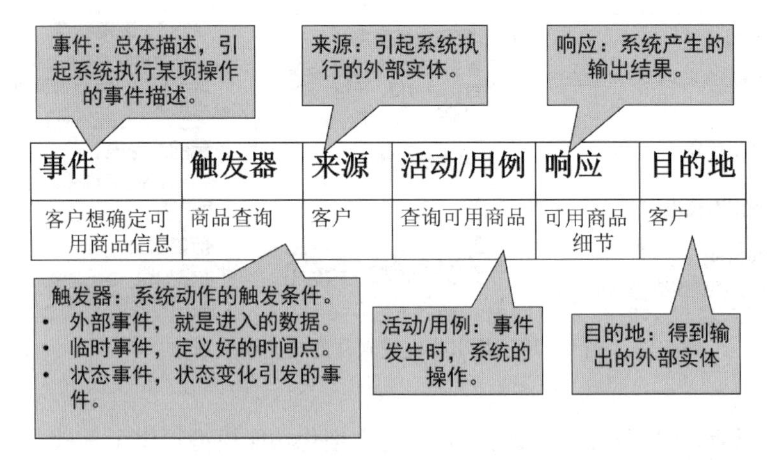

图 6-20 事件列表的格式

事件列表及每个事件的触发器、来源、活动或用例、响应、目的地都可以放在事件表中并跟踪记录以便将来使用,其中:事件是总体描述,对系统执行某项操作的事件描述;触发器指某一事件得以发生的触发信号,包括外部触发、定时触发,以及状态触发三类,外部触发为外部实体触发,定时触发器是某一个时间点,状态触发指的是系统内部状态触发;来源指引起系统执行的外部实体;活动或用例指系统对事件的响应;响应是系统输出的结果,当系统产生交易汇总报表时,此报表就是输出结果,一个活动可能会有多个响应;目的地指系统发送响应(输出结果)的地方,也就是外部实体或参与者。

根据该系统的实体交互图例子,可以建立以下的事件列表,如表 6-2 所示。

表 6-2 网络销售系统的主要事件

序号	事　件	触发器	来　源	活动/用例	响　应	目的地
1	生产部门提交 MRP	MRP	生产部门	提交 MRP	查询库存以确认 POR	采购部门

续　表

序号	事　　件	触发器	来　源	活动/用例	响　应	目的地
2	采购部门生成 POR	时间或状态	采购部门	查询库存(产生 POR)	生成需采购的物料清单	采购部门
					库存查询	仓库
					确认采购	生产部门
3	采购部门发出 RFQ	RFQ	采购部门	发出 RFQ	回复物料信息	供货商
4	供应商报价	报价	供货商	比较报价	接受供应商报价,决策	采购部门
5	采购部门创建 PO		采购部门	创建 PO	接收 PO 并供货	选中的供货商
6	订单跟踪	订单状态	采购部门	查询订单状况	列出所有订单详情	供应商
7	收货部门根据 GR 验收货物	货物收货单	收货部门	根据 GR 验收货物	货物	选中的供应商
8	供应商要款	发票	供货商	接受发票	接受发票	财务部门
9	付款部门核实票据(Invoice、GR、PO)并付款	付款信息	付款部门	付款	发款	选中的供应商

在该场景中各实体处于同一层次,地位基本对等,可以称作是无中心的实体交互图。面向软件系统的构造,也有一种有中心的实体交互图。以某个拟实现的软件系统为核心,从而把相关交互集中在一个中心,便于分析该系统的边界和响应。图 6-21 给出了一个以订单系统为中心的实体交互图,可以叫做具有中心的实体交互分析方法,和后续的系统分析使用的用例图较为接近。

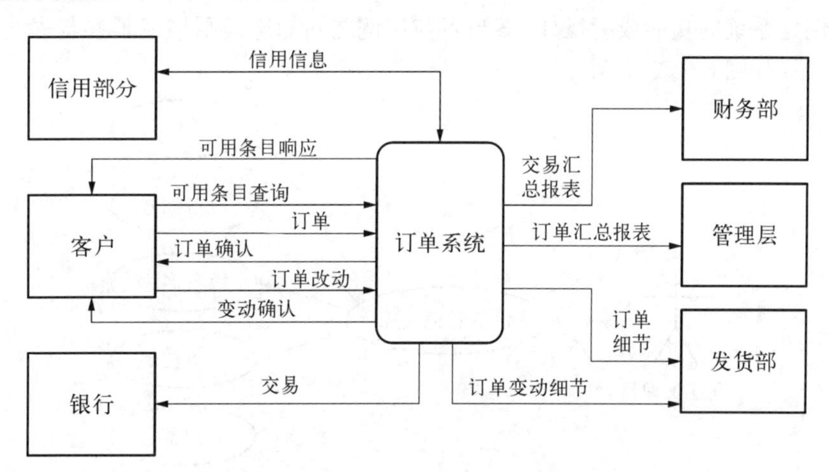

图 6-21　具有中心的实体交互图例子

同样,也可以在此基础上构造出相应的事件列表,如表 6-3 所示,作为后续软件系统的设计的出发点。事件表使用较为广泛,可应用在传统结构化开发,也可以作为面向对象开发的基础。

表 6-3 订单处理模块的主要事件

事 件	触发器	来 源	活动/用例	响 应	目的地
1 客户想确定可用商品信息	商品查询	客户	查询可用商品	可用商品细节	客户
2 客户发送订单	新订单	客户	生成新订单	实时连接	信息卡部门
				订单确认	客户
				订单细节	发货部门
				交易处理	银行
3 客户修改或取消订单	订单修改请求	客户	修改订单	修改确认	客户
				订单修改细节	发货部门
				事务处理	银行
4 生成订单汇总报表的时刻	周末、月末、季度末、年末	无(系统内部)	生成订单汇总报表	订单汇总报表	管理部门
5 生成交易汇总报表	每天下班时		生成交易汇总报表	交易汇总报表	会计

6.3.3 功能用例构造

在识别出软件业务过程中的主要功能场景后,可以进一步构造出细化的功能模型,即功能用例构造。可以通过用例图、活动图和系统顺序图来描述,或者通过这些模型的组合来详细描述。

UML 用例图是概括有关参与者和用例信息的一个图形化模型,主要有参与者以及用例,可以构造出软件的功能描述或者相关的支持过程。参与者可以看成一个角色或一个组织单元;用例是系统的功能或者操作;参与者与用例之间的连线则描述了参与者与用例的参与或使用关系,如图 6-22 所示。

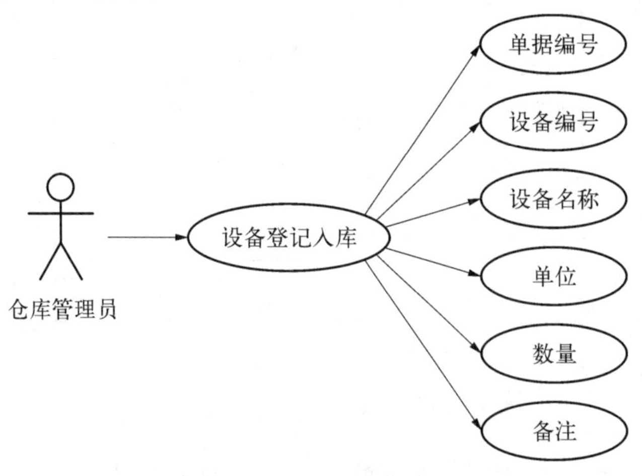

图 6-22 用例图示例

该功能是涉及仓库管理员角色的设备登记入库。每次设备入库时，需要有仓库管理员填写入库单及相关信息，入库物品信息包括规格型号、设备编号、入库时间、数量等信息。表6-4给出了一个用例的表格表示。

表6-4　用例描述表格

用例编号	ZC_002	用例名称	设备登记入库
描　述	对资产进行新增登记入库的操作，记录资产的名称、数量、单位、类型等信息。		
执行者	仓库管理员		
前置条件	ZC_001		
后置条件			
基本流	1. 仓库管理员点击登记入库 2. 填写资产名称、数量、单位、类型等信息 3. 点击保存		
备选流	无		
非功能需求	无		
业务规则	无		

事件表和用例图都为一个系统提供了所有用例的综合。一些软件人员更倾向于以列举用例作为开始，而不是以事件作为开始，并且直接建立用例图。

在实际应用中，单一事件有时会触发非常复杂的处理要求，这时需要把系统活动分解为多个用例。对应地，定义一个用例来支持多个业务事件也很常见，一般需要满足三个标准：① 是发生在软件系统内部的处理活动，不涉及另外的外部实体；② 更新的信息是相同的；③ 从事件表来说，具有相同的信息输入和输出。如果业务事件是单一简单的数据文件或表进行基本维护处理时，这些条件常常能够被满足。

用例图与事件表包含了一些同样的信息，同时也存在着差异。

第一，两个模型关注的角度具有一定差别。事件表通常注意业务过程。它通过标识业务事件，以及这些事件的外部、初始化源的信息来关注业务过程。外部实体源是引起业务事件初始化的原因，并且它们能从后续构造的软件系统中移除。用例图强调了自动化的软件系统，所以参与者与系统有联系并且不一定是业务事件的发起者。

第二，两个模型在触发器方面的表述不一样。用例关注由外部参与者引起的事件，但当标识定时事件和状态事件时，如果分析员不仔细标识每一个事件，那么定时事件和状态事件经常被忽略。如果用例定义太窄，将成为用例建模的一个缺陷。很多在线系统常常包括用于表示事件表中定时事件的菜单选项，以便这样的事件能够被用户触发并且作为纯粹的定时事件。因此，建议为每个定时事件和状态事件创建用例以确保这些需求不被忽略。

因此，同时完成事件表和用例图是很重要的，事件和用例模型的交替分析和更新，也常常带来事件表和用例图的同步修改。这样的方式使得系统设计更为精炼，也可以平衡每个功能用例的设计和划分，能更好地管理系统复杂性。

6.3.4 数据流识别

在业务场景基础上,也可以构造信息模型。信息模型包括信息对象、信息对象关系以及信息对象和活动的交互关系。

信息模型主要包括静态和动态两部分。静态的数据和数据关系可以用 ER 图或类图表示,在数据库设计等过程中探讨较多;动态的数据处理过程主要有数据流图和 UML 扩展的装配线图等方式表示。

通过进一步发现并描述出功能活动的交互关系,并生成相应的数据流,从而更好地显示输入和输出的处理细节。数据流图(DFD),表明了系统的输入、处理、存储和输出,以及它们如何在一起协调工作。在信息系统开发中,数据流图已被证明是描述业务过程非常有价值的图形化模型,数据流图更好地显示了输入和输出的处理细节,如图 6-23 所示。当然,其

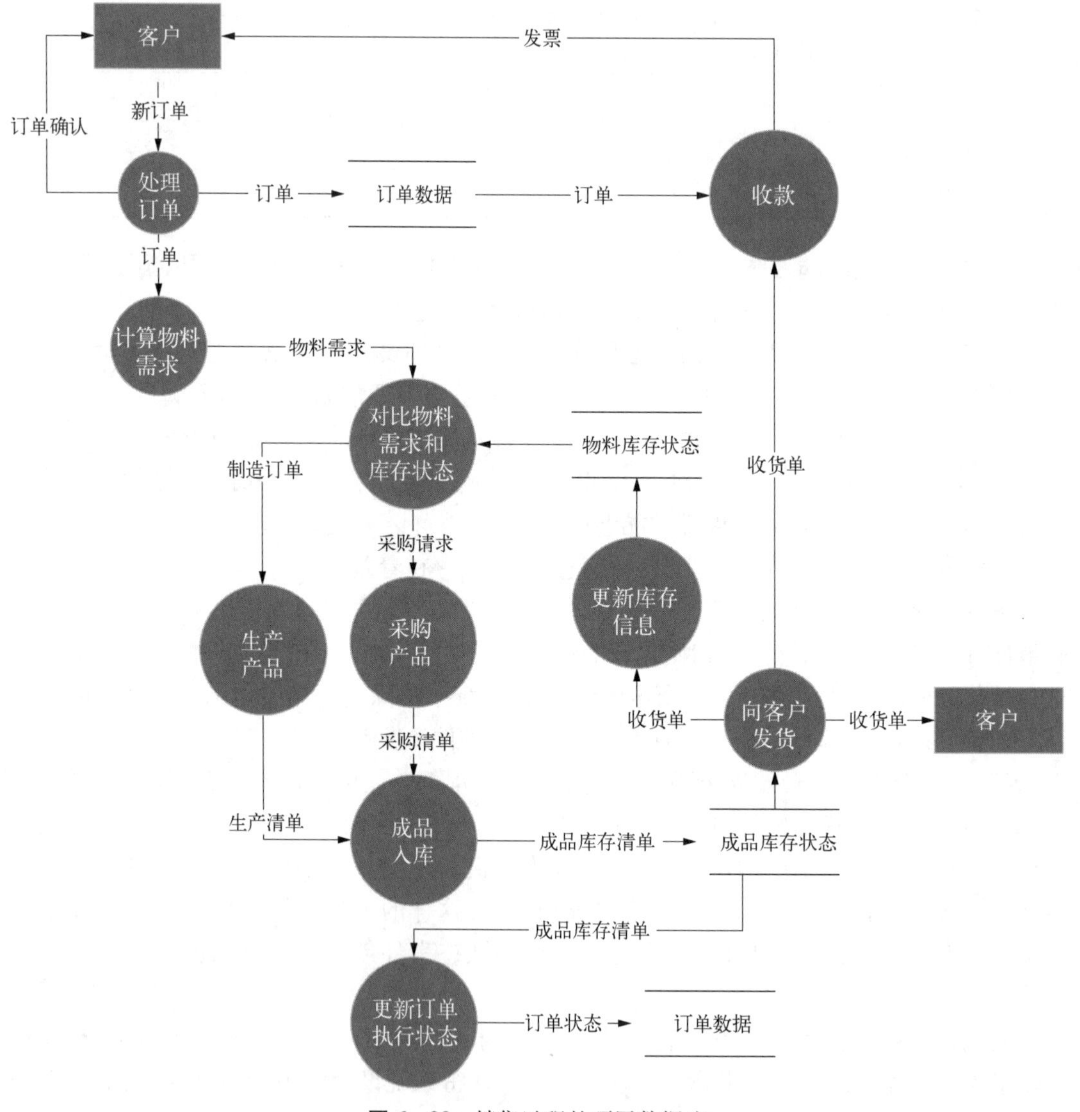

图 6-23 销售过程的顶层数据流

他的流程模型，如在信息工程中的过程依赖图和用于业务流程重组的工作流图都有较多应用，但数据流图是用得最广泛的模型。数据流图的具体表述方法很多，这里不再阐述。

6.3.5　状态控制及行为识别

在建立了软件的功能模型和信息模型后，可以进一步构造出每个用例的行为模型。

行为模型主要涉及状态和状态控制。通过状态建模确定资源的可能状态以及各种状态下资源可能发生的变化，展示了软件系统的动态行为，以状态图的形式来描述。

系统的状态及控制行为一般采用状态图进行描述。在复杂业务或状态多的情况下，为了适应计算机的处理需要，也可以采用任务状态变迁矩阵等方式开展系统行为分析。

在本例中，因为有物料库存、订单、产品库存等多个信息对象需要表述，很难用单个状态图来表述，这里给出了一个订单的状态图，如图6－24所示。

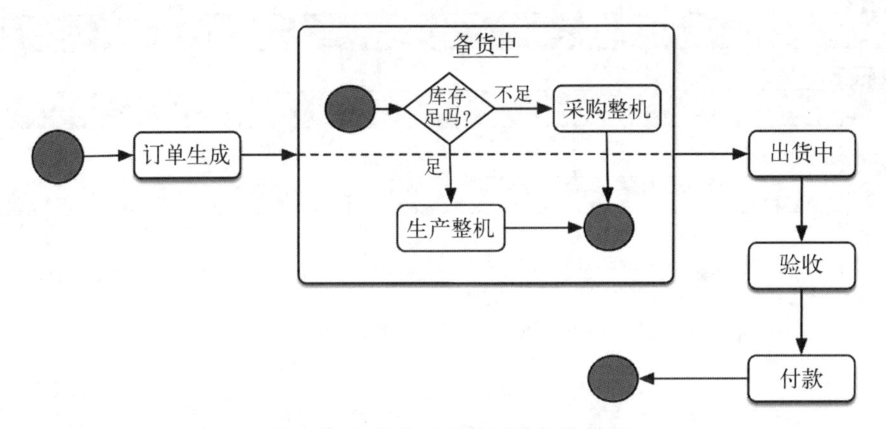

图6－24　销售过程的订单的状态图

在需要维护管理多个信息对象的状态变化时，状态任务矩阵提供了多个信息对象之间的约束以及同步关系的管理和实现，是一种有效的方法。

在需要表述流程和资源的交互行为时，UML业务扩展的装配线图[2]也提供了一种很好的交互分析方式。装配线图是UML业务扩展中的一个重要模型，是对UML活动图的扩展。在装配线图中，具有以下特点：

（1）所有装配线包都是信息系统对象。

（2）连接到装配线包的引用关系中包含了信息系统的输入输出信息流，同时也表明了业务过程以及信息系统之间的接口。

（3）装配线图中的一系列引用关系也同时转变为信息系统中必须提供的用例。

装配线已经成功地运用于过程建模，因为它将各个过程放置在一条装配线上，因此称之为装配线图。装配线图描述了信息对象在整体任务间的迁移和表达，也可以用在软件状态及控制行为识别方面，如图6－25所示。

装配线图确定了系统用例中的参与者，以及软件功能需求，将业务过程和实体的交互关系映射到系统用例，可以用来辅助用例分析。因此，装配线图不仅描述了流程的行为，也在业务建模和软件功能需求之间建立了桥梁，可以作为进一步构造软件系统的设计模型。

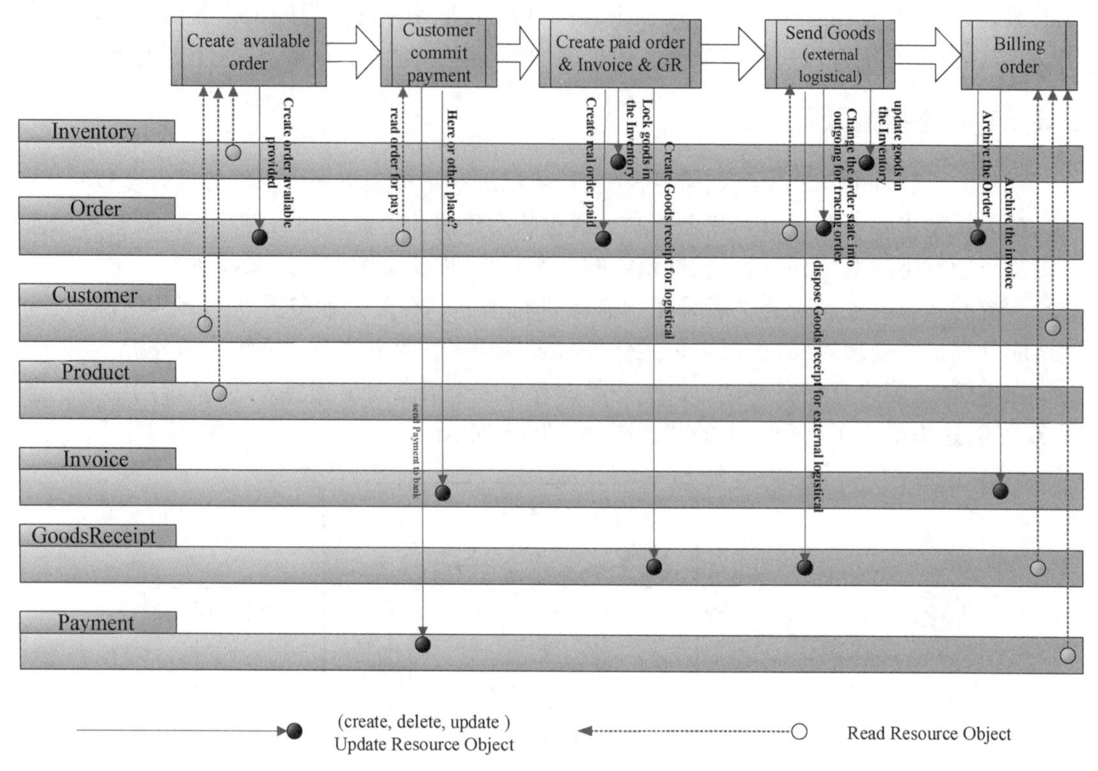

图 6-25 销售过程的装配线图

6.4 Web 软件的配置方法

软件技术架构是从业务模型出发,进一步将业务需求转换为功能架构及设计方案的过程。考虑互联网环境下的变化,主要考虑到软件对变更的适应性,这里软件技术架构将主要基于模型驱动架构,实现基于服务的设计架构。

基于现有流程模型,通过模型驱动软件架构实现服务集成,基于已有服务的重用以及快速开发软件。相关的技术架构[3]的基本任务包括:

(1) 基于功能的概念设计:从软件业务出发,按照软件的应用需求,基于功能分解或功能用例映射方式,建立软件的概念结构,作为软件体系设计的基础。

(2) 体系结构设计:体现为具有前端及后台的多层架构,作为逻辑设计框架。具体设计中,可以有多种映射变化方式,如在分层数据流图 DFD 上基于数据流的变换映射,实现软件的概念结构设计到具体软件体系结构的构造。

(3) 构件级设计:从软件体系结构出发,在满足特定功能的可复用软件构件基础上,建立体系结构各层次的设计表示(体系接口、数据、接口、算法),为软件提供构件级技术架构。

(4) 单元级设计:在构件基础上,进一步细化设计,开展功能任务分解及设计实现,构造出单元级功能结构的设计实现。在基本结构单元基础上,可以构造相应的服务以及调用接口,实现软件的技术架构。当前有很多的开发框架,如基于 MVC 模式的 SSH 框架,都提供了包括软件架构的开发实现支持。

基于业务模型实现软件的配置方法很多,可以从不同层次开展,基于Web软件的多层架构,这里较为系统地整理了多种功能配置方法,包括用户界面集成、应用组件集成、业务逻辑集成、服务资源集成与数据集成,提供了相关的集成方式及技术选择。

6.4.1　模型驱动的软件配置

一般来说,模型驱动软件的配置方法可以从顶向下开展,也可以自下而上进行,实际应用中往往结合两种方式综合开展。

1）自顶向下的模型驱动配置方法

价值链驱动的模型映射过程是一种典型的自顶向下配置方法,如ARIS的模型配置采用功能分配图(Function Allocation Diagram)实现,如图6-26所示,其一般的过程可以包括几个步骤。

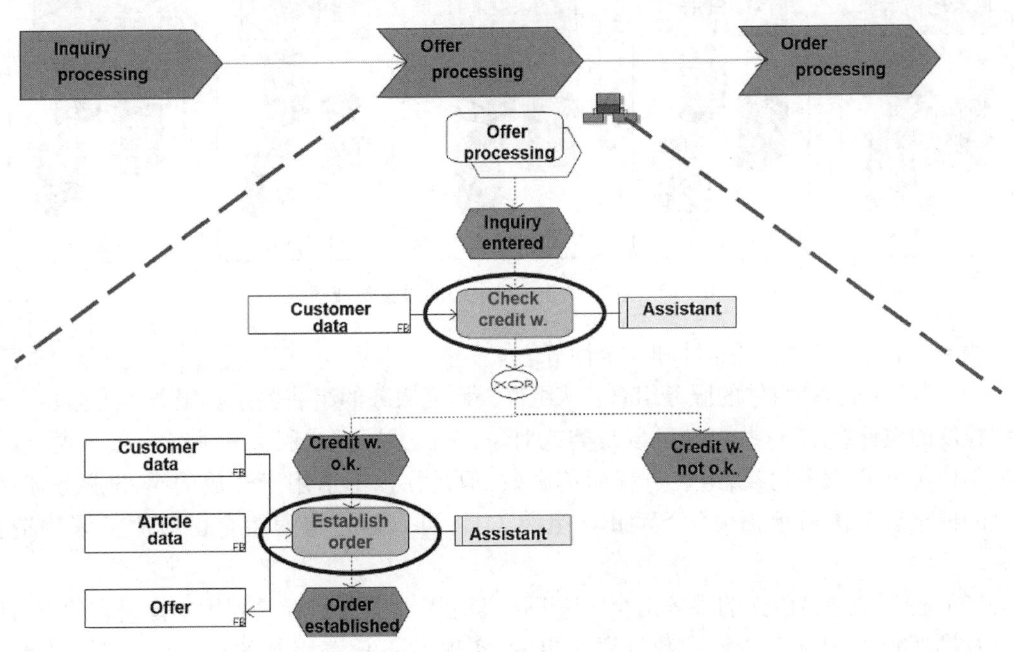

图6-26　自上而下的模型映射过程

(1) 从业务分析出发,构建价值链模型。

(2) 将价值链模型中的一个过程和已有的一个EPC模型进行指派。

(3) 将EPC模型中的功能单元映射为可执行的平台组件,如创建订单事务。

2）自底向上的服务集成配置方法

基于已有服务注册中心和组件库方式的功能配置,主要是自下而上的服务集成,其核心是服务的重用和集成,一个典型的服务集成方式如图6-27所示。

服务集成的核心技术是服务组合,按照组合的不同层次和模型表述,可以大体分为以下几类。

(1) 基于流程的服务组合:借助工作流模型来表示业务流程,应用分布式技术实现Web服务组合的模块化和规范化,从而让Web服务组合适应动态变化应用环境,主要考虑

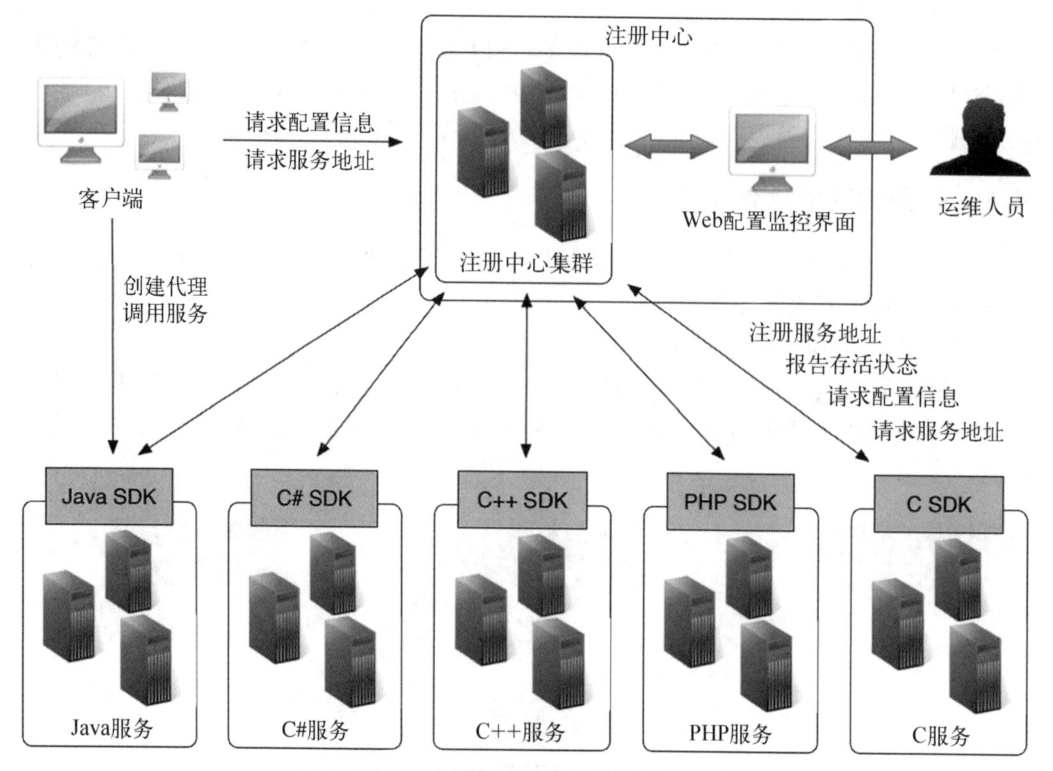

图 6－27 基于服务注册中心的服务集成过程

Web 服务组合的事务性、可靠性和安全性等。

（2）基于（业务）组件的服务组合：从组件去研究服务的组装关系。服务本身是由一些更细粒度的组件组成，这些组件可以是类或对象，它们共同完成服务功能。一般来说，组件模型不依赖 Web 服务协议，组装过程简单高效，但是往往不适用于开放的 Web 服务环境。典型的框架有美国斯坦福大学 SWORD 组装工具，可以通过快速组合已有服务来构造新服务。

（3）基于（数据）语义的服务组合：基于语义的 Web 服务目标是利用本体语言的丰富语义以及推理能力，从服务资源的数据语义出发，实现 Web 服务组装的自动化。相关方法主要包括服务描述语言以及相关体系结构两方面。如斯坦福大学的 SWSF（Semantic Web Service Framework）是一种典型的基于语义服务概念框架，基于 Owl－S 语言前身的 DAML－S 语言实现，通过本体推理实现服务的自动组合。

6.4.2 软件架构要素分析

按照通常多层软件架构思想，软件系统常常围绕着用户表现层、应用逻辑层、模型数据层等层次开展。为软件配置需要，这里进一步把应用逻辑和模型层进行了细分，形成了包括用户表现层、功能组件层、流程层、资源服务层、数据层五个层次的要素表述，基于多层架构思想以及业务模型划分方法，这里给出了一个模型级别的软件要素架构[4]以方便软件配置，如图 6－28 所示。

该架构描述了基于多层架构的软件组成要素。数据层除了结构化的数据，还包括半结

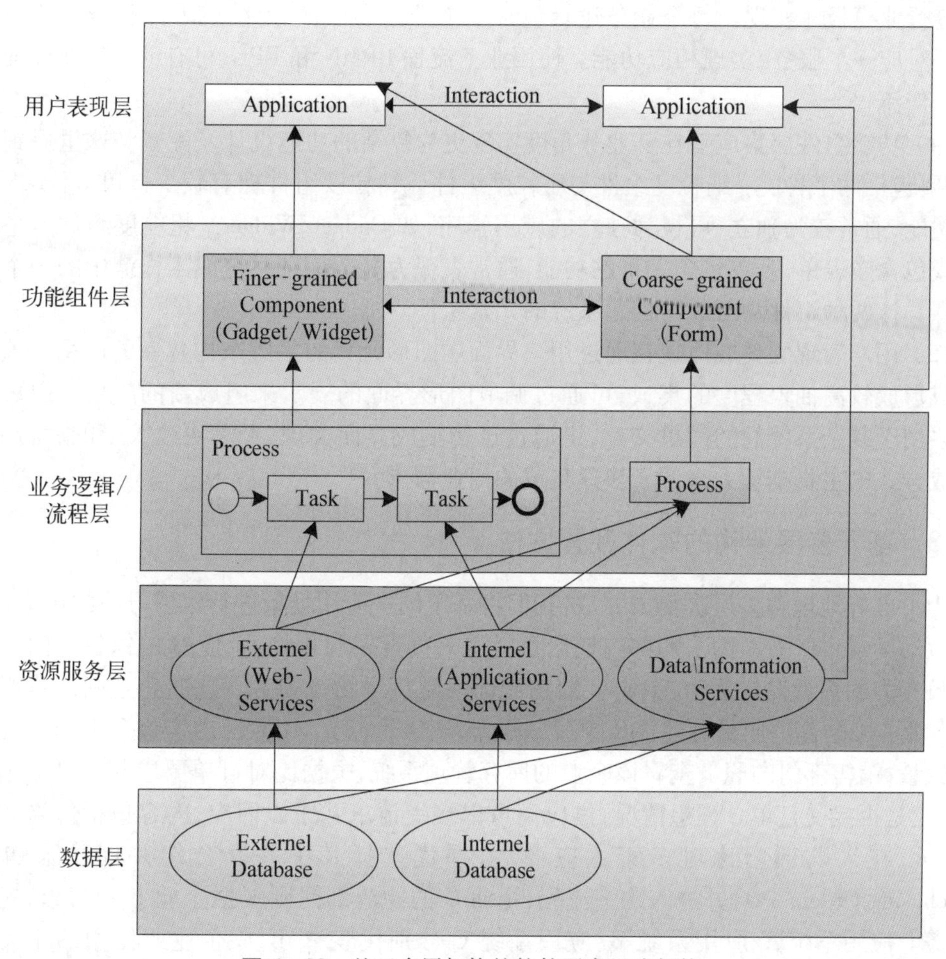

图 6-28　基于多层架构的软件要素组成架构

构化和非结构化数据。在资源服务层，系统配置所有的外部和内部服务资源，这些资源可来自内部开发者或由外部供应商提供，通过标准化接口以及服务协议实现不同服务资源的松耦合集成。业务逻辑层包括业务流程执行驱动引擎，基于过程实现服务编排和执行。功能组件层涵盖 Mashup 等可混搭组件，可通过功能配置和组合，实现不同业务功能组件的发现和交互。用户界面层通过可视化工作环境实现用户端信息的创建、展示和使用。

各层次软件要素的集成涉及的主要内容包括以下几点。

(1) 数据层集成指的是从异构数据库中集成不同格式的分散的数据信息。在此层次中，可以构造数据服务以使用现有数据，并支持资源管理层的运作。数据服务，使结构化数据、半结构化信息和非结构化信息实现共享。数据服务是指发布成接口定义良好的数据资源，可提供资源管理层等使用。

(2) 资源服务层集成旨在集成松耦合的服务资源，包括内部服务、外部服务、数据服务及其他资源。内部资源是用来描述指定的应用，大多来自于现有的系统或遗留系统。服务是用来描述来自于网络或外部系统的应用，通过兼容性接口实现功能集成。

(3) 流程层也叫业务逻辑层，业务逻辑的集成是指通过定义好的接口(APIs)，构建行为约束和非功能性约束相结合的独立应用程序，目的是实现最大化重用已有的业务逻辑，可通过借鉴行业模板库实现。每个业务逻辑包含一个开始事件、一个结束事件和若干任务。每个任务对应一个服务,实现相应功能。使用业务流程 BPMN 和 EPC,可有助于创建标准的最优的工作流程。

(4) 功能组件层集成旨在从业务角度实现更为复杂的功能设计及配置。这里提到的组件,主要包括两个种类:细粒度组件与粗粒度组件。细粒度组件拥有较少接口,可实现较简单的功能,通常较为独立,可视为独立的应用程序,如 Gadget/Widget。粗粒度组件多呈现为表单或包含多表单,表单包含完整的功能,通常表现为复杂信息系统或工作流中的一个或多个步骤。这两种组件均可成为构建系统的元素组件。

(5) 用户表现层集成体现在通过用户界面层图形元素的集成来构建新的应用。该层面的集成形成较高抽象程度的集成,可通过调节图形界面的展示来组成新的应用。用户界面集成多用于复杂系统间的简单交互,可通过迅速集成界面实现,无需更改大量的后台程序,该集成方式的主要推动力来源于快速集成的商业需求。

6.4.3 基于多层架构的软件配置方法

为了更好地理解多层次集成方法,我们将基于同一应用场景进行集成方法的讨论。

应用场景:企业 A 的采购部门根据物料需求负责采购货物,企业 B 的销售部门作为供应商负责为购买者提供货物,企业 C 的物流部门则负责物流服务。这些企业间的典型购买交易如下:采购部门职员创建询价单(Request for Quotation, RFQ),内容包含采购的货物类型和数量;销售部门的职员查看该企业的库存管理系统,根据比对订单要求与自己的供货能力,决定是否接受订单。理想情况,供应商可以接受请求并予以回应,内容包括价格和供货时间等。在采购部门比对多家供应商后,择优选择其中一家合作并创建采购订单(Purchasing Order, PO)并进入购买流程,企业 C 的物流部门则根据企业 B 的需求,提供物流服务。应用系统 A、应用系统 B、应用系统 C 分别代表 A、B、C 企业所使用的相关应用系统。

6.4.3.1 用户界面配置

各应用系统通过配置用户界面实现的集成方法如图 6-29 所示,体现在系统 A 的 RFQ 发布功能可以添加系统 B 的报价界面到原有的界面中,由此企业 A 的职员可以在自己的系统中同时查看多个报价,相对原有接受普通文本文件的报价方法更为有效,物流企业 C 的状态信息也可以在 A、B 中直接查询。

用户界面集成方法是所有实现系统集成的轻量级方法中最为简单的。将多个系统的信息进行界面集成,用户可以同时观察来自不同系统的信息以提高工作效率。例如,将报价的界面添加至系统 A 后,采购职员可同时查看多个供应商的报价信息。如果各系统基于同样的开发工具或平台时,可通过简单的界面移动来实现;若各系统开发环境有较大差异,因不涉及过多系统后台的交互,可通过权限的设置和调整来实现,有时候也采用门户 Portal 来实现。这种集成方法较为简单,容易实现,但可供集成的功能选择都较为有限,有时也需要统一的访问权限。

6.4.3.2 应用组件配置

如图 6-30 所示,企业 B 可以构造自己的组件,如 Gadget 或 Widget,提供报价信息发布给企业 A 的功能组件。这些组件包含了供应商提供的具体信息,包括报价、供货时间等,作

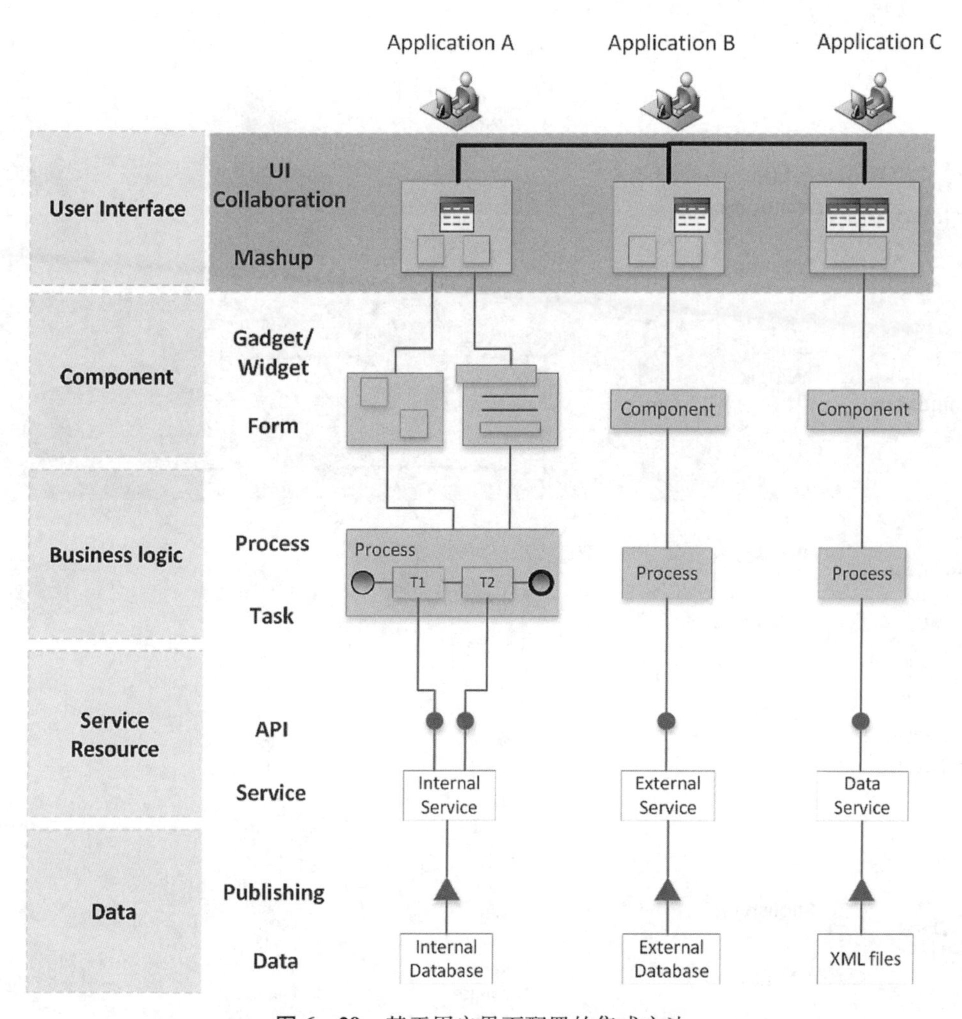

图6-29　基于用户界面配置的集成方法

为系统的输出参数。终端用户可以加载该组件至系统A,则上述信息项作为输入参数支持供应商的筛选过程。同样,物流企业C的信息通过一个查询组件,可以集成到系统A和系统B中。

配置应用组件作为另外一种轻量级的集成方法,可实现数据的自动交换,相对界面集成稍显复杂,但同时也有了更多的设计空间,也不需要预先设计所有功能。在目前简洁、直观的组件开发平台上,可根据使用时的需要,快速开发简单、灵活的功能组件。然而,在协同工作的场景下,组件集成仍有较多局限。在此场景下,企业应用组件与载入组件协同工作时,需要开发工具支持以及专业技术顾问的参与。用户需要编辑粗粒度组件,如表单,也需要与Web服务相连接。因此,虽然应用组件集成仍属轻量级集成,但它的强大功能和灵活性仍是很重要的集成方式。

6.4.3.3　业务逻辑配置

如图6-31所示,企业A将多种任务按照一定顺序排列组成一个工作流。企业B可以将竞价功能封装成为其原有流程中的一个节点,然后企业A可以将此竞价任务加入其采购流程中。应用C的物流任务也可以直接在流程中调用。这样,竞价流程、采购流程以及对应

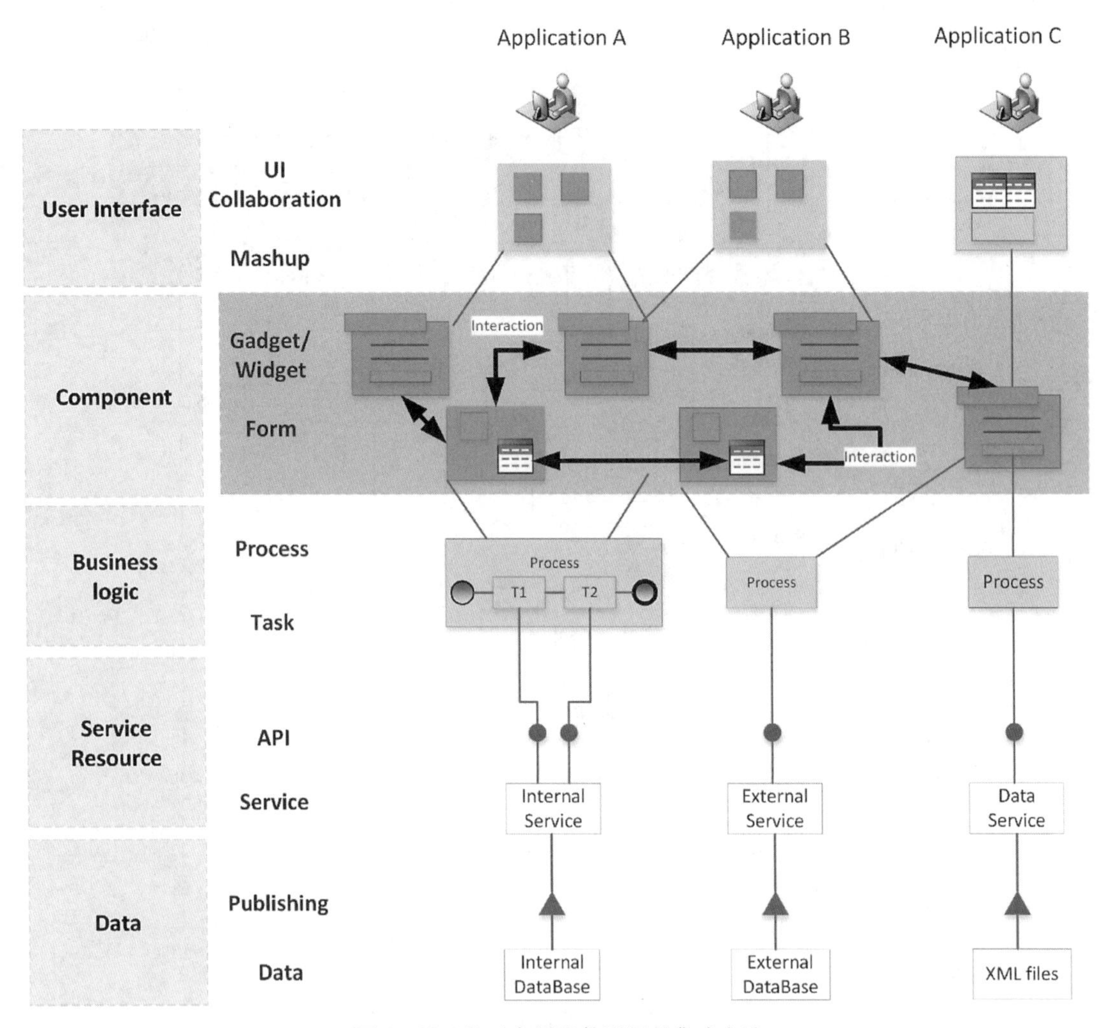

图 6－30　基于应用组件配置的集成方法

的物流任务集成在一起，构造了一个跨企业的工作流，流程与任务在调用上有较高的灵活性。

配置业务逻辑主要实现流程与任务的执行集成，其目标在于重用现有的业务逻辑以及外部业务功能，将业务流程定义为任务的有序集合，借助流程执行语言 BPEL，进行模拟以优化业务流程。针对未来流程及任务的执行和重用，流程作为具有具体功能任务的集合，可以被定义为不同的粒度，以保证系统运行的灵活性和有效性。每个任务都向下绑定了具体的资源，并向上绑定了应用组件或界面控件。

6.4.3.4　服务资源配置

如图 6－32 所示，系统 A 可以在原有的采购过程中加入一个新的竞价任务，然后将其与对应服务绑定，该服务来源于系统 B。系统 A 若连接供应商端竞价任务的授权信息，则可直接进行两系统间的集成，而企业 C 的物流状态信息，通过外部服务调用方式，可以被其他两个系统调用。各内部和外部服务的调用方式基本相同。

配置服务资源实现了系统层面的集成。前面的界面集成等轻量级的集成和个性化配置可

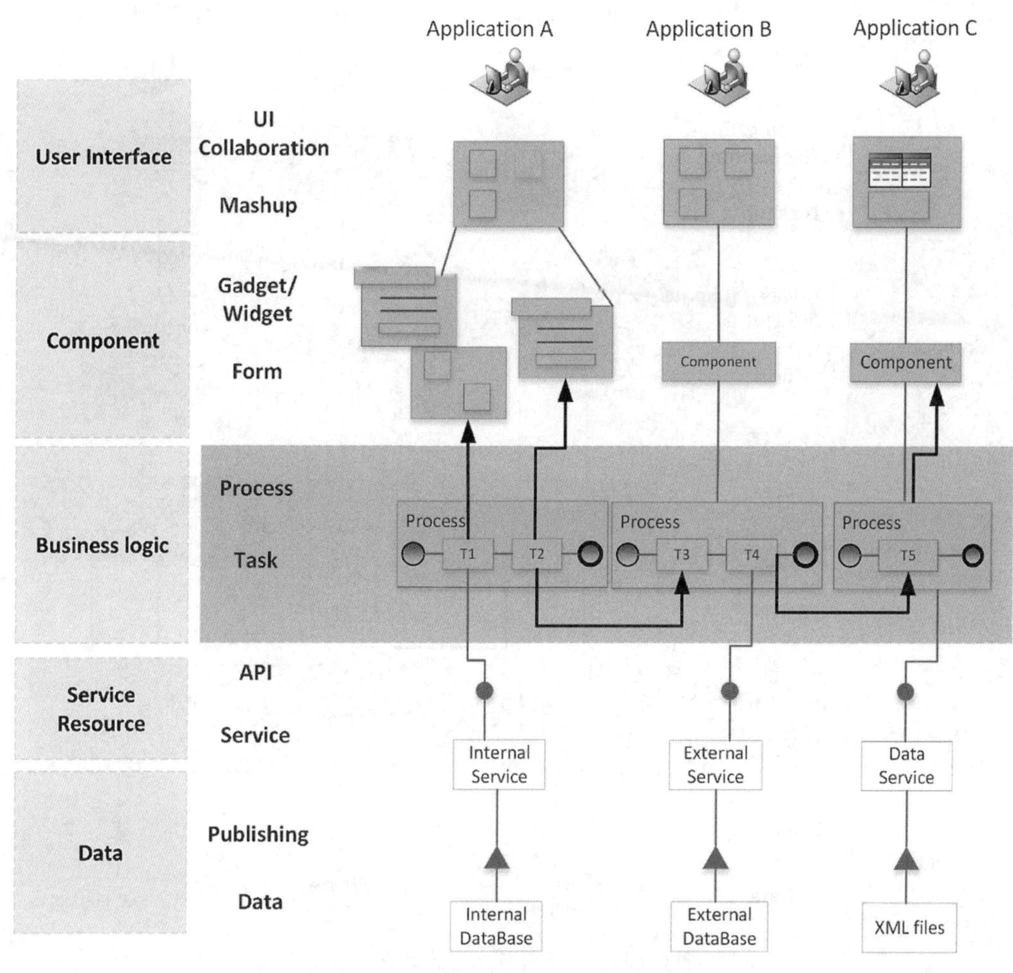

图 6－31　基于业务逻辑配置的集成方法

以采用一些可视化的开发工具去实现。但是服务资源配置方面，基于企业内部的配置开发平台，很难实现多个不同系统的直接集成，因为应用组件的快速开发平台只可编辑已有的功能，对于开发新的应用组件的支持较为有限。不过用户仍可以用可视化的开发工具设计流程模型，但具体执行工作流时如要与内部资源联接或与其他系统交互，还是需要专业开发人员完成。

6.4.3.5　数据资源配置

如图 6－33 所示，数据资源的配置与服务资源配置类似，并不对终端用户开放而由软件开发人员完成，不涉及用户体验提升的内容。信息内容服务在被授权后可自由访问外部数据库，方法与访问内部数据库相同。另外，数据库中的数据资源本身也可以发布为数据资源，以供其他应用程序调用。基于对业务中数据逻辑的深入了解，系统运维人员可以将系统 A 与系统 B 数据资源打包，把物流的数据集成，构造逻辑数据视图，并构造统一数据访问机制发布为数据服务以供其他应用调用，也可以支持数据分析，从而实现数据资源的融合和集成。

6.4.3.6　不同配置方法分析与比较

应用场景采用的五种集成方式都是针对特定问题而设的，因此，五种集成方法意味着不同的应用场景需求以及不同的技术实现难度，如表 6－5 所示。

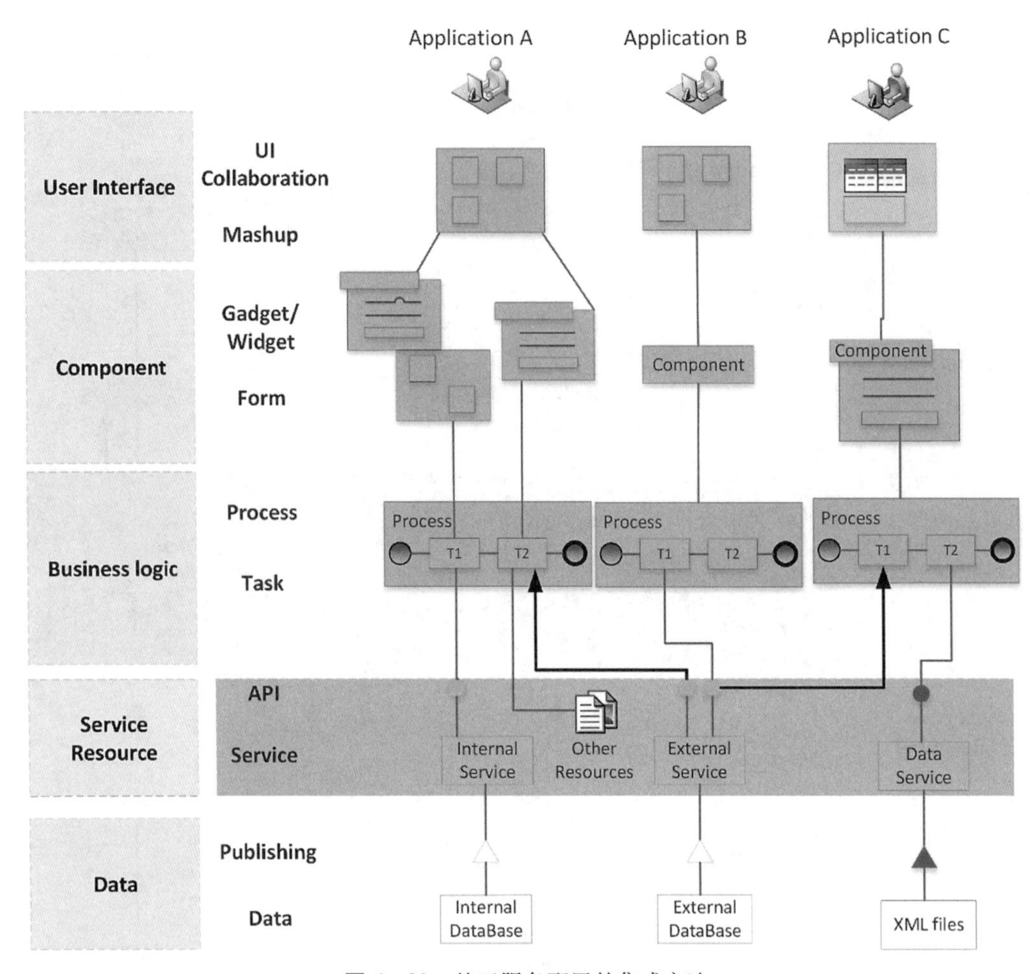

图 6-32 基于服务配置的集成方法

表 6-5 五种配置模式的比较

基本模式	优　势	劣　势	适用环境	参与者
界面级配置	集成操作简洁,支持非IT人员实施集成操作	无自动化数据交互,功能限制	UI集成灵活性的系统	终端用户
组件级配置	细粒度集成提供更多灵活性,支持非IT人员实施集成操作	预定义功能的受组件限制,异构开发平台的集成限制	丰富的组件资源库,低复杂度的功能模块,强大的Mashup开发平台	分析师/咨询顾问
流程级配置	可重用现有的业务逻辑,支持非IT人员实施集成操作	所有任务和Web服务需可用,执行过程相对复杂	复杂业务逻辑且可高复用应用环境,强大的服务集成平台	分析师/咨询顾问
服务级配置	服务资源重组的巨大灵活性	所需Web服务需可用,服务接口必须标准化,终端用户参与度低	丰富的资源服务库,标准化接口和服务格式	开发人员
数据级配置	可利用数据服务,数据用户访问控制的低复杂度	所有数据资源需可用,终端用户参与度低	数据访问频率高及权限设置复杂的系统	系统运维人员

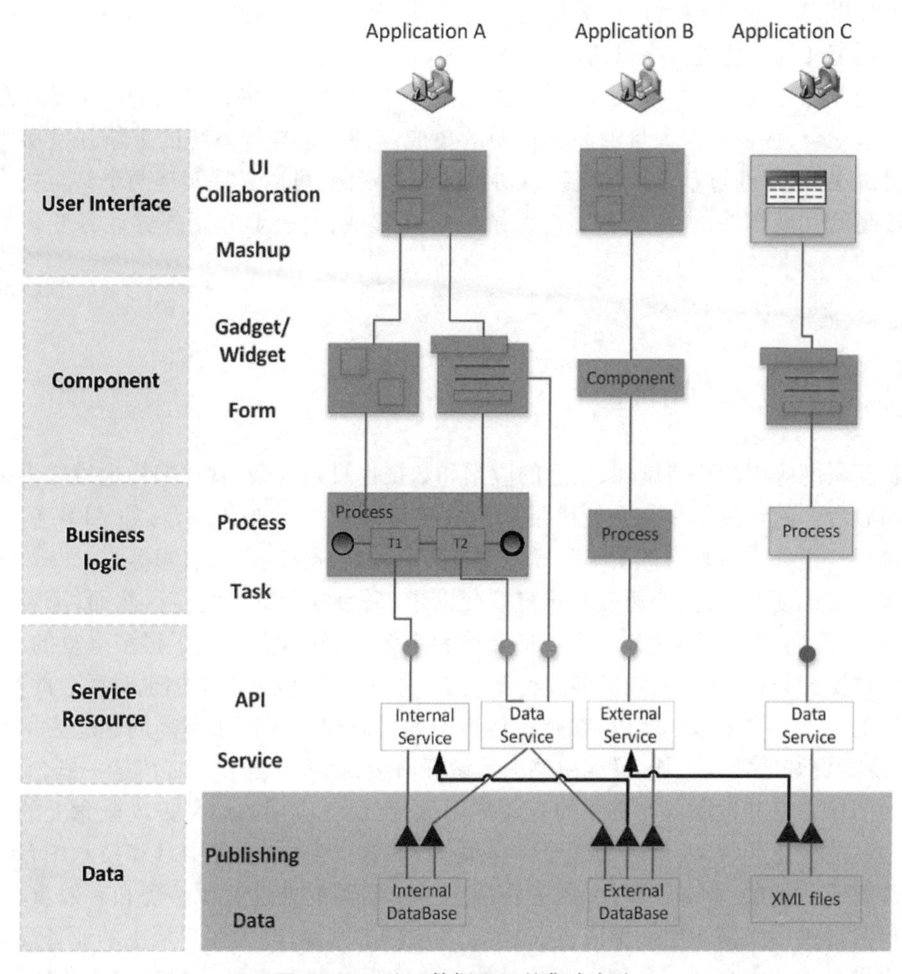

图6-33　基于数据配置的集成方法

6.4.3.7　不同层面Web集成方法的应用

综合上文可知,通过集成实现系统的快速组织配置,是Web软件当前重要的开发方法。当选择集成方法时,总要在实现可达性和集成丰富性中做出权衡和选择。例如,用户界面集成具有高可达性,参与者大多不需要技术背景,但由于预定义功能的局限,导致集成丰富性欠佳。而数据集成方法则全然相反,如需要构造完全互动的可配置业务系统,以处理任意的数据交换和扩展,往往使得集成难度很大。

因此,按照技术难度的差异,不同集成方法具有其特点及其适用场景。

(1) 界面集成主要涉及用户端信息的综合展示,这时候可以使用页面集成和组件集成等轻量级集成方法。

(2) 流程集成主要涉及组件层与流程层。在复杂业务需求下,企业需要对现有的业务流程进行变更,但仍想要重用现有的业务逻辑。如在系统中的订单审核流程,企业希望这个审批流程可以使用到采购管理中,但要求更换审批角色。这时就可以从现有系统或遗留系统中进行流程定义复制和角色配置调整,借助商用软件的工作流动态配置工具实现。

(3) 信息集成主要包括界面集成和组件集成。企业业务中的信息存在于分布的企业或部门的系统里,复杂业务经常需要大量的信息交换和同步,考虑到二次开发的巨大成本,一般可以对预定义的功能进行少量的修改,来实现信息的交互及应用。

(4) 企业综合集成往往涉及多个层次的集成。企业集成中最为复杂的需求是实现不同系统的完全融合,往往涉及大量的服务资源的集成。特别是异构系统的重新开发所需要的成本和代价很大,但通过基于标准化接口协议的服务资源,可以支持实现两个甚至更多的系统之间较高的互操作性,进而构造多个系统的综合集成,是企业应用外界业务变化的有力支持。

6.5 从集成技术到中台

随着互联网应用的快速增加,企业的应用和数据也日趋复杂,软件架构也被较多地划分为前台和后台。前台多是指与企业终端用户直接产生交互的业务平台,如 APP、门户网站等。后台则是指各个后端管理系统组成的支持平台,如数据库、平台引擎等。

前台要求机动灵活,能快速应对用户变化需求,后台强调的是稳定。然而,随着企业业务的运行,一方面大量的新业务需求被加到前台系统中,导致企业做了很多重复的工作,使前台系统越发膨胀,对用户的响应能力也变慢了;另一方面,业务的增加也对后台的数据库,中间件等提出了更多要求。所以,在企业运行中两者就出现了衔接不畅问题。为了确保前台、后台既能更好地独立工作,又能协调一致做好衔接,就衍生出了“中台”这一概念。

中台的核心是共性服务与资源的有效复用,以实现各应用的广义集成概念上的高效互操作。中台的概念非常多,最热的三个中台概念是,数据中台、业务中台和技术中台。也可以相应理解成数据层、业务逻辑层、服务资源层三个层面的共性资源整理和有效重用,为多个应用构造提供广义横向层面集成,从而实现各应用的互操作,为用户层上的业务高效开发和实现提供有效技术框架。各种中台的具体相关实现方式和各企业的架构相关性较大,这里不再阐述。

本章小结

- 以业务流程为核心,阐述了复杂软件的业务分析过程,包括流程模型,高层次功能模型(功能场景),功能模型(功能用例),信息模型(数据关系及数据流)以及行为模型(状态模型)等模型的构建。
- 阐述模型驱动架构的方法,讨论了三种要素驱动的软件架构方法,分别从界面、流程、数据为驱动方式,阐述了不同的软件开发模式。
- 以业务规则为核心,讨论了复杂业务逻辑的描述和分析方法。
- 从 Web 软件的多层架构出发,从五个模型层次阐述了 Web 软件的功能配置实现方法,并开展了方法的讨论比较。

参考文献

[1] JOHN W SATZINGER, 等. 系统分析与设计[M]. 3 版. 北京: 电子工业出版社,2006.

[2] HANS-ERIK ERIKSSON, MAGNUS PENKER. UML 业务建模[M]. 夏昕,何克清,译. 北京：机械工业出版社,2004.

[3] 理查德 F. 施密特. 软件工程：架构驱动的软件开发[M]. 江贺,李必信,周颖,等,译. 北京：机械工业出版社,2016.

[4] 郑岩. 基于企业资源平台的集成模式研究及实现[D]. 上海：上海交通大学,2012.

[5] ROGER S. PRESSMAN. 软件工程：实践者的研究方法[M]. 郑人杰,马素霞,等,译. 北京：机械工业出版社,2011.

[6] SAM NEWMAN. 微服务设计[M]. 崔力强,张俊,译. 北京：人民邮电出版社,2016.

[7] CAI H M, GU Y Z, ATHANASIOS, et al. Model-Driven Development Patterns for Mobile Services in Cloud of Things[J]. IEEE Transaction on Cloud Computing, 2018, 6(3): 771-784.

第7章　软件前端开发技术

在软件架构领域，前端是软件系统中直接和用户交互的部分，后端控制着软件的处理过程和输出的结果，这里的前端是一个广义的定义。但是，目前很多场合提到的前端是狭义的定义，通常是指用HTML、CSS、JavaScript开发的网站或Web应用，用户可以通过它与系统进行交互。本章讨论的是广义上的前端，不仅仅涉及Web应用的网站界面，还包括移动端、PC端应用。同时，在提到前端的时候，用户体验设计及用户界面设计是其重要组成部分，考虑到本书是从软件架构的技术角度引入前端的，所以本章的内容将不涉及用户体验设计及用户界面设计。

7.1　软件前端架构和前端开发技术栈

7.1.1　软件前端架构

前端的发展及演进与软件的发展及演进紧密相连。在单体架构(Monolithic)为主流软件架构的年代，前端与后端在物理上是一体的，只是从逻辑上，可以设计成前端和后端两个独立的逻辑单位。随着互联网的兴起，Web应用的开发慢慢成为主流，但前端与后端的关系仍和单体架构的软件类似，前后端最多也只是逻辑上的分离。然而，随着软件复杂度的不断增加，行业开始对能够更敏捷灵活应对需求的日益敏捷灵活的变更和系统的可扩展性提出更高的要求，推动前端与后端在物理上的完全分离，实现前端和后端真正的解耦。在这个背景之下，前端技术才真正推到了独立的前台，成为一个系统的重要组成部分，前端工程师这一角色也应运而生。

从前端的发展史来看，前端涉及PC、Web以及移动端三个平台。由于复杂的应用场景，前端所涉及的技术也很复杂，不同的平台技术也相对较为独立，这也造成了前端开发的高工作量、高复杂度的现状。比如，从开发语言来讲，Windows平台可以用.Net提供的C#，MacOS可以用Objective - C或Swift，Web平台可以用HTML、CSS、JavaScript；从前端框架来讲，Windows有WPF，MacOS有Cocoa，Web平台有AngularJS、React、Vue等；从IDE来讲，

Windows 有 Visual Studio，MacOS 有 XCode，Web 平台有 WebStorm、Visual Studio、Visual Studio Code 等。具体的技术栈我们将在下一节详细介绍。

从另一个角度来看，前端技术还可以分为原生与基于浏览器两个体系，也是由应用程序是运行在浏览器之上的还是直接运行在操作系统上所决定的（可以是 Windows、Android 或 iOS）。当然，目前流行的跨平台、大前端概念再一次对前端技术栈做了定义，打破了原生与基于浏览器两个体系之间的鸿沟，但是归根结底，其底层技术仍然基于这两个体系。

同时，前端的架构模式在人们的重视之下不断地演进。从最初的 MVC 演进到 MVP，再到目前的 MVVM。这都从另一个角度说明了前端在整个系统中的地位在不断地提升。

MVC 即 Model-View-Controller，是一个较为直观的架构模式，用户操作→View（负责接收用户的输入操作）→Controller（业务逻辑处理）→Model（数据持久化）→View（将结果反馈给 View）。MVC 使用非常广泛，如 JavaEE 中的 SSH 框架，以及 ASP. NET 中的 ASP. NET MVC 框架。

MVP（Model-View-Presenter），是把 MVC 中的 Controller 换成了 Presenter（呈现），目的是为了完全切断 View 跟 Model 之间的联系，由 Presenter 充当桥梁，使得 View-Model 之间的通信完全隔离。NET 的 ASP. NET WebForm、WinForm 基于事件驱动的开发技术就是 MVP 模式。控件组成的页面充当 View，实体数据库操作充当 Model，而 View 和 Model 之间的控件数据绑定操作则属于 Presenter。控件事件的处理可以通过自定义的 IView 接口实现，而 View 和 IView 都将对 Presenter 负责。

MVVM（Model-View-ViewModel）是在原有 MVP 框架的基础上进一步优化，以应对客户日益复杂的需求变化。如果说 MVP 是对 MVC 的进一步改进，那么 MVVM 则是思想的完全变革。MVVM 是将"数据模型数据双向绑定"的思想作为核心，在 View 和 Model 之间通过 ViewModel 进行交互，而且 Model 和 ViewModel 之间的交互是双向的，因此视图的数据的变化会同时修改数据源，而数据源数据的变化也会立即反应到 View 上。这方面典型的应用有.NET 的 WPF，JS 框架 Knockout、AngularJS 等。这也是目前前端最主流的架构模式。

如今的应用，为了实现全平台的覆盖，不仅要做浏览器中运行的 Web 程序，还要做其他平台，如 iOS，Android 等本地应用，甚至 PC 桌面应用。同一个应用涉及了所有的平台，因此也有人提出"全端"、"大前端"等概念。本书里的前端与这些概念有相同的内涵。同时，由于应用的复杂度以及系统整体的设计优化问题，"全栈"的概念也被提了出来。全栈并不是指前后端又统一在一起，而是关注于开发人员对于技术的要求，也就是好的开发人员的技术栈应该是全栈的，不仅要熟悉前端技术，还要掌握后端开发技术，甚至还需要知道系统运维技术。这样的要求对于当前前端开发是非常有必要的。比如，在做前端优化时，因之前已完成了 HTML 结构的优化、CSS 渲染性能的优化、资源文件的优化，就只能从 JavaScript 做异步加载、HTTP 请求优化等方面考虑，而这些方法都涉及后端的技术。可以看到，虽然前后端解耦后，从系统设计和优化的角度来讲，并不能将两者完全隔离开。"全栈"中的后端及运维将在本书后续章节中有详细介绍。

7.1.2　前端开发技术栈

前端开发的技术栈是一个非常复杂的体系，它与具体的平台有着极强的相关性，PC、Web、移动三个平台都有各自独特的技术栈，但是无论哪个平台的技术栈，所关注的技术领域都是有规律可循的。本章根据应用的运行环境把前端技术栈分为两大类,一类是原生应用开发的技术栈,另一类是基于浏览器开发的技术栈。两者的区分是依据应用程序是直接运行于操作系统之上,还是运行于浏览器之上。后续两小节将对这两个技术栈具体技术及其对应的第三方库、框架或工具做详细介绍。

在此之前,我们有必要先对前端开发技术栈所涉及的技术领域做一些介绍,无论哪个平台的技术栈,其核心基本分为四个部分(自上而下):UI 框架、编程语言、构建、包(依赖)管理。

UI 框架是由平台或第三方提供的前端界面框架,使得开发人员能快速方便地完成界面设计,并能够将注意力集中到前端与后端的交互上,这一领域也是前端技术栈中最活跃的领域,新的框架层出不穷。编程语言是指前端实现的主要编程语言,这也是前端技术栈中相对比较稳定的领域。构建是指用编程语言实现了前端之后,如何去生成可以发布给用户的软件产品或服务。包(依赖)管理如何去管理前端开发过程中所使用的第三方的库(代码),这也是前端开发中非常重要的一个技术,因为现在的开发,无论是前端还是后端,都会用到大量的第三方的库(代码),来加快开发的速度,同时它也对开发过程的测试、部署有着重要的作用。

除了上述四个核心技术领域之外,前端技术栈还包括网络通信、性能调优、测试、安全、日志收集、自动化等重要的辅助支持的技术领域。

网络通信对于前端而言主要是指前端与后端的交互技术,目前主流的是基于 HTTP 1.0 的 RESTful API,后端向前端提供 RESTful API,前端需要使用合适的基于 HTTP 协议的技术调用相关 RESTful API,交互的数据都是 JSON 字符串的形式,因此如何快速做好 JavaScript 与 JSON 字符串双向解析也是非常重要的技术;除了 RESTful API 之外,还有其他的前后端网络通信技术,如 WebSocket、RPC、TCP/UDP 等,这都需要根据具体的应用场景选取合适技术。测试技术是任何一个软件项目(产品)开发过程中必不可少的一环,前端开发中的测试技术也是非常关键的。

性能调优无论对前端还是后端都非常重要,它关系到用户体验问题,涉及的技术领域也比较广,后续章节会有详细的介绍。

前端测试包括所有的测试环节,包括单元测试、UI 测试、功能测试和集成测试,前后端分离后,前端的开发可以看作是一个完整软件开发过程,因此对测试的要求也是全面的、完整的;同时测试过程中的自动化技术也是测试这一领域中需要重点关注的部分。

安全是一个广义的概念,包括身份认证、隐私数据及防攻击等。前端是无法独立完成身份认证的,至少需要后端的支持,更复杂的情况还有第三方的认证中心的参与,但是前端是身份认证过程中数据交互的核心;隐私数据同身份认证一样,需要前后端的配合才能确保隐私数据的安全,目前也有相对比较成熟的技术框架;防攻击对前端而言是一个相对具体的技术,主要集中在浏览器的开发过程中,主要是防范一些如资源枚举、参数操作、跨域脚本等攻击手段。

日志收集,这一技术领域通常是不被关注的,但是无论是基于浏览器的开发还是原生应用的开发,考虑到应用上线后的运维,日志收集就成为必须要考虑的一环;日志收集从存储的角度来看通常有两种模式,一种是把日志收集在本地,需要的时候上传服务器,另一种是直接将日志信息上传至服务器,本地不做存储,采用哪种模式主要还是取决于日志分析系统对日志的实时性要求；从用途来看，分为调试和数据分析两种，调试主要是帮助前端开发人员了解详细的用户使用场景，帮助他们Debug，数据分析主要是帮助运维人员监控用户的行为、整个平台的运行情况等，通常情况下都会由后端提供日志采集的API，前端开发人员决定在什么地方采集日志信息；从产生的方式来看，日志信息可划分成主动和被动两种，主动信息指开发人员来定制信息的内容，这类信息主要是为了达到具体的系统监控目的，被动信息通常指系统出现错误时产生的Debug信息，如StackTrace等。

自动化技术在测试部分已经提到了，单元测试自动化、UI测试的自动化、集成测试的自动化都能够大幅提高前端的开发效率，除了测试的自动化之外，还有部署的自动化。自动化技术更多的和运维相关，但在没有运维时，相关的工作还是需要有相对充分的了解。

除了前面这些技术领域，还有一些前端开发中需要掌握的技术，如代码管理、团队合作以及基础设施等，这些技术领域不仅前端会用到，后端开发也同样需要，在后端开发章节中本部分就不再重复介绍。

代码管理是任何一个软件开发过程中都会涉及的技术，现在Git占据绝对优势，如何用好Git也是很关键的。本书对于Git不做深入介绍，希望深入了解的读者可以了解Git Workflow。

团队合作，相比于其他部分，更倾向于是一个软技能，团队合作是指如何通过技术手段构建一个团队合作的环境，以提高团队协作的效率。前面提到的Git就是构建团队合作环境一个重要工具，其实它也是自动化集成、发布的基石（希望深入了解自动化集成、发布的读者可以查阅关键词“CI/CD”）。团队合作环境另一个重要组成部分是即时通信，目前常用的微信、QQ等都可以用来作为即时通信工具，但是更高效的、更加面向软件开发的即时通信工具更能够帮助团队提高工作效率，如HipChat，Slack等，这些工具都可以和代码管理工具、项目管理工具集成。项目管理工具目前有很多比较成熟的，相对比较传统的有JIRA，这是一个重量级的项目管理工具，它还支持Scrum、Kanban，同时如果与同一公司（Atlassian）出品的Stash、Confluence、Fisheye等工具集成，可以构建一个非常完善的团队协作、开发的环境，但是它的缺点也很明显，即前期成本高，包括采购成本、学习成本，所以一些轻量级的工具也受到不少开发者的青睐，如Trello。然而在开发者眼里，一个意想不到的产品正在成为团队合作工具的主流，那就是Github，Github原本只是向用户提供基于Git的代码管理服务，但是随着不断地演进，它慢慢具备了团队协作的功能，吸引了更多的用户，使用Github需要注意的是项目是否开放，如果不需要开放给所有人看到，可以申请Private类型的项目，当然也可以用Gitlab搭建自己的与Github类似的环境。

基础设施也是一个前后端开发都需要面临的问题，它不仅包括我们通常理解的操作系统、网络、存储等，还包括HTTP Server等。HTTP Server有多种选择，Apache、Nginx、Tomcat等，这些技术或工具都关系到前端能不能正常运行，也对性能调优有着重要的帮助。基础设施中的网络和存储是指前端或后端所依赖的网络和存储的硬件环境，涉及带宽（独享、共享）、CDN、本地存储、云存储等。这一块要考虑的对象是前端静态资源（CSS、HTML、JavaScript、图片、语音、视频）、后端的数据库等。不同的资源对于网络和存储的要求是不一样的，如前端所涉及的静态资源在带宽条件不够的情况下可以考虑CDN加云存储的方式，减轻服务器的带宽压力，同时也能给用户带来更好的体验；对于后端的数据库而言，也是对网络和存储有着较高的要求，通常可以考虑把数据库文件放在SSD或者更快的存储设备上，进一步还可以考虑用内存数据库进行加速。操作系统是更底层的基础设施,对前后端开发来说需要知道针对特定操作系统如何搭建开发、测试和生产环境(如果没有运维团队的情况下)。

至此,本节对前端开发技术栈做了比较全面的介绍,后续小节将从开发模式的角度对前端基于浏览器开发及原生应用开发前技术栈的核心部分以及部分重要技术领域做进一步的介绍,其他部分领域在本节中已经详细论述,将不再阐述。

7.2 原生应用开发模式

7.2.1 基于 Android 的应用开发

7.2.1.1 Android 系统概述

Android 系统由 Andy Rubin 创建,后来被 Google 收购。自 2007 年推出以来,Android 以其特有的开放性优势越来越受到人们和智能手机厂商的关注。对于第三方软件开发商来说,Android 是一个真正意义上的开放性移动设备综合平台,Android 系统是免费向开发人员提供的,给开发者们带来了极大的便利,同时也丰富了 Android 的第三方应用市场。

如图 7-1 所示,Android 系统作为一个完全开源的操作系统,由应用程序(Application)、应用程序框架(Application Framework)、应用程序库(Libraries)、Android 运行库(Android Runtime)、Linux 内核(Linux Kernel)五个部分组成[1]。Android 系统修改了 Linux 内核,如没有 Linux 的视窗系统、增强一些设备驱动包括蓝牙和电源管理等等,使之更适用于移动手机。此外,Android 并没有使用 Java Virtual Machine(JVM),而是 Dalvik Virtual Machine,DVM 会调用底层的 Linux 内核,因为相比于 JVM,DVM 的执行效率更快。

7.2.1.2 Android 开发环境与项目结构

目前主流的 Android 集成开发环境是 Android Studio。2015 年,Google 已经停止了对 Eclipse Android 开发工具的一切支持,建议开发者使用 Android Studio 开发应用。Android Studio 是在 IntelliJ 的基础上,增加了对 Android 的支持,如对 Android SDK 的管理、对 Android Virtual Device(AVD)的管理等。开发者可以通过 Android Studio 下载相应版本的 Android SDK。此外,在搭建 Android 开发环境的时候,需要计算机上有 Java Development Kit(JDK)。Android Studio 使用 Java 作为开发语言。目前比较热门的 Kotlin 语言也可以用来开发安卓项目,在 2017 年的 Google I/O 技术大会上,Kotlin 正式成为 Android 的官方开发语言,Android Studio 从 3.0(Preview)版本起,内置安装 Kotlin 插件。

使用 Android Studio 新建一个工程,目录结构如图 7-2 所示。其中 java 目录存放着 Java 代码,业务功能都在这里实现。res 目录是存放各种资源文件的地方,有图片、字符串、动画、音频等,还有各种形式的 XML 文件。res 目录下的所有资源文件都会被 R.java 创建一个唯一的资源 id,在项目中可以通过资源 id 访问相应的资源。R.java 可以理解为一个字典,资源会在这里生成 id。res/drawable 目录下存放的是各种的图片以及可绘制的 xml 文件;res/mipmap-mdpi、res/ mipmap-hdpi、res/ mipmap-xhdpi、res/ mipmap-xxhdpi 分别存放的是中分辨率、高分辨率、超高分辨率、超超高分辨率的图片资源;res/layout 存放的是布局文件;res/

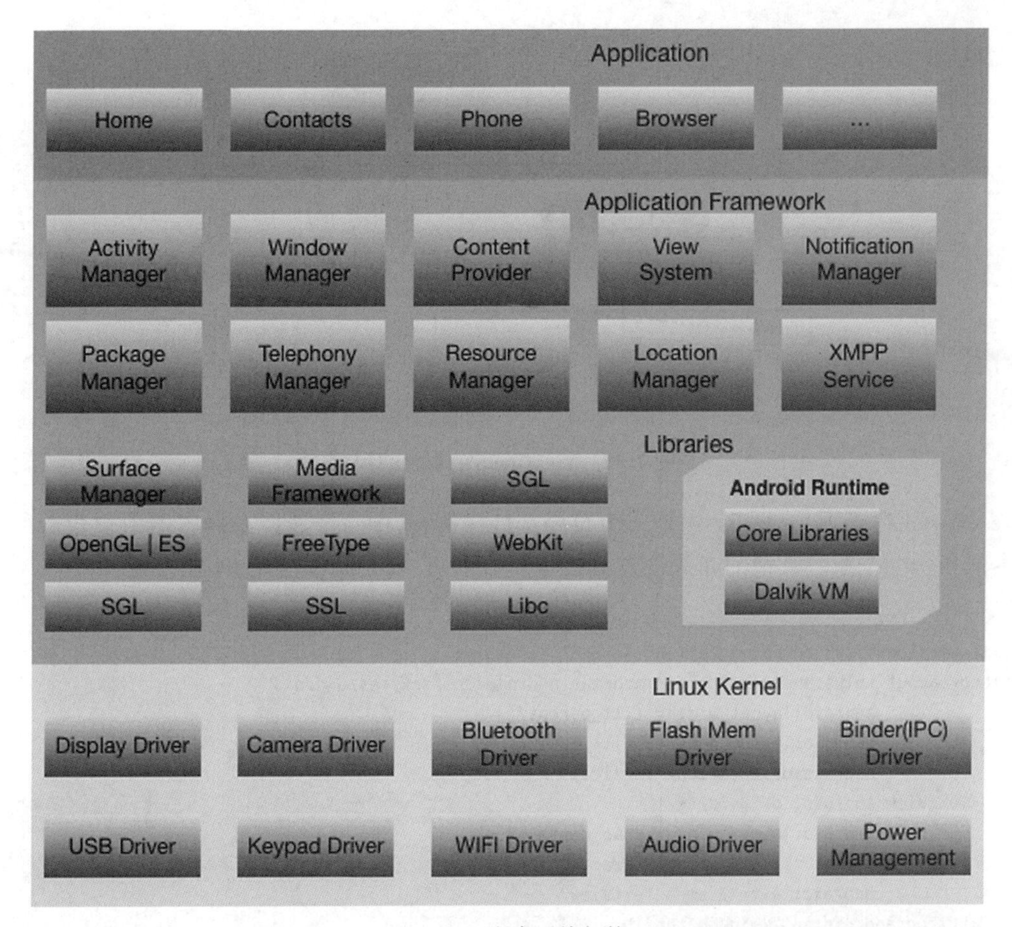

图7－1　安卓系统架构

menu存放的是页面菜单项的相关资源；res/values、res/values-w820p及其他有着相似名称的目录（图中未显示出）存放的是不同设备、分辨率、Android版本下的尺寸、字符串、样式、颜色、数组等资源。AndroidManifest.xml定义了应用所需要的权限，最小适配Android版本等信息。

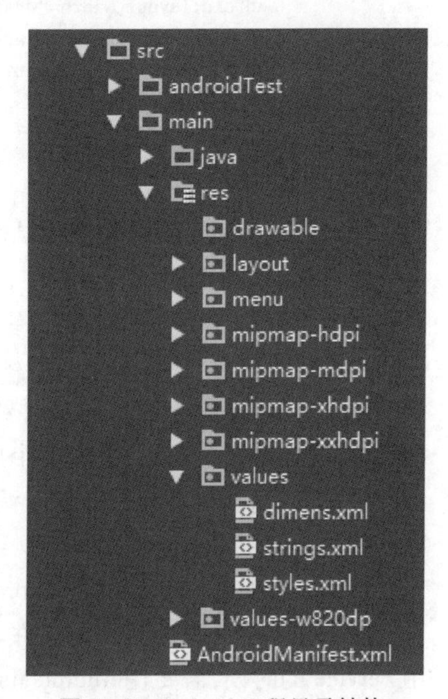

图7－2　Android工程目录结构

在开发Android应用的过程中，最核心的是视图和控制逻辑（Activity，Fragment，Service等），其组织结构如图7－3所示。在Android应用中，所有的界面元素都是由View和ViewGroup的对象构成的。View是绘制在屏幕上能与用户交互的一个对象（按钮、文本框等），而ViewGroup是用来存放View和子ViewGroup的布局容器。

通过编写代码可以在ViewGroup类及View类中来构建布局（位置，尺寸等）。但是在多数情况下，开发者会优先选择使用一个XML布局文件来构建布局（存放

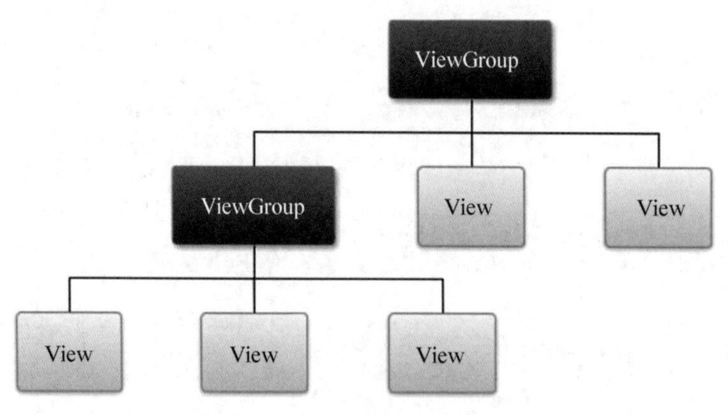

图 7-3　ViewGroup 的层次结构

在 res/layout 目录下)。图 7-4 是一个布局文件样例,其中一个线性布局容器中包含着一个文本框和一个按钮。其他的布局容器和控件可以参考 Android 开发者网站。

```
<?xml version="1.0" encoding="utf-8"?>
<LinearLayout xmlns:android="http://schemas.android.com/apk/res/android"
              android:layout_width="fill_parent"
              android:layout_height="fill_parent"
              android:orientation="vertical" >
    <TextView android:id="@+id/text"
              android:layout_width="wrap_content"
              android:layout_height="wrap_content"
              android:text="I am a TextView" />
    <Button android:id="@+id/button"
            android:layout_width="wrap_content"
            android:layout_height="wrap_content"
            android:text="I am a Button" />
</LinearLayout>
```

图 7-4　布局文件样例

7.2.1.3　Android 四大基础组件

在 Android 应用的开发过程中,有四个基础组件起着十分重要的作用,任何功能的实现都依赖于这四个组件的有机组合,它们分别是 Activity、Service、BroadcastReceiver、ContentProvider。

Activity,它根据相应布局文件绘制并显示用户界面,允许用户做交互性的操作,一个 Activity 只对应一个布局文件,一个应用可包含多个 Activity。如图 7-5 所示,Activity 有自己的生命周期,开发者在相应的回调函数中监听 Activity 生命周期中的各个事件,并做出相应的处理。

Service 不同于 Activity,是 Android 允许长时间运行在后台的一个组件,不直接和用户交互,当然,也不能为其指定布局文件。常见的用法是轮询更新操作以及后台下载更新。在使用 Service 的时候,需要在 AndroidManifest. xml 中对其进行注册,然后可以在 Activity 中开启、绑定、解绑、终止该 Service。Service 也有自己的生命周期,如图 7-6 所示。

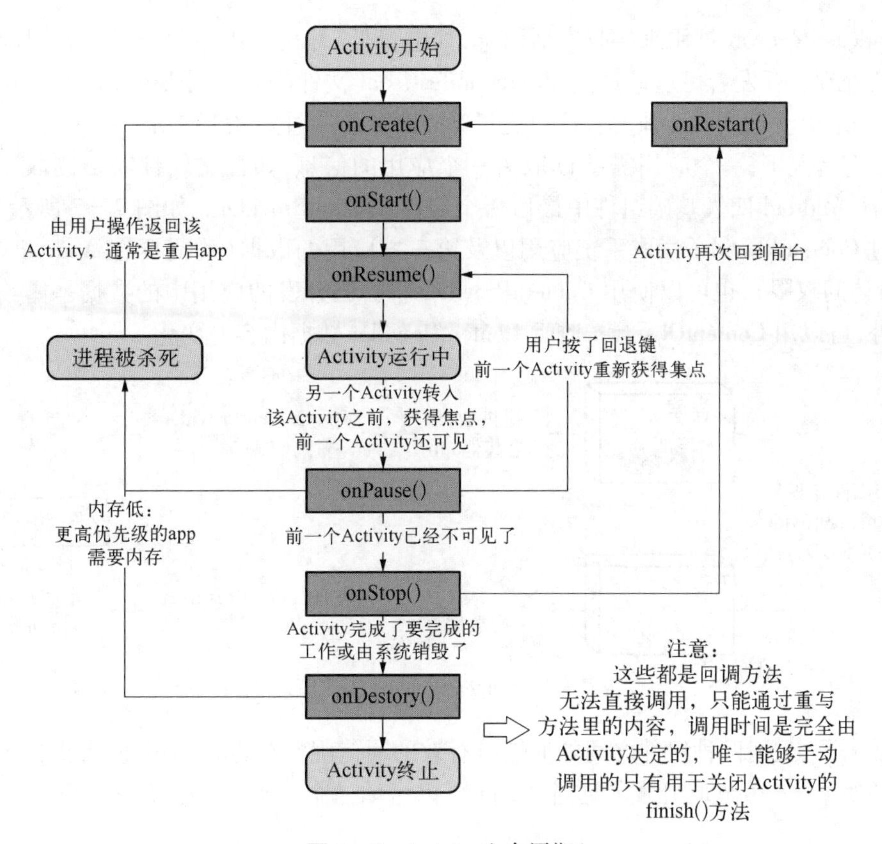

图 7－5　Activity 生命周期

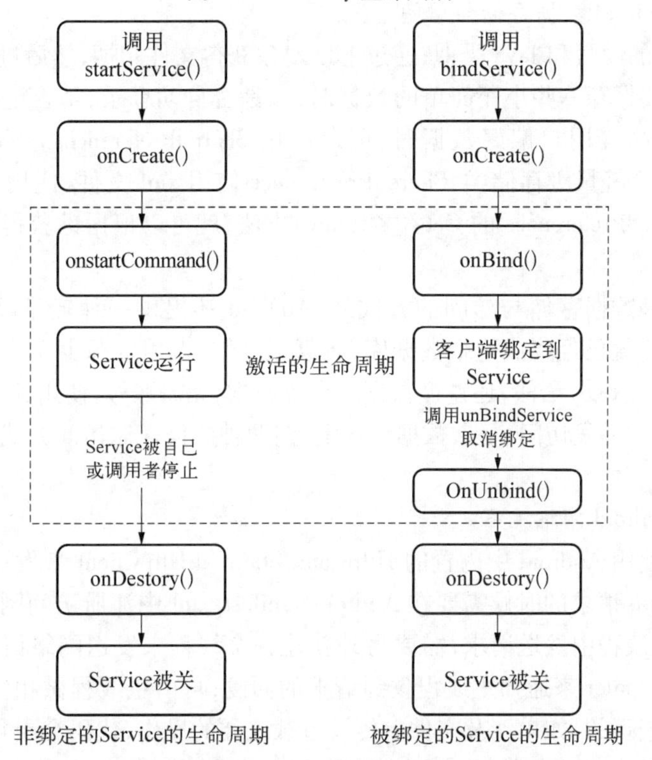

图 7－6　Service 生命周期

BroadcastReceiver 被用来接收广播信息,如电量低、耳机插入、用户自定义广播等,并做出相应的处理。开发者可以通过 AndroidManifest. xml 文件静态注册 BroadcastReceiver,也可以在 Activity 中动态注册。开发者可以通过 SendBroadcast 主动发送广播。

在很多情况下,一个应用需要读取另一个应用的信息,如社交软件需要读取联系人列表,这就涉 Android 四大基础组件中最后一个组件 ContentProvider。如图 7-7 所示,开发者可以通过 ContentProvider 读取系统应用以及第三方应用的数据(均需要在 AndroidManifest. xml 注册访问权限),也可以使用 ContentProvider 将自己开发的应用中的数据暴露给其他应用。此外,可以用 ContentObserver 监听 ContentProvider 数据内容的变化。

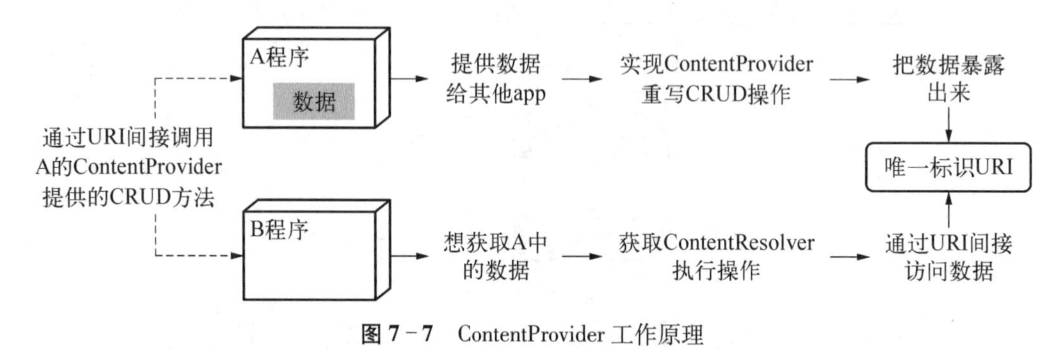

图 7-7 ContentProvider 工作原理

问题来了,上述四种组件之间如何进行有效的通信呢? Android 为开发者提供了组件之间通信的桥梁——Intent,开发者通过 Intent 可以启动一个 Activity,启动一个 Service 以及发送广播。

7.2.1.4 Android 数据存储与访问

Android 文件的读写和 Java 类似,通过 File 对象获得文件句柄,然后进行读写操作。

当开发者需要保存一些小而简单的数据时,如是否自动登录、是否记住账号密码、是否在 Wifi 下才能联网等用户偏好数据时,可以使用 SharedPreferences。SharedPreferences 是 Android 提供的一个轻量级存储类,SharedPreferences 使用 xml 文件,使用键-值的形式来存储数据;调用 SharedPreferences 的 Get××××(key)方法,就可以根据键获得对应的值,使用起来很方便。

除了上述两种数据存储与访问的方式外,Android 还提供一种轻量级的关系型数据库 SQLite。Android 系统已经集成这个数据库,运算速度快,占用资源少,很适合在移动设备上使用,不仅支持标准 SQL 语法,还遵循数据库事务原则,无需账号,使用起来非常方便。在一些复杂的情况下,如并发访问、复杂数据结构等,前两种数据存储访问方式不适用时,就可以使用 SQLite。

7.2.1.5 Android 网络编程

开发者可以使用 Android 中内置的 HttpConnection 和 HttpClient 来发送 http 请求。需要注意的是,发送 http 请求的时候需要在 AndroidManifest. xml 中注册访问网络的权限,同时不能在主线程即 UI 线程中发送请求,需要另外新建一个线程来发送网络请求,收到请求的回复后,需要使用 Handler 来通知主线程收到请求的回复,再由主线程做相应的操作。上述过程的代码是比较繁琐的,如果涉及文件上传及下载之类的操作,代码会更加冗长。一个较好的解决方法是使用第三方的库来协助完成这一系列操作,如 xUtils、Volley、OkHttp 等。当然,在其他方面也有一些很强大的第三方库,使用它们是一种很好的习惯,可以使开发者更专注于业务逻辑代码的开发,也可以使代码更加简洁优雅。

7.2.1.6 Android 测试与发布

在调试的过程中,可以使用 Android SDK 中的模拟器去调试,也可以下载第三方的模拟器进行调试。此外,还可以借助 Android 自带的命令行调试工具 adb 进行相关的调试工作。

常用的 Android 测试框架有 maca2ca-android、robotium、robolectric。

在发布之前,开发者需要对打包好的 apk 进行签名,Android Studio 内置了签名的工具,开发者打开 Build — Generate Signed Apk,即可完成签名操作。签名后,开发者可以将 apk 上传到安卓应用市场,通过审核后,发布就完成了。

7.2.2 基于 IOS 的应用开发

7.2.2.1 iOS 系统概述

iOS[2]是苹果公司于 2007 年初发布的针对移动设备平台的操作系统,原名为 iPhone OS,2010 年 4.0 版本发布时更名为 iOS。与同为智能手机系统的 Android 不同,iOS 拥有较为封闭的生态环境以及较高的权限限制,用户只能通过苹果官方的应用商店 AppStore 下载和安装应用,并且无法对系统做过多的修改与个性化定制。

iOS 系统结构可分为四级,如图 7-8 所示,从上至下分别为可触摸层(Cocoa Touch Layer)、媒体层(Media Layer)、核心服务层(Core Services Layer)和核心系统层(Core OS Layer),每个层级提供不同的服务。较低的层级提供如文件系统、内存管理、I/O 操作等基础服务,较高的层级建立在低层级之上,提供具体服务,如 UI 控件、文件访问等。其中 Cocoa Touch Layer 为应用程序开发提供了各种有用的框架,并且大部分与用户界面有关,本质上来说它负责用户在 iOS 设备上的触摸交互操作,iOS 系统的应用开发就是建立在可触摸层之上进行的。

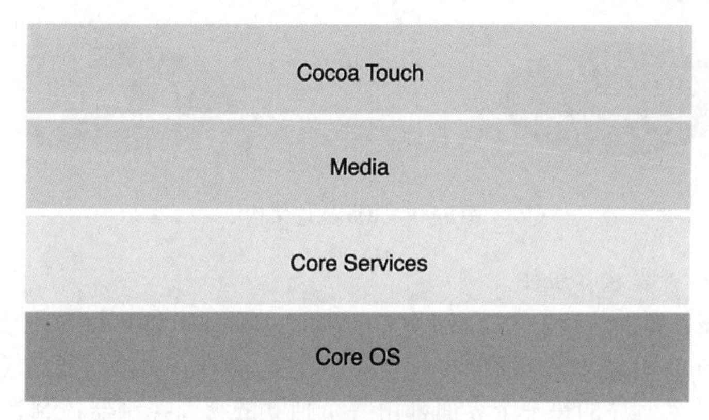

图 7-8 iOS 系统结构

7.2.2.2 iOS 开发环境与项目结构

2014 年,苹果公司发布了新的开发语言 Swift,可以运行于 Mac OS 与 iOS 平台,用以开发基于苹果平台的应用程序。在此之前,苹果平台的应用程序开发[3]需要使用 Objective-C 语言,它由原有 C 程序语言衍生而来,可以完全兼容 C/C++的代码,但其较为晦涩与繁琐的语法很大程度上影响了项目的开发效率。Swift 语言继承了 C 语言的一些基本类型和语法特点,同时又借鉴了现有很多其他语言的优势之处。综合之下,Swift 提供了更为简练和高效率的开发方式,为开发人员提供了便利[4]。

开发 iOS 应用需要使用苹果公司开发的工具 Xcode,这是一款支持多种语言的集成开发环境,但是只能运行在 macOS 系统上,因此进行 iOS 开发需要使用苹果电脑。

为了提高软件开发效率或让程序更加优雅,会用到一些第三方开发的框架,使用人工方式加入这些第三方库文件过程繁琐且容易出错,因此需要一个能够自动配置第三方库文件的管理工具。iOS 平台的依赖管理工具较多,如 CocoaPods 是一个 Swift 开发项目的依赖管理工具,包含上万个第三方库和应用框架,仅需一行指令就可完成一个库的导入。

iOS 开发项目主要由代码文件、配置文件、storyboard 故事板三部分组成。代码文件包含了项目的所有源代码,是开发工程的核心;配置文件(如 info. plist 文件等)规定了项目的一些核心属性,如软件名称、所面向的 iOS 系统版本、使用了哪些系统功能(如推送、应用内购买等);storyboard 故事板是一个可视化的界面生成工具,开发人员可以通过拖拽的方式完成界面与控件的绘制,并将其和对应的代码绑定起来。

7.2.2.3 iOS 软件架构

如图 7-9 所示,iOS 平台的开发项目使用 MVC(即模型-视图-控制器)的架构风格,模型(Model)表示应用程序的核心数据以及业务逻辑,视图(View)表示包括各种控件在内的用户界面,控制器(Controller)在收到用户输入等外部事件后选取相应的模型执行业务逻辑,并更新界面,完成对用户操作的响应。

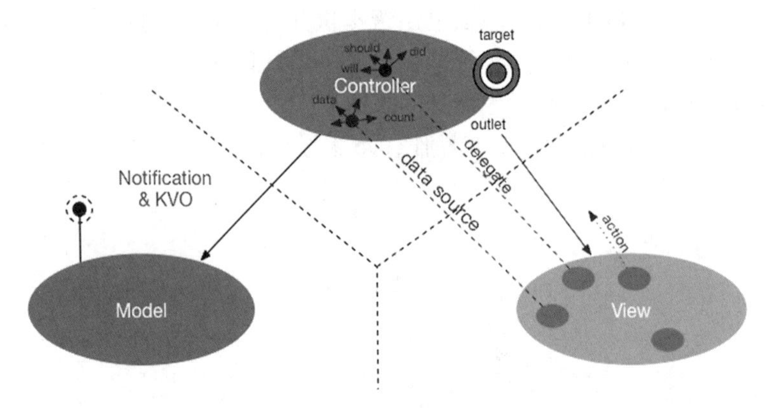

图 7-9 IOS 软件架构

7.2.2.4 iOS 开发核心组件

iOS 开发的核心组件共有三个,分别为 Controller、Delegate 和 Data Source。

控制器(Controller)是 iOS 开发中的一个核心部分,视图(View)与数据模型(Model)等都需要与之关联起来。程序的每一个界面都由一个独立的视图控制器控制,由定义在其中的方法响应用户操作并更新界面。视图控制器既可以直接继承原始的 UIViewController 类,也可以继承自系统内置的其他 UIViewController 类的子类如用来绘制列表视图的 UITableViewController 类等。在界面加载时,系统将首先调用 UIViewController 类中的 ViewDidLoad 方法对界面进行预处理,因此所有的视图控制器都需重写这个方法以完成界面中控件的绘制等初始化工作。

在 iOS 开发中,如滚动视图、列表视图等控件具有代理(Delegate)和数据源(Data

Source)的概念。系统中为每个控件类型定义了代理接口和数据源接口,如滚动视图对应的滚动视图代理接口、列表视图对应的列表视图代理接口、列表视图数据源接口等。

代理接口(如UIScrollViewDelegate)中定义了所对应控件类型(如UIScrollView)的回调方法。当某个类继承了某一控件类型对应的代理接口并实现了其中的方法时,便可将自己指定为这一控件类型的某一控件实例的代理类。当这个控件实例发生外部事件时(如用户点击、拖拽等),控件实例将自动调用它的代理类中对应的回调方法,以完成对外部事件的响应。

数据源接口中定义了填充所对应控件类型内容的方法,如列表视图(UITableView)中的每一行所显示的具体内容均由定义在其对应的数据源接口(UITableViewDataSource)中的方法来填充。当某个类继承了某一控件类型对应的数据源接口并实现了其中的方法时,便可将自己指定为这一控件类型的某一控件实例的数据源类。当这个控件实例被加载时,系统将自动调用它的数据源类中的方法,以完成对该控件实例内容的填充。

7.2.2.5 iOS数据存储与访问

在iOS开发过程中遇到需要读写本地文件时主要有如下几种方式。

一是XML属性列表(Plist文件)。当需要存储的对象是NSString、NSDictionary/NSArray、NSData 、NSNumber等类型,而不是基本数据类型时,可以使用WriteToFile:atomically方法直接将对象写到属性列表文件中,然后用DictionaryWithContentsOfFile读取数据。

二是Preference(偏好设置)。如果应用需要保存用户名、密码、字体大小等偏好,iOS提供了NSUserDefaults实例,可以通过它来存取偏好设置,比如,保存用户名、字体大小、是否自动登录等。

三是SQLite3。SQLite3是一款开源的轻型嵌入式关系型数据库,可移植性好、易使用、内存开销小,SQLite3是无类型的,可以保存任何类型的数据到任意的字段中。

四是Core Data。Core Data是对SQLite3的封装,更加面向对象。它提供了对象-关系映射(ORM)的功能,即能够将OC对象转化成数据,保存在SQLite3数据库文件中,也能够将保存在数据库中的数据还原成OC对象。在此数据操作期间,不需要编写任何SQL语句。

7.2.2.6 iOS网络编程

iOS系统为开发者提供了诸如NSURL、NSURLRequest等网络访问相关的类,可以完成发送与接收http请求等任务,但是这些原生的接口使用起来较为繁琐,通常可以使用第三方提供的类库进行网络访问。如AFNetworking是一个轻量级的iOS网络通信类库,它建立在NSURLConnection和NSOperation等类库的基础上,让很多网络通信功能的实现变得十分简单,且支持HTTP请求和基于REST的网络服务,包括GET、POST、 PUT、DELETE等。

7.2.2.7 IOS测试与发布

对于单元测试,XCode提供了单元测试框架OCUnit,类似于JAVA项目中的Junit,可以帮助开发者完成代码方面的白盒测试。

对于功能性测试,XCode提供了可以适配不同苹果移动设备的虚拟机,开发者可以直接将自己的代码运行在虚拟机中,完成应用的调试。此外,在项目中填入开发者的Apple ID信息,并向iPhone或iPad等设备安装描述文件后,也可以通过USB连接的方式在真机上进行调试。

在发布方面,如同上文所说,iOS 是一个相对封闭的生态系统,应用开发者都需要将自己开发的应用提交至苹果官方的 APP Store 应用商店才可以供用户下载使用。在应用商店发布产品主要有以下几个步骤。

(1) 注册一个 Apple ID 并申请成为开发者账号,需要缴纳 99 美元的费用。

(2) 在 XCode 中登录 Apple ID 并使用应用的 Boundle Identity 等信息生成证书。

(3) 向 APP Store 上传调试界面的应用截屏。

(4) 将开发项目以 release 方式打包并上传至应用商店,等待审核后即可完成发布。

7.2.3 基于桌面的应用开发

7.2.3.1 Windows 桌面应用开发

Windows 桌面应用开发从最开始的 MFC 发展到 Windows Form 再到 WPF(Windows Presentation Foundation)。随着微软发布 Windows 10 系统,开发者也可以编写通用 Windows 平台应用 UWP,UWP 应用可以运行在任何 Windows10 设备上,包括 PC、平板、手机、Xbox 等。本章节将对 WPF 开发做简要介绍。

WPF(Windows Presentation Foundation)是微软推出的基于 Windows 的用户界面框架,属于.NET Framework 的一部分。它使用无关分辨率的、基于矢量的引擎创建桌面应用程序和浏览器托管的应用程序,以利用现代图形硬件。它提供了统一的编程模型、语言和框架。其图形向量渲染引擎可以大大改进传统的 2D 界面,使开发者可以开发出炫丽的界面。WPF 具备强大的矢量图支持和 3D 的强大支持,同时它还具备灵活、易扩展的动画机制。WPF 区别于 Windows Form 最主要的一点是数据驱动界面,简单来说就是数据是核心,一旦数据变了,作为表层的 UI 就会跟着变,将变化了的数据展现给用户;如果用户修改了 UI 元素上的值,相当于透过 UI 元素直接修改了底层的数据。可以说,数据处于核心地位,UI 处于从属地位。这样一来,数据是程序的发动机(驱动者),UI 成了几乎不包含任何逻辑专供用户观察数据和修改数据的“窗口”(被驱动者)。而在 Windows Form 中,UI 和数据两者各行其是,它们之间的关系需要开发者编写事件监听代码来完成。

1) WPF 中的 XAML

开发 WPF 应用的时候,开发者会接触到 XAML,它是微软公司为构建应用程序用户界面创建的一种新的描述性语言,用于以声明形式实现应用程序的外观,对于 Web 开发者来说,类似于 HTML。XAML 是一种解析性的语言,尽管它也可以被编译。它的优点是简化了编程式上的用户创建过程,应用时要添加代码和配置等。XAML 使得设计和代码开发的工作分离开,让两种工作人员合作更加高效。

2) WPF 开发环境

开发人员在开发 WPF 应用时,要求 PC 上装有 Visual Studio 集成开发环境,开发者可以使用 C#或 VB 作为开发语言。

3) WPF 窗体及控件

图 7-10 展示了常见的 Windows 窗体结构,相信读者对这种窗口应该很熟悉了。窗口的非工作区由 WPF 实现,包括大多数窗口所共有的窗口部分,其中包括边框、标题栏、图标、最小化按钮、最大化按钮、还原按钮、关闭按钮、系统菜单。窗口的工作区是窗口的非工作区内部的区域,开发人员使用它来添加应用程序特定的内容,如菜单栏、工具栏和控件。

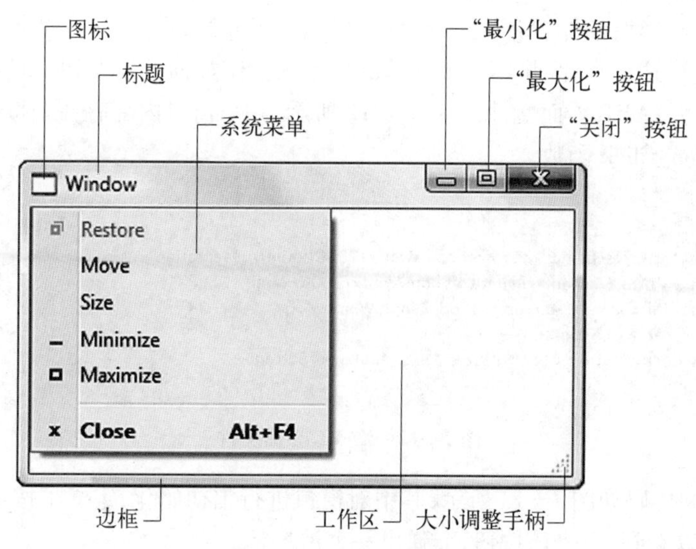

图 7-10　Windows 窗体结构

和 Android、iOS 类似，在 WPF 中，窗体也有自己的生命周期，如图 7-11 所示，开发者可以在窗体生命周期中的各个监听事件中编写自己的代码。

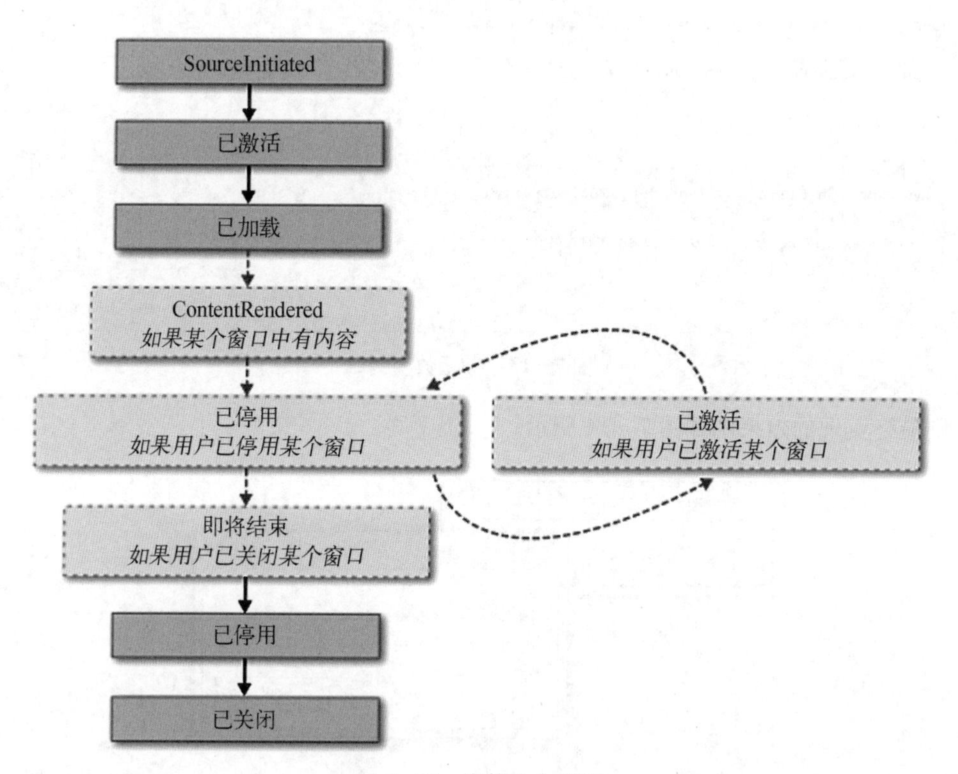

图 7-11　窗体生命周期

WPF 还提供了一些常用的基础控件，包括布局控件、按钮、数据显示、对话框等，此外，WPF 还允许用户自定义控件，较为灵活。

4）WPF 开发

前面的章节已经对控件、布局以及事件等概念有了介绍，在 WPF 这些概念的含义相似，故在此不再重复描述。在此，将用一个简单的例子来介绍如何开发 WPF 项目。

首先，要编写 XAML 界面文件，如图 7－12 所示，一个窗口内部有一个按钮控件，按钮的点击事件为 button_Click 函数。

```
<Window
    xmlns="http://schemas.microsoft.com/winfx/2006/xaml/presentation"
    xmlns:x="http://schemas.microsoft.com/winfx/2006/xaml"
    x:Class="SDKSample.MarkupAndCodeBehindWindow">
  <!-- Client area (for content) -->
  <Button Click="button_Click">Click This Button</Button>
</Window>
```

图 7－12　XAML 界面文件

其对应的 C#代码如图 7－13 所示，其中对窗口进行了初始化，定义了按钮点击事件触发的函数，从中可以看到，点击该按钮，会弹出一个消息框。

```
using System.Windows;

namespace SDKSample
{
    public partial class MarkupAndCodeBehindWindow : Window
    {
        public MarkupAndCodeBehindWindow()
        {
            InitializeComponent();
        }

        void button_Click(object sender, RoutedEventArgs e)
        {
            MessageBox.Show("Button was clicked.");
        }
    }
}
```

图 7－13　C#函数实例

则最终实现的效果图如图 7－14 所示。

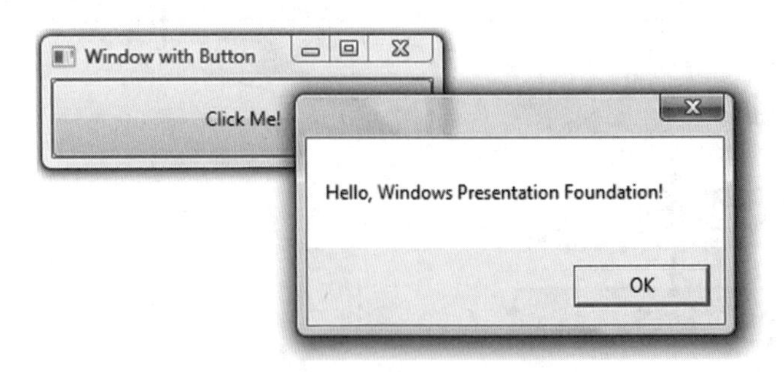

图 7－14　样例效果图

5）WPF 数据存储与访问

在 WPF 中，有三种常见的数据存储方式：① Application Setting 相对来说快捷、方便，一些简单的数据可以使用它来保存；② 使用SQLServer或是其他数据库进行存储，这里可以使用.NET带有的ADO.NET进行数据库的访问；③ 将数据以XML的形式保存在文件中，XAML文件可以直接读取XML保存的数据，并将其显示出来。

6）WPF数据存储与访问

在网络编程方面，可以使用C#自带的HttpWebRequest来发送网络请求，也可使用第三方的库，如RestSharp等。

7）WPF测试与发布

WPF项目涉及各种UI元素，因此必须对其进行UI测试。从NET3.0的WPF开始，微软通过其UI的自动化支持，协助开发人员为界面元素建立自动化测试标识。常用的UI测试工具有Visual Studio内置的自动化UI测试工具，即Coded UI以及微软开发的开源测试工具White。

部署WPF通常涉及三种部署技术：

（1）XCopy部署指使用XCopy命令行程序将文件从一个位置复制到另一个位置，待部署的应用是独立的，即不需要新客户端运行的时候适用；

（2）Windows Installer部署允许应用程序打包为独立的可执行程序，并可以容易地分发到客户端并运行；

（3）ClickOnce部署为非Web应用程序实现Web风格的应用程序部署，应用程序将发布到Web服务器或文件服务器，并从中部署。

7.2.3.2　Mac桌面应用开发

开发Mac桌面应用，通常会使用Cocoa框架，使用Xcode作为集成开发环境。Cocoa是Mac OS X上原生支持的应用程序开发框架，也是高度面向对象的。Cocoa提供了多种内部机制，如Key-Value Coding(KVC)、Key-Value Observing(KVO)、Key-Value Binding(KVB)等，解决了用户界面、数据、状态函数同步的问题。在Cocoa中，内存管理是通过引用计数器模型完成的。

Cocoa中的每个对象都拥有一个引用计数器，用来维持自己的生命周期。每当一个对象使用另一个对象的时候，它通过向该对象发送一个Retain消息来对该对象的引用计数器进行自增，而当它不再需要（或使用完）该对象的时候，它通过向该对象发送一个Release消息来对该对象的引用计数器进行减一操作。当一个对象引用的计数器自减到零时，该对象就会被释放。在Cocoa框架下，程序的驱动是各种消息，程序唯一的目的是响应处理系统或用户对界面的操作产生的消息。此外，Cocoa提供了丰富了组件，开发者可以通过简单的拖拽操作完成界面原型的搭建。

1）Cocoa开发环境与项目结构

开发Cocoa应用可以使用Objective-C或Swift作为开发语言。在Xcode中新建MacOS标签下的Cocoa Application项目，可以看到如图7-15所示的Xcode界面，其中最左边的是工程目录，中间的是编辑区，开发者可以在此区域内编辑代码以及故事板，最右边的是工具栏，可以编辑各种控件的属性。

2）Cocoa开发

开发MacOS下的桌面应用和开发iOS应用的组件、原理雷同，只是使用的框架不同，从开发者的角度来说，只是新建项目的时候选择的项目框架不同而已，开发过程中用到的方法

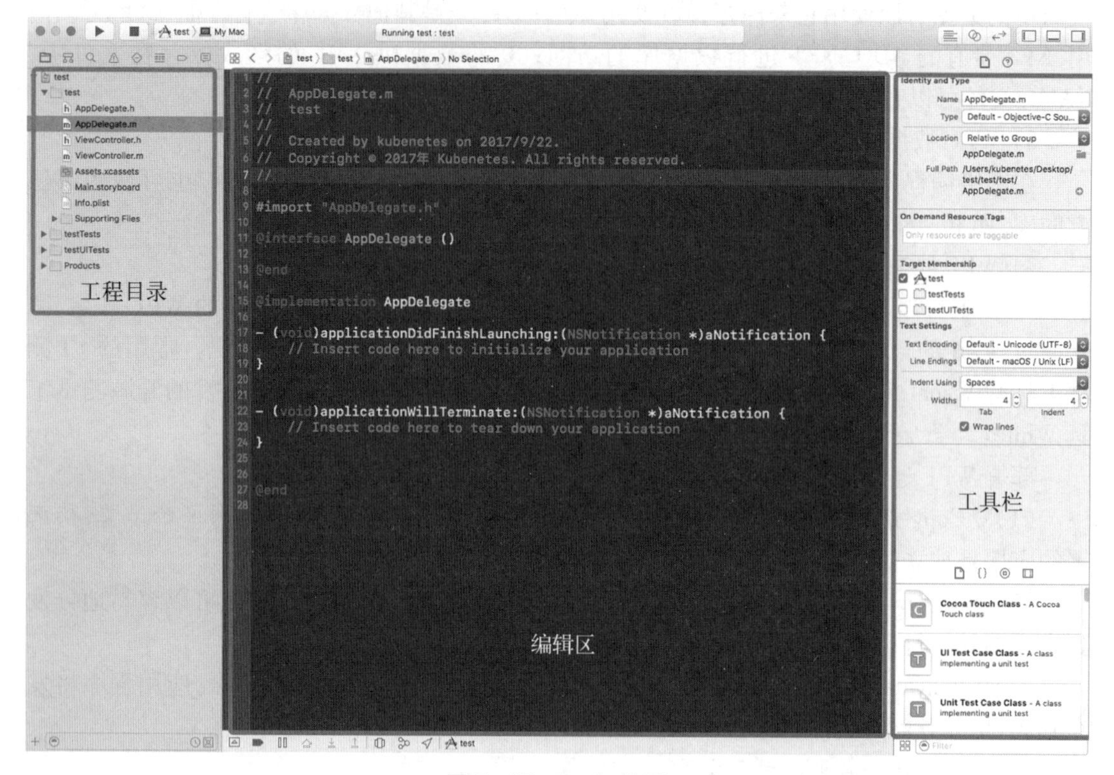

图 7－15　Xcode 界面

技术都是类似的。因此本小节将不再具体介绍开发过程中用到的组件、技术等，读者可参考 7.2.2 章节 IOS 开发的相关内容。

3）Cocoa 开发数据存储与访问

MacOS 应用的开发所用到的数据存储的相关技术和 iOS 开发中用的相同，可参考 IOS 开发的相关内容。

4）Cocoa 开发网络编程

MacOS 应用的开发所用到的网络编程的相关技术和 iOS 开发中用的相同，可参考 IOS 开发的相关内容。

5）Cocoa 开发测试与发布

对于单元测试，XCode 提供了单元测试框架 OCUnit，类似于 JAVA 项目中的 Junit，可以帮助开发者完成代码方面的白盒测试。

对于 UI 测试，可以使用 XCode 内置的 OS X UI Testing 模块进行测试。具体方法为 File→New→Target，选择 MacOS 下的 OS X UI Testing Bundle，确定之后 XCode 会生成 UI Test 组件。打开测试文件，在 TestExample( ) 方法中添加测试代码，或者选中测试文件后，点击录制按钮来录制操作，XCode 会自动根据录制的操作生成测试代码，如图 7－16 所示。编写完测试代码，点击测试函数旁边的播放按钮就可以进行自动测试了。

测试完成后，则进入发布阶段，这里简要介绍一下如何将应用打包成磁盘镜像 dmg 格式。首先，要将应用编译好，生成.app 文件，该文件在 Products/目录下，右键→Show in Finder，将其从文件夹中拷贝出来。在桌面创建一个目录，将需要打包成为.dmg 镜像的文件

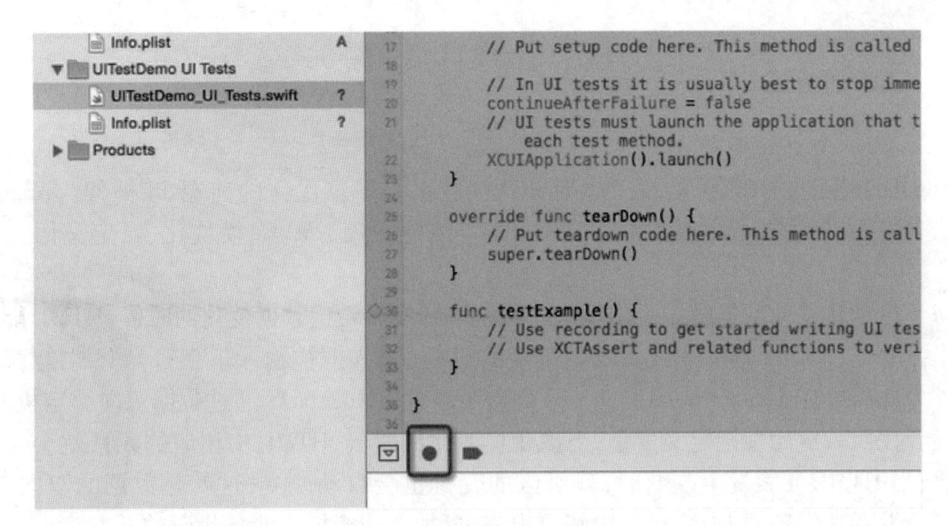

图7-16　录制测试代码

拖入,最后启动“实用工具”——“磁盘工具. app”,选择文件→新建→文件夹的磁盘映像,然后按照提示一步步做下去即可。

7.3　基于浏览器的开发模式

7.3.1　基于浏览器开发基础

随着互联网及其相关技术的产生与发展,B/S架构所占的比重也越来越大。在B/S架构中,只需要客户端安装浏览器,而不需要关心服务器的系统、组件等细节。同时,也大大降低了客户端安装、维护的成本。

HTML + JavaScript + CSS是一种基础的前端开发模式,其中HTML是超文本标记语言,“超文本”是指页面内可以包含图片、链接,甚至音乐、程序等非文字元素,浏览器在加载HTML文件的时候,会根据其内容绘制网页呈现给用户。JavaScript是一种脚本语言,浏览器内置JavaScript引擎来解释JavaScript代码。JavaScript主要负责一些控制逻辑以及动态的创建、修改HTML的元素。CSS全称是层叠样式表,定义HTML中元素的样式。

此外,jQuery也是经常被使用的一个JavaScript的函数库,其本质和JavaScript差别不大,但是其简洁的语法极大地简化了JavaScript编程,使代码量有效地减少。

虽然HTML+JS+CSS存在着诸多不足之处,但是其核心要素,即页面+控制+样式是基于浏览器开发不可或缺的。

前端的技术发展很快,近年来AngularJS、Angular2、Vue. js等开发框架不断涌现,React、D3. js等技术也不断普及。本章将对AngularJS进行简要的介绍,Angular2基本的结构和AngularJS相似,只是语法变化较大;Vue. js的语法和AngularJS较为相似,Vue. js的设计初期也受到了AngularJS的启发。本节将以AngularJS为主介绍基于浏览器的前端开发模式,同时对React及Vue的演进做简要介绍,并以此让读者能够对前端框架发展有一个清晰的认识。

7.3.2 AngularJS

7.3.2.1 AngularJS 简介

AngularJS 诞生于 2009 年，后为 Google 所收购，是一款优秀的前端 JS 框架。AngularJS 有着诸多特性，最为核心的特性是：自动化双向数据绑定、MVC、模块化、自定义语义化标签等[6]。

（1）自动化双向数据绑定：在 WEB 开发中，开发者希望数据变化的时候，HTML 能及时反映出该变化，而当 HTML 中元素发生改变的时候（输入框被输入了字符），JS 也能获取该变化。为此需要在 JavaScript 中定义一系列监听事件。AngularJS 通过数据双向绑定机制，需要开发者按照一定的规则定义变量，当该变量变化的时候，HTML 中相应的元素就会自动发生变化；当 HTML 元素发生改变时，其对应的变量也会自动改变，这就是数据的双向绑定。这使得开发者从繁琐的 DOM 操作中解放出来，更加专注于核心业务代码的开发[7]。

（2）MVC：AngularJS 以 View、Model、Controller 来组织代码，实现了 View 和 Model 的解耦。Controller 主要负责控制逻辑的实现，控制着 $scope 对象，来实现 View 和 Model 的通信，即双向绑定。

（3）模块化：在 AngularJS 中，用 Module 来定义模块。模块可重用，且各个模块中定义的变量互不影响。

（4）自定义语义化标签：AngularJS 允许开发者通过 Directive 来自定义标签，从而实现对 HTML 的灵活扩展。

AngularJS 提供了丰富的指令和函数扩展了 HTML，围绕 AngularJS 有很多第三方的库供开发者使用。下文将对 AngularJS 的一些基础用法做介绍，感兴趣的读者可以在官方文档上查看更高级的用法。

7.3.2.2 AngularJS 开发环境与项目结构

在开发 AngularJS 之前，首先要安装 Node.js，开发者可以到 Node.js 官方网站去下载相应的版本并安装。安装好之后，通过 Node.js 的包管理工具下载 AngularJS 的相关组件，如 bower、http-server 等。完成之后，开发环境就准备好了。

开发者可以使用集成开发环境 WebStorm 来开发 AngularJS 项目。在 WebStorm 下新建 Angular 项目，打开之后可以看到如图 7－17 所示的目录结构。其中 index.xml 是最先被加载的页面，即初始页面，里面声明了需要预先加载的 JS 文件，如 AngularJS 的库文件等。在 index.xml 中会有一个 AngularJS 指令 ng-app 来定义 Angular 应用的名字，同时也会有另外一个指令 ng-view 来指定路由控制模块的作用域。整个应用相关的设置通常会写在 app.js 中，如一些常

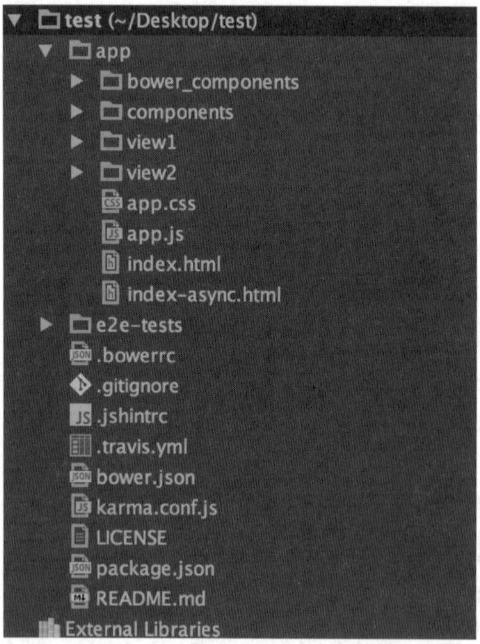

图 7－17 AngularJS 工程目录结构

量的设置、路由的控制以及该应用的依赖等。components/、view1/、view2/三个文件夹是WebStorm自动建立的，里面包含着一些预先定义好的JS，HTML，CSS文件。当然，开发者可以根据自己的偏好去建立目录结构。e2e-tests/是端到端测试的文件夹，此部分会在之后的章节中提到。此外，AngularJS使用bower作为包管理工具，项目所有的依赖都写在bower.json文件中，运行bower install命令之后，bower会自动根据依赖下载相应的依赖项到bower_components/文件夹下。

7.3.2.3　AngularJS指令

AngularJS提供了丰富的指令来扩展HTML，这些指令是AngularJS中最为基础的组件，一般以ng-开头，以下为三个实例：

ng-model指令把元素值绑定到应用程序数据，例如<input type="text" ng-model="name">，将应用程序数据name绑定到input的输入值，这是双向绑定。

ng-click指令定义了AngularJS的点击事件，例如<button ng-click="toggle()">Button</button>将toggle()函数绑定到button的点击事件。

ng-if指令用于在表达式的值为false的时候移除元素，当表达式的值为true的时候添加元素并显示，指令形如<div ng-if="expression"></div>。

除了AngularJS内置的指令之外，AngularJS还允许用户通过Directive自定义指令，具有很强的灵活性。

7.3.2.4　AngularJS路由

AngularJS是一种单页面应用的框架，那么用户如何根据不同的URL来访问不同的内容呢？AngularJS的路由机制可以帮助开发者实现多视图的单页面应用的功能。在配置AngularJS路由的时候，会为每个URL设置相应的视图及控制器，当用户访问不同的URL的时候，就会看到不同的内容。例如http://localhost:8080/#/view1将访问路由view1对应的视图。

7.3.2.5　AngularJS数据存储与访问

在本地化存储上，AngularJS和JS几乎没有区别。一些本地化的、简单的数据可以保存在cookie中。此外，还可以将数据保存在SessionStotage和LocalStorage中，相比于cookie，这两种存储方式可以存储更多的数据量，通常情况下，较为复杂的数据可以使用这两种存储方式。LocalStorage存储的内容是永久的，而SessionStorage存储的内容会随着浏览器回话的结束而被清空。

7.3.2.6　AngularJS测试与发布

AngularJS终究还是运行在浏览器上的脚本语言，所以可以借助浏览器的调试工具进行断点调试、查看输出等操作。项目中发送的网络请求、存储的数据以及CSS样式都可以通过浏览器进行查看。

在AngularJS中，通常使用Karma+Jasmine+Angular Mock作为单元测试的工具。Karma是一个测试工具，它从头开始构建，免去了设置测试方面的负担，这样我们就可以将主要精力放在构建核心应用逻辑上。尽管Karma支持多种测试框架，但默认的选项是Jasmine。Jasmine是一个用于测试JavaScript代码的行为驱动开发框架。在Jasmine中可以编写测试用例，以验证实际值与预期值是否相同。由于在单元测试中有可能涉及其他的依赖模块，所以需要桩模块，Angular Mock可以帮助开发者完成这项工作。

当面临用户进行多个页面交互的时候，需要用到单元测试，一般来说是通过 e2e 测试（端到端测试）来模拟用户操作还原问题现场。利用 e2e 测试也能够测试程序的强大，很多单元测试办不到的事情，e2e 测试都能够办到。之前，AngularJS 是利用 Angular Scenario Runner 来运行 e2e 测试，现在已经换成 Protractor 来运行 e2e 测试用例了。Protractor 是 AngularJS 里用来测试 e2e 的框架，能够真正让测试用例运行在浏览器上，完全模拟用户的真实行为。

完成测试后，就可以部署 AngularJS 应用了。部署 AngularJS 项应用非常简单，开发者可以在服务器或本机上进入项目根目录，运行 bower install 安装依赖，之后切换到 app/目录下，输入“http-server+指定地址+端口”，最后在浏览器中输入相应的 IP 及端口号就可以访问相应的内容了。

7.3.2.7 Angular 的演进

前文对基于 AngularJS 的前端开发模式做了基本介绍。无论 Angular 如何演进，其基本模式并没有多少变化，但是在具体的特性上，Angular 发生巨大的变化。首先，从命名上，在 2.0 之前，Angular 都是以 AngularJS 这一名字出现，直至 2.0 版本推出后，Angular 才成为其正式的名字，直至目前的 Angular 9；其次，是 Angular 演进的速度发生了巨大的变化。Angular 在 1.X 这个主版本上停留了 8 年，在进入 2.0 版本之后，用了 4 年时间演进到了 9.0；最后，Angular 从原来的基于浏览器的前端开发模式演进到了跨平台的前端开发模式，不仅能够开发基于浏览器的应用前端，还能够通过跨平台工具开发多个平台的原生应用。

从具体的技术特性来讲，演进至今的 Angular 具备三大特性。

（1）TypeScrip，其实，不仅是 Angular，如今 TypeScript 已经成为了各个基于浏览器的前端开发框架的首选语言。TypeScript 是 JS 的超集，提供了比 JS 更多的语法特性，具有面向对象的全部特性，非常适合开发大型项目。而 Angular 就采用了 TypeScript 来进行框架的构建，使得它的开发迭代变得更加灵活快速。

（2）RxJS，它使用 Observables 响应式编程库，Angular 将所有信息作为从路由参数到 HTTP 响应的可观察流处理，让开发者可以订阅异步数据流。该库提供了内置的运算符，用于观察、转换和过滤流，甚至将多个流组合在一起以一次创建更强大的数据流。

（3）Zone.js，由于目前前端开发异步执行是主流，当项目庞大、业务逻辑复杂的时候，如果想要统计执行时间、优化前端性能将变得非常困难，而 Zone.js 解决了这些问题，Zone.js 能实现异步 Task 跟踪、分析、错误记录、开发调试跟踪等，通过钩子，就能统计非常方便地获取函数执行情况，为前端调试带来了极大地方便。

7.3.3 React 及 Vue 的演进

上文以 Angular 为例，对基于浏览器的前端开发模式做了介绍。本节我们将分别对另外两个主流前端框架 React 及 Vue 的演进做简要介绍。两者的演进，从另一个角度给我们呈现了软件演进的方式，就是不断地在解耦及聚合的作用螺旋前进。

7.3.3.1 React 的演进

React 自发布以来，迅速地成为了基于浏览器的主流前端框架，据统计，目前有超过 60%的前端是基于 React 框架开发的。对于 React 的演进而言，2018 年的 React Conf 足以成为 React 演进最重要的里程碑。在那时,Facebook 在 React 16.8.0 版本加入对 Hook 的支持。

在这一时刻之前的 React 的五年发展历程中,开发者在使用 React 过程中不得不面对三个比较棘手的问题,也是 React 被诟病最多的三个问题:

(1) 在组件之间复用状态逻辑很难。React 没有提供将可复用性行为"附加"到组件的途径。

(2) 复杂组件变得难以理解。开发者经常维护一些组件,组件起初很简单,但是逐渐会被状态逻辑和副作用充斥。每个生命周期常常包含一些不相关的逻辑。相互关联且需要对照修改的代码被进行了拆分,而完全不相关的代码却在同一个方法中组合在一起,如此很容易产生 bug,并且导致逻辑不一致。在多数情况下,不可能将组件拆分为更小的粒度,因为状态逻辑无处不在。这也给测试带来了一定挑战。

(3) 难以理解的 Class。除了代码复用和代码管理会遇到困难外,开发者还发现 Class 是学习 React 的一大障碍。可以很好地理解 props、state 和自顶向下的数据流,但对 Class 却一筹莫展。

为了解决这些问题,Hook 的引入使开发者在非 Class 的情况下可以使用更多的 React 特性。从概念上讲,React 组件一直更像是函数。而 Hook 则拥抱了函数,同时也没有牺牲 React 的原则,没有与 Class 对立,更没有强制使用,从某种程度上来讲,Hook 的引入把 React 拉回了正轨。Hook 为开发者在无需学习复杂的函数式或响应式编程技术的前提下开发复杂前端提供了官方的问题解决方案。正是因为 Hook 的引入,让 React 在前端框架中的领导地位愈发稳固。

7.3.3.2　Vue 的演进

随着 Angular、React 的不断演进,作为后来者的 Vue,也有着广大开发者 Vue 也在艰难地寻找着自己的突破口。Vue 自进入大版本 2.6.X 后,在 Angular 及 React 不断前进的压力下,力图进入自己的 3.X 时代。Vue 对 3.X 版本有如下的规划:

(1) 响应式。2.x 的响应式是基于 Object.defineProperty 实现的代理,兼容主流浏览器和 ie9 以上的 ie 浏览器,能够监听数据对象的变化,但是监听不到对象属性的增删、数组元素和长度的变化,同时会在 Vue 初始化的时候把所有的 Observer 都建立好,才能观察到数据对象属性的变化。3.0 进行了革命性的变更,采用了 ES2015 的 Proxy 来代替 Object.defineProperty,可以做到监听对象属性的增删、数组元素和长度的修改,还可以监听 Map、Set、WeakSet、WeakMap,同时还实现了惰性的监听。这样不仅解决了 Vue 2.x 中的问题,还使系统性能有了进一步提升。

(2) 模板。模板方面改进作用域插槽,2.x 的机制导致作用域插槽变了,父组件会重新渲染,而 3.0 把作用于插槽改成了函数的方式,这样只会影响子组件的重新渲染,提升了渲染的性能;同时,对于 render 函数的方面,Vue 3.0 也会进行一系列更改来方便习惯直接使用 api 来生成 vdom 的开发者。

(3) 对象式的组件声明方式。3.0 修改了组件的声明方式,改成了面向对象风格的写法,这样使得和 TypeScript 的结合变得很容易。

除此之外,Vue 的源码将用 TypeScript 重写,就像 Angular 那样。结合前面三个重要的变化,不难看出,3.0 既有 Angular 的影子(TypeScript),又有 React 的影子(函数式)。

7.4 前端的混合开发模式

7.4.1 混合开发模式概述

前端应用可以分为两类应用,Native(原生)应用和 Web 应用。Native 应用指的是在某一个应用平台上,使用该平台支持的开发工具和语言来完成的应用;而 Web 应用指的则是使用标准的 Web 技术,如 HTML、JS 和 CSS 开发的应用,只需要编写一次,就能够运行在多个设备上。

由于两者的原理截然不同,因此在性能和便捷性上有着很明显的区别: Web 应用开发成本更低,开发速度更快,只需要浏览器就能够运行,不需要额外占用设备的存储空间,然而在一些重要的特性如手机联系人、消息推送上却无法访问;Native 应用,相比于 Web 应用,虽然在手机特性上,能够利用原生特性对其进行充分利用,在性能上也是远远优于 Web 应用,但是学习成本却大大提高,随之也带来了低下的开发效率,同时不同平台的不同特性也给 Native 应用的开发带来了很大的不便。

由上面的分析可以清楚看出,Web 应用比较便捷,在性能和功能上有所欠缺,而 Native 应用尽管性能和功能上都远超 Web 应用,在开发上还是存在复杂度过高的缺点。不同的场景下,开发商权衡性能和开发复杂度,交叉使用这两种应用。近年来,随着移动设备类型、操作系统类别的增多,用户需求的快速变化以及业务要求的不断提高,对移动应用提出了高性能、高开发效率的要求,因此业界也不断地出现各种新的 app 开发模式,而其中最为流行的是 Hybrid 开发模式,即混合开发模式。

7.4.2 混合开发模式与传统开发模式的对比

图 7 - 18 是混合开发模式的基本框架,混合开发的基本框架主要由三个部分构成,最基础的是移动终端 Web 壳,Web 壳定义了应用程序和网页之间的接口,向 Web 提供了基于系统 API 的功能调用,Web 语言可以轻易地通过 JS 或中间件实现对系统功能的调用。前端适配器是负责对不同设备的适配。

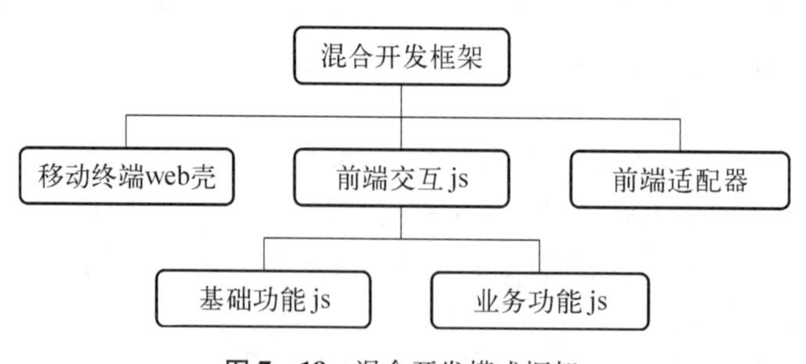

图 7 - 18 混合开发模式框架

Hybrid 应用结合了 Native 应用和 Web 应用的优点[9],混合开发使用 HTML 和 JS 语言,通过将应用封装在原生容器中或中间件等方式,访问原生平台功能,从而在开发便捷的基础上,不损失对原生功能的访问。图 7－19 是 Native 应用、Hybrid 应用和 Web 应用之间的区别。

特　　性	Native APP	Hybrid APP	Web APP
开发语言	只用 Native 开发语言	Native 和 Web 开发语言或只用 Web 开发语言	只用 Web 开发语言
代码移植性和优化	无	高	高
访问针对特定设备的特性	高	中	低
充分利用现有知识	低	高	高
高级图形	高	中	中
升级灵活性	低,总通过应用商店升级	中,部分更新可不通过应用商店升级	高
安装体验	高,从应用商店安装	高,从应用商店安装	中,通过移动浏览器安装

图 7－19　三种移动应用开发方式的对比

从语言方面来看,Hybrid 应用结合了前两者的优点,因此不可避免地需要根据解决方案的不同选择在 Native 和 Web 语言中选择或组合。在代码的可移植性上,由于 Native 应用过分依赖于操作系统,在目前操作系统多且杂的背景之下,代码的移植需要充分考虑各个系统的不同特性,所以相比于 Hybrid 和 Web 这类使用通用可行 Web 语言的应用来说,代码的移植和优化的工作量是不可预估的。在对性能要求比较高的特性如特定设备的访问,图形的渲染上,Native 应用凭借着原生的优势有着优于其余两者的表现。更为重要的一点、也是当今互联网时代为业务所强调的一点是升级灵活性,对于互联网工作者来说,应用的更新是频繁的,但是对于 Native 应用开发者来说,尽管自身编写代码的速度足以跟上业务的变更需求,但是无论是在安卓平台上还是在 iOS 平台上,应用更新的发布是需要通过审核的,导致 Native 应用更新的低灵活度。在这一点上,Web 应用却能够达到极致,由于 Web 应用是通过服务器提供服务,代码的更新只需要在服务器上进行,会影响到所有应用的使用者,Hybrid 应用在原生的基础上,加入了 Web 的元素,在一定程度上能够享用 Web 灵活更新带来的便利,这也是互联网应用开始 Hybrid 开发模式开发应用的重大原因之一。

7.4.3 混合开发模式的不同解决方案

普遍来说,混合开发模式有三种不同的解决方案。

第一种方案是通过中间件实现的,开发者以 WebView 为用户界面,通过 JavaScript 来处理逻辑以及和中间件等组件通信,由中间件来访问底层 API,实现应用的开发。在这个方案之下,中间件的存在十分重要,它们保证了开发者能够在网页中调用各个平台系统的核心功能,较为流行的中间件有 PhoneGap 和 AppCan,开发者使用 HTML、JavaScript、CSS 等 Web APIs 来访问系统功能,从而解决了传统 Web 应用无法访问手机系统核心功能这一致命问题,但是此方案也存在着缺陷,由于用户界面采取 Web 开发模式,这就意味着界面的渲染效果不如原生语言,同时 WebView 还需要兼容各种不同的系统。

第二种方案是采取转换语言的方式。开发者通过使用 Adobe Air、RubyMotion 等非官方语言来编写程序,然后通过语言工具,将自己开发的程序,转换成为原生语言程序,最终实现原生应用的编写。这个解决方案严重依赖语言工具,一旦工具提供方出现问题,则需要承担应用面临的此风险。

第三种方案在原生应用的基础之上,通过嵌入 WebView 的方式来实现。整个开发流程一般先由 Native 开发人员写好基本架构、Web 人员需要调用的 API,而后 Web 开发人员在前者开发的基础之上,使用 Web 语言对界面进行编写的同时,可以直接调用前者编写好的 API 对功能进行调用。这样一来,无论渲染效果还是性能都有着不错的效果。这种解决方案需要 Web 开发人员和原生开发人员在开发上的协商和配合,同时,和解决方案一样,一旦用到 WebView 就意味着性能的降低,因此需要衡量 WebView 的比例,以免出现性能大幅下降的后果。

目前,业界较为认可和使用率较高的是解决方案一和三。值得一提的是,解决方案三凭借着优于解决方案一的渲染质量和性能,加之部分界面的灵活更新,日益受到人们的青睐。

7.5 跨平台开发

7.5.1 跨平台开发的需求提出

当今互联网时代,移动应用开发商除了要应对上述混合开发的大背景下,用户提出的性能、更新的高要求之外,还需要面对各大移动设备提供厂商带来跨平台的巨大挑战。目前,市面上有着多款不同厂商制作的移动设备,这些设备搭设着不同的系统,对于同一款应用来说,为了提高可用性,需要对尽可能多型号的设备做系统版本适配、屏幕适配、系统 API 兼容等繁琐重复的工作。由于两大主流公司 Google 和 Apple 的竞争,需要的适配系统主要有 Android 和 iOS,各个设备的型号尺寸各不相同,仍然给开发带来了很大的压力。因此,人们一直在对跨平台开发技术做探索,希望通过一次编写就使得应用能够无差别运行于不同系统的不同设备上。

7.5.2 跨平台开发的传统方案

传统的跨平台开发技术主要有 4 个方案[10]: Web 方案,也称 Hybrid 方案,通过使用 Web 语言来实现界面及功能;代码转换方案,通过将某类开发语言转换成 Objective - C、Java 等语言,用不同平台下的官方工具进行开发;编译方案,通过将开发语言编译成二进制,生成动态库或包,直接在平台上运行;虚拟机方案,通过将应用运行于虚拟机,将虚拟机移植到不同平台上运行。接下来对这些方案进行详细介绍。

(1) Web 方案,就是基于 WebView 来开发应用,通过各类中间件来实现对系统 API 的调用,由中间件来负责设备的兼容问题。较有名的解决方案有: React. JS、FaceBook 的开源框架,该框架引入 Virtual DOM,在浏览器端用 JavaScript 实现了一套 DOM API,能够有效地降低 UI 实时对 DOM 请求数据时的性能开销;JQuery Mobile,为主流的移动平台提供完整统一的 JQuery 核心库;PhoneGap 和 AppCan,通过对 JS 进行封装形成 API,向 Web 端提供 API 使得应用能够访问原生设备的功能。在总体上,Web 方案存在着渲染慢、质量低等问题,对于 Web 来说,画面的渲染需要复杂的 CSS 作为支撑,因此带来大量的性能损耗,同时通过调用中间件封装的 API 无法做到 Native API 那般细粒度地控制内存和线程,难以对性能进行优化,当原生系统有新 API 增加时,也无法及时使用到,需要等待中间件厂商进行封装。

(2) 代码转换方案,即只写一套代码,通过使用转换工具将代码转成不同平台(如 Android 和 iOS)的开发语言,从而减少重复编码带来的劳动量。目前已有 Objective - C (iOS)转 Java(Android),Java 转 Objective - C,Java 转 C#(Windows Phone)等工具。但是这类解决方案存在一个问题,对于 UI 编程需求特大的应用而言,代码基本与平台特定的 UI 代码耦合,无法进行转换,因此会导致转换率低的问题。

(3) 编译方案相比于代码转换方案,转换更为彻底,将程序直接编译成相应平台下的二进制。最传统的有 C++方案,开发者通常使用 C++来实现移动应用的非界面部分,在实现性能提升、代码重用的同时,还能隐藏关键代码。除此之外,还有较新的方案供其他平台使用,如 Xamarin 可以帮助用户用 C#来开发 Android 和 IOS 应用,为了支持 iOS,它以 AOT 的方式将程序编译为二进制;微软官方发布了由 Objective - C 编译为 Windows Phone 可用二进制的工具来支持转换;RoboVM 可将 Java 字节码编译为可在 iOS 下运行的机器码。

(4) 与代码转换以及编译方案不同,虚拟机方案并不会改变代码部分,而是通过在平台上内嵌虚拟机,提供合适的环境给应用,从而保证功能的实现。如上述的 Xamarin 在 Android 平台的实现就是虚拟机的实现方案,它通过在 Android 中内嵌 Mono 虚拟机,在虚拟机上运行程序的方式来提供功能。由于捆绑了虚拟机,这类方案随之存在以下缺陷:在安装应用时,需要额外安装运行环境,占用额外空间;更新时,可能需要连运行环境一同更新,较为繁琐。

7.5.3 跨平台开发的新兴方案

近年来,随着对性能要求的提高,人们开始倾向于抛弃 WebView,因此出现了 React Native、Native Script 以及 Flutter。

(1) React Native 通过定义一系列标准的平台组件,使开发者能够使用简单一致的组件编写出平台无关、视觉效果和体验一致的应用,同时还有较好的性能。

(2) Native Script 通过将系统所有 API 暴露给 JavaScript,使 JavaScript 具备 Native 语言的所有能力,达到 Native 级别的性能提升。开发者仅需对简单的 NativeScript 进行学习后,就能实现多平台类 Native 应用的开发。

(3) Flutter 于 2017 年被谷歌公布,2018 年 12 月 1.0 版正式发行,当时跨平台只支持 Android 及 iOS,2019 年 2 月 1.2 版本发布支持 Web,到目前为止最新版本为 1.17。可以看到 Flutter 的版本更新是越来越快的,也说明它越来越受开发者关注。Flutter 与 React Native 及 Native Script 不同,它的跨平台是通过自己的 Engine 实现的,Engine 没有基于 JavaScript,因此应用的渲染性能应该是最强的。Flutter 使用谷歌的 Dart 语言开发。由于 Flutter 较新,且主流互联网公司都已经在自己的不同产品上使用 Flutter 进行开发,如阿里巴巴的咸鱼、腾讯的起点、头条等。

7.6 前端技术的新热点

随着前端技术的不断演进,除了原有框架的更新之外,还涌现出新的技术热点,下面将对目前一些主要的前端技术热点做简要的介绍,方便读者把握前端技术发展方向。

首先,在 2019 年 12 月 5 日,W3C 正式发布了 WebAssembly,就是为了解决当前 Web 应用对于更高性能的追求(有与 JavaScript 的运行特点,通常只有本地代码的 10%性能),如游戏、AR、VR、人工智能应用等。W3C 提出浏览器有一个专门运行 WebAssembly 的虚拟机,需要高性能的功能可以用 WebAssembly 实现,当用户访问这个网页时,会像加载 HTML、JavaScript、CSS 加载 WebAssembly 代码,并将其运行于虚拟机,使这部分代码的性能非常接近本地代码,为 Web 应用带来了本地应用程序的使用体验。因此,在 WebAssembly 被广泛支持后,越来越多的本地应用会走到浏览器端,为用户提供更加方便地使用体验。

还有 GraphQL,严格地说它并不属于前端技术栈,但是它给前端带来了巨大的好处。GraphQL 是一个 API 标准,也就是前端与后端通信的新的 API 标准。它改变了 REST API 环境下,前端只能根据 REST API 来消费数据,根据需求,向后端获取自己想要的数据,进一步解耦前端与后端。通过 GraphQL,可以避免 REST API 出现的信息过多或信息过少的问题,同时还能在一定程度上让前端开发的迭代速度加快。最后,在使用 GraphQL 后,后端可以通过前端对数据的使用情况进一步做数据分析,优化后端数据的服务质量及性能。

目前,还有一些其他热点,如 CSS - in - JS、ECMA2020 等,它们都在说明前端技术的演进速度,以及前度技术生态圈的繁荣,这些新的技术,无疑将为前端开发者提供更强有力的工具和方法,开发出更加优秀的应用。

本章小结

- 阐述了软件的前端架构,以及软件前端开发技术栈。
- 阐述了原生应用,浏览器的不同开发模式,从背景和工程实现方向阐述了开发模式的实现落地。
- 阐述了前端的混合开发以及跨平台开发模式。

参考文献

[1] 曾健平,邵艳洁. Android 系统架构及应用程序开发研究[J]. 微计算机息,2011(9):1 - 3.

[2] 白起 2021. iOS 系统架构[EB/OL]. http://www.jianshu.com/p/bb09e14cb640, 2016 - 06 - 07.

[3] Daniel S F. Xcode 4 IOS Development: Beginner's Guide: Use the Powerful Xcode 4 Suite of Tools to Build Applications for the IPhone and IPad from Scratch[M]. Packt Publishing Ltd, 2011.

[4] 勒纳(Ari Lerner). AngularJS 权威教程[M]. 赵望野,徐飞,何鹏飞,译. 北京:人民邮电出版社, 2014。

[5] 董英茹.简谈 AngularJS 在下一代 Web 开发中的应用[J].软件工程师.2015(5):30－31.

[6]“混合开发”Hybrid APP 分析[EB/OL].http://blog.csdn.net/ruingman/article/details/52291628,2016 08－23

[7] 程远.聊聊移动端跨平台开发的各种技术[EB/OL].http://www.uisdc.com/cross-platform-mobile-technology,2017－01－31.

第 8 章　软件系统的持续集成与部署

为应对互联网时代的挑战,软件系统的集成和部署方式在微服务出现之后发生了根本的变化,本章将从微服务的概念出发,阐述其设计理念和特点,以及随之发生变化的持续集成和部署方式。

8.1　微服务

8.1.1　微服务的出现

微服务[1]的概念于 2014 年 3 月由 Martin Fowler 提出,他将微服务定义为一种程序架构,在这个架构之下,一个大型的复杂软件会被拆分成一个或多个小服务,每个小服务都能相对独立地提供相应的服务,服务之间通常通过 API 进行信息交换。在微服务出现之前,传统的互联网企业倾向于将企业提供的商业应用以单体一体化系统(Monolithic Application System)的形式部署在云端。一体化系统通常由三个模块组成:客户端模块,运行于用户浏览器端的前端模块;数据库模块,存储系统所有数据的模块;服务器模块,运行于企业服务器集群或云中,负责业务逻辑的处理和与数据库的互连;企业希望通过系统提供的所有服务,以共享进程的方式运行于系统之中,如图 8-1 所示。

图中形状不同的小块代表着相对独立的功能。不难发现,尽管这个设计,在很大程度上保证了系统功能的完整性,同时能通过水平增加服务器数量来保证系统的可扩展性,但是,随着系统复杂度的上升以及功能的非线性增加,系统的维护和升级成本也随之增加。互联网应用是以功能模块为单位,对系统进行增量式更新。在每次功能更新的过程中,一体化系统重新编译、部署就难以避免;同时,日益复杂的系统为了协同各个功能模块的运作,在性能上也会有所降低。

同时,在企业内部,存在着多种一体化系统,这些系统大多是以孤岛的形式存在,即各自维护各自所需的数据,在这种情况之下,企业的信息难以保持一致,也难以整合到一起。当企业因业务需求需要各应用系统之间进行协同和集成时,会变得举步维艰。

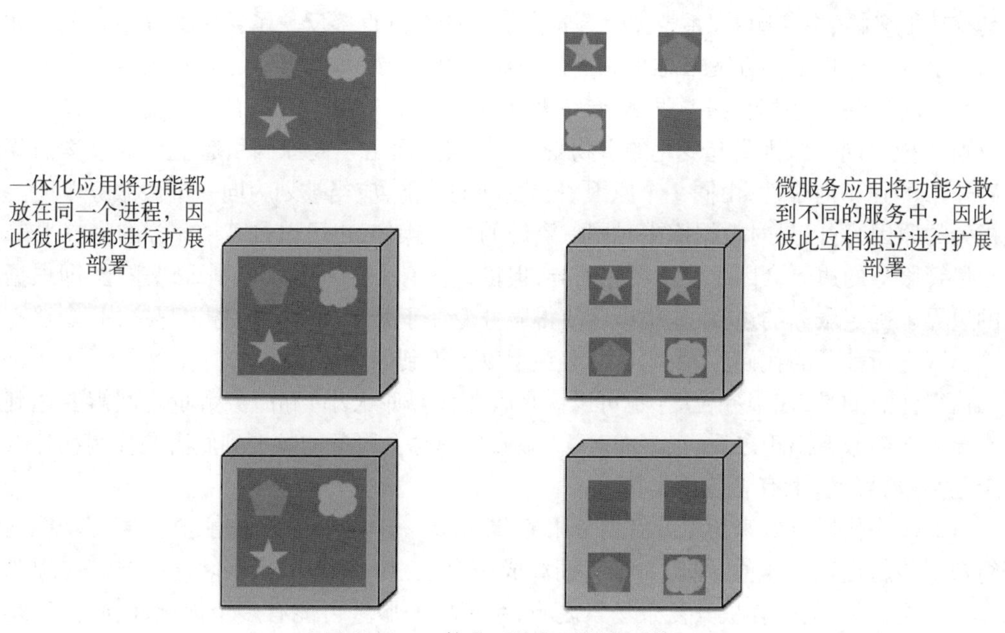
一体化应用将功能都放在同一个进程，因此彼此捆绑进行扩展部署
微服务应用将功能分散到不同的服务中，因此彼此互相独立进行扩展部署

图 8-1　一体化系统与微服务系统

为了解决一体化系统在实施中遇到的种种问题，人们进行着不同的尝试和实践，先后派生出了 SOA 架构和微服务架构。

SOA 架构通过将应用程序的不同功能单元定义为组件，以 ESB 为中心通过组件的接口和契约来协调各个组件之间的运行。起初因为其标准化、可复用、松耦合、互操作等特点备受业界青睐，但是随着使用的普及，其不足也开始展露：对于组件的粒度，SOA 没有给出明确的定义，也没有讨论如何在生产上防止过度耦合，这让 SOA 架构在落地生产时没有一个明确的规范，导致实施时混乱；收益低，许多企业在 SOA 投资中得到的回报有限，尽管 SOA 能够通过标准化的服务接口实现组件能力的复用，但对于快速变化的需求，会受到一体式应用的限制，复用效果不明显；ESB 定制化程度高，随着系统的发展，需要厂商基于系统开发出新的 ESB 供企业使用，企业持续投入成本大，收益低。

而后，针对 SOA 的不足，微服务做出了优化，正式进入了历史的舞台。微服务以服务为基本单位来提供软件功能，这些服务在部署和更新上拥有独立性。与一体化系统不同，微服务把这些形状不同的小块从聚合的状态拆分成了独立可部署的小块，运维者可以根据系统的实时负载要求，将不同数量的不同服务部署到服务器内提供服务，而每类服务的更新和部署都是独立的，不会影响到其他的服务。

8.1.2　微服务的定义

在微服务架构下，大型复杂系统根据业务边界被适当地划分为一个或多个微服务，这些微服务都是独立的实体，整个生命周期都是相互独立的，同时，微服务之间通过网络调用来实现通信。因此在构建微服务架构时，有以下两点原则，一是要保证微服务的高内聚，二是微服务的自治性。

8.1.2.1　微小而高内聚的单元

现今，互联网的迅速发展催生了一大批新型互联网企业，这类互联网企业提供的功能服务具有功能多样、更新频繁、系统庞大等特点。这些特点直接反映了系统的复杂程度。如果使用传统的一体化系统方案来维护和更新系统，必将导致大量额外的时间成本。为了避免这个问题的出现，强调微服务"很小，专注做好一件事"。在划分系统的时候需要遵循单一职责原则："把由同一原因引起变化的事物聚合到一起，而由不同原因引起变化的事物需要被分离开"，即强调内聚性，由同一个原因引起变动的功能，应当被划为同一个微服务单元。这里提到的原因，可以是对数据库中对同一资源的一类操作，也可以是某个业务的完整逻辑。

尽管服务的边界会因企业的设想而异，但也应该有一个基本的原则可以遵循，即根据业务的边界来确定服务的边界，这样可以使得服务专注于某个具体的业务边界之内，能够有效地减小服务所涉及的代码库大小，从而避免了以上提到的相关问题。

值得注意的是，在服务粒度（也可以说是服务代码库大小）和服务数量之间需要达到一个平衡。在微服务出现之后，很多人对于"微服务中每个服务的粒度到底需要控制在什么程度上"存在着疑问，也有着各种解答。

有的使用代码行数来衡量或者划分服务，即给定一个代码行数阈值，一旦某个功能的代码行数明显超出这个阈值，则需要将其抽离成一个独立的微服务类别。这个方法在控制代码库上确切有效，但是在极其复杂场景之下，系统中的服务可能有多个依赖，同时由于复杂的业务逻辑，一个完整功能的实现需要大量的代码，如果这时候采用代码行数来划分，得到的会是功能残缺的多个服务，只有通过多个服务的组合，才能提供一个完整的功能，一个功能的更新修改也得通过这几个服务的更新，维护成本也会提升，违反了微服务设计的初衷；在《微服务设计》一书中，纽曼认为："当你不再感觉你的代码库过大，可能它就足够小了"，可见，其实服务的划分需要与企业组织架构相匹配，只有当服务能够很好地与服务开发团队相匹配，不透支团队的精力，不涉及过多的团队外依赖，才称得上是划分得当。

8.1.2.2 自治性

自治性指的是系统中的每个服务都是一个独立的实体，每一个实体都能够独立地部署，同时自身的部署不会对其他服务造成过多的影响。

需要注意的是，在设计微服务的时候需要保证系统已经进行了较好的解耦，使不同服务之间的独立部署不会影响到其他任何服务。在服务通信方面，服务之间通过相互的 API 调用进行通信的同时，既要在实现技术上，合理地选择合适的技术，又要合理规划 API 对服务的暴露程度。一来是要选择与具体技术不相关的 API 实现方式，以保证技术的选择不被限制，二来是减少服务消费方为了调用服务所产生的额外协调工作。这里谈到的消费方既包括同一个系统中的其他服务，也包括系统外部对服务的调用方。

为了更加具体地阐述耦合问题，我们以 Gero Vermaas 在博客 Coupling Versus Autonomy in MicroServices 中订单服务与配送服务交互[2]为例来讲述。

在互联网应用中，服务总是要依赖于其他服务提供的数据来完成自己的功能。网上商城的购物车微服务中，客户对购物车可执行的操作包括：往购物车里添加新的商品，访问购物车，选取购物车中部分商品下单并配送。那么在订单服务和配送服务之间的耦合关系应该是怎样的呢？普遍来说，可以从两个角度来完成这个关系的构建：交互模式和信息交换模式。

交互模式，指的是两个服务之间是以什么方式进行消息交互，通常来说有两种模式，一种是 Request-Reply（请求-应答）模式，在这个模式下，服务负责处理特定信息的请求或者对信息执行一些操作之后返回，发起调用的服务需要知道调用哪个服务以及请求的信息，调用方服务强依赖于被调用方服务提供的信息；另外一种是 Publish-Subscribe（发布-订阅）模式，在这个模式下，对特定信息有获取需求的服务，对相应的信息进行注册，这样信息会交付给它，由它来完成对信息的加工和请求的处理，信息的处理权在信息的需求服务这方。

信息交换模式，指的是信息被交换的形式，通常来说有两种，一种是基于 Event 的交换模式，在这个模式下，信息以事实的形式通过 Event 进行传递，比如订单 1 已经创建，event 会描述这个订单的发生，而不会描述将会导致什么事情的发生，不包含操作信息；另一种模式是基于 Queries/Commands 的模式，其包含了对信息的操作，Queries 是对特定信息进行查询而 Commands 则是对信息执行一些特定的处理操作。

因此，上文中的订单服务和配送服务之间的交互可以通过这两种模式组成的四种不同组合来完成，以下是对各种组合的详细介绍。

第一种模式：Request-Reply with Events。在这个组合下，配送服务依赖于订单服务，通过向订单服务发送请求获取事件，如图 8－2 所示。对于订单服务来说，无需感知任何关于配送服务的信息，只需要在有服务发起请求时，返回关于订单的事件信息，而信息的处理权则是交给调用服务方。对于配送服务来说，除了上面说到的信息处理方面（即基于获得的事件信息来决定一个订单是否需要被配送）之外，还需要知道所依托的订单服务的所在，因此对订单服务有着强依赖的关系，一旦订单服务不可用，配送服务也随之不可用。

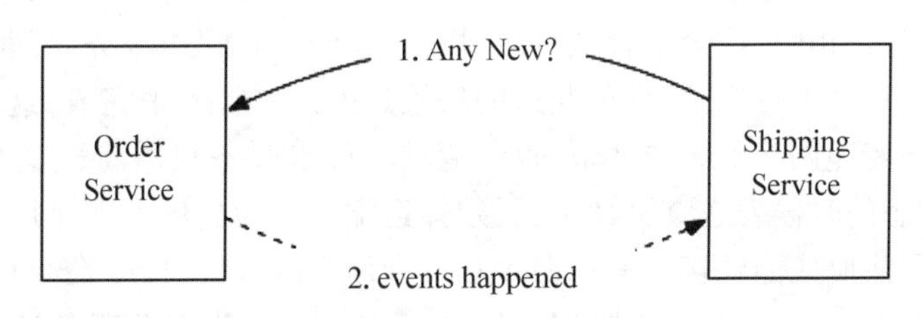

图 8－2　Request-Reply with Events 架构

第二种模式：Request-Reply with Queries/Commands。在这个组合下，基于事件的配送决策不再由配送服务来完成，而是由事件的提供方订单服务来完成，如图 8－3 所示。这就意味着订单服务需要明确地请求一个配送服务来处理配送，需要感知配送服务的存在，需要知道与配送服务的交互方式，如果在配送请求发送前还需要别的信息综合决策的话，则还需要调用其他服务。强依赖发生在订单服务对配送服务与其他相关服务的调用之间。

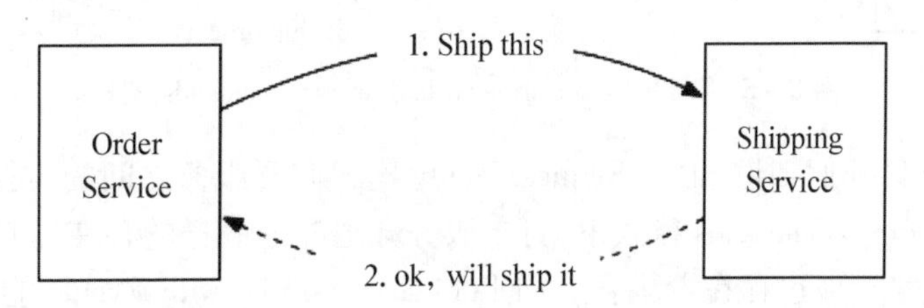

图 8－3　Request-Reply with Queries/Commands 架构

以上两种组合方式都意味着服务之间的强耦合关系，通俗来说，即服务之间知道彼此的功能，对彼此有较强和较明确的运行依赖关系，如上文提到的，订单服务需要明确配送服务的所在,才能发送配送请求。下面提到的两种组合,通过中间件的方式在很大程度上能够减轻系统的耦合程度。

第三种模式:Publish-Subscribe with Events。图 8-4 展示了这种组合方式的架构图,该组合通过在订单服务和配送服务之间添加一层 Event Delivery,来实现两个服务之间的松耦合,对于订单服务来说,它无须知道配送服务的存在,一旦有关于 order 的 event 更新,它就将更新发布到 Event Delivery 层。而对于配送服务来说,它也无须感知订单服务的存在,只需要在 Event Delivery 层为自己注册订阅订单的所有事件,在事件有更新的时候,就会收到相应的 event,再基于 event 做配送决策即可。这样一来,双方服务都不需要明确各自服务的所在,当其中一个服务如订单服务宕机时,配送服务只会收到减少的 event 而不会像之前那样被阻塞。

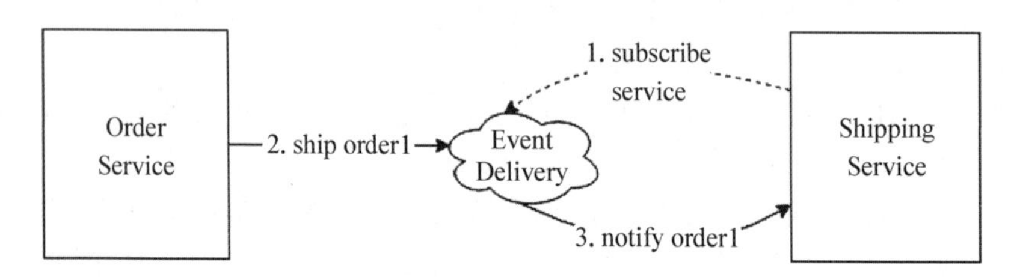

图 8-4 Publish-Subscribe with Events 架构

第四种模式:Publish-Subscribe with Queries/Commands。图 8-5 展示了该组合方式的架构图,与上一个组合相同,这个组合也是通过在订单服务和配送服务之间添加一层来完成松耦合,不同的是,这个组合之下,订单配送的决策是由订单服务来完成,这就意味着这里涉及的中间层作用是传递两个服务之间的命令请求。订单服务只需将配送命令发送到中间层,在需要确认状态的时候发送查询命令,无须知道配送行为具体由哪个服务完成,同理,配送服务只需将自己注册成能够接受配送命令和查询命令的服务,接受命令后执行,无须感知前面订单服务的存在。这种组合的耦合度比上一种的高,因为订单服务还需要通过发送查询请求来对配送的订单进行确认。

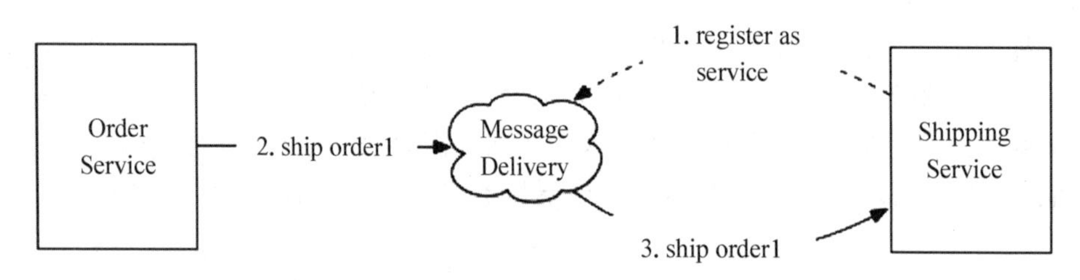

图 8-5 Publish-Subscribe with Queries/Commands 架构

通过以上探讨,我们知道,由于 Request-Reply 模式需要服务之间的直接交流,所以会导致强耦合,在 Queries/Commands 模式下,订单服务知道配送服务的存在与功能(只是不知道具体执行的服务是谁),也存在着耦合。而 Publish-Subscribe with Events 能够保证两个服务之间在运行和功能上都不知道对方的存在,保证了服务之间的解耦,换句话说,二者达到了最大程度的自治。但这种方式是存在局限的,例如配送服务会保存数据的副本以供决策,随着微服务系统的扩大,这类行为随之增加,会带来大量的副本成本;在事件传递的过程中,事件可能丢失,需要额外的精力来感知和处理丢失的事件;事件传递带来的额外延迟;事件驱动给基础架构带来的额外需求。这些都给这个模式的实际运行带来了阻力,实际上,现有的微服务系统基于实际的考量,大多是通过 Request-Reply with Queries/Commands 和 Publish-Subscribe with Events 这两种模式的结合来权衡系统的耦合程度。

8.1.3　微服务的性质

尽管我们对"微服务是什么"已经有了较为清晰的概念,但是对于微服务架构风格并没有一个十分正式的定义。好在基于现有的微服务的设计之下,我们可以总结出大部分微服务框架具备的大部分性质。

8.1.3.1　基于服务的组件化

对于软件工作者来说,组件化并不是一个陌生的概念。组件化指的是构建软件系统时采用的思路,即通过结合多种功能各异的组件来完成对系统的搭建。那么组件的定义是什么呢?

在不同的框架场景之下,对组件的定义不尽相同。在微服务框架之下,组件被定义成能够独立被替换或者更新的软件单元。

在微服务架构里面,存在着两类单元,一类是库单元,一类是服务单元。库单元指的是与程序相关联,能够通过内存函数调用被调用的单元;服务单元是需要通过 web 请求或 RPC (Remote Procedure Call)调用的线程外软件单元。

尽管库单元通过内存函数调用,在调用代价和性能上优于服务单元,但在架构上却无法迎合微服务的要求。以现今的互联网应用为例,通过协作调用诸多不同的库单元来完成其需要完成的功能。在这个场景之下,如果将库单元作为一个组件来维护,那么应用中单个组件的变动势必涉及整个应用的变动,带来不必要的维护成本。如果此时将应用分割成多个独立的服务,以服务为组件来维护,就能很好地避免这个问题。由于应用被分割成多个不同的服务,这些服务依附于不同的进程,彼此之间除了功能依赖关系之外,不会引起整个应用的重新部署,不仅提供优良的系统弹性,还保证了系统的高扩展性。除此之外,服务组件相比于库组件还有一个明显的优点:提供了显式接口。通常来说,库组件的封装,会通过文档或调用规则来说明,调用方在阅读完规则之后,通过协调满足规则之后方能调用,这就导致了不同组件之间的紧耦合关系。服务组件基于远程调用的机制能够很好地解决这个问题,服务组件只需定义和提供调用接口,调用方只需发起调用就能得到相应的结果。

基于以上两个优点,微服务选取服务作为基本组件。值得注意的是,这种设计是存在缺陷的,首先远程调用的成本比内存函数调用昂贵得多,因此服务所依附的 API 需要设计为粗粒度,难以使用。另外一个较大的缺陷是灵活性的欠缺,当服务被确定划分之后,要在对服务组件之间的职责做分配修改时,需要跨越进程边界做操作,很难进行。

8.1.3.2　围绕业务能力组织

在传统的系统划分中,项目管理人员会将一个应用在技术层面划分为前台 UI 端,后台服务器端和数据库端,在这种划分模式之下,一个简单的改动很容易引起跨多组的协调工作,对时间和工作量有一定的要求。

如图 8－6 所示,在这种传统的划分方式之下,势必催生出与团队结构相类似的软件架构,前台展示由 UI 部门负责,中间逻辑服务器端由中间件部门负责,数据库层面由数据库部门负责。这也是康威定律的一个体现:着手设计系统的任何组织,都将会设计出一个与组织沟通架构相符合的软件架构。

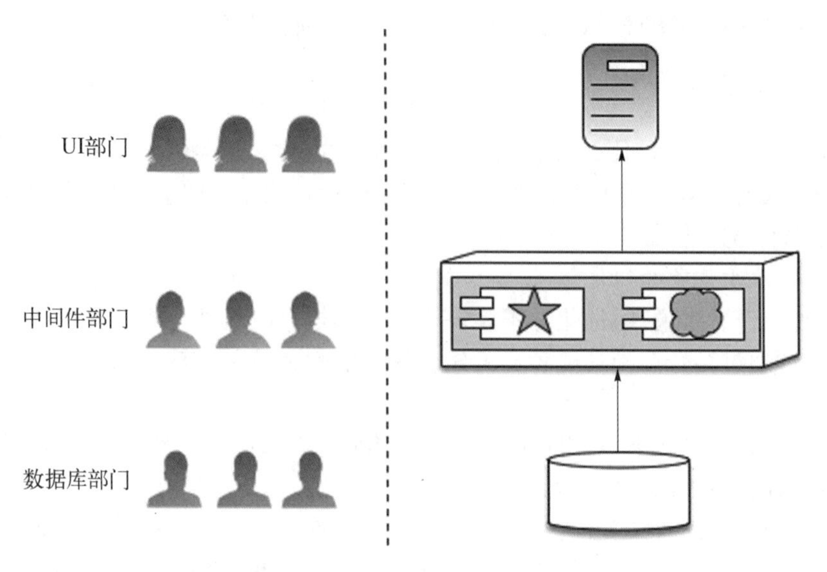

图 8-6 传统的围绕团队划分方法

与上述划分方法不同的是,微服务采用围绕业务能力对服务进行拆分和组合。服务使用的技术栈与业务范围相符,贯穿了系统开发涉及的所有方面,因此,协作方式是不同团队部门通过跨服务跨功能进行协作而非上述提到的服务跨组要求协作。

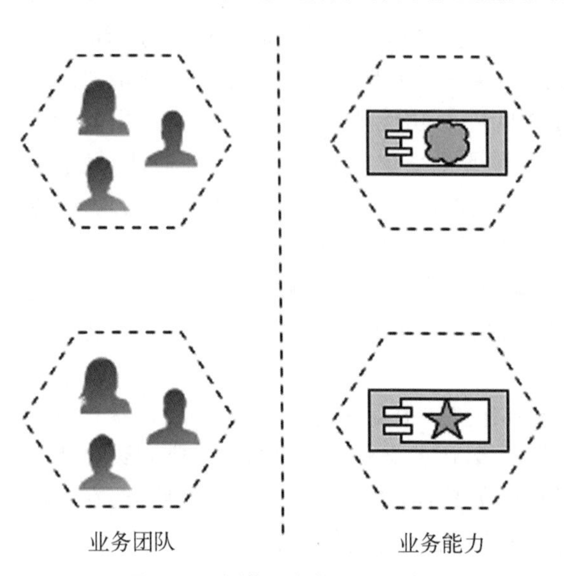

图 8-7 围绕业务能力组织方法

如图 8-7 所示,每个服务都包括多个部门,在业务逻辑的约束之下,多个部门相互协调完成服务的生命周期。然而这个组成架构也存在一定的问题。业务环境具有多样化的特点,所以当应用横跨过多的业务模块时,不同团队中的每个个体都会有过多的项目要兼顾,具体的业务逻辑难以融入他们的工作记忆。

8.1.3.3 *产品而非项目*

在项目的交付上,微服务采用的是与传统架构不一样的方式。传统架构的开发过程中,被完成的软件,最终会被交付到维护团队的手上,由维护团队来接手项目的剩余生命周期,随后开发团队被解散。而微服务则是倾向于将产品意识与业务能力紧紧结合在一起,让开发团队将项目当作产品,对产品的整个生命周期负责,这样一来能够让开发者对自己开发的软件更加有责任感,保证软件的高质量。再者能够让开发者充分了解软件在实际生产环境的运行情况,增加了与用户之间的接触。

8.1.3.4　智能端点和管道扁平化

微服务社区在进程间通信方面,选择的是智能端点和管道扁平化的方案。

在原有的方案之下,微服务架构下的应用,为了在解耦的同时尽可能地保持关联性,会各自拥有自己的域逻辑,独自接受请求,执行逻辑处理,产生响应。在这个过程中,使用到的是万维网所遵循的原则和协议,一般来说,包括结合了资源 API 的 HTTP request-response 协议以及轻量级的消息传递规则。

智能端点和管道扁平化是基于轻量级消息总线来完成消息的收发,这类消息总线一般为傻瓜式的基础设施,即只负责消息的路由而不处理逻辑,如仅提供一套可靠的异步机制的 RabbitMQ 和 ZeroMQ。这么一来,逻辑与服务的智能会最大限度地被保留在负责收发消息的不同端点内。

8.1.3.5　去中心化治理

一体化系统的架构下,程序的所有功能受中心化治理的约束,最终会导致单一技术平台的标准化。这会导致一个很大的局限——一门语言或一个技术是无法解决所有问题的,在平台因为单一的语言或技术被标准化而无法使用别的语言或技术的时候,就会发生功能瓶颈。

微服务恰恰能很好地解决这个问题,微服务通过将大型应用拆分为多个不同的服务组件,组件之间无论是在项目管理层面上、还是在技术层面上都是独立地由服务开发团队决定。不同服务都能根据自身实际的需求,选择相应的技术方案,给系统提供了良好的技术异构性。

8.1.3.6　去中心化数据管理

在最抽象的层级上来说,去中心化数据管理体现在各个系统之间关于世界有着各种各样的概念模型,不同团队使用不同的通用语言给管理微服务环境带来的挑战：团队开发专属的通用语言,并在所属的领域范围内赋予意义,但是这类通用语言在不同团队之间未能保持一致,这就给团队之间的整合带来阻碍。

为了解决这个问题,Evans 在《领域驱动设计》[3]一书中,提出使用领域驱动设计概念来减少微服务环境中通用语言的复杂性。Evans 介绍了三种协调微服务团队整合的工具：上下文映射、防腐层和交流语境。上下文映射代表微服务之间的通信路径,团队可以通过通信录并选择依赖不同团队的领域语言。防腐层负责将外部概念翻译成团队的内部模型,从而实现领域间的松耦合。交流语境因为提供了团队之间讨论词汇意思并来回翻译微服务语言的环境,在团队之间需要更多的交互时比防腐层更有意义。

除了模型概念之外,微服务还对数据存储做了去中心化。与一体化系统采用的单一逻辑数据库不同,微服务倾向于让每个服务管理和维护自己的数据库,其中包括了不同的数据库设计或不同的数据库系统。对于需要跨微服务进行更新的数据,微服务通常采用事务来保证数据的最终一致性。

8.1.3.7　基础设施自动化

云的出现和发展为微服务的构建、部署和运行带来了很大的便利。因此在云的基础上,微服务采用持续交付和持续集成对产品进行管理。

如图 8－8 所示,服务的每次更新都会依照流程进行部署,更新在相应的测试中并会被部署到相应的环境中(后续的章节会讨论测试环境使用容器进行统一的方案),最终满足运

图 8-8 基本的构件流程

行、集成、功能和性能要求的服务更新才能被部署到生产环境。

8.1.3.8 高容错性

以服务为组件的微服务设计之下，对任何服务的调用都可能会因为服务的失效而失败，这时客户端需要尽可能优雅地做出响应。

由于服务随时可能发生故障，能够快速检测并尽快自动恢复服务就变得至关重要了。微服务在这方面采取的方案为，对应用进行实时监控、对架构因素（如数据库每秒请求量）、业务相关指标（每秒订单量等）进行检查。同时，微服务提供了语义监控，形成早期预警系统，一旦发生则通知开发团队进行跟进和调查。最终，微服务希望为每个单独的服务都提供详细的监控和记录，包括各种相关的运营和业务指标。

8.1.3.9 演进式的设计

基于微服务的理念，微服务应用更注重于快速更新，为了适应这一要求，系统的设计会随时间进行不断变化及演进。由于微服务是围绕业务能力进行组织的，且设计会受业务功能的生命周期等因素的影响，如在某微服务应用中，在实施过程中发现，某两个微服务经常同时进行更新，此时就需要考虑将其合并为一个微服务以达到更加高效快速的更新，因为它们之间可能存在着某些紧耦合的关系。

8.1.4 从一体化系统转换到微服务

上述章节讨论了相比于一体化应用，微服务分解服务带来的好处，那么在实际中，一个一体化系统是如何被转换成微服务的呢？

在划分服务之前，我们需要明确的一点是，服务必须是高内聚低耦合的。高内聚指的是经常一起发生变化的部分被恰当地分到了同一个服务内，低耦合指的是不相关的部分被尽可能地放在不同的服务内。满足这两点的服务才能真正符合微服务的要求，即在某服务中的代码能尽量少地对系统内其他服务造成影响，同时在发布新功能的时候，只需独立部署相应的服务而不再需要重新部署整个系统。

为了能够更好地划分出高内聚低耦合的服务，Michael Feathers 在《修改代码的艺术》[4]一书中提出了接缝的概念，他提出：从接缝处可以抽取出相对独立的一部分代码，这部分代码在进行修改时不会影响到系统的其他部分。《实现领域驱动设计》[5]一书提到的限界上下文就是一个很好的接缝，它能识别出高内聚和低耦合的边界，在实际使用上，配合编程语言中的命名空间来将同趋向变化的代码组织在一起。

代码接缝确定好了之后，需要做的就是将代码进行移动。通过创建包结构将归属于同一上下文的代码整合到一起。在整合的过程中，可以利用 Structure 101 等工具来分析包之间的依赖，确保代码与组织相匹配，包之间的交互也与组织中不同部分的实际交互方式一致。

紧接着就是基于接缝对服务进行恰当的抽取，可以遵循的原则有：基于代码改变速度的划分，如果某接缝部分的代码需要作出频繁大量的修改，此时将其抽取成为独立的服务会大大提高系统开发的速度；基于团队结构的划分，尽可能将代码按照团队为单位来划分，这样能够保证团队能独立对服务负责，保证了自治性；基于安全的划分，将涉及敏感信息的代码分离出来作为独立的服务，可以通过对这一独立的服务做监控、传输数据的保护和静态数据的保护来实现对敏感信息更好的掌控；基于新技术的划分，将新的不稳定的方法抽取成为一个单独的服务，就能很容易地对这部分代码进行测试以及重新实现等操作。

在数据库操作层面上，如果要使用数据库作为服务之间的集成方式，就需要找到数据库中的接缝，才能将它们分离干净。然而由于外键关系和共享数据等问题的存在，这一点是很难做到的。

在使用数据库作为服务集成方式的时候，由于外键关系的存在，数据库的接缝难以被分析并进行分离。因此需要对数据的访问方式进行修改，最有效的方式就是按照各个服务的业务范围，将相对应的数据库划分到各个服务的名下，对服务拥有的数据进行访问只能通过服务提供的API。同时还需要注意到共享数据的问题：当不同的两个服务需要同时对表中的某个对象进行访问或都各自需要对表中互不影响的属性进行访问和修改时，服务在数据库层面就会有着不必要的耦合关系。为了解决这两类问题，需要采取不同的方法：当多个不同服务需要访问同一张表，访问内容存在交叉时，考虑建立一个新的服务，由这个新的服务来负责对这个表的数据进行访问，其他需要访问表的服务都将通过对新服务API的调用来实现对数据的访问；当多个不同服务需要访问同一张表，访问内容相互独立不交叉时，考虑将原有的表拆分成为多个独立的表，但是需要注意的是，在表结构分离之后，原先的某个动作需要更多的服务之间进行协调对数据进行访问修改，很有可能会产生事务完整性的破坏，为了避免这一问题，将事务应用到服务对数据的操作里去，用事务来约束由于微服务化被分离的数据库操作。

8.1.5　微服务的缺陷

尽管与一体化系统相比，微服务有技术异构性、弹性、扩展性好、简化部署、与组织架构相匹配、可组合、对可替代性优化等优点，但由于管理复杂度的增加，存在着诸多问题。

运维开销与成本增加，传统一体化应用的部署过程中，只需要将应用部署到一小片应用服务集群，而微服务架构下的应用部署，需要运行着数十个独立的服务，分别负责构建、测试、部署和运行，同时因为不同服务的技术异构，还需要对多种语言和环境进行支撑，在运维和运行成本方面带来很大的压力。

对开发运维一体化的DevOps要求高，微服务去中心化的治理要求开发人员对产品的整个生命周期独立负责，因此开发人员需要具备运维与投产环境的相关知识，同时在去中心化数据管理的背景下，开发人员还需要掌握必要的数据存储技术。因此微服务框架下的开发人员必须是综合开发运维于一身的DevOps人才，但这方面的人才较为稀缺，微服务团队可能面临人员稀缺的问题。

接口匹配带来发布风险，微服务的设计将系统分为多个协作组件。这个过程会产生诸多新的接口，但这些接口并不是完全独立的，当简单的交叉变化发生时，通常情况下，许多组件为了协调需要作出相应的改变。在实际生产环境中,一个新产品的发布会同时发布多个功能,这些功能引起的协调工作量会成倍增加,无形中增加了产品的发布风险。

代码重复,为了避免紧耦合现象的发生,微服务尽可能地将服务进行分离,但这一点会造成底层功能的代码重复,当多个服务都需要使用某些底层功能时,微服务的做法是往不同的服务里添加相同的相应代码,这就导致了代码重复的问题。

具有分布式系统的复杂度,微服务作为一种分布式系统,在网络延迟、容错性、消息序列化、不可靠网络、异步机制、版本化及工作负载差异化等方面都存在着分布式系统普遍存在的问题,因此开发人员在微服务架构的开发过程中需要充分考虑这些问题,权衡利弊之后选择出最优解决方案。

低可测性,在动态的生产环境下,服务之间的接口交互会产生许多微妙且差异性大的行为,这些行为难以被可视化和全面测试。而往往微服务在这方面不重视测试,更多的是设立监控,通过监控来发现生产环境的情况,在发生异常的时候进行快速回滚或采取其他行动。这一举措在特别重视风险规避监管或错误会产生显著影响的场景下需要谨慎采取,以免出现重大损失。

8.2 基于容器的微服务持续集成和部署

随着软件的发展,计算机资源的管理和分配越来越重要,在多应用同时运行的情况下,如何保证资源最大化利用成为行业内被一直研究的重大问题。其中最为成功的解决方案是虚拟化。通过将一台物理计算机虚拟化为多台逻辑计算机,将物理计算机的物理资源和逻辑计算机的虚拟资源做映射,实现对资源的有效管理和分配。

从 60 年代 Unix 诞生以来,虚拟化技术就开始发展,先后经历了"硬件分区""虚拟机""准虚拟机""虚拟操作系统"等阶段。近年来,一个截然不同的虚拟化解决方案"容器虚拟化"走上了历史舞台,并迅速被应用到微服务的部署当中。

传统的基于 Hypervisor 的虚拟化技术通过将硬件(如 CPU、内存和 I/O 等)虚拟化,由 Hypervisor 来集中管理虚拟机与硬件之间的交互。起初,大家普遍认为这带来了很大的灵活性,这样一来,所有的虚拟机实例都能够灵活地运行于任何符合条件的环境中。然而,随着这一技术的普及,人们开始发现了其局限性:每个虚拟机实例都需要维护和运行着客户端操作系统的一个完整副本以及运行于其之上的大量应用程序,在实际运行中,将会产生沉重的负载导致工作效率和性能下降。容器虚拟化的出现,恰恰能解决这个问题,同时还提供了更加方便的集成和部署交付方式,其中最为流行的是 Docker 容器技术。

8.2.1 Docker

Docker 是 dotCloud 基于 LXC(Linux Container)的一个开源的容器虚拟化解决方案。Docker 的开发思想主要有三方面:封装、标准化和隔离。

关于 Docker 的思想,有个故事:设想软件的交付过程为海运,OS 则是海上运输货物的货轮,每一个在 OS 基础上运行的软件是一个集装箱,Docker 给用户提供了标准化的手段,让他们自定义集装箱的内容,包括环境和应用程序。最终,一个由多种不同标准化组件组装成的集装箱(能够被交付的软件)被作为可交付单位,交付给需要的部门使用。

在Docker的设计当中,有三个基本部件:镜像、仓库和容器。上述故事中的集装箱其实就是镜像,镜像是由多个层(layer)组成的,Docker之所以能够做到轻便,就是因为层的存在,用户能够按照自己的运行要求,将运行环境精略到层这一级别,而不是像传统的虚拟机那般以整个系统作为运行环境,至于镜像的修改和更新,也只要在相应的层上面做修改,而无需对整个镜像做修改,使得容器运行环境的构造变得方便和快速;仓库则是镜像的仓库,仓库分为公有(DockerHub)和私有仓库,用户可以自行创建镜像或基于别人的镜像构建新的镜像,通过仓库来管理镜像;容器是由Docker镜像创建而来的,是交付和运行的单位,可以被创建、启动、停止、删除、暂停等,容器的实质是进程,但是与直接在宿主上执行的进程不同,容器进程运行在属于自己的独立的命名空间,拥有自己的文件系统、网络配置、进程空间甚至自己的用户ID控件。因此,容器内的进程是运行在一个与别的进程相互隔离的环境当中的。

8.2.2　微服务在Docker和VM中的选择

前文已经提到,微服务的去中心化治理要求团队对产品的整个生命周期负责,这就意味着对开发运维一体化即DevOps的高要求。

图8－9是一个常规的DevOps流程,设想一个大型的由微服务组成的系统,内部的微服务都是通过这个流程进行开发和运维的。如果采用传统的VM作为开发、测试和生产中的环境载体,会存在多种不便:对于诸多微服务来说,每个服务在开发、测试和生产中用到的VM都是包含着完整的操作系统,其中包含多种对应用实际无用的功能,随着微服务的不断增多,这部分无用功能显得十分冗余;开发、测试和生产的环境难以统一,尤其是新的功能需要增添新的依赖时,三个环境需要通过繁琐的配置统一;开发、测试和生产之间的统一所需要的人力耗费巨大,使得配置部署和运维的自动化程度低,生产效率低;虚拟机的启动需要时间较长。

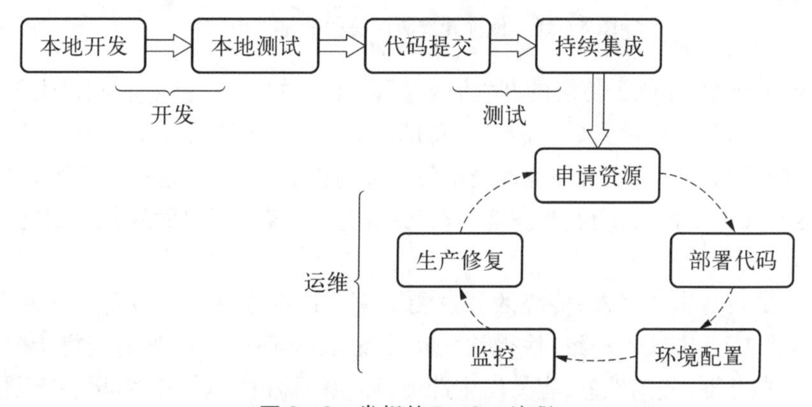

图8－9　常规的DevOps流程

Docker由于提供了方便的镜像配置——Dockerfile,在开发、测试、生产环境的统一和自动化上都能明显改善这些问题。在开发阶段,技术人员通过Dockerfile对开发环境镜像进行构建并在此环境之上进行开发,开发完成后,代码和Dockerfile会一并被提交到测试阶段和运维阶段,强有力地保证了开发测试生产环境的统一,提高了应用的可迁移性。由于Docker

是直接运行于宿主服务器的内核之上,对于应用的部署,不需要启动完整的操作系统,可以做到秒级甚至毫秒级启动,大大提高了部署的效率,再加上 Docker 将部署工作简化,为了复制和运行,大量的部署和配置工作被提前到了编译时实现,这在很大程度上促进和方便了自动化运维的开展。

基于上述几点,相比于 VM,微服务更倾向于使用以 Docker 为代表的容器虚拟化技术进行系统的开发运维,但是光有容器来支撑微服务系统的开发运维管理是不够的,大量的微服务通过容器来进行部署,这就意味着大量对容器的编排和管理成本,因此需要一个容器集群的管理系统来协作微服务完成管理工作。

8.2.3 基于容器的持续集成

图 8-10 展示的传统开发测试流程中有一个很常见的事故:开发部门完成了软件的一个新的功能,该功能在开发环境中成功通过了测试,开发人员心满意足地将更新提交给测试部门。测试部门获取更新之后,开始在测试环境上对新功能进行测试,不幸的是运行结果和开发部门那边截然不同,代码运行出现问题,测试人员无法知道哪里出了问题。同样的,运维部门这边由于生产环境和开发环境存在着差异,无法成功运行新功能,则被迫和开发部门沟通,重新配置生产环境。这个事故揭示了传统开发测试模式的一个重大缺陷。

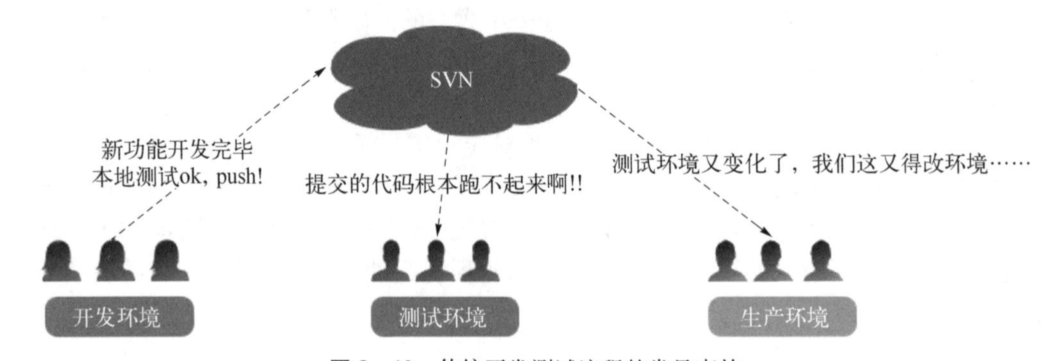

图 8-10 传统开发测试流程的常见事故

如图 8-11 所示,左侧为传统的开发测试模式,软件的开发、部署和测试由开发部门、运维部门和测试部门共同协调完成。需要注意的是,无论是项目的开发环节、测试环节,还是部署环节,不同部门之间的运行环境都是由各个部门独立搭建的,这就意味着环境的极度不统一,而且这种发生率很快,随着开发部门对功能的开发需求变化而变化。因此引发了上述的运行事故。

除了上述的运行事故之外,传统的开发测试模式还存在着以下问题:软件安装配置麻烦,来源不一致,安装方式不一致,使得软件在开发、测试环境上的落地变得十分困难;多个开发共用一个服务器,隔离性差,容易发生冲突;环境的移植性差,开发环境难以快速方便地搭建,也无法在开发人员中进行共享。

借助容器的标准交付手段,能很好地解决这类问题。图 8-11 的右侧,开发、测试和运维部门关于环境的所有配置,都是通过运维部门实现制作好的容器镜像或 Dockerfile 来传递。开发人员根据 Dockerfile 创建容器或基于镜像,在其之上进行开发,如果需要添加新的依赖,则向架构师申请修改 Dockerfile 或镜像,开发阶段结束之后,架构师把调整好的

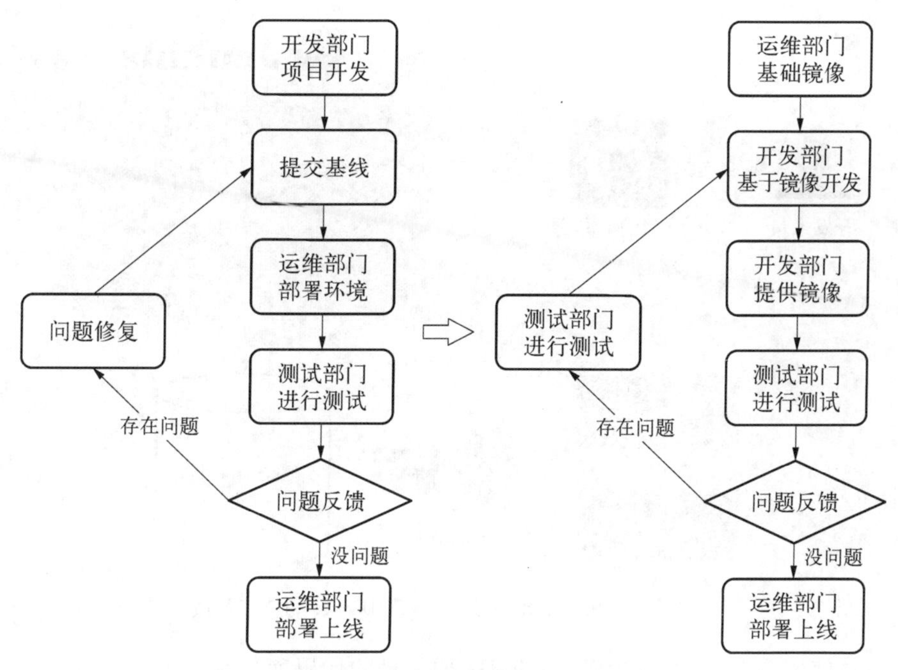

图 8－11　开发测试模式的改变

Dockerfile 或镜像分发给测试部门，测试部门十分便利地使用和开发相同的环境，不再存在"传统的开发自测没问题，到测试或生产环境无法运行"的问题。同时，由于软件开发的所有流程都是在容器内执行的，不同开发人员之间不存在隔离性问题，彼此独立。

说到微服务基于容器的持续集成的转变，首先我们需要明确持续集成的概念和组成。持续集成指的是从代码开发完毕之后，提取代码、编译构建、运行测试、结果记录到测试统计的整个自动化过程，其中用于构建编译的工具有 Jenkins、Travis CI 等，用于管理代码的工具有 Git、SVN 等。

图 8－12 为基于 Github、Jenkins 和 Docker 的持续集成流程，首先开发人员将更新好的代码上传到 Git 上，Git 在接收到更新代码后，对 Jenkins 发布构建任务，Jenkins 获取代码，下载相应的依赖，利用构建工具生成新的软件可执行文件，重建容器，构建新的 Docker 镜像并上传到 Docker 镜像库。测试和生产部门只需要删除原本正在运行的旧版本容器，拉取最新版本的镜像，基于新镜像构建新的容器，完成相应的工作即可。这样一来，开发者本地测试、CI 服务器测试、测试人员测试，以及生产环境运行都是基于同一个 Docker 镜像产生的容器，保证了应用的自动化快速部署及上线发布。

让我们来考虑一下上述流程中 Jenkins 获取更新代码和构建过程。在传统的开发流程中，对代码的更新都是以整个软件系统为基本单位进行的，然而，如今在微服务的背景下，这一点不再适用：整个系统时时刻刻都有多个微服务进行更新，这些更新应该如何被组织以达到最高效的集成呢？

微服务框架之下，有三种持续集成构建的模式，分别是一个代码库一个 CI 构建、一个代码库多个 CI 构建和多个代码库多个 CI 构建。

模式 1：如图 8－13 所示，一个代码库一个 CI 构建，就是将所有的微服务放到同一个代

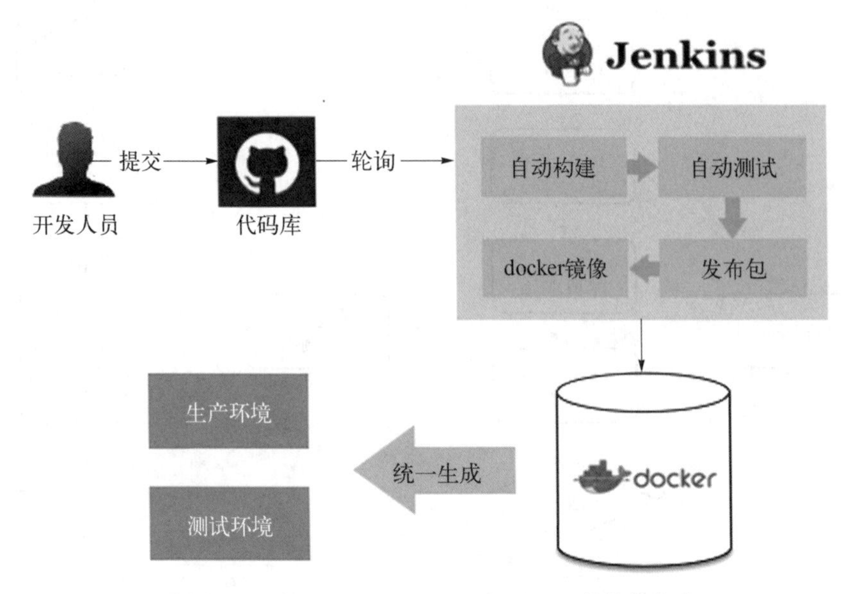

图 8-12　基于 Github、Jenkins 和 Docker 的持续集成

码库中,并且使用一个 CI 进行构建,好处是需要管理的代码库只有一个。弊端是,当代码库中的服务进行了修改,代码库中的其他服务都需要被同时重新构建,但其实这些服务没有进行更新,也没有被影响,没必要进行重新构建。而那些受影响的服务要被识别出来重新构建,导致额外的工作量。一旦同时更新的服务数量增加起来,整个 CI 就会变得十分复杂。

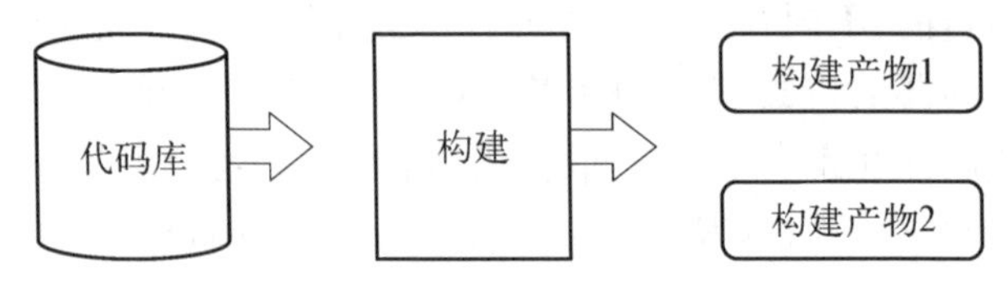

图 8-13　一个代码库一个 CI 构建

模式 2:如图 8-14 所示,一个代码库多个 CI 构建,指的是将所有微服务放到同一个代码库,但是在代码库中创建多个子目录,每个子目录对应一个 CI 构建,这样一来能够比较方便地同时提交对多个服务的修改。这个方法并不能很好地解决耦合问题,随着代码修改的增加,一个 CI 构建产物的生成势必是多个微服务共同耦合的结果,也就是说一个微服务可能通过参与到多个构建,那么当这个微服务的部分代码出现问题时,影响的就是多个 CI 构建。

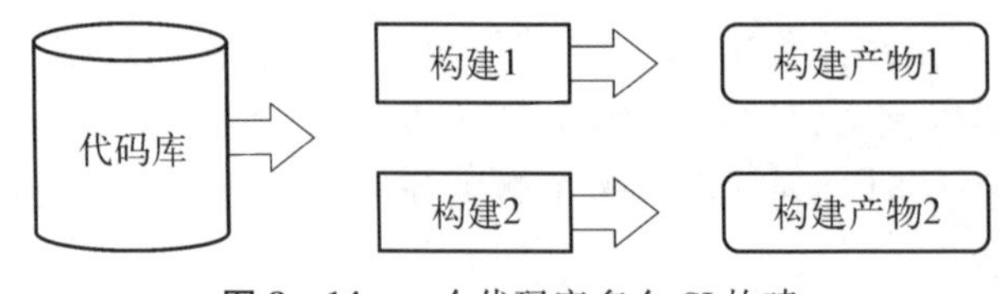

图 8-14　一个代码库多个 CI 构建

模式 3:如图 8-15 所示,多个代码库多个 CI 构建,是将每个微服务都独立出来,让其修改运行和部署不再相互依赖,大大降低耦合度,在代码的管理和维护带来了便利。这个方式

下的集成带来的弊端是 CI 构建数量的大量增加,服务的形成依靠各个 CI 构建产物的组合。在实际的生产过程中,通用的构建标准是基于版本管理工具如 Git 的 CommitId 进行的构建,当一个版本的修改被发布,开发人员为这个发布的版本建立一个分支,在这个分支上的每一个提交都会产生一个 CommitId,通常一次 CI 构建会针对一个 CommitId 进行,对于一个微服务,会同时存在以 CommitId 为区分标志的多个构建产物,服务的形成就是以多个微服务特定 CommitId 标识的构建产物组成的。

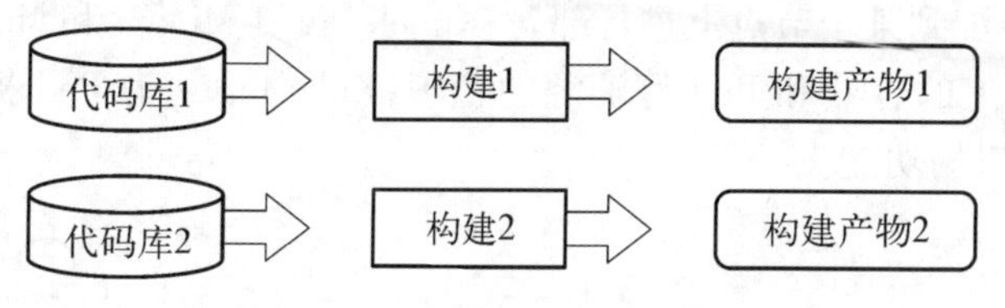

图 8 - 15　多个代码库多个 CI 构建

8.2.4　基于 Kubernetes 的微服务部署

持续集成之后,各个微服务以容器的形式被部署到机器集群中,由于微服务架构与传统的服务架构不同,在微服务的部署过程中存在着诸多问题：我们需要对系统内所有的微服务和他们之间的调用关系进行注册,为其分配资源,创建一定数量的节点副本,并发布到服务器集群里去,同时还要为其配置网络和负载均衡,确保这些服务能够被外部访问;在这些微服务运行过程中,要始终保证它们的可用性,一旦有节点发生问题,就需要立即创建新的节点来替换故障节点;为了更高效地利用资源,当服务负载发生变化,最好能根据负载迅速调整资源分配;在微服务架构下,大部分功能模块是单独部署运行的,彼此通过接口交互,前后台的业务流都会经过很多微服务的处理和传递,导致日志分散,难以定位错误和异常等问题,需要将日志从各个地方收集起来,实现异常监控等功能。

上述章节提到的 Docker 虽然能够在运行环境配置方面起很大的作用,但在这些方面确实捉襟见肘,因为 Docker 实质上不过是部署的单元,缺乏自身的管理能力。因此微服务需要借助容器集群管理系统,对 Docker 容器实现有效的管理,保证高可用性。本书将以目前最流行的容器管理系统 Kubernetes 为例,讲述容器集群管理系统在微服务部署中起到的作用。

Kubernetes 是 Google 开源的容器集群管理系统,在 Docker 的基础上提供了以下功能：使用 Docker 对应用程序包装、实例化、运行;以集群的方式运行、管理跨机器的容器;解决 Docker 跨机器容器间的通信问题;通过自我修复机制保证容器集群总是运行在用户期望的状态。

Kubernetes 的基本单位有 Pod 和 Service。Pod 是 Kubernetes 的基本操作单位,由一个或多个容器组成。通常来说,Pod 里的容器会运行着相同的应用,运行在同一节点服务器上。Service 是真实应用服务的抽象,每一个 Service 都由多个容器来支持,容器与 Service 的关系是通过 Pod 和 Service 创建时配置的 Selector 决定的,在这个对应关系之上,Service 对外表现为调用后端容器功能的访问接口。

Kubernetes 采用中心化管理,服务器集群由一台 Master 和多台 Minion 组成,通过在 Master 和 Minion 上运行相应的系统构建来完成容器集群的管理功能。如图 8 - 16 所示,

Kubernetes 系统的系统组件有：API Server 负责和 Etcd 的交互操作，提供了整个集群管理的 API 接口，同时通过它提供的集群安全控制来保障集群的安全；Etcd 里存储了整个集群的配置信息，是同步集群状态的关键；Kubectl 是 Kubernetes 提供的客户端，也是常用的和集群交互的方式，用户可以通过 Kubectl 对 kubernetes 的 Pod、Service 等资源进行操作；Scheduler 是实现容器调度的组件，在收集集群所有节点负载的同时，监听 Etcd 中 Pod 的变化，一旦有新 Pod 的出现，Scheduler 会使用调度算法（可以是自带的调度算法，也可以是用户定义的调度算法）将新的 Pod 分配到某个节点上进行部署；Kubelet 负责 Minion 和 Master 之间的通信，从而协助管理 Minion 上的容器和 Pod 等资源的管理；Kube-proxy 为 Pod 提供代理，用于完成 Service 向外暴露接口的功能。

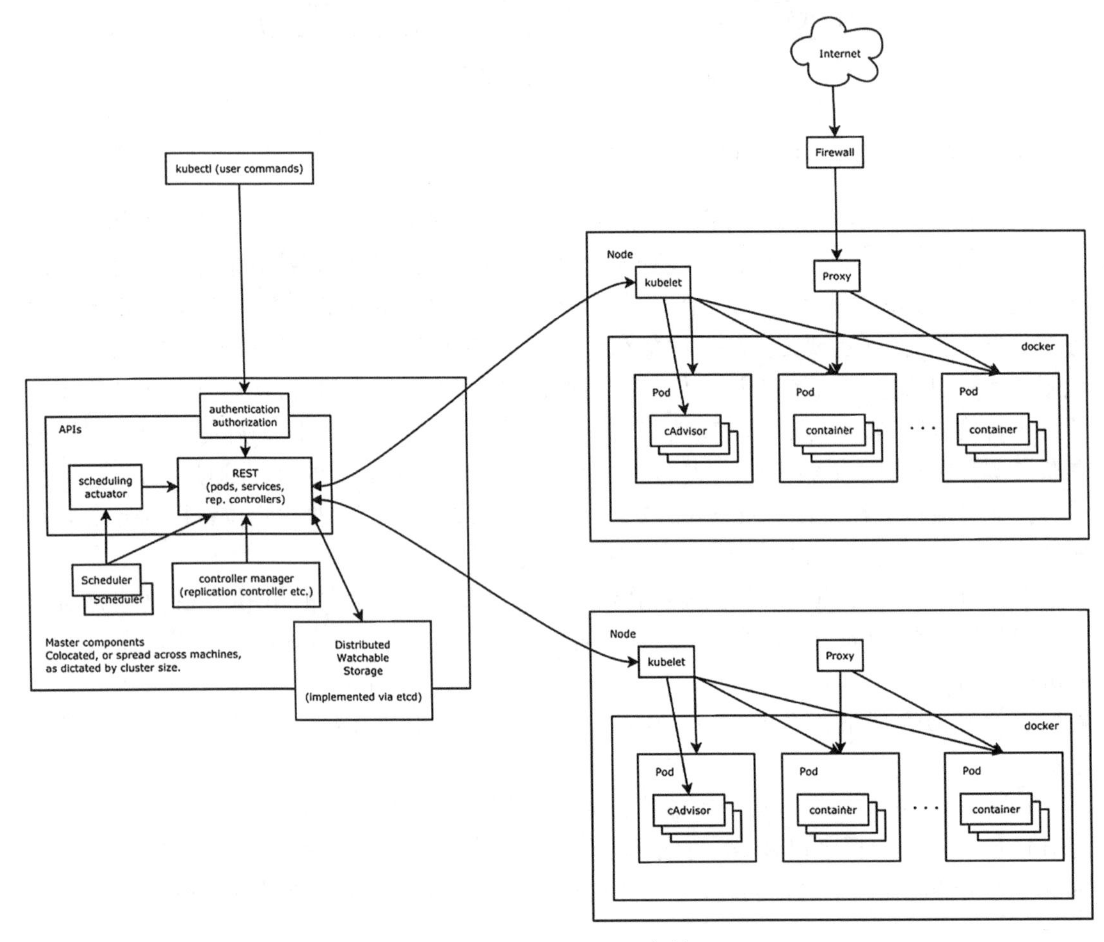

图 8-16 Kubernetes 架构

上个章节我们提及了微服务的持续集成流程，整个流程对于软件的部署，都是通过对容器的直接操作完成的，存在着管理不便的问题。基于 Kubernetes 的持续集成把对容器的所有操作转变成对 Kubernetes 的功能调用：开发人员修改完代码之后将更新提交到版本管理工具，Jenkins 等集成工具获取更新之后构建 Pod 对象，通过 Kubernetes 创建相应的 Pod 完成测试和部署等功能。整个流程最终利用 Kubernetes 的特性解决上述提到的部署问题。图 8-17 展示了基于 Kubernetes 的持续集成过程。

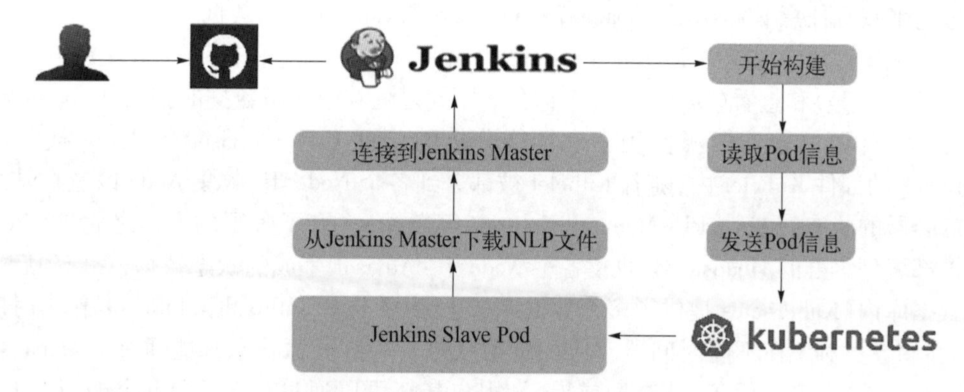

图 8 - 17　基于 Kubernetes 的持续集成

针对 Pod 的可用性问题,Kubernetes 提供的 Replication Controller 或者 Deployment 来实现对指定 Pod 期望状态的限定,一旦有 Pod 由于故障退出,Kubernetes 会发现目前 Pod 的状态与预设的状态不符,从而调度出新的正常运行的 Pod。

对于对资源分配有高要求的用户,Kubernetes 提供了弹性伸缩的特性,用户通过 Autoscaling 设定扩容的资源使用率阈值,Kubernetes 通过比对实际使用率和阈值,动态调整 Pod 的数量。

(1) 在服务发现的问题上,由于 Kubernetes 内 Pod 的状态是不确定的,因此 Pod 的 IP 也是不确定的,如果使用 Pod 的 IP 来向外部提供接口服务的话,提供的服务会变得十分不稳定。为了解决这个问题,Kubernetes 设定了 Service 单元,通过配置文件设定 Service 和 Pod 的对应关系,使得不断变化的 Pod 能够始终被 Service 所表示。至于 Service 的访问,是借助组件 Kube-proxy 和 Kube-dns 完成的。当新的服务被声明或服务对应的 Pod IP 发生变动时,在各个 Minion 的 Kube-proxy 会建立从服务到 Pod IP 的映射关系,并设定负载均衡算法,Kubernetes 集群内的其他 Pod 可以通过 Kube-dns 来解析 Service 的域名从而访问对应的服务。外部访问,可以通过 Kube-proxy 的 Nodeport 通过 Minior 的 IP 访问,可以结合 Cloud Provider 通过 Kube-proxy 的 LoadBalancer 提供,也可以通过配置 Ingress,自定义服务的访问策略。

(2) 日志系统方面,Kubernetes 结合 Fluentd,ElasticSearch 和 Kibana 对容器的日志进行收集和监控。Fluentd 是一个实时日志收集系统,把 JSON 作为日志的中间处理格式,通过灵活的插件机制,可以支持丰富多样的日志输入应用、输出应用以及多种日志解析、缓存、过滤和格式化输出机制。由于从 Docker1. 8 版本之后内置了 Fluentd Log Driver,只要在机器上运行 Fluentd 容器,就能轻易获取该机器上所有容器的输出日志,因而 Kubernetes 在集群的每个 Node 上都运行了 Fluentd 容器,以收集各个 Node 上容器输出的日志。Elasticsearch 是一个实时的分布式搜索和分析引擎,共有三类部署方式: Datanode,用于存储数据,对于一份数据可以保留多个副本,以提高数据的可用性;Clientnode,用于提供对查询的负载均衡;Master Eligible Node 作为索引节点,其中会有一个节点被选举成为 Master,负责控制整个 ElasticSearch 集群的状态。在 Kubernetes 中,Clientnode 和 Master Eligible Node 以 Service 的方式向外提供查询和索引的接口,而 Datanode 则是以 Kubernetes PVC(Persistent Volume Claim)的方式挂载数据目录,对数据进行存储。而 Kibana 则是一个 Web 前端服务,用户可以通过它来查看任意 Node、Namespace、Service、Pod 和 Container 的数据。

(3) 在集群状态监控方面,Kubernetes 的思路和日志方面差不多,分为收集(Heapster),存储(Influxdb 等)和查看(Grafana)三个部分。不同之处在于状态数据的获取,Kubernetes 使用的是一个开源的容器资源使用率和性能分析的代理工具 cAdvisor,cAdvisor 被集成到 Kubernetes 的部件 Kubelet 内,随着 Kubelet 被部署到各个 Node 上,收集 Node 以及在其之上运行的容器的状态(包括 CPU、Memory、Network 等数据)。有了数据的产出之后,以 Pod 的形式被部署到集群的 Heapster 会收集各个 Node 上 cAdvisor 生成的状态数据,存储到后端支撑的数据库内(Kubernetes 提供了多个数据库选项,默认选择 Influxdb),Influxdb 作为时序数据库,存储各类对象在不同时间段对应的资源状态。这些资源状态都能通过 Grafana,类似于 Kibana 的前端 Web 服务,被查询或展示,用户甚至可以通过自定义查询指标从 Influxdb 中查询数据。

8.3 软件的运维管理

在实际生产环境中,对于不熟悉运维的人来说,运维的复杂程序远远超过我们接触较多的开发。运维一般分为值班运维、应用运维、DBA、安全运维、系统运维和基础运维。从基础设施到应用的部署、监控,运维基本提供了整个系统所需的所有元素。

一个好的运维系统,拥有高可用、高成功率、幂等性、高效率、可回滚、事务性等特性,为了获得这类特性,我们需要放弃低效的人工运维,转向更为高效的自动化运维或智能运维。完成向自动化运维的转变,要求运维系统必须具备运维标准与规范、监控,配置管理数据库,高效的集成、交付和部署流程。在 AI 的参与下,自动化运维甚至能够向智能化运维转变,起到智能管理故障、变更等作用。

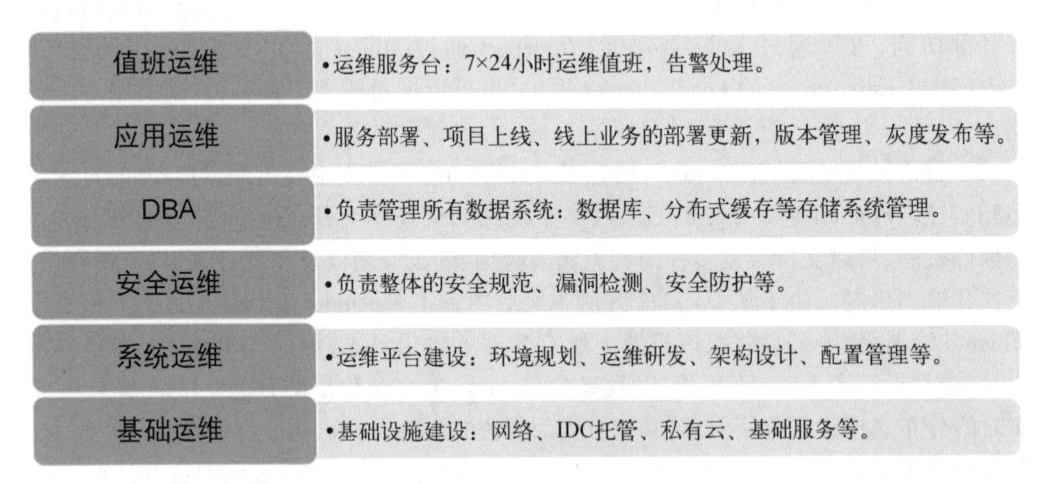

图 8-18 运维工作内容

8.3.1 运维标准与规范

传统的人工运维流程中,并不存在统一的运维规范和标准,对于同一个运维问题,不同的运维人员会有不一样的解决方案,同时,这些解决方案依附于特定的运维人员。这在实际运维中会导致运维体系紊乱、运维知识离散等问题,使运维无法高效地展开。

为了解决这类问题,需要建立统一的运维知识库,对运维知识有数字化的描述。以百度的 AIOps 框架中的运维知识库为例。运维知识库共分为三个层面,分别是数据的展示层、逻辑层和数据源。体现在百度运维知识库中分别对应着图 8－19 中的统一数据模型、数据生产过程和数据源。

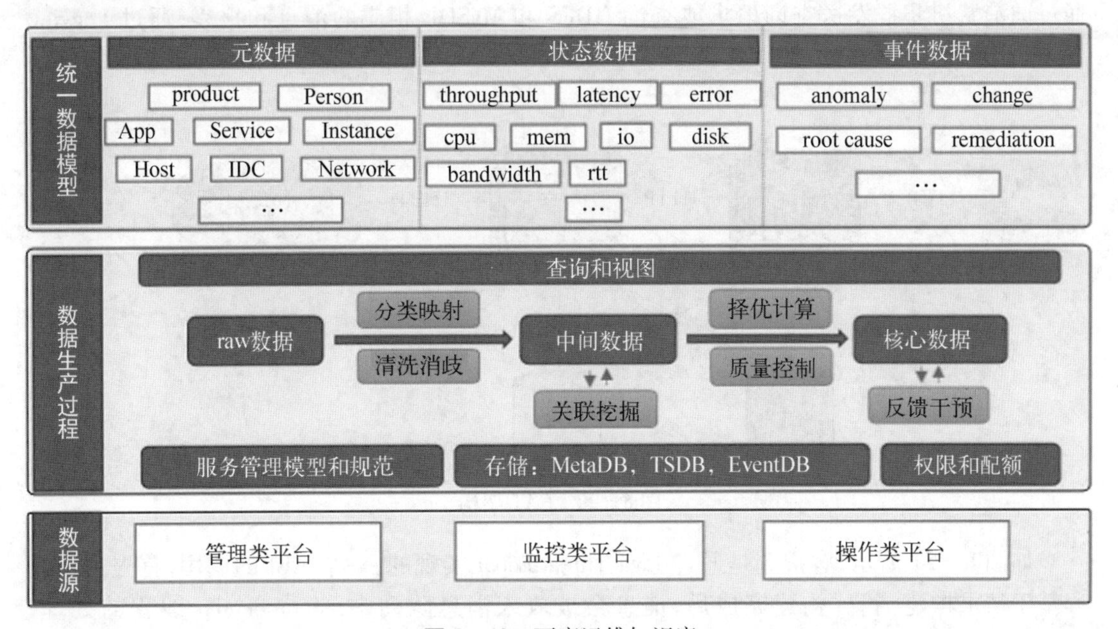

图 8－19　百度运维知识库

在数据模型这一层,数据被划分为元数据、状态数据和事件数据。元数据指的是资源对象,如某个产品、某个服务实例甚至某个基础资源,用于描述运维系统中可被管理的基本单元。状态数据指的是运维当中需要记录的可视化指标,如 CPU 的状态,网络吞吐量,磁盘读写状态等,用于细化基础资源的状态描述。事件数据则是可以描述异常、变化或者提供原因和补救措施的数据。

在数据模型的支撑下,对于具体的运维事件,我们能够使用统一标准的运维语言来描述和分析。在数据之上是数据生产过程,负责读入基础数据,经过分类映射,清洗消歧等操作之后返回核心数据,同时提供运维知识的查询和录入。

数据源就是运维知识库数据的来源,数据一般来源于管理、监控和操作类平台。

在运维知识库的基础之上,还需要建立相应的运维策略库,负责基于运维数据对实际生产进行异常检测、根因诊断、止损决策和容量预测等操作。

8.3.2　运维监控

运维的监控分为三个层次,分别为：业务监控,通过对已设定的核心指标的监控和记录来确定业务运行的正确性;应用监控,通过对应用运行时的指标监控和记录来确定应用运行的健康状况;系统监控,通过对系统基础资源的指标监控和记录来确定系统的状况。通过监控最终能够减少线上故障的发现和定位时间，帮助应用程序进行优化。

接下来以大众点评的CAT（Central Application Tracking）监控系统为例来介绍通用的运维监控设计。

如图8-20所示，CAT采用的是C/S架构，其监控功能是通过客户端（图中的业务AB）调用服务器端（图中的消费机集群）提供的监控API实现的，客户端根据自身需要生成的报表类型的选择调用相应的API，消费机集群实时对数据进行处理和分析之后，将最近的报表存入内存，消息存入本地磁盘，历史报表存入MySQL，历史消息存入HDFS，然后控制台集群通过向消费机集群发送查询请求或查询HDFS和MySQL相应的消息和报表，通过Logview展示给用户。

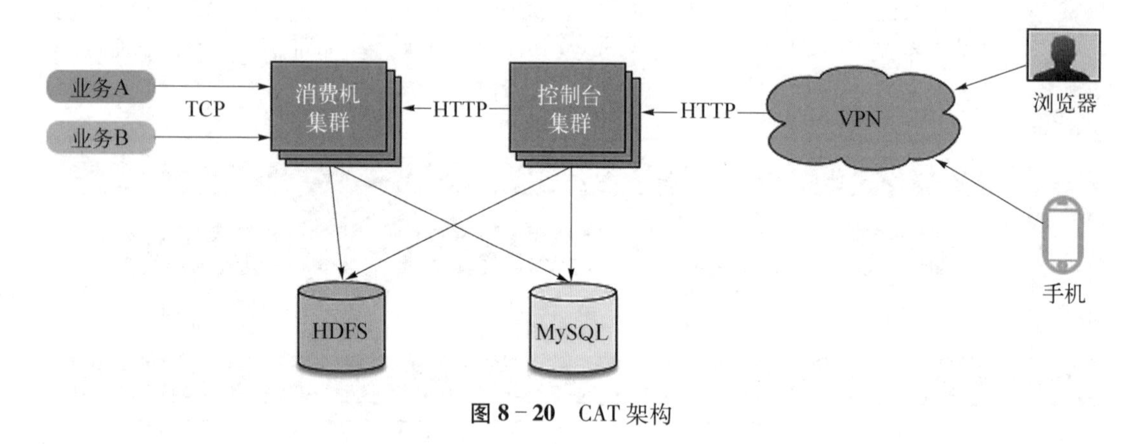

图8-20 CAT架构

如图8-21所示，客户端是通过Java ThreadLocal实现的，一个API的调用，首先由主线程基于请求构建消息，构建完成后，消息会被放入消息队列中，等待Sender线程的处理，

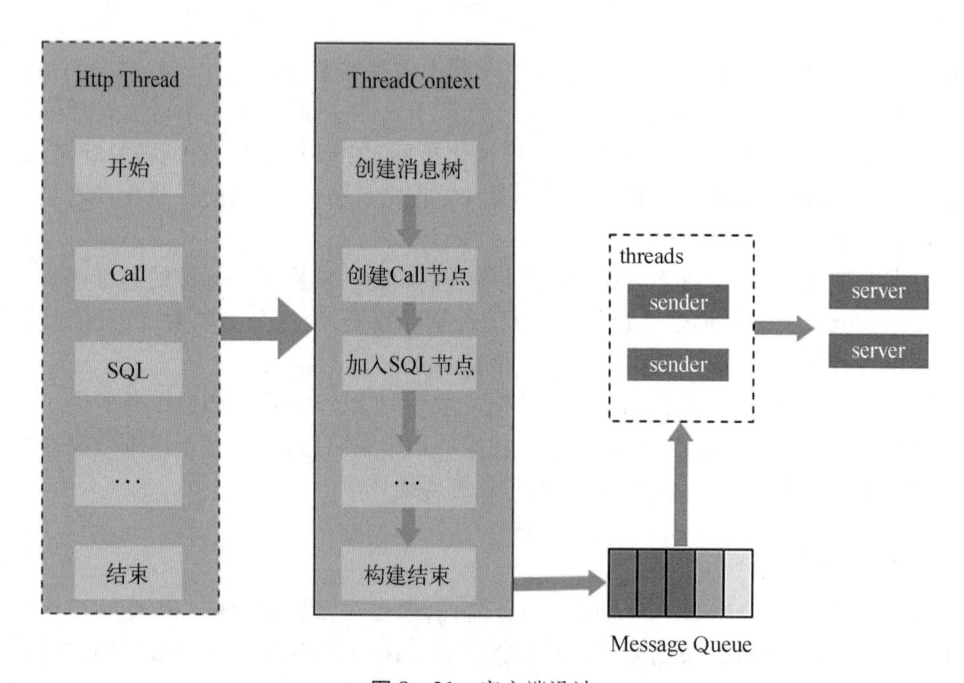

图8-21 客户端设计

Sender 线程最终将请求发往服务器。服务器端如图 8－22 所示，在服务端设有两类线程，一类是 Receiver 线程，一类是 Analyzer 线程，Receiver 线程在收到来自应用的请求之后，将请求放入队列当中，等待 Analyzer 的处理，Analyzer 处理完请求，生成相应的信息，按照信息类型存入到 HDFS 或 MySQL。

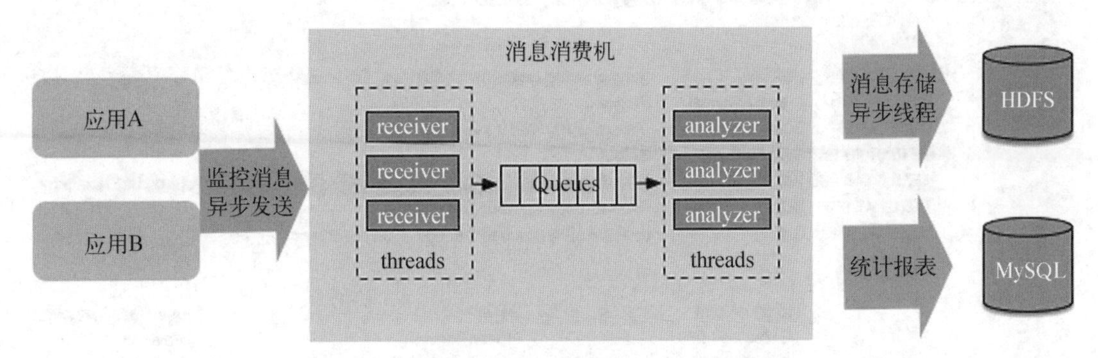

图 8－22　服务端设计

CAT 会产生两类数据，一类是消息，一类是报表。消息是以版本号、消息 ID、所属业务、IP、所在线程、根消息 ID 组成。如图 8－23、图 8－24 所示，消息可以组成消息体和消息树。报表主要分为两类，一类是故障快速发现类，可以让运维人员直观地看到生产环境出现的问题；另一类是系统问题分析类，能够让开发人员清楚地看到系统实时的运行状态，协助发现问题，分析系统性能瓶颈。

t: Transaction Start
E: Event
T: Transaction End
A: Atomic Transaction

Transaction: 可嵌套
Event: 不可嵌套
Heartbeat: 不可嵌套

Type & timestamp	1st Category	2nd Category	Status	Duration & Attributes
t14:38:56.595	URL	t		
E14:38:56.596	URL.Server	cat.dianpingoa.com		RemoteIP= &Referer=http://cat.dianpin
E14:38:56.596	URL.Method	HTTP/GET		/cat/r/t?domain=&date=2012101314&reportType=
A14:38:56.595	MVC	InboundPhase		0.06ms
A14:38:56.596	MVC	TransitionPhase		0.00ms
t14:38:56.595	MVC	OutboundPhase		
t14:38:56.595	ModelService	CompositeTransactionService		
A14:38:56.596	ModelService	RemoteTransactionService		1.06ms http:// :8080/cat/r/model/transact
A14:38:56.596	ModelService	RemoteTransactionService		0.85ms http:// :8080/cat/r/model/transac
A14:38:56.596	ModelService	RemoteTransactionService		1.89ms http:// :8080/cat/r/model/transac
A14:38:56.596	ModelService	RemoteTransactionService		1.79ms http:// :8080/cat/r/model/transac
A14:38:56.596	ModelService	RemoteTransactionService		27ms http:// :8080/cat/r/model/transacti
T14:38:56.622	ModelService	CompositeTransactionService		27ms request=ModelRequest[domain=Cat, period
T14:38:56.628	MVC	OutboundPhase		33ms
T14:38:56.628	URL	t		33ms module=r&in=t&out=t

图 8－23　消息体

故障发生类的报表分为：实施业务指标监控，由核心业务自定义业务指标，提供 24 小时值班监控；实时报错大盘，提供所有应用的实时报错信息；实时数据库大盘，提供实时的数据库访问情况；实时核心网络拓扑大盘，提供核心接入层网络交换机的状态信息，如进入口流量等。

系统问题分析类报表，针对上述提到的三个层次，可以分为多种类型：Transaction，用于记录一段代码的运行时间和次数，如 SQL 执行的次数和响应时间；Event，用于记录程序中一个事件执行的次数；Heartbeat，用于 JVM 的状态信息；Metric，用于记录业务的指标；还有能够分析系统间实时调用数据信息的 Dependency 等报表。图 8－25 展示了 CAT 提供的多种报

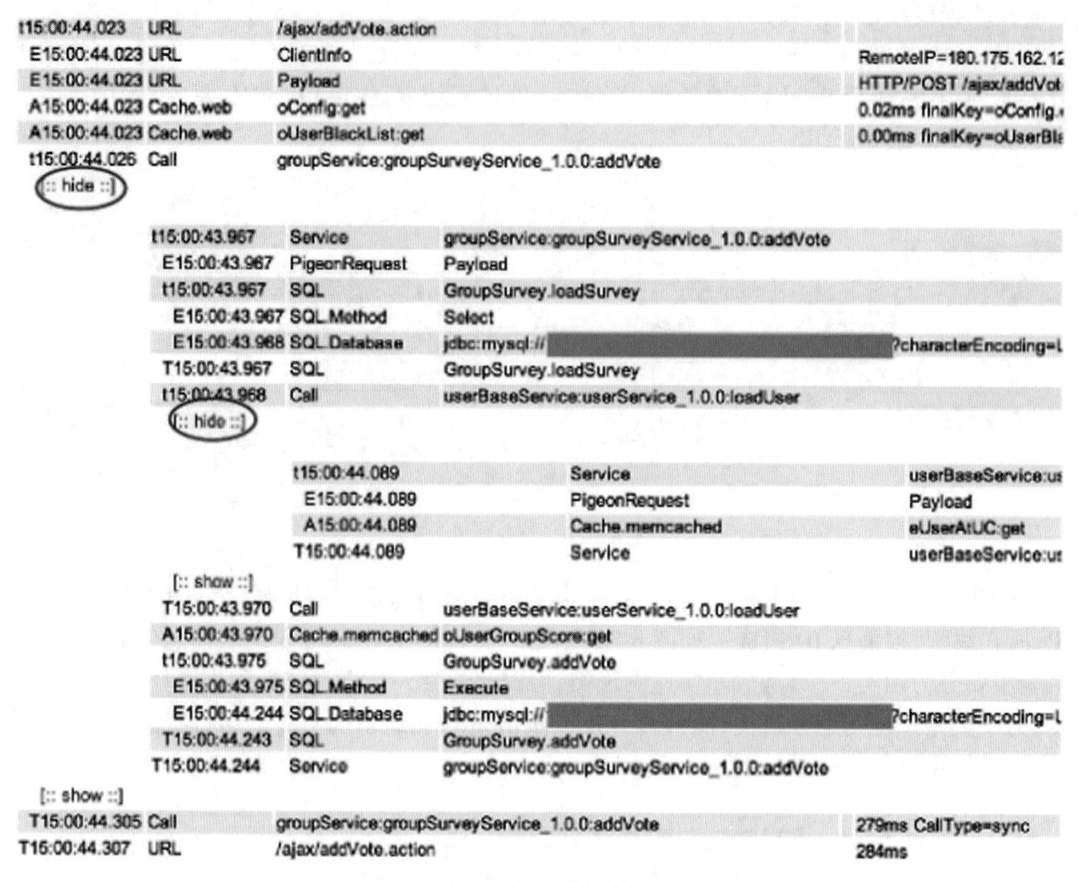

图 8-24　消息树

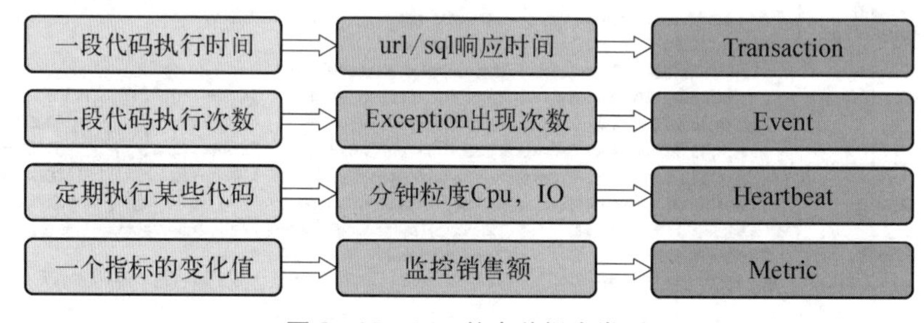

图 8-25　CAT 的多种报表类型

表类型。

调用 API 记录一个 Transaction 的样例代码：调用 API 的所有请求，都会有相应的 Logview 供 CAT 实时处理，产生相应的 Report；图 8-26 是一个简单的 Transaction 报告，能够显示 URL、SQL 等类别运行的次数，平均响应时间等；图 8-27 是 Heartbeat 报告，能够定期地显示一些常用的系统指标，如系统内存、GC 信息和线程数等。

8.3.3　配置管理数据库(CMDB)

前面我们提到，在运维的过程中，同一个运维事故可能对应多个运维对策，与这类似的

Machines: [All] [ ] [ ] [ ] [ ] [ ]

Type	Total Count	Failure Count	Failure%	Sample Link	Min(ms)	Max(ms)	Avg(ms)	95Line(ms)	Std(ms)	TPS
URL	241,769	0	0.00%	Log View	0.3	3543.4	162.9	513.0	195.3	77.4
System	238	0	0.00%	Log View	14	73.5	23.6	35.0	5.9	0.1
Method	3,026	0	0.00%	Log View	9.6	296.8	21.2	31.8	20.2	1.0
SQL	54	0	0.00%	Log View	4.4	70.2	19.3	58.4	17.1	0.0
Call	4,249,777	0	0.00%	Log View	0.1	3299.7	6.9	16.4	39.0	1359.9
Cache.memcached	95,171	0	0.00%	Log View	0.1	40.2	1.1	3.0	1.3	30.5
Result	4,211,145	0	0.00%	Log View	0	112.3	0.2	0.0	0.3	1347.6
Cache.web	40,998,634	0	0.00%	Log View	0	46	0.0	0.0	0.1	13119.4

图 8－26　Transaction 报告

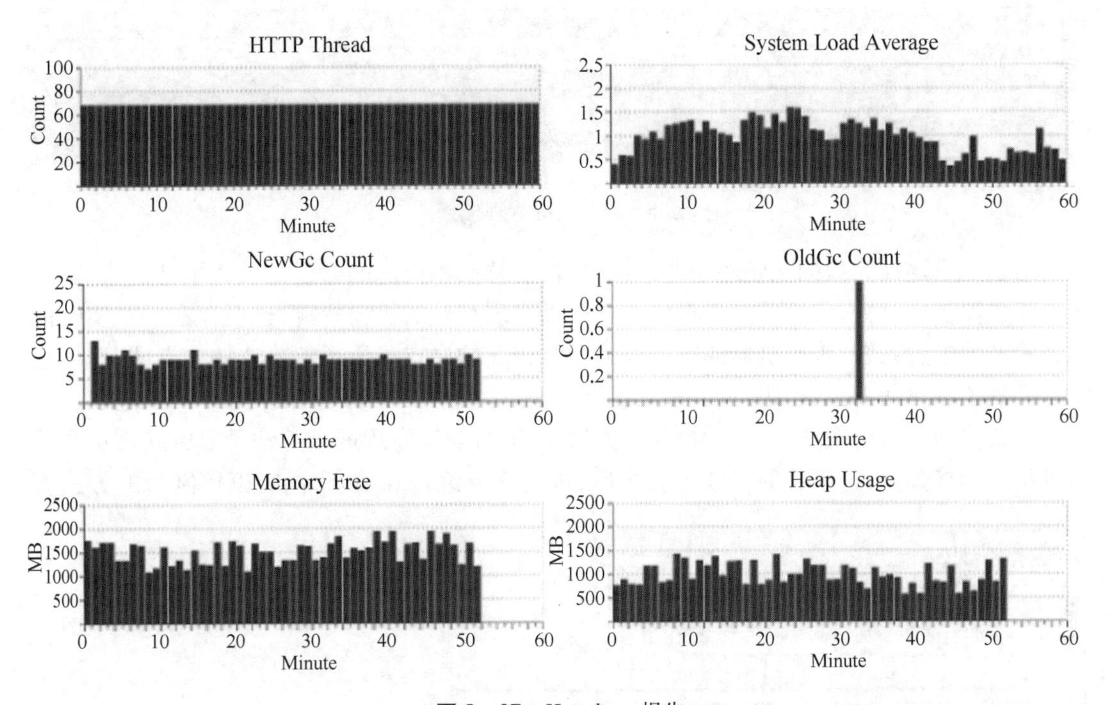

图 8－27　Heartbeat 报告

是：对于同一个服务或应用来说，在其整个生命周期的过程中，可能也存在着多个配置，用于在不同的场景之下实现不同的作用。而在实际中，涉及的运维远远不止这个方面，还包括了企业的资产、硬件、软件、测试用例等资源的配置。建立一个统一高效的 CMDB 配置中心，能够帮助减少人工运维带来的高人力成本的运维复杂度，大大提高了运维的自动化程度。

CMDB 架构分为基础资源层架构和应用资源层架构，基础资源层架构把相关资源以基础资源为中心实现资源整合，应用资源层则是以应用为中心实现整合。资源的管理方式主要有人工维护和自动发现两种方式。

图 8－28 是一个资源管理框架，该框架分为三个层，分别为场景应用层、资源功能层和资源管理层。场景应用层是基于可视化后的数据进行的应用层面功能，包括事件管理、监控、持续交付和数据分析等方面；资源功能层是将资源进行数据化从而形成管理的层面；资源管理层负责管理和存储资源数据。下面以阿里巴巴的批量腾挪工具 Aliconan 为例来阐述基础资源的管理。

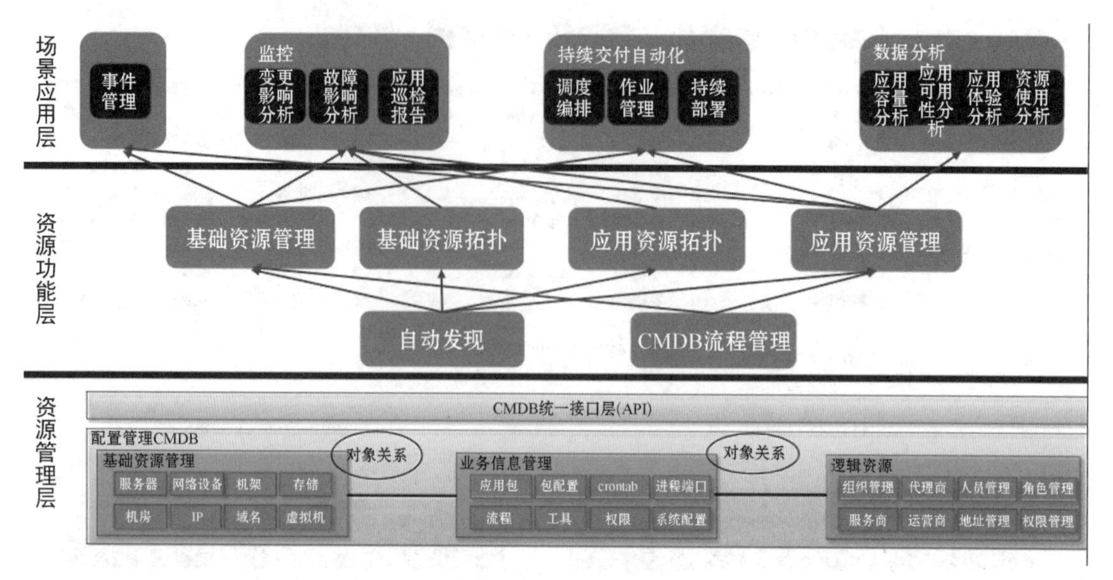

图 8－28　资源管理框架

对于阿里这样大型的互联网企业来说，机器的替换和机房的搬迁是较为平常的事情，但是由于机器规模过大，传统的人工操作方式难以实现高效的机器腾挪，也不存在一个实时的机器资源的配置系统，因此机器的腾挪成为一个较大的痛点。为了解决这一痛点，阿里巴巴设计实现了批量腾挪工具 Aliconan 来实现规模化、系统化的资源腾挪。图 8－29 是该工具的业务架构图。机房搬迁，单机替换等业务活动，通过自动发现或人工记录等方式被工具的事件接收器接收，经过工具的各项校验之后，进行任务编排和执行，同时以控制台的方式实

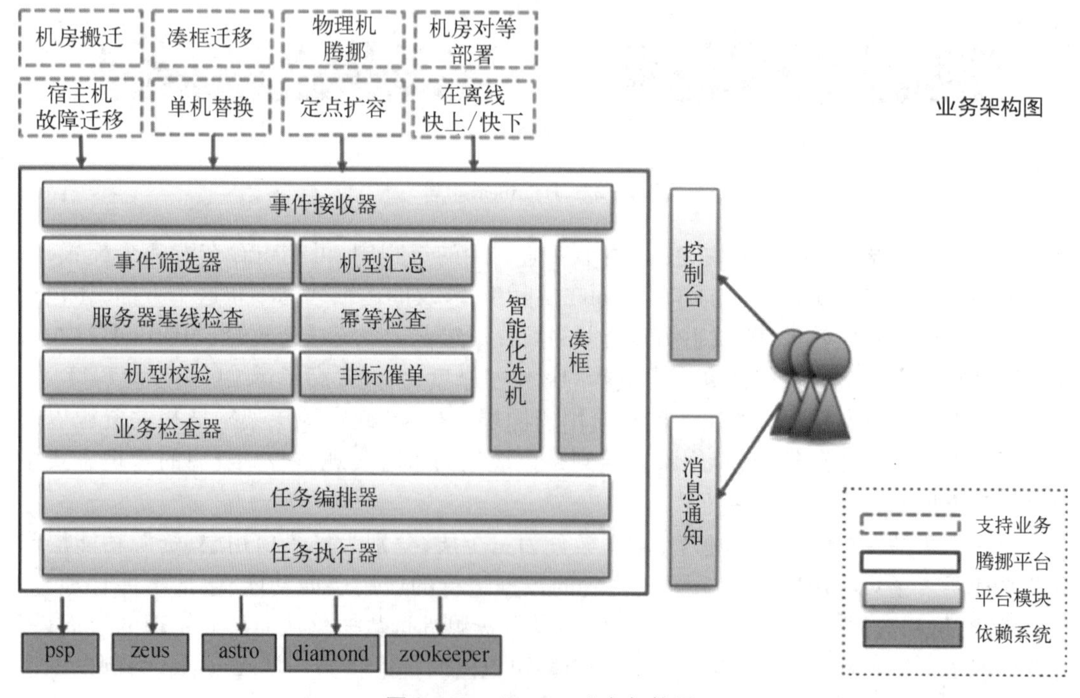

图 8－29　Aliconan 业务架构图

现机房资源的管理操作。图 8－30 为 Aliconan 控制台的一个样例界面。

执行详情[tc　]

40%

序号	步骤名	计划处理人	实际处理人	开始时间	结束时间	执行详情	当前状态	操作
1	扩容	自动处理	自动处理	2017-02-09 20:05:10	2017-02-09 20:05:12	扩容工单	成功	
2	查询扩容状态	自动处理	自动处理	2017-02-09 20:05:15	2017-02-09 20:06:10	扩容执行完成!	成功	
3	机器下线前确认	璀部,常悟		2017-02-09 20:06:10		等待业务方确认下线...	待确认	执行下线
4	下线	自动处理					等待执行	
5	查询下线状态	自动处理					等待执行	

图 8－30　Aliconan 样例界面

8.3.4　智能运维管理实践实例

本书接下来将通过讲述百度运维实践的发展历程和基本设计来提供一些智能运维平台的实现思路。

从 2007 年到 2012 年，百度的运维进入了基础运维的阶段，在系统管理方面以 GUI 的方式提供了服务树、权限管理、机器管理、监控、部署系统等重大功能。然而这时的运维在通用性和 Pass 方面有着极大的欠缺，无法做到灵活的运维。从 2012 年开始，百度开始采用 API 交互的方式来实现开放的运维平台。最终，在 2014 年，以运维知识库、开发框架、算法平台为核心的智能运维平台 AIOps 在百度内部正式运行，揭下了百度智能运维的帷幕。

要实现智能化，首先就需要区分哪些运维场景是可以用自动化代替人力执行的，哪些场景只有人工才能执行的，这样一来，才能释放人力，将自动化进行到极致。如图 8－31 所示，百度 AIOps 基于运维业务的出现频率和复杂程度，将运维业务分为四部分，复杂高频的业务使用智能决策的方式来完成，高频简单的业务由自动化工具来完成，低频简单的业务由规范流程化工具来完成，低频复杂的业务由智能为辅、人为主导的方式来完成。

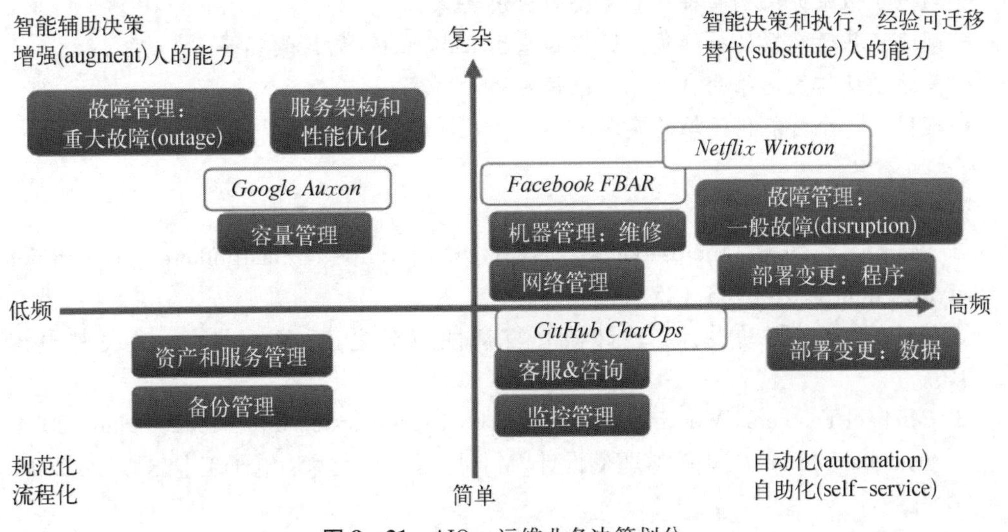

图 8－31　AIOps 运维业务决策划分

有了场景的决策划分之后，就可以基于运维平台对不同的场景实施不同的解决方案。图 8－32 为 AIOps 的基本框架，由运维开发框架、运维知识库、运维策略库三大核心组成整个基本的智能运维平台，根据用户需求的不同，会派生出特定的场景，开发人员通过使用开发框架，查询运维知识库，在运维策略库的辅助之下，组合开发出相应能解决场景问题的解决方案。在这个过程中起到决定性作用的是运维策略库，结合运维人员的经验，根据各类实时指标，预测未来可能出现的故障，并独立地对可能出现的问题生成解决方案。目前，百度内部的 DevOps 自动化流水线以及服务咨询流程，已经完全由 AIOps 替代人力来实现决策了。

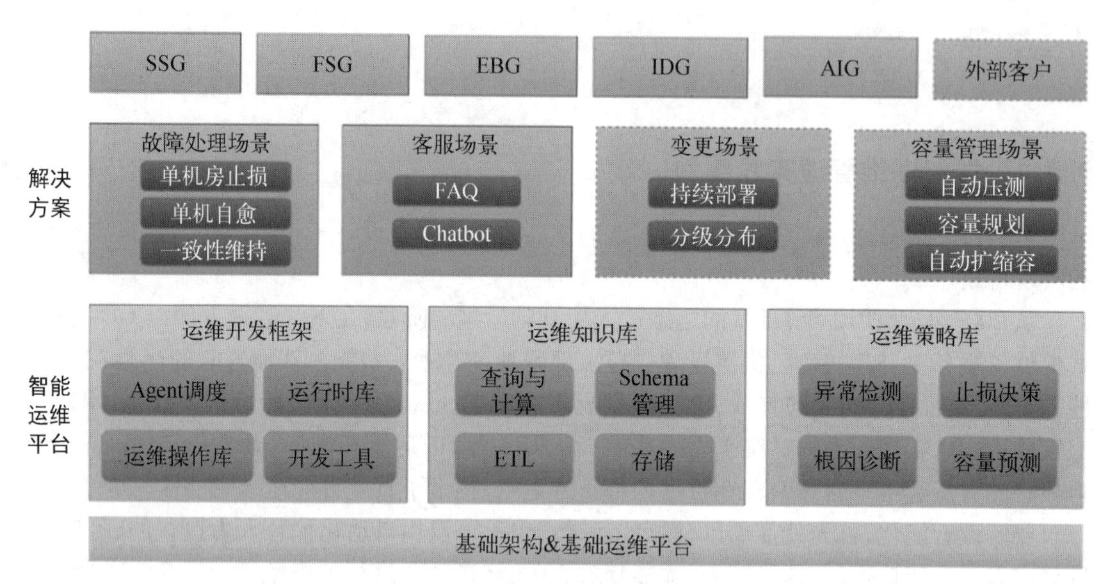

图 8－32　AIOps 框架

本章小结

- 阐述了微服务架构的特点和主要的应用要点。
- 阐述了基于容器的持续集成过程和基于 Kubernetes 的持续部署。
- 总结了从传统运维向自动化运维转变的方法。
- 提供了一个智能化运维的实例。

参考文献

[1] Martin Fowler. Microservices. [EB/OL]. http://martinflower.com/articles/microservices.html, 2014－03－25.

[2] Eric Evans. 驱动设计：软件核心复杂性应对之道[M]. 北京：人民邮电出版社，2016.

[3] Michael Feathers. Working Effectively with Legacy Code[M]. Prentice Hall, 2014.

[4] Vaughn Vernon. 实现领域驱动设计[M]. 滕云，译. 北京：电子工业出版社，2016.

第9章 软件的Web测试

Web测试属于软件测试的一种。随着互联网的快速增长，各种软件系统在Web环境中出现，许多分布式的软件系统，无论是后台服务还是数据库都正在被移植到互联网环境中。互联网环境提供了多种信息的创建、发布、关联及分享。而软件系统从构造和应用等各方面，都区别于传统的单机软件系统。

9.1 Web测试概述

9.1.1 Web软件系统的构造特点

Web软件系统的构造特点主要体现在以下几方面。

（1）Web软件系统的构造一般都采用多层架构。如根据典型的MVC架构，一般将软件分为表示层、业务逻辑层以及数据层等部分。表示层与业务逻辑层之间的数据流通不在同一系统平台上，业务逻辑层与数据层的信息共享也不在同一系统平台上，表示层与数据层的数据信息传输也不在同一系统平台上。也就是说，Web软件系统的多层架构特征为应用软件的测试工作带来了很大挑战。测试工作不仅要顾及单层系统平台的性能，更要考虑多层平台之间的性能匹配与整体性能调整。

（2）Web软件系统的开发语言和组成部分较为复杂。Web软件系统可能包括HTML或XML文件，也可能是API程序，开发方式也可能需要覆盖HTML、XML、Java、JSP等多类型编程语言及技术，组成部分纷繁复杂、数量较多、语言众多，这些都为软件系统的测试带来较多困难。

（3）Web软件系统具有分布式、并发性、动态性和交互即时性等特点，其运行机制包含客户端提出请求、服务器给予响应，而且用户规模较大。因此，Web系统中软件运行过程的动态性和波动性非常明显，与此对应的测试体系也需要具有动态性。从技术层面而言，动态性的测试技术相对于传统测试技术更具有挑战性。

9.1.2 Web 软件系统的应用特点

Web 软件系统的应用特点主要体现在以下几方面。

(1) Web 软件系统的用户数量巨大,需要能够处理并发事务的能力。因而需要进行多用户高并发的性能测试和压力测试。

(2) Web 环境的异构性导致 Web 软件的兼容性要求往往较为突出。Web 环境的异构性来源于各自的硬件设备、操作系统、浏览器的巨大差异,需要兼容性测试。

(3) Web 环境往往以信息内容为核心,需要能够实现 Web 资源的灵活访问。与多数传统软件强调运算功能不同,Web 软件系统往往重视基于信息的获取和发布,信息的搜索和获取占据了很大的一部分,测试往往围绕信息应用为主。

另外,由于 Web 软件系统的发布周期短,测试人员必须快速处理以适应短发布周期要求。因此,软件测试方式必然需要实现从单体软件环境到动态 Web 软件系统环境的必然转变。

简而言之,互联网环境的广域性以及 Web 内容的不可预见性使 Web 系统的测试变得困难。WEB 测试的主要作用是在不同的客户端下,测试软件系统是否能够正常运行及兼容性等,WEB 测试更重视网页或移动端的访问性能和安全方面的测试。

9.2 Web 测试的主要内容

Web 测试与其他类型的软件测试不同,不但需要验证软件功能及运行性能是否达到设计要求,还要测试 Web 软件在不同浏览器环境下的显示情况,也需要从最终用户角度进行安全性和可用性测试。

9.2.1 功能测试

功能测试就是结合需求设计说明书的要求进行测试,以保证功能的正确性,主要包括页面链接测试、表单测试、Cookies 测试、数据库测试等。

1) 页面链接测试

页面链接测试主要做一些链接可达性的检查工作,必须放在集成测试阶段来完成,也就是说,Web 软件的所有页面开发完成后进行链接测试。

例如,在某车辆售卖系统的首页,需要链接到不同的网页,针对不同的角色和不同的状态会有不同的链接地址,这时候就需要对每种状态和角色分别进行链接测试。

2) 表单测试

表单测试是根据任务的交互性、不确定性等不同特征,进行有针对性的测试。当用户和 Web 软件间的交互涉及内容信息如提交信息时,就需要使用表单操作。这时需要测试提交操作的完整性,校验信息的正确性,检验默认值的正确性。如果表单使用了默认值,或只能接受某些指定值,都要进行测试。

例如,在某车辆售卖系统中,需要用表单来设定车辆的信息,信息包括车型、车号、价格、联系人、联系人方式等。在填写表单的各个信息时,需要校验信息的有效性,车型要在一定的系列范围内,价格不应该小于 0 或等于 0,联系人的电话号码也应该是有效的,在提交表单之前就应该做好校验,以保证提交到服务器数据的有效性。

3) Cookies 测试

Cookies 通常用来存储用户信息和用户操作。当一个用户使用 Cookies 访问了某一个应用系统时,Web 服务器会把相关用户信息存储在客户端,用来创建动态页面或存储登录等信息。Cookies 测试主要包括: Cookies 能否正常工作、Cookies 的安全性、Cookies 过期时间的正确性等。

例如,在某车辆售卖系统中,使用 Cookies 存储用户信息并在页面上显示用户昵称,因此需要测试 Cookies 能否正常工作。同时根据过期时间,检查 Cookies 是否自动删除,且不影响页面的显示。

4) 数据库测试

Web 软件系统的数据库测试中,可能出现数据一致性错误或输出错误等。数据一致性错误由用户提交表单错误引起,数据输出错误和网络速度等相关,需要分别进行测试。

例如,在某车辆售卖系统中,需要上传图片,在调取相机拍照或从图库选择数据之后,采用 FormData 格式进行上传,图片存储为 file 格式,当获取到的图片 url 不正确时,导致上传到服务器上的图片不能正确显示,针对这种情况,可以测试图片的 url 并保证其正确性。在车辆售卖系统中,进入页面之后就要从后台获取数据并进行渲染,如果数据尚未获取到的时候已经进行了渲染,就会导致数据没有渲染出来的问题,因此程序设计上,要确保数据获取到之后再进行渲染,这个可以在生命周期钩子函数中进行控制。此外,如果网络连接速度较慢,会导致进入页面之后长时间无应答的情况,这个也需要进行测试并给出提示信息。

5) 其他功能测试

其他的功能测试还包括边界测试和强制错误情况测试。边界测试是在输入数据域的边界抽取数据进行测试;强制错误情况测试是根据设计时的规格说明人为输入明显错误的数据,然后观测系统的运行情况,主要用于测试系统的容错性。

例如,在某车辆售卖系统中,针对不同的需求,会划分不同的状态,针对不同状态的边界值可以进行测试。同样的,可以采用明显的操作错误来验证系统的容错性。

9.2.2 性能测试

性能测试是 Web 软件测试中的一个重要部分。Web 软件性能通常被认为是用户通过用户代理提出用户请求到服务器响应之间的时间。由于 Web 软件系统是一个多层的架构,性能受到客户端、网络、服务器等部分的影响。因此,针对大多数应用软件,性能测试主要集中系统运行平台的性能测试方面,主要包括客户端、网络、服务端等三方面的性能测试。

应用在客户端性能的测试包括并发性能测试、负载测试或压力测试、大数据量测试、速度测试等;应用在网络上的性能测试主要是对网络环境的测试,包括网络仿真、网络故障分析、性能优化、网络应用性能监控和网络预测等;应用在服务器上的性能测试是对服务器上应用程序的性能进行测试,资源的占用情况、数据库性能、应用自身的性能、故障报警及排除这四方面是服务器性能测试的重点。

Web 软件系统的运行性能测试主要受工作负载类型及数量影响,如读取 Web 服务器上不同类型的文件,实现服务器上数据库中的数据读写操作,相对较复杂。

为了实现 Web 软件系统运行性能的测试,Web 软件系统负载的研究成为关键问题。相关研究表明：Web 软件系统性能测试的好坏取决于 Web 软件系统的负载被准确理解并真实模拟的程度。目前，这方面研究重点集中在如何真实地刻画 Web 软件系统的负载特性，从而形成合理的测试负载模型。早期的负载特性是通过一些技术指标如每秒点击数、每秒访问页面数或每秒访问数等来刻画，这样做并不能准确地刻画真实的负载特性，原因是：① 不同类型用户在单位时间内点击数不一样，如熟练的用户及陌生用户，体现在思考时间不一样；② 用户访问不同的页面或表单的提交等行为可能导致不同的通信数据流量，这必然导致每秒访问页面数的变化；③ 网络上并发用户数随着时间变化呈现出一定的规律，不同的并发访问数可能导致不同的每秒点击数或每秒访问页面数的变化。这些原因表明：仅使用单位时间的点击数及访问页面数的指标并不能准确地刻画实际的负载特性。

目前的负载特性刻画主要采用模拟用户行为的方法。模拟用户行为的方法主要有三类：一是基于捕捉用户行为的方法（Capture-Based User Behavior Approach），这种方法通过记录用户实际操作行为，并对这些行为中的实际数据进行一系列的修改，并以此作为负载的设计依据，设计实际使用的测试负载，使得测试的负载更符合真实情况，如利用工具 LoadRunner 等进行的性能测试均为这种方法；二是基于文件系列的方法（File List Based Approach），使用这种方法的测试工具提供了一系列的 Web 文件对象以及它们的访问频率数，在测试负载产生时，按照访问频率数的大小，依次选择测试文件系列作为测试工作负载，如 SpecWeb99 等；三是基于数学分布模型的方法，使用这种方法的测试工具，负载模型的产生依据某种数学分布模型，如 Surge 上述 3 种方法产生的负载模型，问题主要表现为在数据量小或没有数据的情况下不能给出有效的负载模拟。

负载测试一般在实际的网络环境中且在系统发布后进行。因为 Web 软件能处理的并发请求数量常常远远超出开发测试人员数目，所以，只有放在实际运用环境中的负载测试，才能获得最为可信的结果。

9.2.3 可用性测试

对于 Web 软件的可用性测试来说，常常需要有开发团队外的人员参与，最好是最终用户的参与。可用性测试涉及面很多，主要可以考虑导航测试、图形测试、内容测试等方面。

例如，针对某车辆销售系统，由最终用户来进行可用性测试。列出用户使用系统的所有流程，然后对每个用户在操作过程中反映的问题进行记录，并根据统计结果评价问题的严重性，最终写出测试报告。

9.2.4 客户端兼容性测试

客户端兼容性测试主要考虑平台和浏览器测试两方面。

1）平台测试

在不同的操作系统下，同一个应用可能正常运行，也可能会运行失败。因此，Web 系统进行各种操作系统下的兼容性测试是软件发布时的重要内容。例如，采用非原生方式开发的车辆销售系统 APP，不仅要在 Windows、MacOS、Linux 等系统中进行测试其后台，还需要在 iOS、Android 等移动端系统进行前端测试，以确保该系统可以在各种平台中正常运行。

2）浏览器测试

浏览器是 Web 软件最核心的客户端构件，不同厂商的浏览器对不同版本的 Html 和

JavaScript特性有不同的支持，不同框架和层叠样式表或文件在不同浏览器中的显示可能不同，甚至有根本不能显示的情况，因此，浏览器兼容性往往是开发人员提交软件时最为烦恼也最为艰巨的任务。浏览器测试时常常会创建一个兼容性矩阵，然后对来自不同厂商不同种类的浏览器进行构件和设置的适应性测试，甚至也涉及同一浏览器的不同版本。例如，针对某车辆销售系统，在不同浏览器中CSS和JavaScript可能会有不同的表现，因此需要在IE、Chrome、Firefox、Safari等主流浏览器的不同版本中进行测试，最终得出一个兼容性矩阵。

9.2.5 回归测试

回归测试的目的是验证以前的缺陷不再重新出现，即对已经修正的软件缺陷，重新测试。通常确定系统的再测试范围是比较困难的，因为在验证修复好的缺陷时，不仅要按照缺陷原来出现时的步骤重新测试，而且要测试可能受影响的所有功能。

例如，在某车辆销售系统中，开发人员完成软键盘遮挡输入框的问题修复之后，并完成进行沉浸式状态栏的设置，会再次出现输入框遮挡的问题。这时候进行回归测试，保证后期的修改不会影响之前的功能显得格外重要。

9.2.6 安全性测试

Web软件系统作为一种特殊的软件，面临着比传统单机软件更为严峻的安全威胁和更为复杂的用户环境。因此，在软件系统发布前需要进行全面彻底的安全性测试，以检查Web软件系统中的安全漏洞和潜在的安全隐患是非常有必要的。

在Web软件系统领域中，发现安全漏洞的常用方法有静态分析技术和动态分析技术，以及最近较为流行的模糊算法。

（1）静态分析技术是指在不执行代码的情况下对程序代码进行评估，是一种典型的白盒测试方法。其基本思想是通过分析程序的运行流程来构建程序工作的数学模型，然后对该数学模型进行审查，以发掘程序的安全缺陷。常见的静态分析方法主要包括词法语法分析、模式匹配分析、数据流分析、补丁比较分析和模型化分析等。

（2）动态分析技术是从外围或客户端测试执行程序的技术，是一种典型的黑盒测试技术。面向Web软件系统的动态分析技术，比较具有代表性的是渗透测试技术。渗透测试是指测试人员模拟恶意用户的行为对Web软件系统进行安全评估，针对Web软件系统中可能存在的代码缺陷、逻辑设计错误等问题进行测试，最终发掘其中的安全漏洞。开放式Web软件系统程序安全项目将Web软件系统渗透测试分为被动阶段和主动阶段来进行。前者内测试人员需要尽可能地去搜集被测Web应用的信息，如通过使用Web代理观察HTTP请求和响应等，了解该应用的逻辑结构和所有的注入点；后者内测试人员需要从各个角度、使用各种方法对被测Web软件系统进行渗透测试，主要包括业务逻辑测试、配置管理测试、授权认证测试、会话管理测试、数据验证测试、服务测试等。

（3）模糊测试技术作为一种新的思路和方法，近年来开始被应用到Web软件系统测试领域。Web软件系统存在的漏洞和安全隐患很大程度上是由于对用户的某些输入数据缺乏相应的校验或异常处理机制造成的。在软件系统测试中，利用模糊测试技术有目的地构造大量的有效或无效的用户输入数据提交给Web软件系统，同时能够通过多种方式监测Web软件系统的行为，进而分析任何引起软件出现异常甚至崩溃的原因，将有助于发掘软件中的安全漏洞和隐患,最终达到提高 Web 软件的安全性的目的。

相比传统的黑盒测试方法,模糊测试关注任何可能引发未定义或不安全行为的输入,其优点包括简单、有效、自动化程度高以及可复用性强等;黑盒测试通常只对程序的初始状态进行测试,而很多程序缺陷都是隐藏在程序的后续状态中的,不可避免地产生测试数据大量冗余、代码覆盖率不足等缺陷。

9.3 Web 服务自动化测试技术

Web 软件的测试需要花费大量的测试成本,测试效率也不高,而且有些测试单靠手工是无法进行的。因此,自动化测试开始得到广泛关注,通过自动化测试工具,将测试用例生成测试脚本,根据自动化测试的执行流程及测试方法,自动地运行测试脚本,并返回测试结果。和手工测试相比较,自动化测试具备可重复性、高效率等优点。

自动化测试就是采用软件工具实现测试过程的自动化。自动化测试的目的并不是发现新功能的问题,而是检测增加的新功能对原有的功能的影响情况,以及执行一些无法手工测试的情况。一般来说,每个项目的测试量都很大。在测试过程中,很多操作都是重复的、非创造性的,尤其是回归测试,在这种情况下,和人工测试相比,自动化测试更适合完成这些测试任务。

9.3.1 自动化测试的优点

和手工测试相比,自动化测试具有以下优点。

(1) 自动化测试可以执行频繁的测试,更高效地执行测试任务,缩短软件的整个测试周期,让软件可以更快地投放到市场中。

(2) 自动化测试可以实现手工测试无法完成的测试,如负载测试、性能测试等。

(3) 自动化测试的一致性和可重复性,使得测试结果更客观,提高了软件的准确度及可信度。

(4) 可以更好地利用资源。理想的自动化测试可以完全自动执行,测试人员可以将测试任务放在晚上或周末,节省人力资源,降低测试成本,增加有效的测试时间。

(5) 可以解决开发与测试的矛盾。在开发阶段的后期,即集成测试,新发布一个版本,其中系统错误较少,开发人员有时间去等待测试人员的测试结果。自动化测试在软件迭代周期短时,会大大缓解开发与测试的矛盾。

自动化测试的优点是明显的,因此,自动化性能测试工具越来越被重视。比较典型的是 LoadRunner,其能预测系统行为并优化系统性能,是一种工业标准级负载测试工具。它通过模拟上千万用户实施并发负载及实时性能监测,能够对整个企业架构进行测试,从而最大限度地缩短测试时间,优化性能和加速应用系统的发布周期。

9.3.2 自动化测试的局限性

但自动化测试也有局限性,并不能处理所有的测试问题。

(1) 自动化测试是手工测试的补充,并不能实现所有的测试,彻底代替手工测试。在现实中,没有哪个自动化测试工具能达到理想状态,完成所有的测试工作而不需要任何人工干预。在现实中,软件测试大部分工作,特别是业务功能的测试主要还是靠人工,自动化测试只是对手工测试的辅助及补充。

(2) 自动化测试并不能发现新缺陷。现实中,软件的新缺陷越多,自动化测试失败的概率越大。新缺陷检测的主要途径还是手工测试,不能指望自动化测试发现新的缺陷,但自动化测试可以很好地发现老缺陷。

(3) 测试工具的引入并不能立刻降低测试的工作量。自动化测试在软件测试中第一次执行时,任务常常会变得更繁杂更艰巨。只有随着测试执行次数的增加,自动化测试成熟后,通过正确合理地利用测试工具,测试工作量才会逐步减轻,工作效率才会提高。

(4) 并不是所有的测试都可以使用测试工具。每个自动化测试工具都有其适用范围,不能满足所有的测试需求。针对定制性、周期短的软件,自动化测试并不适用,若强制使用,将是一种浪费。自动化测试要反复执行才有效率。

(5) 用户体验类的测试不适合自动化测试。工具毕竟是工具,如果软件中出现一些界面美观、声音体验、操作方便等测试,只能通过人工来测试。

目前,Web 软件系统的自动化测试还是一个较新的研究领域,虽然已有一系列的测试工具得到了应用,但其中大多数测试工具还只是提供诸如语法验证、HTML/XML 验证、链接检查、性能测试、回归测试等静态功能,能很好地模拟用户使用 Web 软件系统的行为对其进行功能测试的工具还很少。

在国外,研究的方向与成果主要是使用形式化标准的规格说明来描述自动化测试 Web 软件系统的方法,对 Web 软件系统进行功能、安全和性能的自动化测试。在国内,研究成果主要有:用代理服务器原理来捕捉/回放客户行为,或者通过数据驱动脚本技术实现测试数据与测试脚本的分离等,来设计自动化测试平台。总体来说,自动化测试对传统桌面应用较为有效,在 Web 测试方面还远远不足以满足应用需要。

本章小结

- 阐述了软件 Web 测试的各个方面。
- 阐述了 Web 自动化测试的范围和要点。

参考文献

[1] 惠斌武,陈明锐,杨登攀. Web 应用系统性能测试研究与应用[J]. 计算机应用, 2011,31(7): 1769 - 1772.

[2] 于莉莉,杜蒙杉,张平,纪玲利. Web 安全性测试技术综述[J]. 计算机应用研究, 2012,29(11): 4001 - 4005.

[3] 马春燕,朱怡安,陆伟. Web 服务自动化测试技术[J]. 计算机科学,2012(2): 162 - 169.

第 10 章　数据驱动的软件持续优化

互联网环境下，软件的验证方式正逐步从软件上线测试转变为基于用户体验的产品验证及持续优化，以系统运行后的数据日志为核心，这里阐述一种数据驱动的软件持续优化方法。

10.1　数据驱动的软件验证方法

10.1.1　软件持续优化需求

软件系统运行阶段的数据是评价和优化软件系统的一个重要指标。系统运行数据反映了软件在实际上线和服务过程中的效率和服务能力，可以用于评估系统功能性需求和非功能性需求的满足情况。

传统的 Web 软件评价方法一般采用页面浏览量、页面留存时间等数值来评估系统访问情况，基于硬件监控数据如 CPU 使用量、I/O 吞吐量、内存占用量等，来评价系统峰值访问等性能。上述方法得出的评价结果能反映系统的当前情况，但缺乏与流程等业务级要素的关联，对功能性需求和非功能性需求的评价较为单一，得出的结果很难应用到软件优化或下个阶段的软件开发中。

流程挖掘是从系统积累的事件日志中进行挖掘，产生系统业务描述模型，并通过挖掘得到的模型可以多角度反映系统的运行情况，将结果应用于后续软件优化及开发中，达到持续交付的目标。图 10 - 1 给出了基于流程挖掘的软件系统持续交付过程。

过程的起点开始于软件开发，经过若干的“需求→设计→实现→测试→部署”迭代，形成稳定的版本后发布。用户在使用软件的过程中，系统通过日志记录了用户访问请求（包括用户 ID、时间戳、请求服务、参数等信息），形成操作日志积累在系统后台。运维等人员可以使用流程挖掘方法对这些用户日志进行分析。

流程挖掘方法可以从多个视角对进行知识挖掘。① 在控制流视角方面，流程挖掘算法分析活动间的关系，描述活动顺序，以 Petri 网或 BPMN 图的形式给出系统的控制流模型；② 在组织视角方面，关注组织、角色、用户的任务关联，形成基于任务的社交关系网络；③ 在

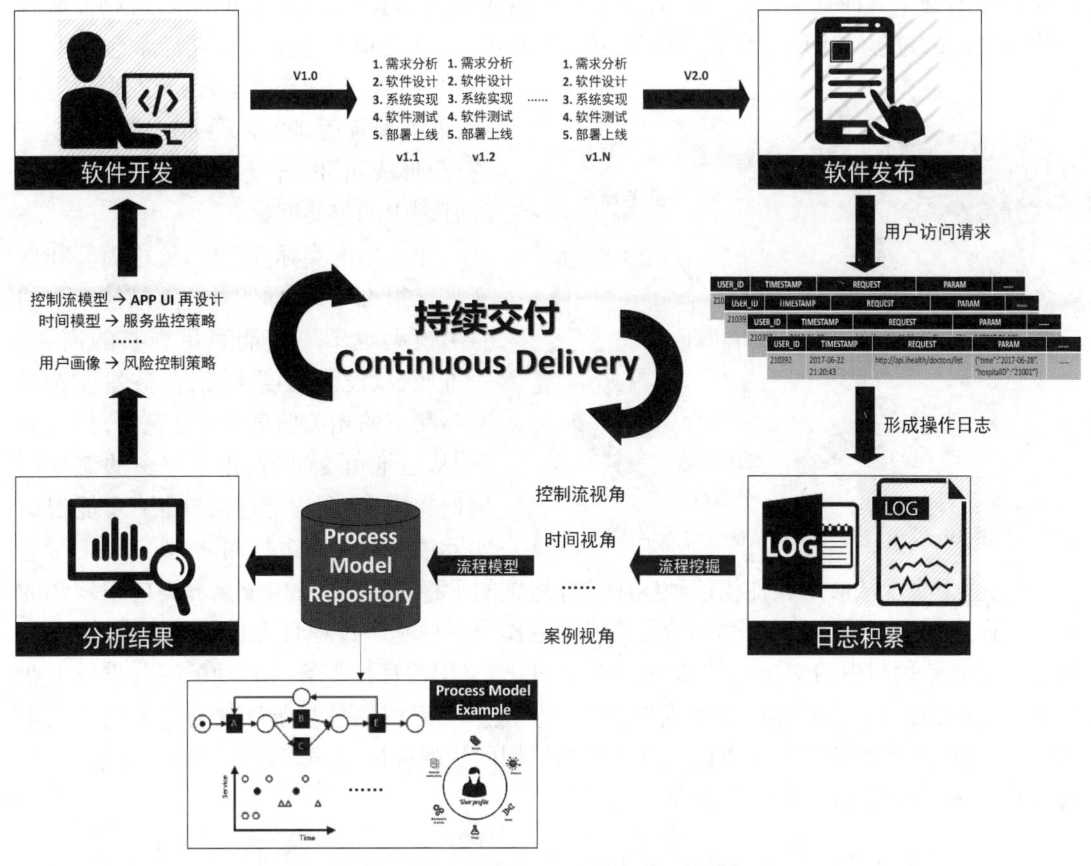

图 10－1　基于流程挖掘的软件系统持续交付过程

案例视角方面，关注某些特定案例的行为和属性，对不同的用户群进行画像；④ 在时间视角方面，关注时间和频率，在服务粒度级别上衡量服务水平、监控资源利用情况，并基于控制流模型和马尔科夫链模型进行预测；⑤ 综合维度，综合各种维度的挖掘以形成复杂模型等。

上述多维度的挖掘结果可以使用于下一阶段的软件开发和监控方面，为软件的交互界面设计、后台服务管理以及整体风险控制策略提供基础。整个过程形成了软件开发过程的闭环，有利于开发人员完善软件，开展新的软件迭代开发计划，实现持续交付，从而使得软件的质量得到逐步提高。

10.1.2　流程挖掘的引入

流程挖掘(Process Mining)思想起源于软件工程领域，后被引入业务过程管理领域，是一个数据挖掘和业务过程管理结合的交叉学科。

流程挖掘是基于数据挖掘的业务流程管理，但不是两种技术的简单混合，其特点主要体现在：数据挖掘技术主要以数据为中心，开展聚类、关联、决策等处理，其可视化工具也往往聚焦于仪表盘和报表的展示，然而，数据挖掘对于业务层面的商务过程，缺乏全面监测和洞察，对于体现动态过程的时序处理，并不能提供组织内端对端的全面展现和理解；业务过程管理套件对于业务支持的智能性不足，建模往往严重依赖于业务专家，属于理想化的设计，对企业动态变化的情况有时帮助不够，也很难体现变更。

流程挖掘是一种基于数据分析的业务模型生成及应用技术,其提出的原因是业务流程全生命周期的过程缺乏闭环反馈。如图 10－2 所示,业务流程的全生命周期经常包括业务建模、系统配置、部署运行、监控管理等过程,然而监控管理的情况如何应用于业务建模、形成闭环、开展持续优化是业务流程管理中的重要问题。

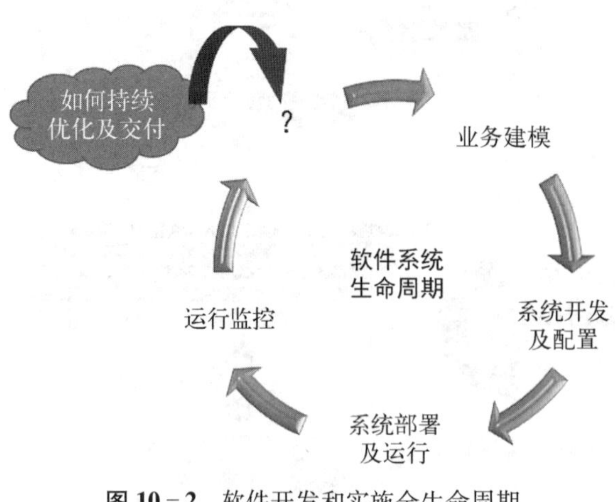

图 10－2 软件开发和实施全生命周期

在应用的实际执行中,流程模型和现实需求很难一致,即使是行业最佳实践的参考模型也不一定能满足现实的需要。一方面,从设计角度来说,业务建模者对实际状态的相关信息也知之甚少;另一方面,从运维角度来看,由于完整的流程建模比较困难,在运行过程中也有可能根据实际情况对流程进行调整。

因此,为实现从应用软件构造到应用软件运维的平稳过渡,针对传统流程类应用软件的开发生命周期中不能持续优化的问题,流程挖掘作为一种基于过程日志自动化建模的方法,通过分析业务过程中的交互记录,即业务过程日志,采用流程挖掘算法自动挖掘并推导出业务流程模型,实现了从事件日志到流程模型的生成。流程挖掘是基于反馈的业务流程优化方法,在业务过程的建模与分析以及基于数据挖掘的软件验证之间建起了一座重要的桥梁,是支持系统持续优化的技术,如图 10－3 所示。

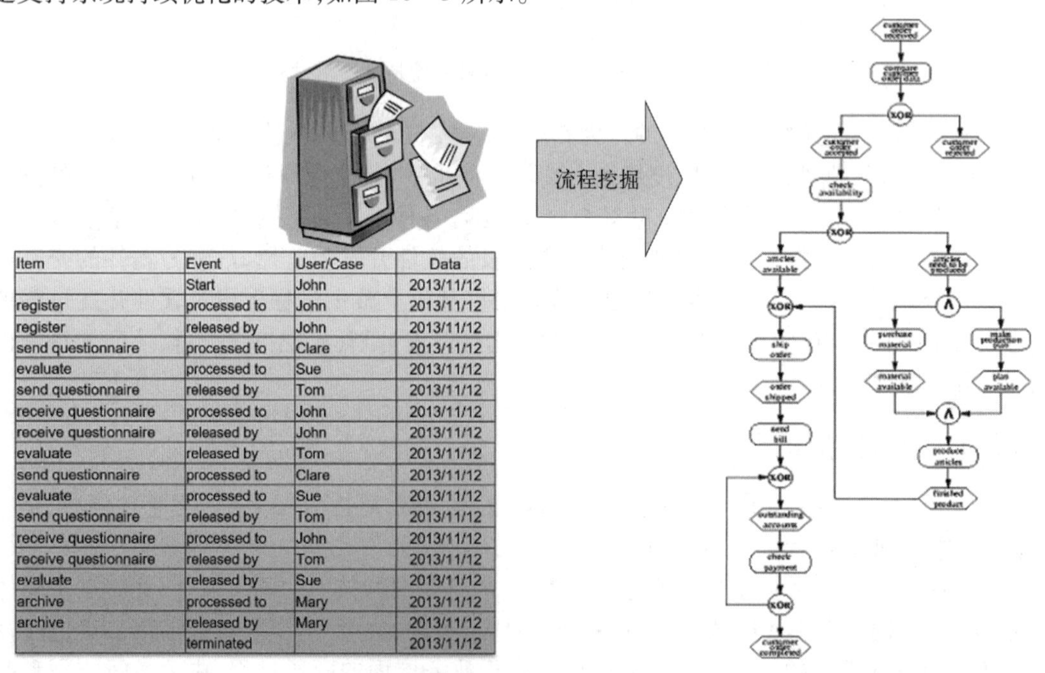

Item	Event	User/Case	Data
	Start	John	2013/11/12
register	processed to	John	2013/11/12
register	released by	John	2013/11/12
send questionnaire	processed to	Clare	2013/11/12
evaluate	processed to	Sue	2013/11/12
send questionnaire	released by	Tom	2013/11/12
receive questionnaire	processed to	John	2013/11/12
receive questionnaire	released by	John	2013/11/12
evaluate	released by	Tom	2013/11/12
send questionnaire	processed to	Clare	2013/11/12
evaluate	processed to	Sue	2013/11/12
send questionnaire	released by	Tom	2013/11/12
receive questionnaire	processed to	John	2013/11/12
receive questionnaire	released by	Tom	2013/11/12
evaluate	released by	Sue	2013/11/12
archive	processed to	Mary	2013/11/12
archive	released by	Mary	2013/11/12
	terminated		2013/11/12

图 10－3 流程挖掘

以业务过程日志数据作为分析的基础,流程挖掘技术可以将业务过程实际运行情况反馈给设计者,避免传统流程模型设计中存在的工作主观性强、工作量大、耗时长和模型不完整等缺点，也可以作为业务过程再造中进行流程治理的一项重要技术，完成模型的优化和再设计。流程挖掘技术结合了数据挖掘和流程建模的优势，通过现有的系统日志数据自动创建流程模型；流程挖掘通过在线模式连接业务，可以很容易地在任何时间点更新，增强了流程模型的时效性。

基于是否有先验模型，可以将流程挖掘分为三类。

其一，流程发现，没有先验模型，基于事件日志数据，可以发现流程模型或流程相关的组织等模型。

其二，合规性分析，有先验模型，检查事件日志中的数据与部署模型的行为匹配程度，分析事件日志和模型之间的差异，作为分析结果。

其三，流程增强，有先验模型，需要一个模型及其事件日志，通过基于数据的信息发现而丰富模型，模型将被扩展到新的方面或维度。

流程挖掘与数据挖掘对比，主要有以下区别。

一是处理的是大量具有时间戳的数据，就像数据挖掘一样，需要处理大量的数据，大数据量巨大很难通过人工来处理及分析，但这些数据具有时间戳、有时序特征。

二是从流程视角开展分析，大多数数据挖掘技术以规则或决策树等形式，从数据中提取出抽象模式，相比之下，流程挖掘会创建完整的流程模型，精确地标注出业务的瓶颈所在。

三是数据的异常反而重要，在数据挖掘中，不符合一般规则的案例会被作为噪声过滤掉，但是在流程挖掘中，对异常的理解是往往是诊断效率低下和改进要点的重要方法。

四是关注于知识发现，在数据挖掘中，模型通常被训练来预测在同一空间中的未来类似实例，在流程挖掘中，发现过程中获得的模型主要用于处理的复杂性，这是流程挖掘的真正价值。

如图 10－4(a)所示，与流程仿真相比，流程挖掘是产生模型以理解当前的系统行为，而流程仿真则是基于已有模型预测系统的将来行为，见图 10－4(b)。

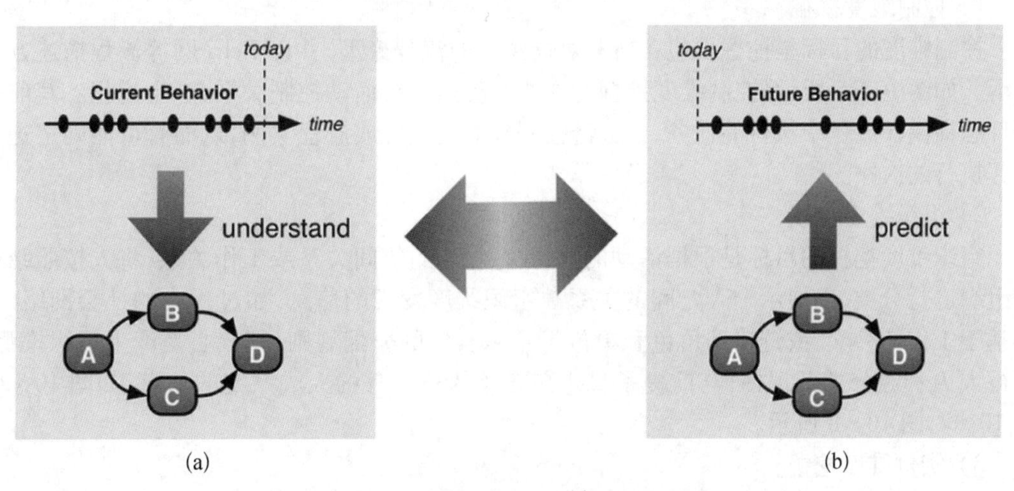

图 10－4　流程挖掘与流程仿真的对比

(a) 流程挖掘；(b) 流程模拟

流程挖掘的用途可以涉及各方面。如对比日志和模型差异的合规性检测;检测瓶颈,分析负荷等流程扩展;预测完成时间的预测模型;计算完成概率、质量特性等运维支持等方面。

从前流程挖掘工具仅限于测量与分析关键性能指标,如过程完成时间、故障率以及频率等,并不能满足流程挖掘与建立模型的需要。之后的各种挖掘工具,如 EMiT、Thumb 和 MiSoN 等均针对不同的挖掘视角或是应用不同的挖掘技术。如今多数工具已被融入新一代的流程挖掘工具 ProM 中[1]。ProM 本身是目前世界上领先的流程挖掘工具,是原生的开源框架,通过 Java 实现,该平台也提供了很多流程挖掘技术作为插件的开放框架。

10.1.3 流程挖掘的基本概念

流程挖掘基于业务过程日志。事件日志是记录系统运行情况的日志,内容主要包括实例数据、活动发生的时间、执行任务的人员或者系统,如表 10-1 所示。所以,系统应用环境中产生的事件日志是成功完成流程挖掘的先决条件。

表 10-1 事件日志必须包含的过程信息

包含项	描述
案例标识 Case ID	一个案例标识符,也称为过程实例 ID,此 ID 的选取依赖于过程所在的业务领域
活动名称 Activity Name	过程中任务(task)或者状态(status)的名称
时间戳 Timestamp	过程中每个活动的开始和结束时间。为了显示活动执行的顺序,至少一个时间戳是必要的

事件日志中的数据类型决定了流程挖掘可以发现的维度,如控制、组织、实例、时间等。为保证流程挖掘结果的准确性和有效性,系统日志数据的预处理显得至关重要,主要包括日志完整性过滤、检测与替换重命名任务、去除噪声、处理概念飘移等。

1）控制维度挖掘

控制维度的目标是挖掘出包含所有可能路径的流程模型,并以 Petri 网等流程描述方式表示。如图 10-5 所示,控制维度挖掘的主要过程是分析活动控制关系,产生流程。其前提是日志提供在流程中执行的任务,任务链接到独立的实例或流程实例,从而有可能确定这些任务执行的次序。

2）组织维度挖掘

组织维度挖掘的目标是根据活动的执行,挖掘出组织间关系或工作关系,将人按照结构或组织进行分类,以展示个人之间的关系。组织维度发现的信息,如过程中的社会网络,可以基于工作的移交,或链接到角色和单位等组织实体的分配规则;其核心是产生组织模型,进行人力资源分类及评估;其前提是日志包含了执行任务的人或系统的信息,如图 10-6、图 10-7、图 10-8 所示。

3）实例维度挖掘

实例维度挖掘的目标是基于过程中的案例,推测将来可能发生的案例情景。例如,执行情况的预测可以根据已完成任务情况开展,同时可以发现特殊案例情况,如图 10-9 所示。

Case ID	Task Name	Event Type	Resource	Date	Time	Miscellancous
1	File Fine	Completed	Anne	20－07－2004	14: 00: 00	…
2	File Fine	Completed	Anne	20－07－2004	15: 00: 00	…
1	Send Bill	Completed	system	20－07－2004	15: 05: 00	…
2	Send Bill	Completed	system	20－07－2004	15: 07: 00	…
3	File Fine	Completed	Anne	21－07－2004	10: 00: 00	…
3	Send Bill	Completed	system	21－07－2004	14: 00: 00	…
4	File Fine	Completed	Anne	22－07－2004	11: 00: 00	…
4	Send Bill	Completed	system	22－07－2004	11: 10: 00	…
1	Process Payment	Completed	system	24－07－2004	15: 05: 00	…
1	Close Case	Completed	system	24－07－2004	15: 06: 00	…
2	Send Reminder	Completed	Mary	20－08－2004	10: 00: 00	…
3	Send Reminder	Completed	John	21－08－2004	10: 00: 00	…
2	Process Payment	Completed	system	22－08－2004	09: 05: 00	…
2	Close case	Completed	system	22－08－2004	09: 06: 00	…
4	Send Reminder	Completed	John	22－08－2004	15: 10: 00	…
4	Send Reminder	Completed	Mary	22－08－2004	17: 10: 00	…
4	Process Payment	Completed	system	29－08－2004	14: 01: 00	…
4	Close Case	Completed	system	29－08－2004	17: 30: 00	…
3	Send Reminder	Completed	John	21－09－2004	10: 00: 00	…
3	Send Reminder	Completed	John	21－10－2004	10: 00: 00	…
3	Process Payment	Completed	system	25－10－2004	14: 00: 00	…
3	Close Case	Completed	system	25－10－2004	14: 01: 00	…

(a)

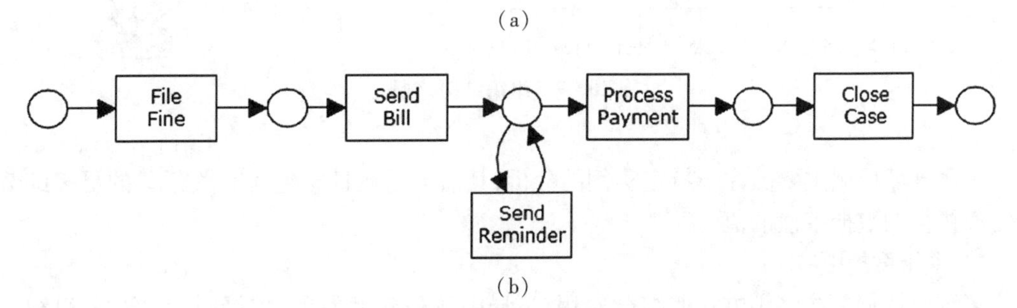

(b)

图 10－5　控制维度挖掘

(a) 原始数据;(b) 控制维度挖掘结果

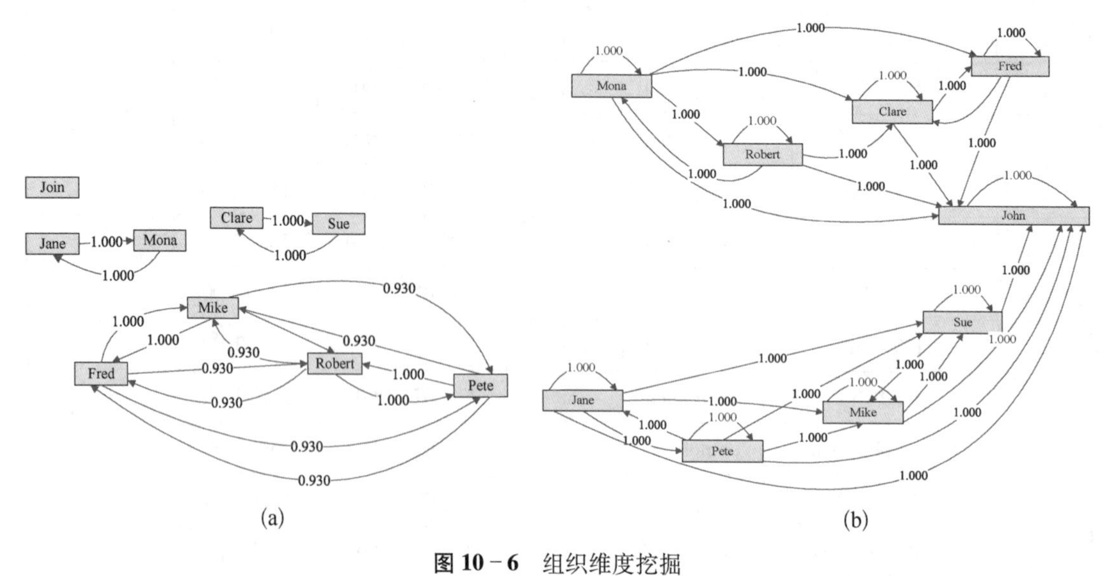

图 10-6 组织维度挖掘

(a) 负责相似活动的人员分组;(b) 经常在一起工作的人员分组

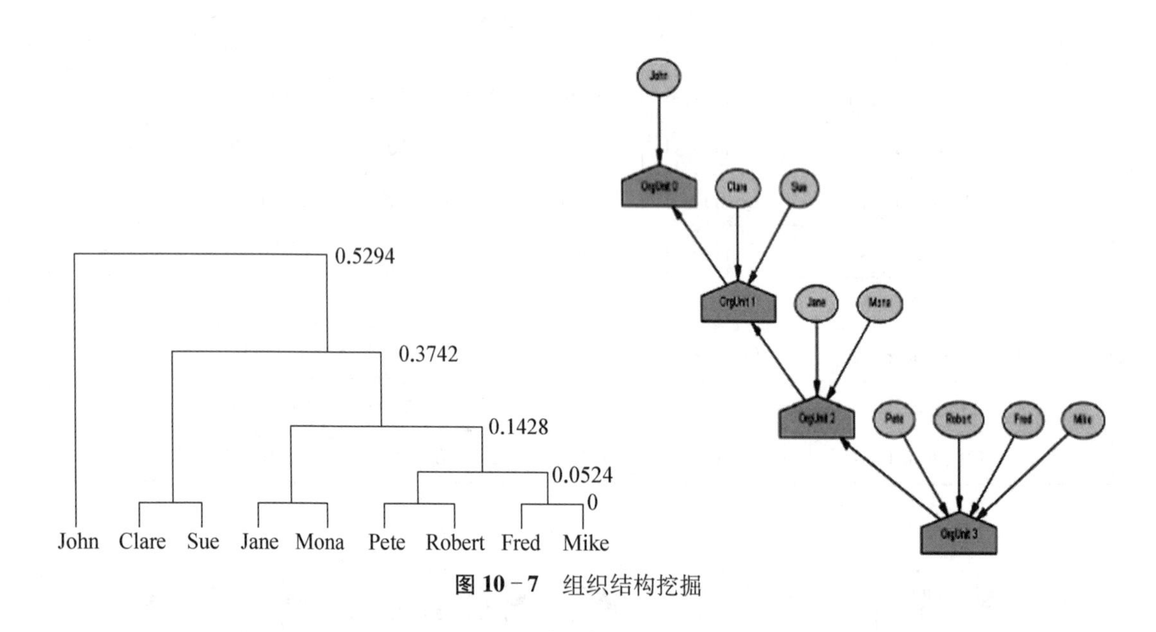

图 10-7 组织结构挖掘

实例维度挖掘主要关注于特定实例的分析,其前提是在日志包含有关任务的更多细节,如任务执行的数据字段的值。

4）多维度挖掘

多维度挖掘关注多种方式的综合使用,不局限流程模型发现,扩展时间、案例、组织,一起作为过程的改进。图 10-10 给出了带有决策的流程挖掘示例,图 10-11 给出了多维度的流程挖掘示例。

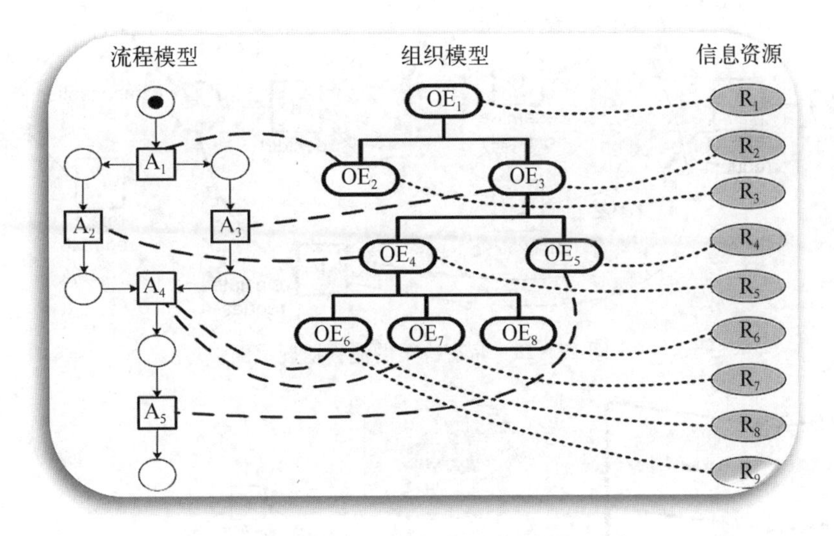

图 10－8　组织维度挖掘的扩展

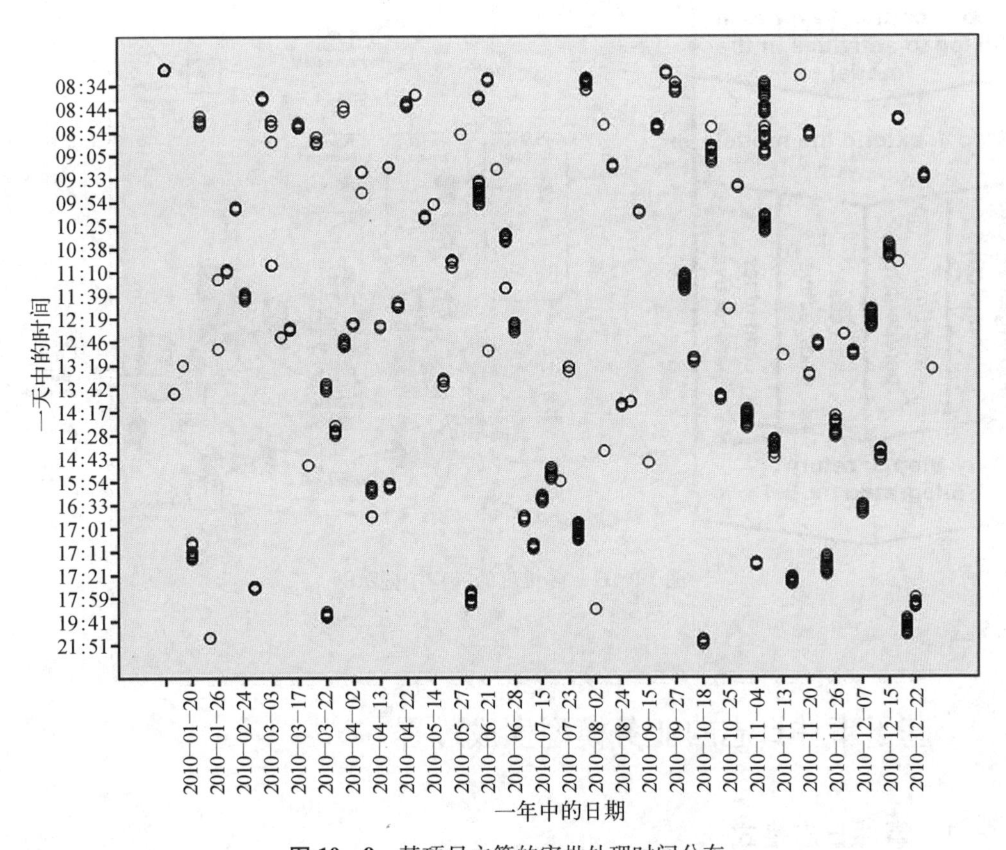

图 10－9　某项目主管的审批处理时间分布

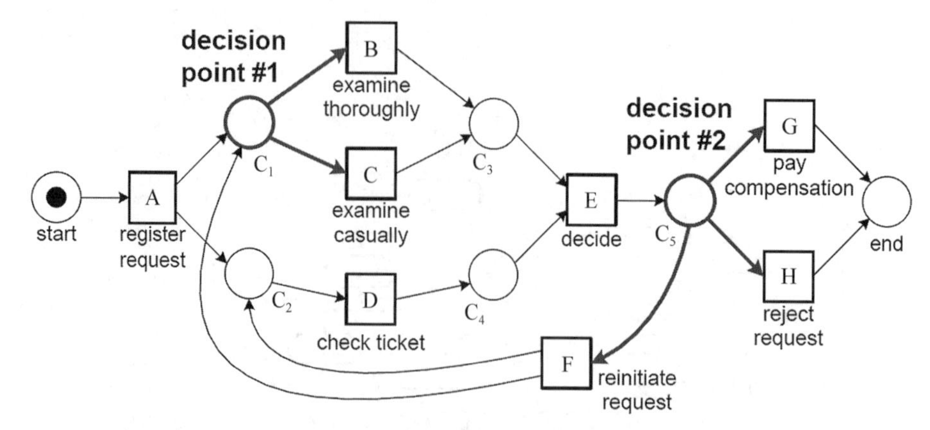

图 10-10　带有决策的流程挖掘示例

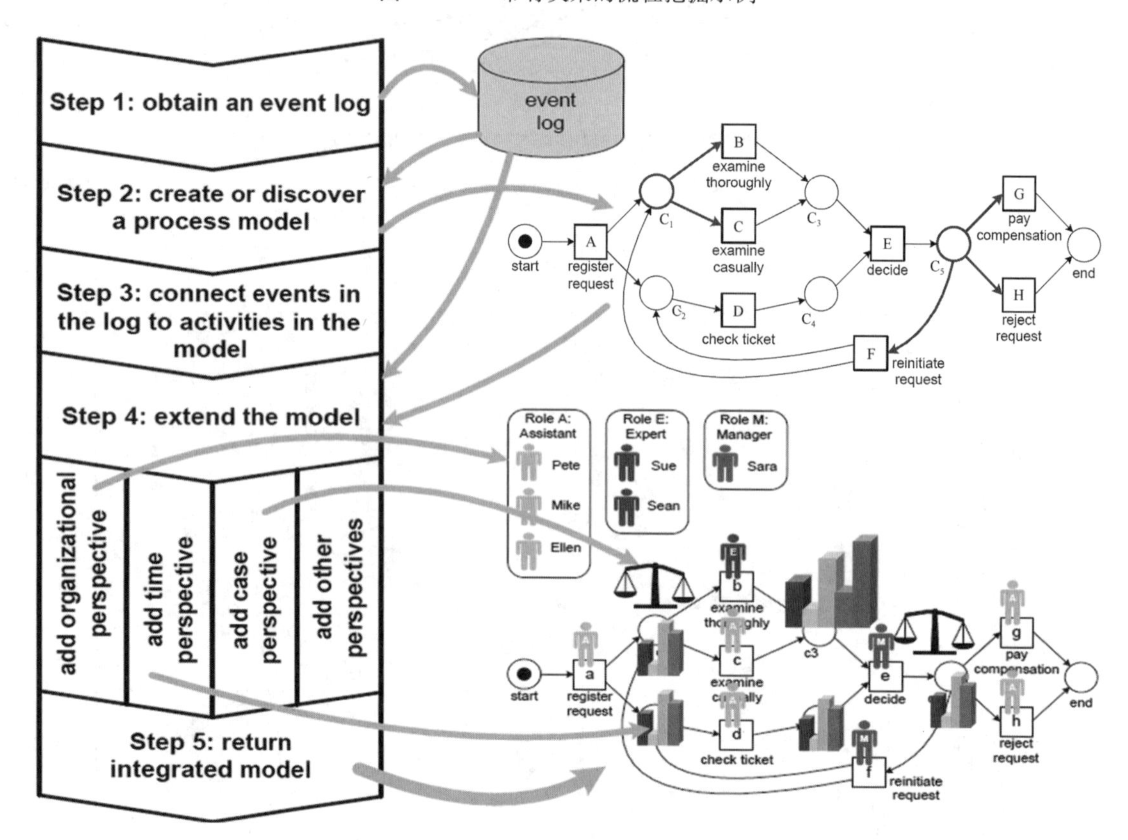

图 10-11　多维度的流程挖掘示例

10.2　基于事件日志的业务模型生成过程

10.2.1　事件日志格式

目前，事件日志存在很多的标准格式。其中，XES（eXtensible Event Stream）[1]是一个用于事件日志的基于 XML 标准的格式,为应用系统产生的复杂事件数据提供一个通用的表示格式,为流程挖掘的开展提供支持。

XES 标准的元模型如图 10－12 所示。

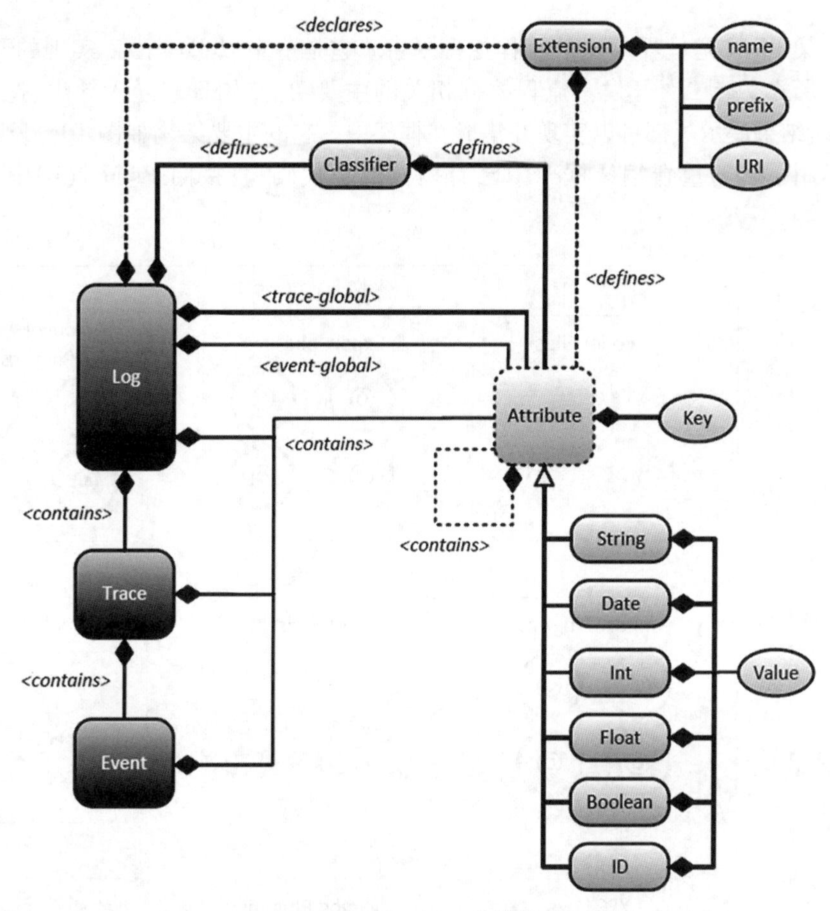

图 10－12　XES 元模型

XES 事件日志的对象,与流程挖掘相关概念的关系描述如下。

(1) Log:事件日志的根节点,与一个特定的流程模型相关联。

(2) Trace:一个 Log 可以包含任意数量的 Trace 对象,每个 Trace 代表一个特定的过程实例。

(3) Event:一个 Trace 可以包含任意数量的 Event 对象,每个 Event 代表一个特定的事件及任务(Task)的执行实例。

(4) Attribute:以上三个对象仅定义了事件日志的基本结构,不包含信息。它们各自都可以包含任意多个属性,所有信息都存储在 Attribute 中。每一个 Attribute 都包含一个其所在作用域内的唯一的 key 以及相应的值,其作用域可以是 Log、Trace、Event 范围内,也可以是全局的。

(5) Event Classifiers:用于定义任意多个 Attribute 的组合,将事件日志中的实例划分类别。根据属性 name 与 status 的值可将事件日志中的实例划分类别。

XES 具有以下特点:① 简单,通过简单的 XML 形式提供信息,使得 XES 事件日志便于生成、解析与理解;② 灵活,适用于任何领域背景;③ 可扩展,针对领域背景的特殊需求,可以进行必要的扩展;④ 表达性好,每个元素都可以附加可解释的语义。

10.2.2 流程挖掘工具 ProM

开源框架 ProM 是世界领先的流程挖掘平台。它是一个以 Java 语言实现的开源框架,通过插件的形式支持二次开发。流程挖掘相关的主要功能,如日志导入导出、挖掘算法构造、日志分析结果展示等都可以实现并集成在框架中。它的主要架构如图 10-13 所示。开发者可以不用了解与重新编译框架中已有插件的源代码,直接向 ProM 框架中添加新的插件。

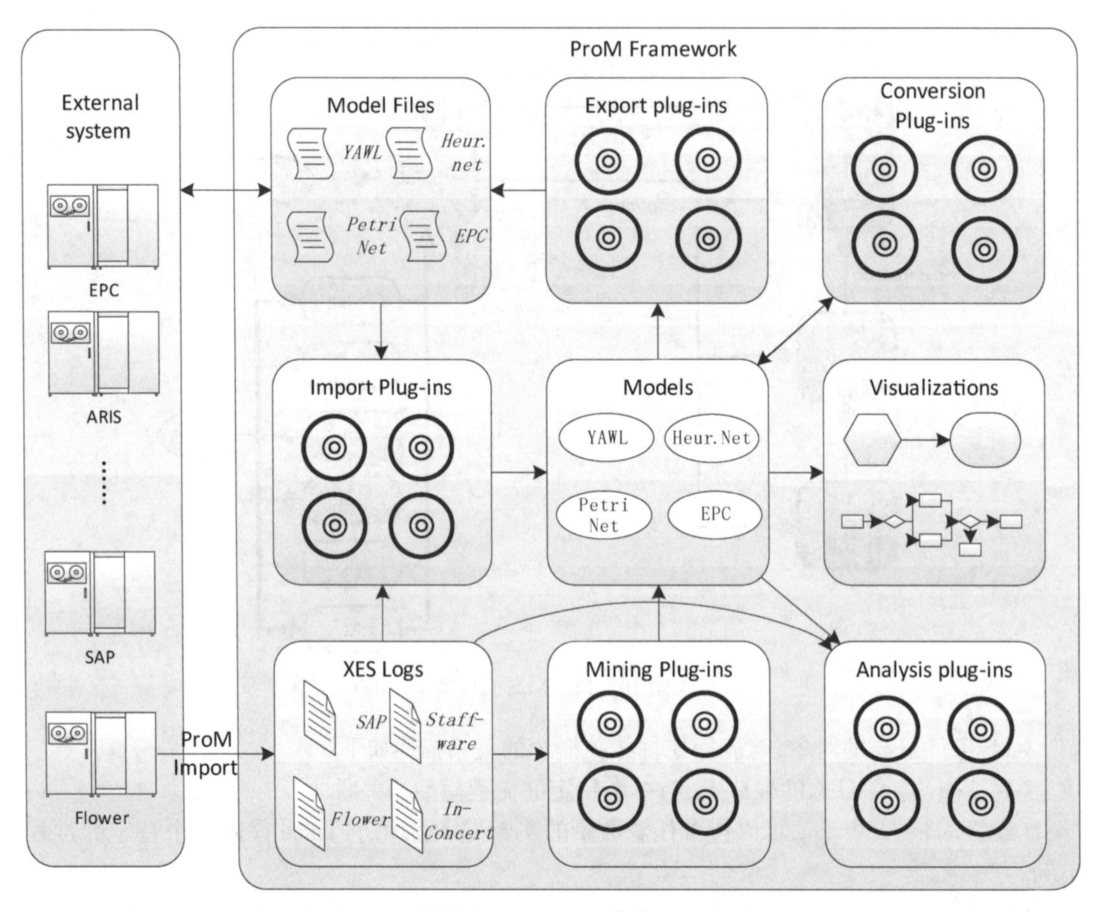

图 10-13 ProM 框架

ProM 框架主要支持以下五种插件类型的设计与开发[10]:导入插件,实现向平台导入特定数据模型的功能;输出插件,实现将流程挖掘的结果保存为特定格式的功能,如 XML 文件等;转换插件,实现不同数据模型之间的转换功能;挖掘插件,基于特定的挖掘算法,实现对过程控制视图的挖掘分析的功能;分析插件,实现对过程日志中存在的特定信息进行一些挖掘分析的功能。

此外,ProM 提供了各种插件的数据信息支撑,开发者基于 MVC 模式,可以开发自己的模型类并自行定义模型展示形式。

在流程挖掘平台 ProM 平台开展流程挖掘，采用 XES 格式，相关的事件日志可以转换为流程挖掘能够处理的格式，具体流程挖掘的过程可以包括以下五个阶段。

1）流程选择准备

选择一个要进行分析和思考的过程，并确定涉及的 IT 系统，开展数据收集，包括在流程执行中涉及的系统相关的数据。根据已确定的相关系统类型，数据可以被存储在多个地方。

2）数据提取及预处理

将数据进行抽取，一些文件格式如 CSV（Comma Separated Values）文件，也可以进行转换，只要包括由流程挖掘的主要信息，如 Case ID、Activity name、Timestamp 等即可，从而创建事件日志 MXML Files。

3）将数据导入支持平台

目前主要的流程挖掘平台是 ProM 平台，ProM 是目前世界上领先的流程挖掘工具，是原生的开源框架，通过 Java 实现，该平台也提供了很多流程挖掘技术作为插件的开放框架。

4）选择相关挖掘算法

根据应用需要，选择合适的流程挖掘算法，实现流程挖掘。

5）挖掘结果的导出及分析

选择合适的流程模型，将结果导出，如 Petri 网模型、事件依赖模型等。

10.2.3　流程挖掘算法

目前，流程挖掘相关算法包括流程模型重构、组织视图挖掘以及过程监控与评价等方面。其中，流程模型重构算法分为单步重构法（如基于 Petri 网的 α 算法）和多步重构（如基于遗传算法的挖掘算法）。这些方法存在以下缺陷：挖掘工作仅参考日志信息，忽略了建模时的先验知识；业务过程会随时间推移变更，可能取消已有的任务，导致在新增的一段日志中已不存在该任务日志记录，由于该任务曾经被记录在已有日志中，故在更新模型中，该任务也会被挖掘出来；大部分的挖掘算法都假设日志数据具备高可靠性，但实际的日志数据无法避免地包含一些噪声，例如错误或不完整的日志数据，这便要求挖掘算法具有识别异常过程实例的功能。

近年来，流程挖掘领域出现了大量的挖掘算法，如面向控制流视角的 α 算法[3]、α^+ 算法[4]、启发式算法[5][6]、Fuzzy Miner 算法[7]，面向组织视角的社交网络发现算法[8]，以及较为复杂的基因流程挖掘算法、基于区域的挖掘算法。各类挖掘算法从多个角度分析事件日志得出流程模型，其对待挖掘日志的质量要求也有所不同。因此，在流程挖掘算法的选择方面应当充分考虑待挖掘日志的质量和分析目标。

主要的流程挖掘算法有 Alpha Miner，Alpha$^+$、Alpha^{++}、Alpha#，FSM Miner，Fuzzy Miner，Heuristic Miner，Multi Phase Miner，Genetic Process Mining（基因流程挖掘算法），Region-based Process Mining（基于区域的挖掘算法）。

1）一个典型的流程挖掘算法

流程挖掘算法有很多，主要是通过关系逐步推导得到相关流程模型的过程，这里以一个典型的 α（Alpha）算法进行分析讨论。

（1）α（Alpha）算法具体处理过程。在流程日志实例中，两个活动间的关系有以下类型，根据时序，有三种关系：无关系、顺序关系和并行关系。根据两两活动之间的关系推理，多个活动之间的可以确定逻辑关系。

如有三个活动，活动A、活动B、活动C：如果A与B是顺序关系，A与C也是顺序关系，而B与C是并行关系，则说明工作流模型中存在一个AND-Split结构；如果A与C是顺序关系，B与C也是顺序关系，而A与B并行关系，则说明在工作流模型中存在一个AND-Join结构；如果A与C是顺序关系，B与C也是顺序关系，而A与B是无关系，则说明工作流模型中存在一个XOR-Join结构；如果A与C是顺序关系，B与C也是顺序关系，而A与B并行关系，则说明在工作流模型中存在一个AND-Join结构。

这些推导过程放在一起，如图10-14所示。引入关系演算的表示如图10-15所示。

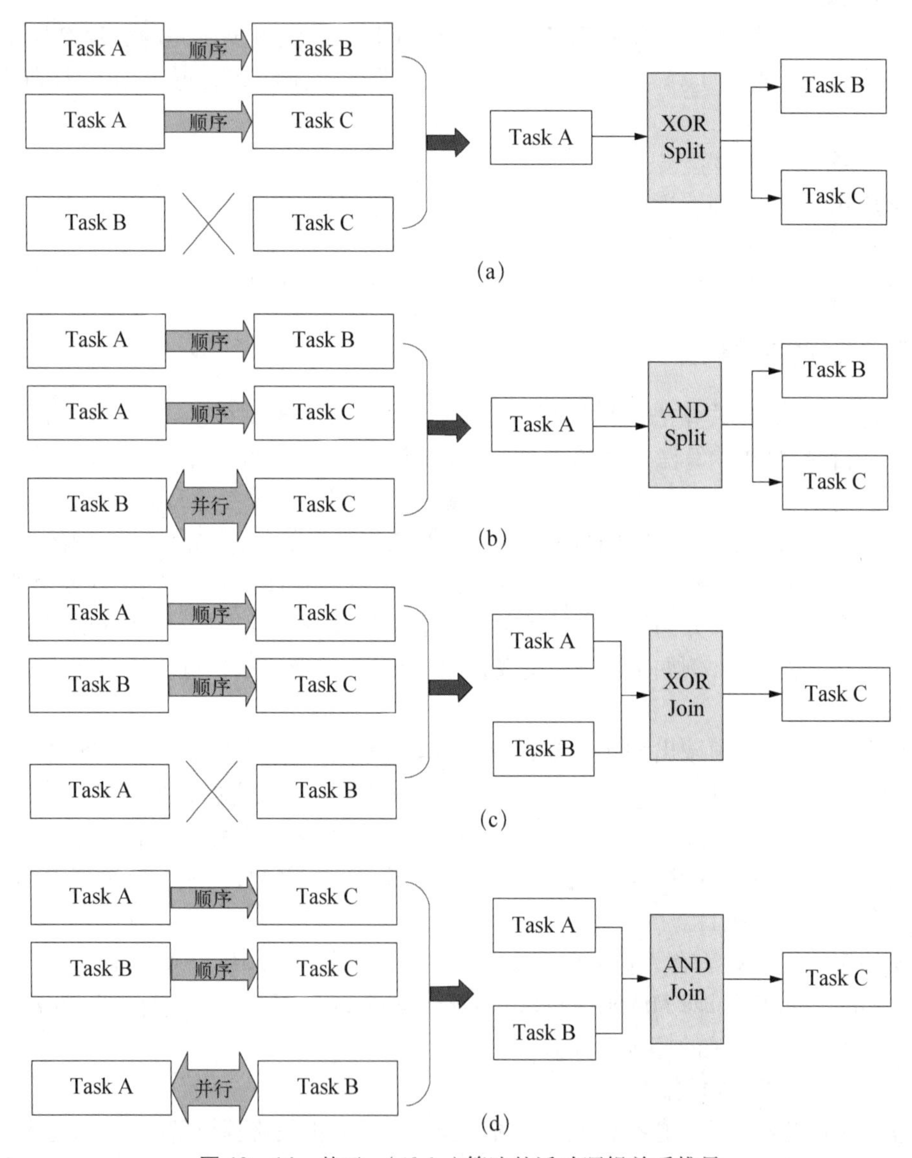

图10-14 基于α（Alpha）算法的活动逻辑关系推导

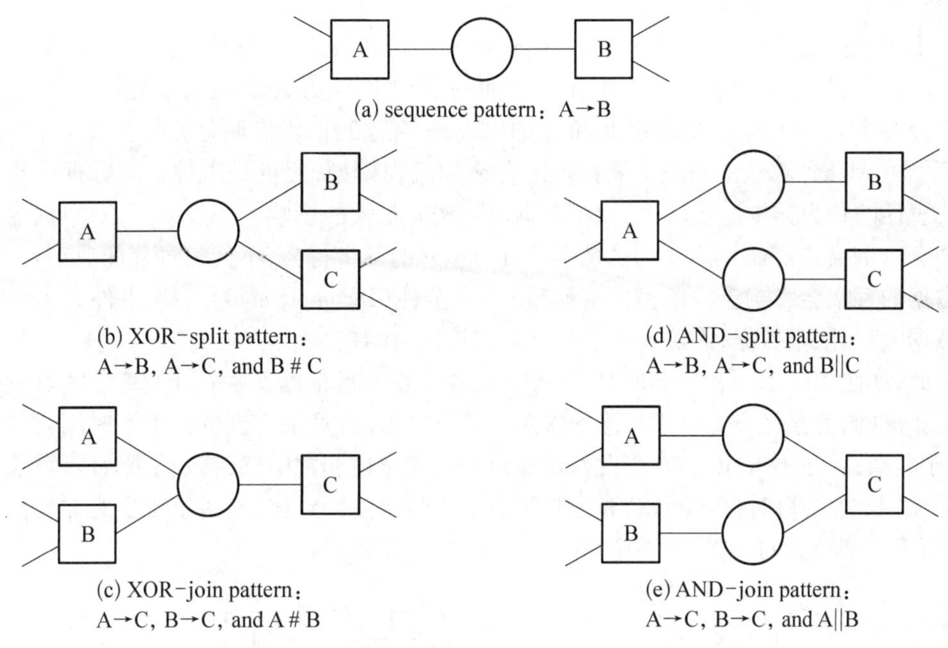

图 10-15　引入关系演算的活动逻辑关系求解

一个 α(Alpha)算法应用的例子如下。该例涉及收到物品及请求、检查物品、保养检修、通知客户、修理、支付通知、放弃修理、返回物品等八个相关活动以及九个用户，分别用活动 A、B、C、D、E、F、G、H 代替活动名称，具体用户以用户名 Jia、Yu、Bi、Ding、Wu、Ji、Geng、Xin、Ren 等代替，如图 10-15 所示。

将表 10-2 的日志事件数据转换为成活动序列，或者说 Trace，可以表示为：$(ABCDEFH)^2$、$(ACBDEFH)^2$、(ACBDGH)、(ABCDGH)，进一步根据活动的关系判断，可以扩展出各活动之间的关系。

表 10-2　**一个案例的事件轨迹**

案例编号	日志事件轨迹(Trace)
1	(A,Jia),(B,Yu),(C,Jia),(D,Wu),(E,Ding),(F,Xin),(H,Wu)
2	(A,Jia),(B,Bi),(C,Jia),(D,Ji),(E,Geng),(F,Ren),(H,Ji)
3	(A,Jia),(C,Jia),(B,Ding),(D,Wu),(E,Yu),(F,Xin),(H,Wu)
4	(A,Jia),(C,Jia),(B,Bi),(D,Ji),(G,Ji),(H,Ji)
5	(A,Jia),(C,Jia),(B,Geng),(D,Ji),(E,Bi),(F,Ren),(H,Ji)
6	(A,Jia),(B,Yu),(C,Jia),(D,Wu),(G,Wu),(H,Wu)

① 顺序关系指流程中总是出现 B 紧接着 A 发生，则认为 A 和 B 是顺序关系；

② 并行关系指在流程中，时而活动 A 紧接着 B 发生，时而 B 紧接着 A 发生，即 A 和 B 之间没有时间先后，认为 A 和 B 是并行关系；

③ 选择关系指流程中极少出现 B 紧接着 A 或 A 紧接着 B 的情况，则认为 A 和 B 是选

择关系；

④ 因果关系指在所有流程轨迹中，对于活动 A 和 B，如果 B 总是紧接着 A 或是在 A 发生后不久发生，并且极少出现 B 发生在 A 前面的情况，则认为 A、B 是因果关系；

⑤ 无关系指流程中极少出现 B 和 A 的出现具有随机性，没有明显关联关系。

（2）α（Alpha）算法的讨论。要挖掘出合适的流程模型，假设是事件日志数据中包含了具有代表性的行为样本。实际上，原始数据对算法有很大的影响。一般来说，对数据的评价常常会有以下描述：噪声（Noise）：是事件日志包含的稀少行为，不代表过程的典型行为，这部分数据的存在会影响流程模型的准确度；不完全性（Incompleteness）：如事件日志包含的事件数据太少，限于数据，无法发现一些基本的控制流结构。

因此，如图 10－16、图 10－17 所示，α 算法的主要不足根据文献在于：算法能够发现一大类工作流网，前提是日志对于日志的次序关系是完备的；算法得到的模型有时图元连线太多，过于复杂；算法不考虑次数，因此对于噪声和不完全性非常敏感，特别是原始 α 算法在处理短循环（长为 1、2）时存在问题；算法基于活动的两两关系对比，有时很难摆脱非局部依赖问题，限于局部数据的关联，不够全面。

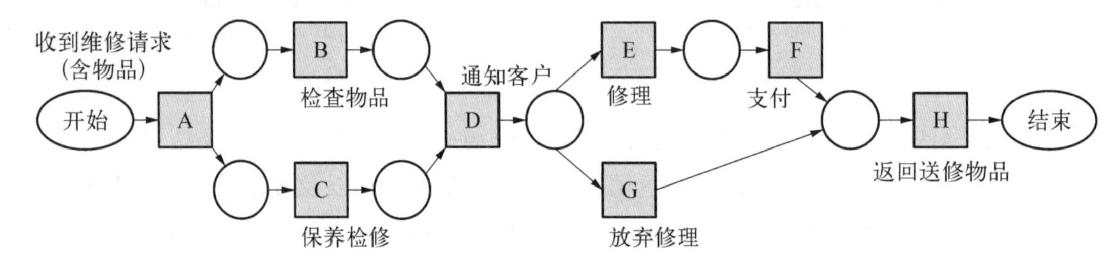

图 10－16 基于 α 算法的流程生成实例

$$L_8 = [\langle a, b, d\rangle^3, \langle a, b, c, b, d\rangle^2, \langle a, b, c, b, c, b, d\rangle]$$

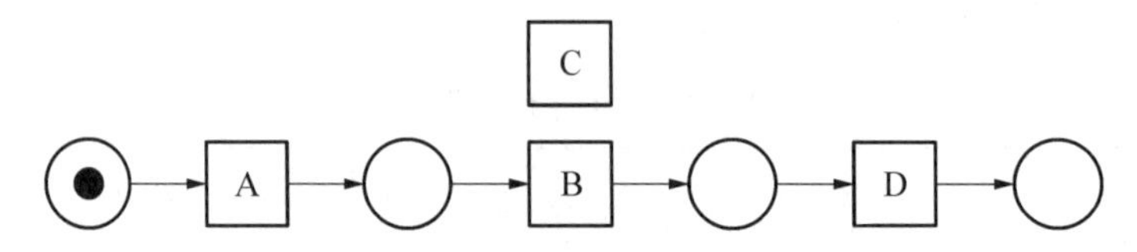

（因为 1,2 循环存在而导致的离散活动 c）

图 10－17 α 算法处理短循环时的不足

$$L_9 = [\langle a, c, d\rangle^{45}, \langle b, c, e\rangle^{42}]$$

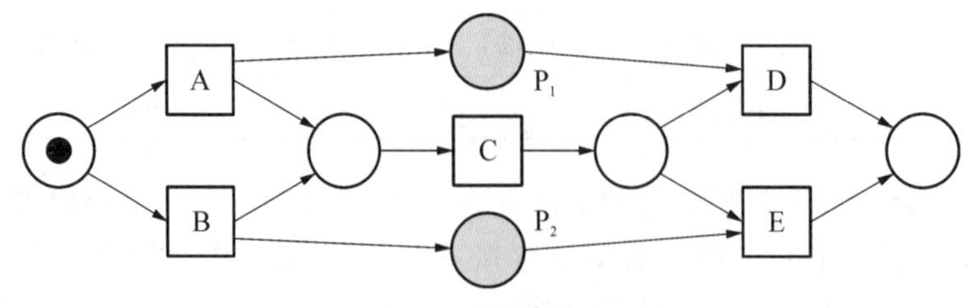

（无法发现阴影的库所 P_1，P_2）

图 10－18 α 算法的非局部依赖问题

可以看出，α 算法简单，也容易操作，但原始数据对算法的影响很大。

2）两种极端的挖掘算法策略

从流程挖掘算法的策略来看，可以有两种极端的策略：局部和全局。

（1）局部策略（Local Strategies）主要是基于局部信息逐步开展的最优化模型。一个典型的例子是 α 算法，只有非常局部的关于事件之间的二元关系的信息被使用。

（2）全局策略（Global Strategies）主要基于对最优模型的一次搜索。一个典型的全局搜索策略的例子是基于遗传搜索的最佳流程模型创建过程。一个遗传搜索可以从一个完整流程模型的种群开始。因为候选模型的质量或适应性会被计算，通过比较流程模型与所有的路径轨迹，在工作流日志中的搜索过程会变得非常全局化。

3）流程挖掘算法划分

其他类似的流程挖掘算法还包括如下几种。

（1）模糊挖掘：设定不同的阈值实现多层次活动的生成及展示。

（2）启发式挖掘：将不频繁的路径从模型生成中去掉，建立因果依赖使模型更好地被表述。

（3）基于区域的挖掘：可以进一步分为基于状态、基于语言等类别，是一种典型的区域挖掘方法。

（4）遗传流程挖掘：不确定的挖掘方式，通过迭代来模仿自然演变。通过初始化、选择、繁殖、结束等方式实现遗传算法和流程挖掘的结合及应用。

遗传流程挖掘的基本过程如图 10－19 所示。

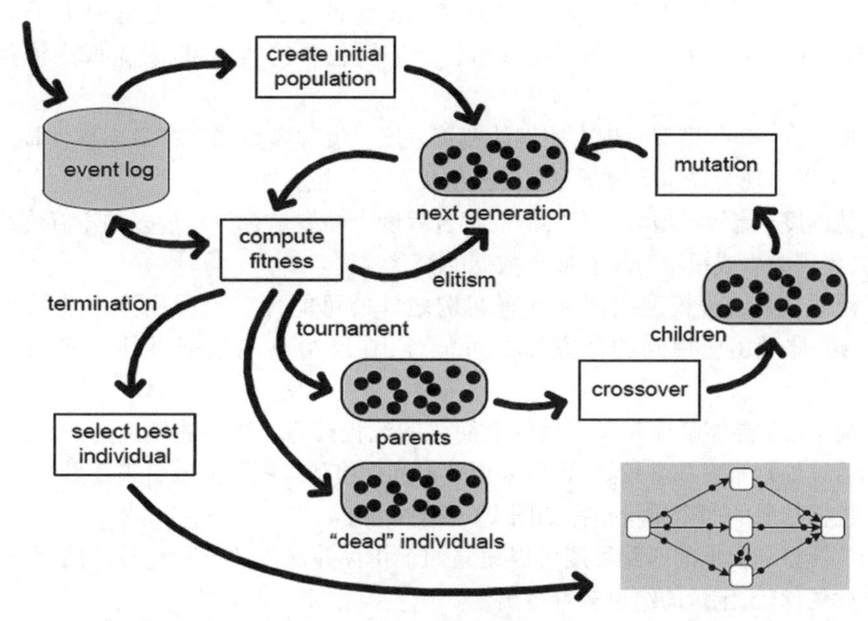

图 10－19　遗传流程挖掘过程

流程挖掘算法主要处理的是带有时序的活动数据，因此相关算法的选择可以从活动局限、数据特点以及处理方式来分类。

算法的活动局限主要可以从算法是否支持并发活动、循环处理、静默活动、重复活动、带或分叉及合并的活动、非自由选择行为、层次结构等活动来区分。

算法的数据特点主要从算法是否能处理噪声，以及对数据完备性依赖程度来分类。

算法的应用处理方式主要分为直接处理、多阶段处理、计算智能方法、近似处理等类别。

在此基础上可以对算法进行分类管理，帮助有效选择合适的过程挖掘算法。当然这只是一些基本的划分，实际情况要复杂很多，需要多种算法结合使用。

10.3　流程挖掘结果分析

数据挖掘中，往往将数据集分为两部分，一部分作为训练学习的样本，另一部分作为测试数据，开展交叉测试。相应的结果可以根据实际结果的对应程度，建立包括错误率、准确率以及精确度、召回率等方式对结果进行分析比较，前提是输入输出都是数据。对于流程挖掘，输入是数据，输出是模型，如何对流程挖掘结果进行比较和分析，如何对流程挖掘结果的质量建立相应的指标，以比较挖掘算法的差异，这就是对挖掘结果进行指标分析的过程。

10.3.1　流程挖掘结果的质量指标

采用不同流程挖掘算法得到的流程模型可能不同，但这些不同模型如何评价，需要建立流程挖掘结果的质量指标，采用类似交叉测试的方式开展。这里列出了流程挖掘通常使用的四个质量指标[9]，基于输入事件日志所包含的实例，以及生成的流程模型来描述。

（1）拟合度：流程模型对现有实例的覆盖程度。流程模型能支持日志事件描述的行为得以发生，可以体现为描述实例所建立的模型集覆盖范围大小。

（2）精确度：流程模型与现有实例的符合程度。模型是否包括过多的不存在事件日志中的行为，体现为生成模型对现有样本数据的符合程度。

（3）泛化度：流程模型应用到已有实例之外的可能性。流程模型不能局限于所给的样本数据，体现出应用到类似方面的可能性，在所给日志数据以外的实例的适用可能性。

（4）简洁度：能够解释现有实例的最简化的流程模型。能描述模型的图元越少，模型可读性和后续处理难度都会较好，可以采用节点和连接弧等图元的数量来衡量。

流程挖掘结果的四个质量指标如图 10-20 所示。

我们从模型和数据的匹配程度可以建立四个指标并加以评价和比较。然而，很多时候更多是定性的比较，定量的结果较难得出。

10.3.2　流程挖掘结果的分析比较

下面以一个例子说明不同流程模型的质量特性，表 10-3 表示，一个日志对应活动系列。

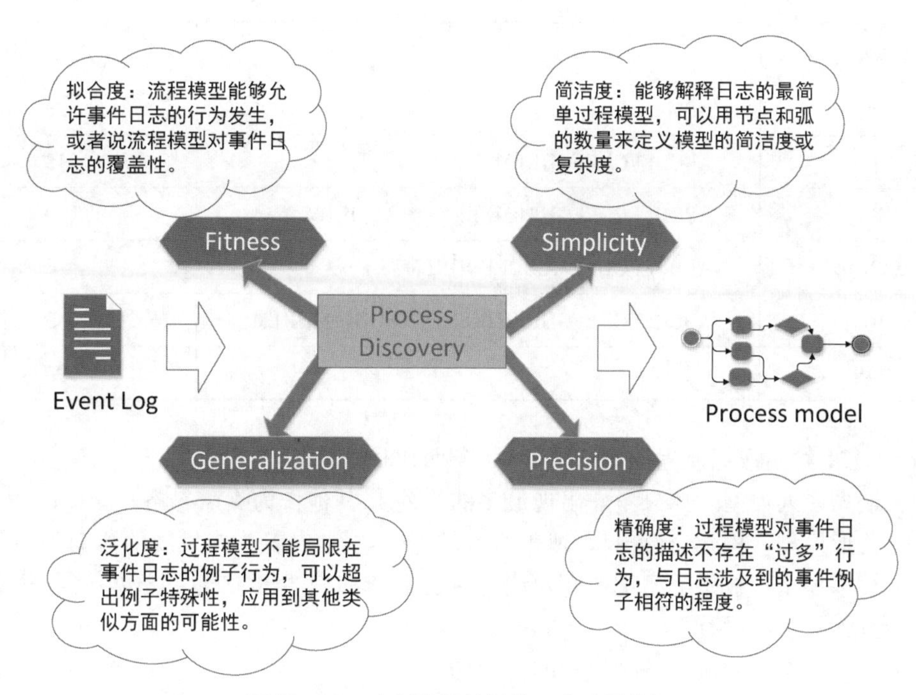

图 10－20　流程挖掘结果的四个质量指标

表 10－3　一个医疗系统的活动编码

活　　动	活动编码	活　　动	活动编码
挂号	A	检验	H
首次就诊	B	检查	I
开单	C	报告(生成)	J
开方	D	报告审核	K
收费	E	报告发布	L
配药	F	最后一次就诊	M
发药	G		

表 10－4　某日志的活动系列实例

活动系列序号	活　动　系　列	出 现 次 数
1	ABDCEFGIJKLM	469
2	ABCDEFGIJKLM	355
3	ABDEFGM	44
4	ABCHIJKBDEFM	38
5	ABCIJKBIJKBDEFM	33

续 表

活动系列序号	活 动 系 列	出 现 次 数
6	ABM	23
7	ABCDEFGDEFGIJKLM	13
8	ABCDEFGDEFGIJKLMCDEFGDEFGIJKLM	8
9	ABDCEFGIJKLMCBDEFGIJKLM	7
10	ABCDEFGDEFGIJKLHJKLMCDEFGDEFGIJKLM	3
总数		993

图 10-21 给出根据流程挖掘结果可总结出的四类模型。

(1) 最大系列模型。如只考虑出现最多的系列 1,其他作为噪声忽略。

(2) 花形模型。构建花形模型,覆盖所有的可能类型,包括尚未发现的活动系列。

(3) 枚举模型。枚举类型把所有发现的活动系列都表述出来,这里还好只有发现的 20 种类型,省略掉大部分情况。

(4) 均衡模型。协调了各种指标的一个均衡模型。

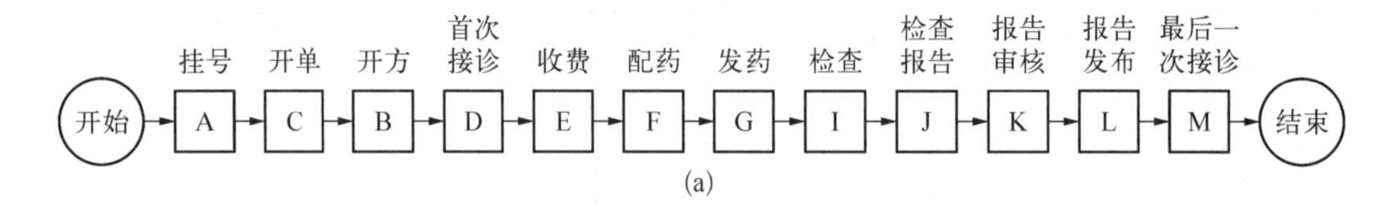

(a)

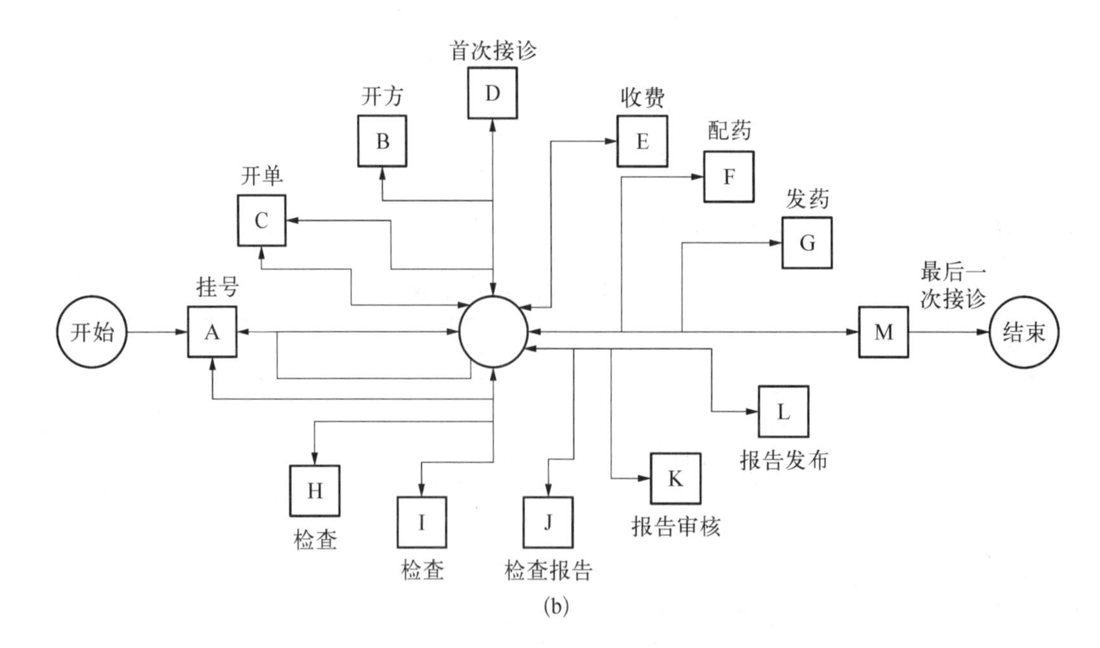

(b)

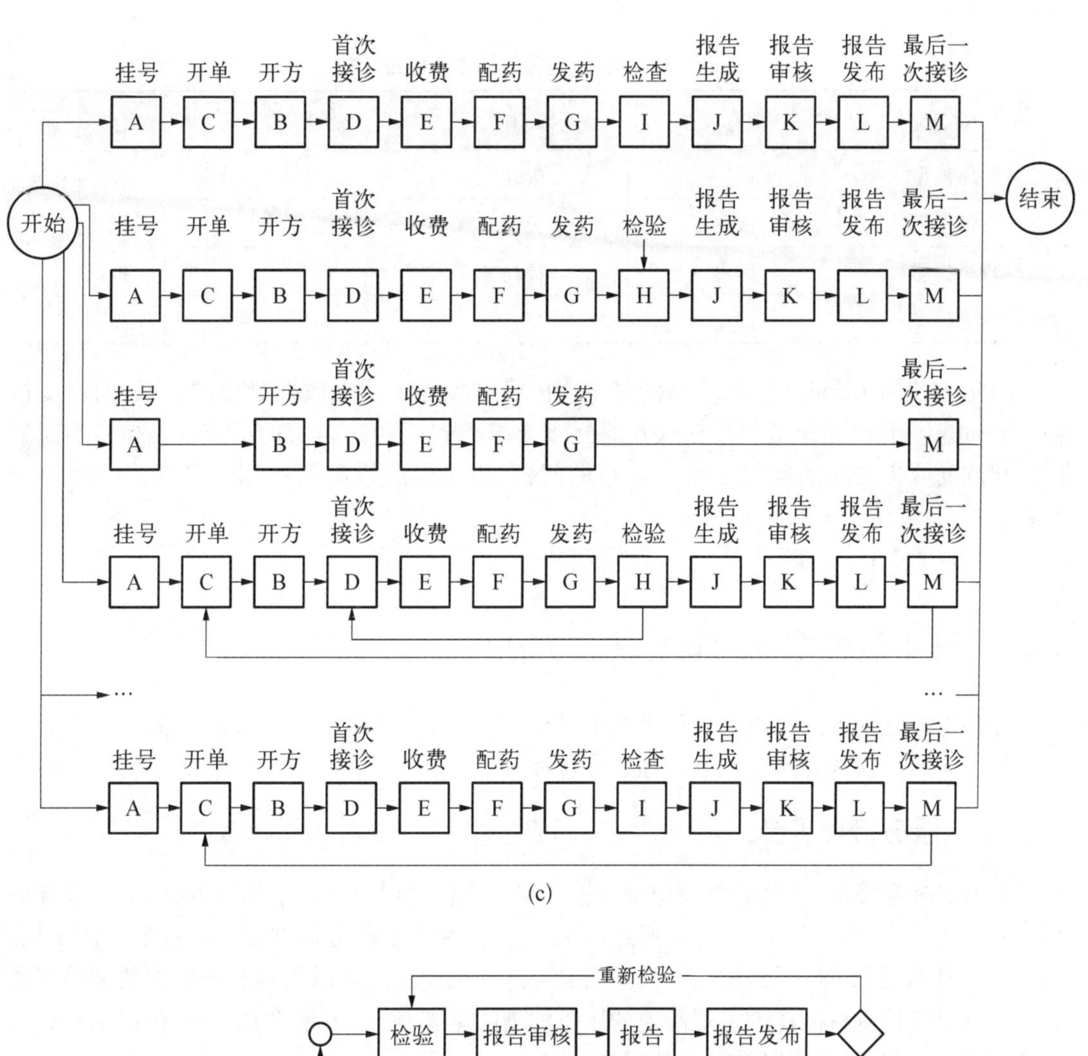

(c)

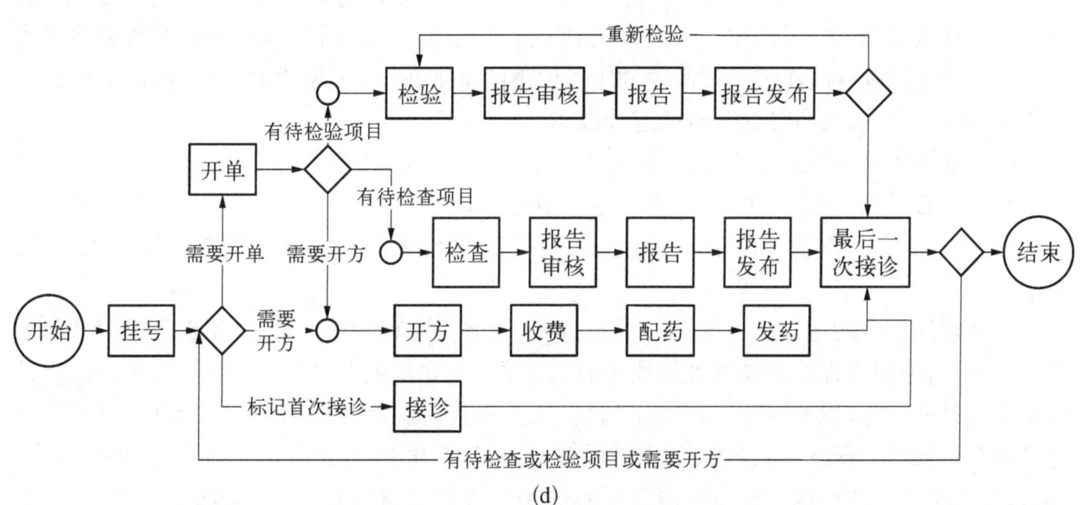

(d)

图 10－21　根据流程挖掘结果的不同模型

(a) 最大系列模型;(b) 花形模型;(c) 枚举模型;(d) 均衡模型

按照极低、低、中、高、极高五种程度的定性划分，四种模型的比较如表 10 - 5 所示：

表 10 - 5　不同流程模型的质量特征比较

模型简称	拟合度	精确度	泛化度	简洁度
顺序模型	低	极高	极低	高
花形模型	极高	极低	极高	极高
枚举模型	极高	极高	低	极低
普通模型	高	高	高	高

因此，欠拟合(Under-Fitting)指的是生成的模型没能展示出数据隐含的关系，而过度拟合(Overfitting)指的是模型和数据过分耦合，导致模型缺乏更广范围的适应性。如何实现欠拟合和过度拟合之间的平衡是一个复杂的问题，也是生成模型的适用性和通用性的协调问题。

10.4　基于流程挖掘的软件优化方法

流程挖掘技术可以应用于软件系统的持续优化，这里分别给出了流程挖掘在后端服务以及前端应用方面的应用优化方法和处理过程。

10.4.1　服务治理平台

在云服务环境下，平台通常会记录和描述服务执行过程中所产生的事件，即产生服务运行的日志记录。日志记录可以包含服务的执行信息、相关的业务数据以及服务的调用信息。通过分析日志记录可以得到相应的反馈信息。这些反馈信息可以指导服务资源的调整与优化。因此日志记录可以作为实现高效的服务治理的基础，通过实际数据分析，保证了业务与服务资源的一致性，从而降低平台的运维成本。

随着强调资源弹性的云计算的快速发展，云平台运行时动态的服务治理是运维人员关注重点。在流程挖掘基础上，这里构造了服务治理平台[11][12]作为云平台支撑。服务治理平台的输入是服务运行时信息，输出是基于挖掘结果的服务治理策略，如图 10 - 22 所示。

服务治理平台的运行过程如下。首先，将服务运行过程中所产生的服务日志记录作为输入。其次，采用流程挖掘技术处理服务日志记录，得到相关业务流程模型、服务执行统计信息等。然后，通过服务治理反馈模型的指导，生成具有针对性的服务治理策略。最后，这些策略被反馈到云服务平台的服务集成及运行应用环境之中，以此指导服务的持续改进。同时，服务治理平台可能需要与云服务平台中的其他模块进行交互协作，如租户管理、业务模型库、服务库等。服务治理平台可以看作一个对服务运行时信息进行过滤与分析，并生产出服务治理策略的数据处理模块。

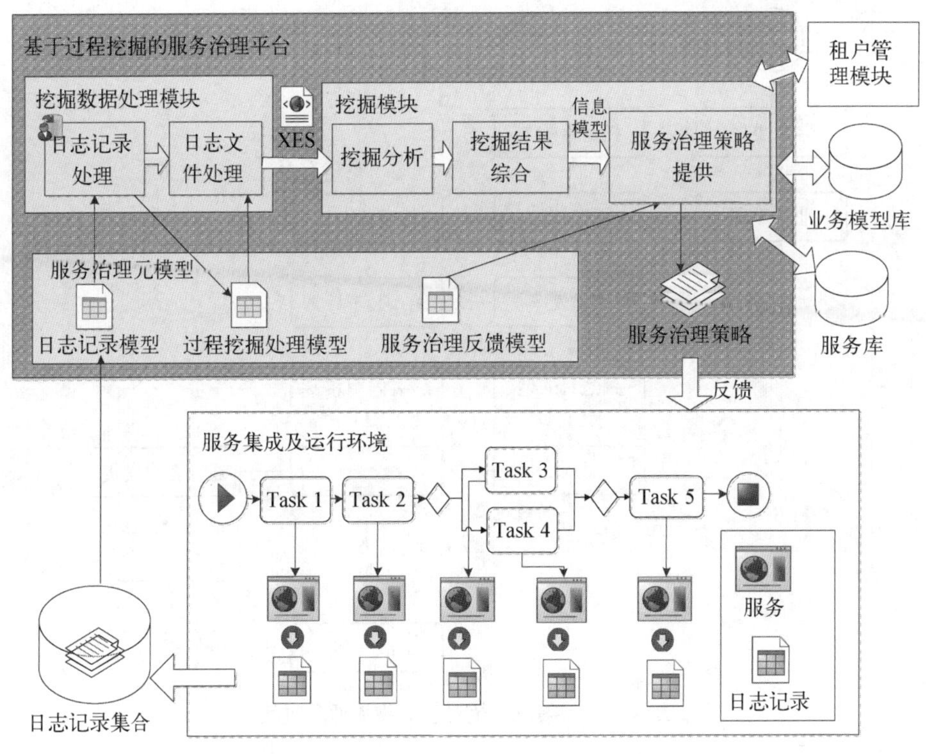

图 10－22　基于流程挖掘的服务治理平台

10.4.2　服务治理应用实例

下面结合某交通物流的流程来说明服务治理平台的处理过程。

在某交通物流云服务平台中，各服务模块是具有一定业务处理功能，具有独立 UI 界面的独立运行的应用子系统。这些子系统功能相对独立，可以用来装配以构造新的系统。它能够满足不同租户按需自定义业务流程，并以此编排、组合服务模块生成系统应用的需求。某应用的预定义物流业务流程模版如图 10－23 所示。其中，每个节点代表流程中的一个任务，且与一个服务实例进行了绑定。

基于流程挖掘的服务治理过程通过以下步骤开展。

步骤 1：挖掘数据处理

首先，将云平台中该租户的主要存储数据映射为流程挖掘处理模型，如表 10－6 所示。

表 10－6　云平台数据与流程挖掘处理模型映射

交通物流云服务平台数据	流程挖掘处理模型
业务过程模板	ProcessModel 与 Task 实体
服务日志记录	TaskInstance 与 Messages 实体
服务模型信息	ServiceDef 与 ServiceLevel 实体
各类资源信息	BusinessResource 的扩展实体
平台租户信息	Tenant 与 TenantLevel 实体

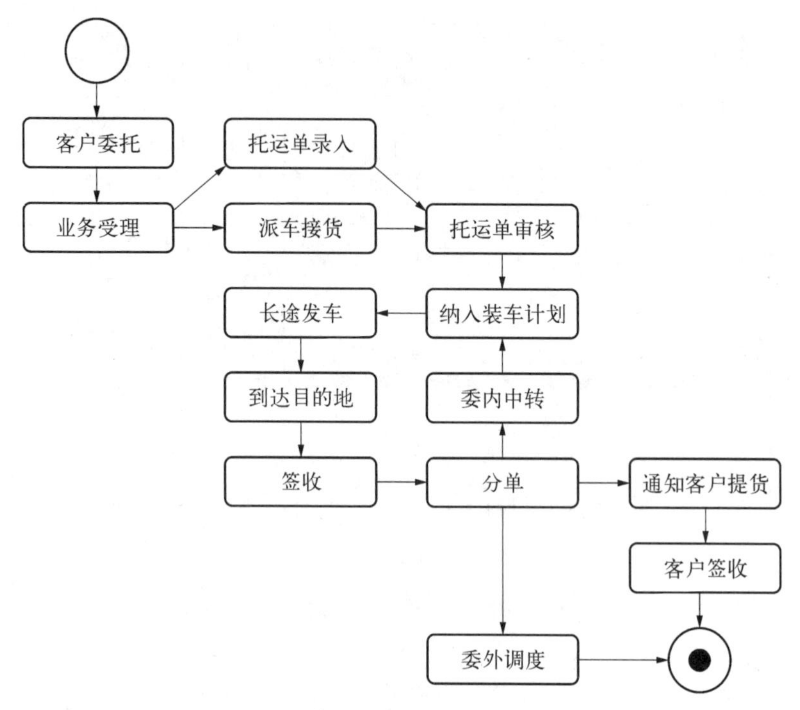

图 10－23 集成系统对应的物流业务过程

由于处于交通物流领域，应用环境中的实体类资源主要包括三类：货物、运输工具与派送人员。信息类资源主要是系统产生的各种电子单据，如客户订单、装车计划、货运单等。BusinessResource 被映射为各种资源对应的数据表。

其次，根据服务日志记录模型从平台服务日志记录中筛选出所需要的最小信息集，并用于与流程挖掘处理模型的映射。根据预设时间段：20130601－20130731，筛选出符合条件的服务日志记录，构建 XES 标准事件日志，文件片段如图 10－24 所示。其中包括表示过程实例的标签<trace>，事件的标签<event>。事件属性依次包括：任务名称、时间戳、执行服务标识、租户标识、任务类型。

```
<trace>
    <string key="concept:name" value="物流运输业务流程"/>
    <string key="description" value="Process Instance"/>
    <event>
        <string key="concept:name" value="客户委托"/>
        <date key="time:timestamp" value="2013-06-01T12:23:00.000+01:00"/>
        <string key="service" value="serNo_130623khwt"/>
        <string key="org:resource" value="tenNo_677"/>
        <string key="message" value="mesNo_130623khwt_m001"/>
        <string key="lifecycle:transition" value="completed"/>
    </event>
```

图 10－24 XES 事件日志文件片段

步骤 2：基于实例挖掘的分析

如图 10－25 所示，在平台原型内选择分析插件 CaseAnalyzPlugin。左侧选择插件输入为标准事件日志 TransitionLogisticLog。插件分析后，则会生成输出结果，即右侧部分所示的各类中间数据模型 IDTMAP，主要包括服务信息统计、资源与服务关系统计以及执行单位与服务关系统计。

图 10－25　基于实例挖掘插件 CaseAnalyzePlugin

如图 10－26 所示，服务信息统计界面展示出此次平台开展工作的时间段被设置为 20130601－20130731。在此时间段内，存在 13 个服务被租户系统调用。同时，所有的服务调

ProM 6　IDTMAP Visualiz　Create new...

服务信息统计　资源与服务关系统计　执行单位与服务关系统计

	服务标识	统计时间段	调用总数（次）	失效总数（次）
01	客户委托	20130601-20130731	100442	0
02	业务受理	20130601-20130731	98224	0
03	托运单录入	20130601-20130731	94980	0
04	派车接货	20130601-20130731	96067	0
05	托运单审核	20130601-20130731	103925	0
06	纳入装车计划	20130601-20130731	92643	0
07	长途发车	20130601-20130731	94805	0
08	到达目的地	20130601-20130731	99607	0
09	签收	20130601-20130731	91923	0
10	分单	20130601-20130731	112561	0
11	通知客户提货	20130601-20130731	93546	0
12	委内中转	20130601-20130731	105902	0
13	客户签收	20130601-20130731	97082	0

图 10－26　服务信息统计界面

用都没有出现过错误。其中，被调用次数最多的是“分单”服务。其次，被调用次数相对较多的是 “托运单审核”与“委内中转”服务。

如图 10－27 所示，资源与服务关系统计界面显示，“业务受理”服务与货物一类实体类资源相关联，“派车接货”服务与货物和运输工具两类实体类资源相关联，“纳入装车计划”服务与运输工具一类实体类资源相关联，“通知客户提货”服务与派送人员一类实体类资源相关联。

ProM 6　IDT Visualizer　Create new...

服务信息统计　资源与服务关系统计　执行单位与服务关系统计

资源类别	服务标识	出现总数（次）
实体资源 货物	业务受理	98224
实体资源 货物	派车接货	96067
实体资源 运输工具	派车接货	96067
实体资源 运输工具	纳入装车计划	92643
实体资源 派送人员	通知客户提货	93546

图 10－27　资源与服务关系统计界面

步骤 3：基于控制视图挖掘分析

如图 10－28 所示，通过插件 ControlflowMiningPlugin 挖掘事件日志文件 TransitionLogisticLog，得到业务流程模型。与原有流程模型对比，可见“委外调度”服务在预设时间段内没有被系

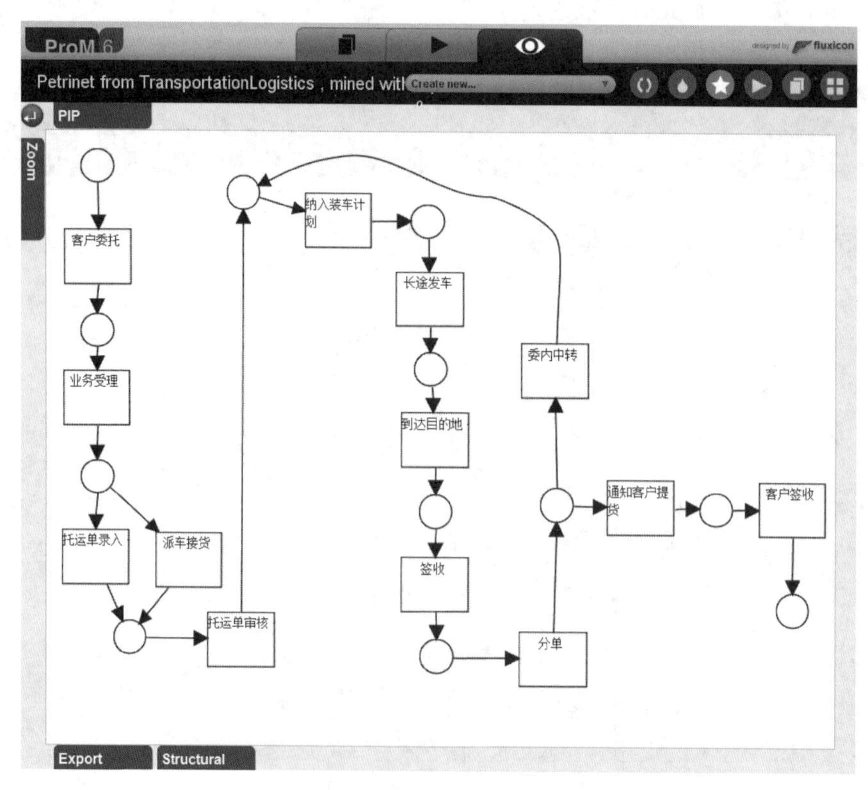

图 10－28　业务流程模型

统调用过。

步骤 4：挖掘结果综合建模

如图 10－29 所示，通过插件 IntegrateInfoPlugin 对服务信息统计模型进一步处理，生成服务信息模型。可见，所有服务都是可访问的可靠的。服务的吞吐量平均值在 1 600 左右。其中，“托运单审核”“分单”以及“委内中专”是吞吐量相对较高的服务。

	服务标识	统计时间段	可访问性	可靠性	吞吐量（次/天）
01	客户委托	20130601-20130731	true	true	1674
02	业务受理	20130601-20130731	true	true	1637
03	托运单录入	20130601-20130731	true	true	1583
04	派车接货	20130601-20130731	true	true	1601
05	托运单审核	20130601-20130731	true	true	1732
06	纳入装车计划	20130601-20130731	true	true	1544
07	长途发车	20130601-20130731	true	true	1580
08	到达目的地	20130601-20130731	true	true	1660
09	签收	20130601-20130731	true	true	1532
10	分单	20130601-20130731	true	true	1876
11	通知客户提货	20130601-20130731	true	true	1559
12	委内中转	20130601-20130731	true	true	1765
13	客户签收	20130601-20130731	true	true	1618

图 10－29　服务的统计信息

如图 10－30 所示，通过插件 IntegrateInfoPlugin 对服务信息模型、业务流程模型以及流程模型中任务与服务关系的综合处理，生成服务关系模型。其中，每个节点上都标识了服务名称以及此阶段内服务的吞吐量，单位次/天。被标注为黄(深)色方框的节点，代表此阶段内高吞吐量的服务。

在此基础上，对服务的任务独立度、涉及资源、调用用户，以及流程的变更进行对比，如图 10－31 所示。

根据计算的结果，以及服务的类型产生治理策略，如图 10－32 所示。

步骤 5：服务治理策略提供

如图 10－33 所示，根据该云服务平台中本租户的业务需求，设置服务级别标准。

各服务级别标准设定形式中的量化指标如下：设定形式 3－1 中，Value[0,10)；设定形式 3－2 中，Value[0.9,1]；设定形式 3－3 中，L1[1 000,1 200)，L2[1 200,1 700)，L3[1 700,2 000)；设定形式 3－4 中，L1[1,3)，L2[3,5)，L3[5,7)；设定形式 3－5 中，L1[0,2)，L2[2,3)，L3[3,5)。

如图 10－34 所示，根据综合挖掘结果与服务治理策略模版，得到治理策略文档集合。主要包括左侧的服务级别信息表与资源调整建议文件以及右侧的服务关系模型描述 XML

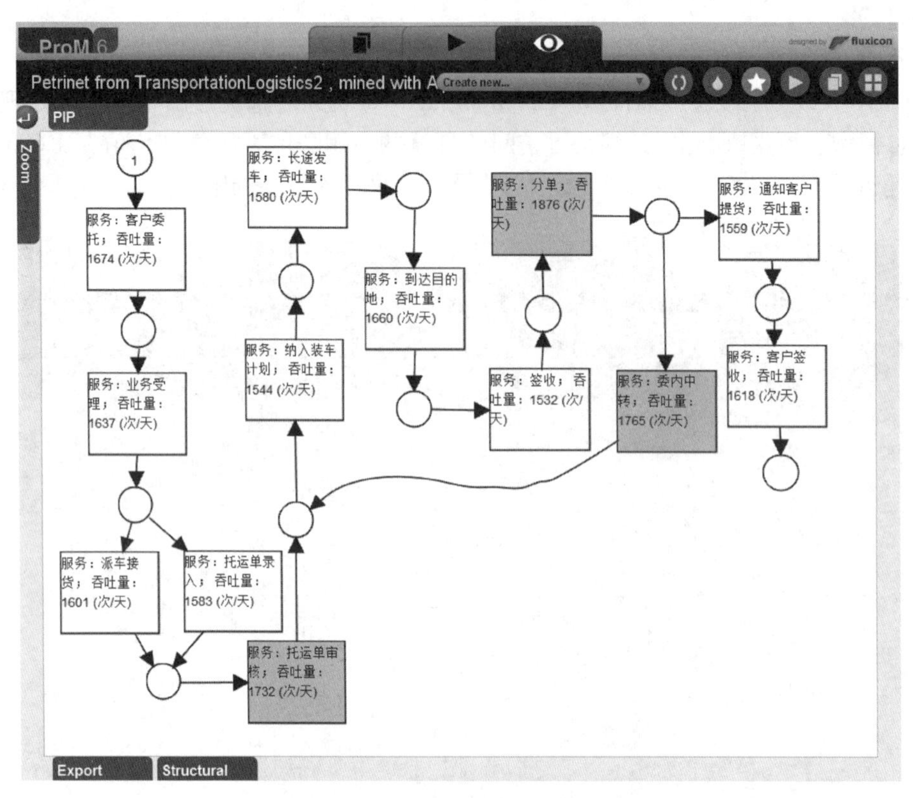

图 10－30　服务关系模型

Task Code and Name	Execution numbers	Task Dependence Degree Analysis	Involved Resources	Involved User	Process Change
01 customers entrust	1574	One in and out		Client	no
02 business acceptance	1637	One in and Two out			no
03 sending lorry	1601	One in and out	Lorry		no
04 consignment note recording	1583	One in and out	Input Order	Client	no
05 consignment note checking	1732	Two in and one out			no
06 adding loading plan	1544	Two in and one out			no
07 departure	1550	One in and out			no
08 arrival	1660	One in and out			no
09 signing	1532	One in and out			no
10 distributing consignment note	1676	One in and Two out			no
11 transit	1785	One in and out			no
12 notifying customer to deliver	1550	One in and out	Complete Order	Client	no
13 customer signing	1618	One in and out		Client	no

图 10－31　服务特性分析

任务编号及名称 (Task Code and Name)	执行次数 (Execution numbers)	服务独立度分析 (Service Dependence Degree)	服务类别划分 (Service Type Classification)	服务治理策略 (Governance Strategies)
01 customers entrust	1574	1574	Common	No change
02 business acceptance	1637	2379	Fork	Enhance Rank 3
03 sending lorry	1601	1685	interaction	Enhance Rank 1
04 consignment note recording	1583	1685	IO and interaction	Enhance Rank 1
05 consignment note checking	1732	2458	Join	Enhance Rank 2
06 adding loading plan	1544	2549	Join	Enhance Rank 2
07 departure	1550	1602	Common	No change
08 arrival	1660	1541	Common	No change
09 signing	1532	1638	Common	No change
10 distributing consignment note	1676	2433	Fork	Enhance Rank 2
11 transit	1785	1610	Common	No change
12 notifying customer to deliver	1550	1647	IO and interaction	Enhance Rank 1
13 customer signing	1618	1618	interaction	No change

图 10 - 32　服务治理策略产生

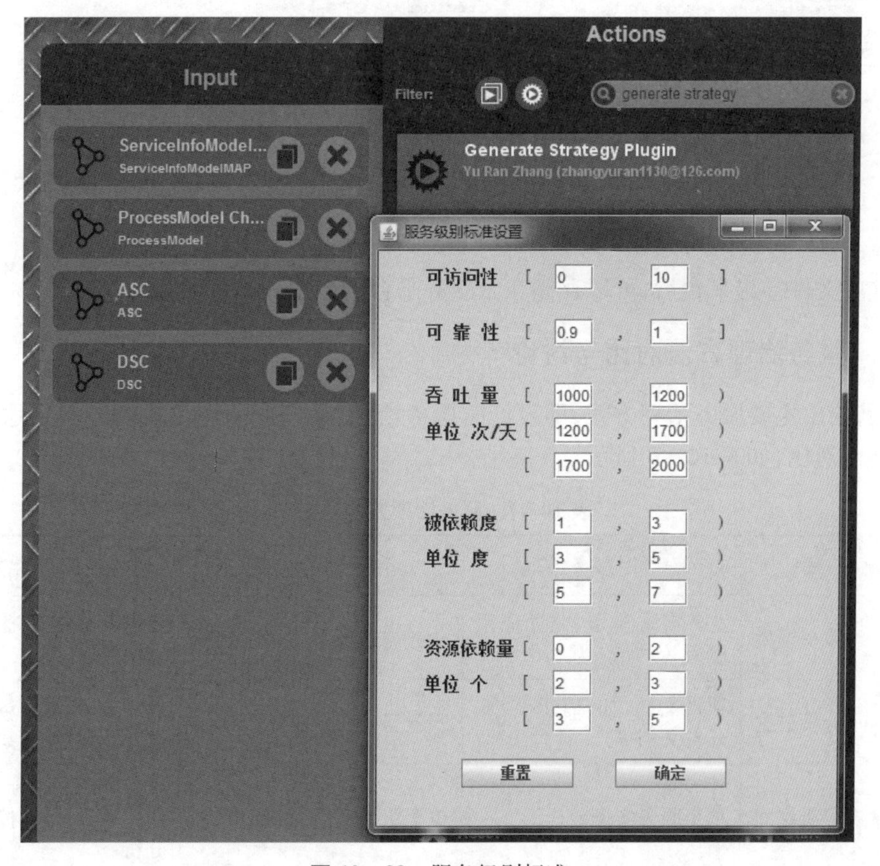

图 10 - 33　服务级别标准

服务级别表

	策略3-3	策略3-4	策略3-5	策略3-6
01客户委托	L2	L1	L1	L1
02业务受理	L2	L2	L1	L2
03托运单录入	L2	L1	L1	L1
04派车接货	L2	L1	L2	L2
05托运单审核	L3	L2	L1	L2
06纳入装车计划	L2	L1	L1	L1
07长途发车	L2	L1	L1	L1
08到达目的地	L2	L1	L1	L1
09签收	L2	L1	L1	L1
10分单	L3	L2	L1	L2
11通知客户提货	L2	L1	L1	L1
12委内中转	L3	L1	L1	L2
13客户签收	L2	L1	L1	L1

资源调整建议

- 根据策略3-1，该租户所依赖的服务均可访问。
- 根据策略3-2，该租户所依赖的服务均可靠。
- 根据策略3-3，托运单审核服务、分单服务、委内中转服务的级别为L3。
  相对其余服务，处于较高级别，为重要服务资源。
  建议增加三个服务的实例资源。
- 根据策略3-4，业务受理服务、托运单审核服务、分单服务的级别为L2。
  相对其余服务，处于较高级别，为基于业务过程的瓶颈服务。
  建议提升对此三个服务质量的关注以确保整个过程的高质量执行。
- 根据策略3-5，派车接货服务的级别为L2。
  相对其余服务，处于较高级别。
  建议根据此服务运行时信息，获取租户对实体资源运输工具及货物的最新业务需求。
- 根据策略3-6，托运单审核服务与分单服务综合级别较高，为重要服务资源。
  建议提升其服务质量的关注。
- 根据策略3-9，委外调度服务在20130601至20130731阶段并未被调用。
  建议减少原本服务资源。

(a)

```
<?xml version="1.0" encoding="UTF-8"?>

<process name="TransportationLogisticsProcess" xmlns="http://jbpm.org/4.4/jpdl">
   <start name="start1" g="226,1,34,34">
      <transition to="客户委托"/>
   </start>
   <task name="客户委托" g="208,59,73,52">
      <transition to="业务受理"/>
   </task>
   <task name="业务受理" g="208,125,71,52">
      <transition to="托运单录入"/>
      <transition to="派车接货"/>
   </task>
   <task name="派车接货" g="295,127,74,52">
      <transition to="托运单审核"/>
   </task>
   <task name="托运单录入" g="302,53,82,52">
      <transition to="托运单审核"/>
   </task>
   <task name="托运单审核" g="397,126,79,52">
      <transition to="纳入装车计划"/>
   </task>
   <task name="纳入装车计划" g="390,199,94,52">
      <transition to="长途发车"/>
   </task>
   <task name="长途发车" g="293,200,73,52">
      <transition to="到达目的地"/>
   </task>
   <task name="到达目的地" g="289,262,80,52">
      <transition to="签收"/>
   </task>
   <task name="签收" g="300,338,57,52">
      <transition to="分单"/>
   </task>
   <task name="分单" g="406,339,58,52">
      <transition to="通知客户提货"/>
      <transition to="委外调度"/>
      <transition to="委内中转"/>
   </task>
   <task name="委内中转" g="399,265,72,52">
      <transition to="纳入装车计划"/>
   </task>
   <task name="通知客户提货" g="488,342,92,52">
      <transition to="客户签收"/>
   </task>
   <task name="客户签收" g="496,407,73,52">
      <transition to="end2"/>
   </task>
   <end name="end2" g="512,473,48,48"/>
</process>
```

(b)

图 10－34 治理策略文档

(a) 服务级别调整;(b) 服务文档

文件。这些文件导出平台后,可以存储在云服务平台的当前租户配置中。

10.4.3 服务治理方法对比与讨论

最后,给出主要服务治理方式,即设计时服务治理、运行时服务治理与本平台服务治理方法的要点对比,如表 10－7 所示。

表 10－7 服务治理方法对比

对 比 方 面		设计时服务治理	运行时服务治理	本平台服务治理方法
实现方式	涉及模型	业务需求模型、业务流程模型	业务需求模型、服务模型	业务需求模型、业务流程模型、服务模型
	分析数据	项目文档,如,需求文档、开发文档等	服务运行时信息	项目文档、服务运行时信息、运行时业务数据
	分析层面	单个服务实例分析	单个服务实例分析	单个服务实例分析、服务间关系分析,即控制视图分析

续　表

对比方面		设计时服务治理	运行时服务治理	本平台服务治理方法
实现方式	关键工具	设计工具	服务监控工具	流程挖掘工具
	策略生成方式	人工制定	对服务运行质量进行监控评估,产生策略调整信息	根据流程挖掘的结果,进行策略推荐
方法特性	开始时间	项目开始时、服务设计阶段	项目运行时、服务运行阶段	项目运行时、服务设计与运行阶段
	目标	在确保服务满足项目需求的基础上,实现服务设计方案与执行策略	在降低服务执行策略失效概率的基础上,及时调整失效的服务执行策略	确保服务满足项目需求,确保服务执行策略的合理有效,提供高效持续的治理
	有效性	失效的服务执行策略不能被及时地反馈出来并得到修正	难以根据服务间关系,确保关联服务执行策略的有效性	根据服务间关系,单个服务以及关联服务的执行策略都能够得到及时有效的治理

如上表所示,服务执行信息反映出应用环境中的实际业务流程模型与业务需求,对运行情况提供了有益反馈。本服务治理方法不仅综合考虑了业务需求与单个服务实例运行时信息,还关注于服务执行信息反映出的服务间关系。通过分析流程挖掘实例以及挖掘控制视图这些信息,进行服务治理策略推荐。通过对比历史服务治理数据,平台会发现最新服务间关系的变更信息,而新发现的关系模型也会积累存储作为将来服务治理的对比基础,提供了云服务的持续治理机制。

10.5　数据驱动的前端软件优化方法

10.5.1　软件 APP 的优化需求

互联网条件下,大量 APP 应用发展迅速。用户使用 APP 的过程中产生了很多操作日志。这里日志包含了较多的信息,如用户行为记录、使用时间、版本信息等。通过分析这些日志记录,可以构造出特定用户的用户画像,从而分析用户的热点行为,用户操作的行为逻辑,进而支持分析和优化 APP 软件的功能布局和设置,更有效地支持用户的操作等。

以一个典型的 APP 操作为例。当用户在移动端点击某个按钮从而触发 UI 组件后,APP 根据该按钮绑定业务逻辑,向服务器端发送 HTTP 请求;服务器端对到达的请求进行处理,并按照日志格式记录相关请求,之后将响应结果返回给客户端;客户端再将返回结果呈现在移动端页面上供用户查看。以上过程如图 10-35 所示。

服务器端记录的日志信息格式如下:

{VISIT_TIME, USER_ID, APP_VERSION, USER_SOURCE, HOSPITAL_ID, VISIT_OP,

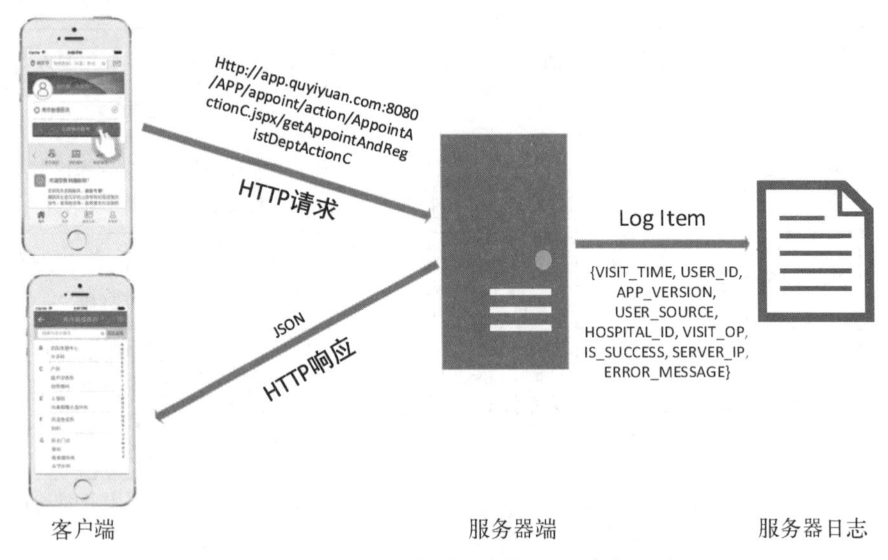

图 10-35 通过服务器日志的 APP 请求记录

IS_SUCCESS, SERVER_ID, ERROR_MESSAGE}

以上日志信息记录了 APP 请求到达的时间、用户 ID、APP 版本号信息、医院 ID、APP 请求接口、访问是否成功、请求的服务器地址以及错误信息等。

1）数据准备

首先考虑什么样的数据能作为评价和优化的基础，因此，流程挖掘的起点是事件日志，其基本属性包括案例 ID、时间戳和活动名。系统通过日志埋点采集到的数据，将其转换为流程挖掘需要的事件日志形式。该转换过程包括两点：一是缺失字段的补全和修正；二是日志数据的过滤和筛选。

由于大多数流程挖掘算法，尤其是控制流模型发现算法要求日志的基本信息必需包含案例 ID、时间戳和活动名，因此对于上述字段的补全十分重要。大多数的软件系统后台存在日志记录模块，用于记录 RESTful API 的调用情况（如调用时间、调用接口和请求源等信息）和业务相关的埋点信息（如挂号结果返回成功）等。其中 RESTful API（服务接口）的调用日志可以作为流程挖掘事件日志的基础，其调用接口可以映射为活动，调用时间映射为时间戳，请求源（如用户 ID 或设备 ID）映射为资源。对于案例 ID 的字段映射，可根据不同软件系统的构建形式采用不同的方式。

一般来说，在流程感知系统（PAISs, Process-Aware Information Systems）中[13]，存在一个案例 ID 分配单元，所有的相关活动可根据该字段联系成一个活动轨迹。例如，在保险投诉处理系统中，用户在提交投诉后，会对每个投诉单生成一个投诉单 ID，公司员工在处理该投诉单时产生的一系列活动都与该投诉单 ID 相关，因此可以采用投诉单 ID 字段作为该系统事件日志的案例 ID。在本系统这类非流程感知系统中，为了刻画用户在使用移动医疗 APP 时的操作行为，采用“用户 ID+时间段”的划分方法将用户服务请求日志做分割，将“用户 ID+操作日期”补全缺失的案例 ID 字段。

在字段补全完成后，可以对初步形成的事件日志进行过滤和筛选，产生更高质量的日志输入到后续的流程挖掘算法中。日志的过滤和筛选可以从“日志质量整体提升”和“针对分析目标的日志抽取”两个方面完成。在本系统的分析中，将补全案例 ID 的日志作为输入，然后评估该用户聚合操作的案例持续时间，选取合适阈值进行筛选，通过限制案例持续时间来确保划分的操作序列更符合注册用户一次完整且连续的 APP 操作，提高日志的整体质量。与此同时，分析过程可以根据分析目标进行日志过滤。例如，在分析用户的在线付款操作时，日志处理阶段将根据业务字典找到目标业务场景（在线付款）相关的服务调用接口，过滤掉其他业务场景（如查看电子报告等）关联的操作，提升日志与分析目标的相关度，产生更精准的日志。

2）流程模型生成（多角度展示系统的运行情况）

在数据准备阶段产生符合挖掘要求的日志后，接下来的步骤是流程模型的生成。流程模型从控制流视角、时间视角、组织视角、案例视角等多个角度展示了系统的运行情况，在生成流程模型的过程中，重点考虑流程挖掘算法和工具的选取。

流程挖掘算法需要根据具体需要选择，如系统分析围绕着用户操作 APP 行为的刻画，在考虑采集和生成的日志质量不高，日志数据存在噪声，且日志整体数量较大；相比于其他的挖掘算法，Fuzzy Miner 算法能够对挖掘模型进行适当的过滤和剪枝，生成出的模型相对简单且运行效率较高，故选择 Fuzzy Miner 算法作为控制流视角的发现算法。

3）评价优化（如何将挖掘结果应用于软件开发）

经过上述步骤得到了系统运行过程中的流程模型，接下来应当将挖掘结果作用于下一阶段的软件开发，由此形成持续交付过程的闭环。在本系统的评价和分析中有以下应用案例：

案例视角：将用户画像结果作用于系统的实时监控。在本系统分析过程中，基于用户行为采用聚类算法对用户进行了有效地分群，并且对于每个用户群生成了一些行为标签，如操作的顺序、操作持续时间、操作间隔时间等。将这类用户画像结果作用于日常的风险监控中，根据用户普通行为识别风险用户和风险行为，并进行相应的操作拦截，实现实时监控的目标。

时间视角：将服务调用情况作用于系统的实时调度。在本系统分析过程中，根据采集到的服务接口调用情况形成了服务接口的时间模型，可以根据模型获取服务接口的整体调用情况、调用峰值信息、服务接口的前后依赖关系等制定服务监控策略，根据历史访问情况动态调整服务容器实例数量。

控制流视角：将控制流模型作用于下一阶段的软件设计。在本系统分析过程中，挖掘得到的控制流模型反映了用户的通用操作模型，是对系统的功能性需求实现情况的有效说明。用户的实际操作模型可以用于评价系统提供功能的实际使用情况，有助于下阶段软件设计的改善。

基于日志分析的 APP 优化方案主要基于服务器端日志记录，通过对日志进行筛选、分类利用现有的流程挖掘算法发现用户的行为顺序模型，并根据行为顺序模型匹配客户端 UI 布局，对 APP UI 提出优化方案。当然，流程挖掘得出的行为顺序模型和日志统计数据可以应用至下一迭代的开发，开发后发布的新版本又可以产生新一轮的日志数据，从而形成信息的闭环，实现持续优化，整个过程如图 10-36 所示。

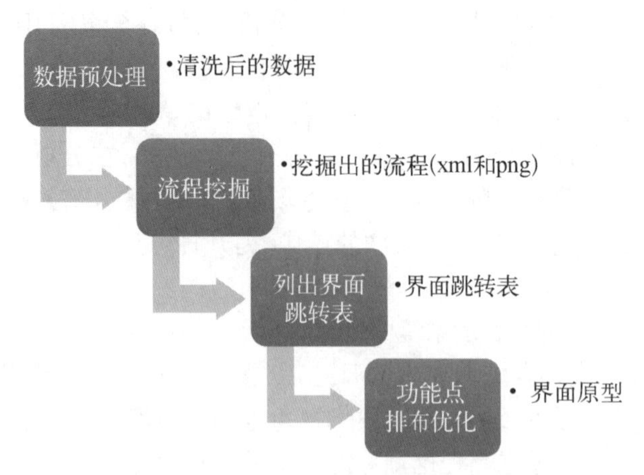

图 10-36 基于日志分析的 APP 优化过程

10.5.2 基于流程挖掘的 APP 优化过程

通过从日志文件中提取与流程相关的信息来构造用户画像,将用户的动态行为与流程模型相关联,可以用于改善 APP 的功能排布,从而优化已有的流程。同时,也可以改善当前功能的优先级问题。

1) 数据准备及采集

本方案使用注册用户在某医院 2015 年 6 月的行为日志来进行流程数据。根据此条件,从服务器端记录的日志数据中共筛选出 68 519 条符合条件的记录。

该数据准备过程可由 SQL 语句设置 WHERE 条件在数据库过滤,其中过滤条件如下:

HOSPITAL_ID = '10773' & USER_ID > 0 & VISIT_TIME < '2015-07-01 00:00:00' & VISIT_TIME >= '2015-06-01 00:00:00'

释义:HOSPITAL_ID = '10773'为某医院的 ID,USER_ID > 0 为注册用户,VISIT_TIME < '2015-07-01 00:00:00' & VISIT_TIME >= '2015-06-01 00:00:00'表示 2015 年 6 月的访问数据。

2) 数据预处理(HTTP 请求组的匹配)

服务端的日志记录是以到达的 HTTP 请求为粒度的,然而我们的目标是分析 APP UI 功能排布,分析粒度为用户的 UI 操作。在很多情况下,APP UI 功能和请求不是一一对应的,如用户点击"定位"按钮,APP 根据"定位"按钮绑定的逻辑操作向服务器端发送"查询省份""查询城市"两次 HTTP 请求。因此,日志记录中的请求不能作为流程挖掘中的事件,而应当将两次 HTTP 请求与"定位"按钮对应作为流程挖掘中的事件(Event)。

为了解决这一问题,本方案将网络抓包分析方法运用到数据预处理阶段,结合日志数据的分类,构建 APP UI 操作与 HTTP 请求组间的关系,其过程如图 10-37 所示。

如图 10-37 所示,构建 APP UI 操作与 HTTP 请求组间的关系实质上是将包含所有字段的服务器日志记录转换为以{VISIT_TIME, USER_ID, ACTS_ID, ACTS_MEAN}和{ACTS_ID, VISIT_OP}为字段的服务器日志记录,其具体步骤如下所述。

步骤 1:由于流程挖掘分析主要关注时间、活动和资源(用户)维度,因而首先将原记录中的 VISIT_TIME,USER_ID 和 VISIT_OP 属性通过 SELECT 语句抽取出来。

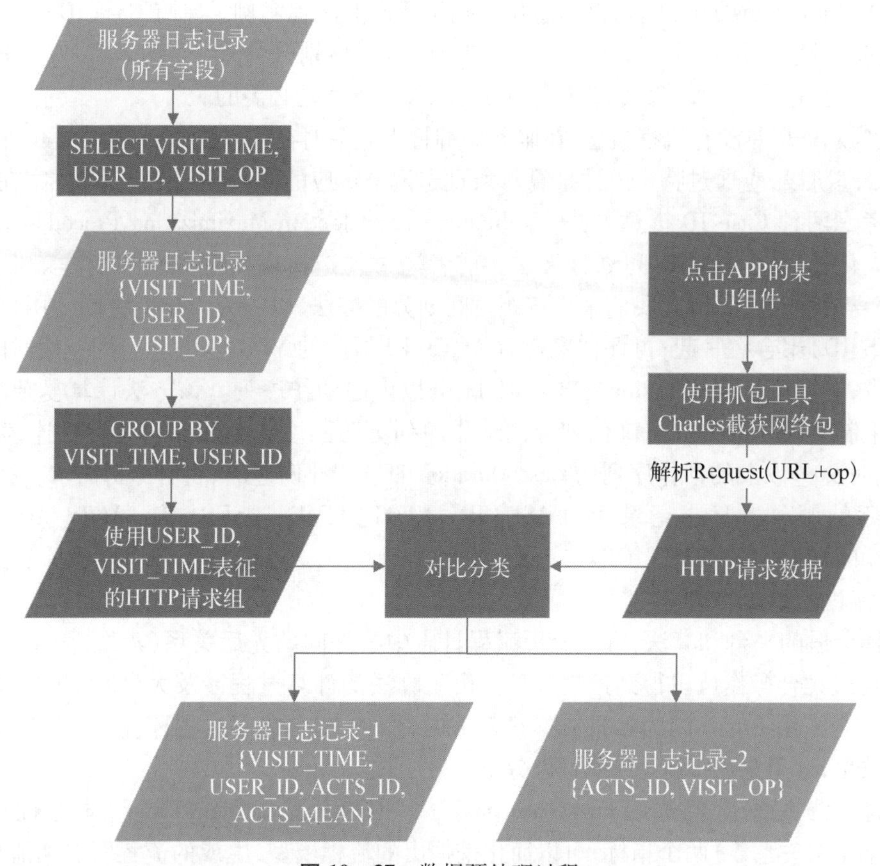

图 10－37 数据预处理过程

输出：{VISIT_TIME，USER_ID，VISIT_OP}。

步骤 2：本方案假设"同一用户在同一时间发出的 HTTP 请求是能被区分为同一个 HTTP 请求组(UI 操作)的最小粒度"，通过 GROUP BY 操作构建以 USER_ID 和 VISIT_TIME 标识的 HTTP 请求组。

输出：{VISIT_TIME，USER_ID，ACTS_ID}和{ACTS_ID，VISIT_OP}。

步骤 3：通过点击 APP 的所有 UI 组件，通过抓包软件 Charles 解析 HTTP Request，提取 URL 和 OP。

输出：{UI 操作，VISIT_OP(URL+OP)}。

步骤 4：将步骤 2 和步骤 3 得出的结果集进行匹配。本方案中采用完全匹配，即{ACTS_ID，VISIT_OP} INNER JOIN {UI 操作，VISIT_OP(URL+OP)} ON VISIT_OP，并将对应的 UI 操作填写到 ACTS_ID 对应的 ACTS_MEAN 字段。

输出：{VISIT_TIME，USER_ID，ACTS_ID，ACTS_MEAN}。

根据上述步骤能够构建出服务器日志记录中"HTTP 请求组"与"用户 UI 操作"间的对应关系。由于 HTTP 请求的延迟等问题，可能出现通过上述步骤无法找到与服务器日志记录中"HTTP 请求组"匹配的"用户 UI 操作"。但经实验证明，匹配率接近 80%，满足分析需求。

3) 数据格式转换(Case ID 缺失问题)

用于流程挖掘分析的工具分析的过程中需要记录的流程日志包含流程实例 ID 信息

(Case ID/Process Instance ID),该信息用于标识不同的流程实例。具有 Case ID 信息的流程日志能够将日志记录的活动通过 Case ID 和时间戳属性划分为多个 Trace,用来表征不同流程实例的执行记录,在大多数的流程挖掘算法中,该属性是必需的。

大多数 APP 并没有流程概念,在服务器端日志记录时往往缺少 Case ID 字段。因此,在数据预处理阶段,应通过特定方法推算每条日志记录对应的 Case ID 信息。本方案在设计的过程中考虑两种 Case ID 推算方法——Iterative Expectaction-Maximization Procedure(迭代的期望最大化过程)和按照时间划分方法。前者通过构造概率模型和转移矩阵来推测 Case ID,计算复杂度较高。因此我们采用按照时间划分的方法,以一天为周期将同一用户的请求组(ACTS_ID)聚合在一起;再评估聚合后 ACTS_ID 对应的 VISIT_OP 执行的持续时间(Case Duration),选取了 Case Duration 在 1 小时 11 分以内的动作序列。该方法计算复杂度低,并且通过限制 Case Duration 来确保划分的动作序列更匹配注册用户一次完整且连续的 APP 操作,同时 90%以上的动作序列的 Case Duration 都在 1 小时左右,符合分析需求。经过该方案处理后的服务器日志记录为{CASE_ID, VISIT_TIME, USER_ID, ACTS_ID, ACTS_MEAN}和{ACTS_ID, VISIT_OP}。

4）流程挖掘算法选择

选择合适的平台和算法,可以分析流程日志中事件间的先后关系(后继、因果、并行、不相关),通过集合操作可以得到控制模型。由于算法的计算过程涉及大量的集合运算,我们这里并没有采用 ProM,因为当日志文件较大时,ProM 在单机多线程环境下运算效率较低,为提高效率,这里采用 Disco 开展日志分析。

具体算法方面,我们选用 Fuzzy Miner 算法。因为其基于 Significance(显著性水平)和 Correlation(相关系数)两个指标,可以简化挖掘出的流程模型,生成的流程图更加清晰,可读性更高。并且对比 Alpha 算法,Fuzzy Miner 的运行效率更高,产生的 Petri Net 模型的拓扑结构也较 Alpha 算法更为简单。

10.5.3 结果分析及应用优化

流程挖掘工具 Disco 分析了日志记录,其发现的流程模型和主要事件调用统计数据分别如图 10-38、图 10-39 所示。

根据活动频次,主要优化的内容具体如下。

1）调整首页滑动导航栏图表顺序

某医院在 APP 上开通的功能(显示在首页滑动导航栏中)主要有"医生排班(32)""我的排队(功能尚未开通)""就医指南(62)""优惠活动(259)""满意度(110)"。Disco 通过分析 2015 年 6 月的日志数据,对上述事件(Event)调用数据的统计结果如图 10-40 所示。

因此,对于 APP 给出了以下优化建议:对于注册用户,首页滑动导航栏的图表应根据统计的事件调用频率(次数)来排列,高调用频率的功能应排列在最前;对于后续开发,可根据积累下的注册用户使用数据,根据不同用户的使用特点进行个性化排布。

根据该优化建议进行优化,其前后的页面如图 10-41 所示。

2）合并现有功能页面

通过对 2015 年 6 月某医院注册用户主要事件调用频率的分析,约 50%事件发生的调用

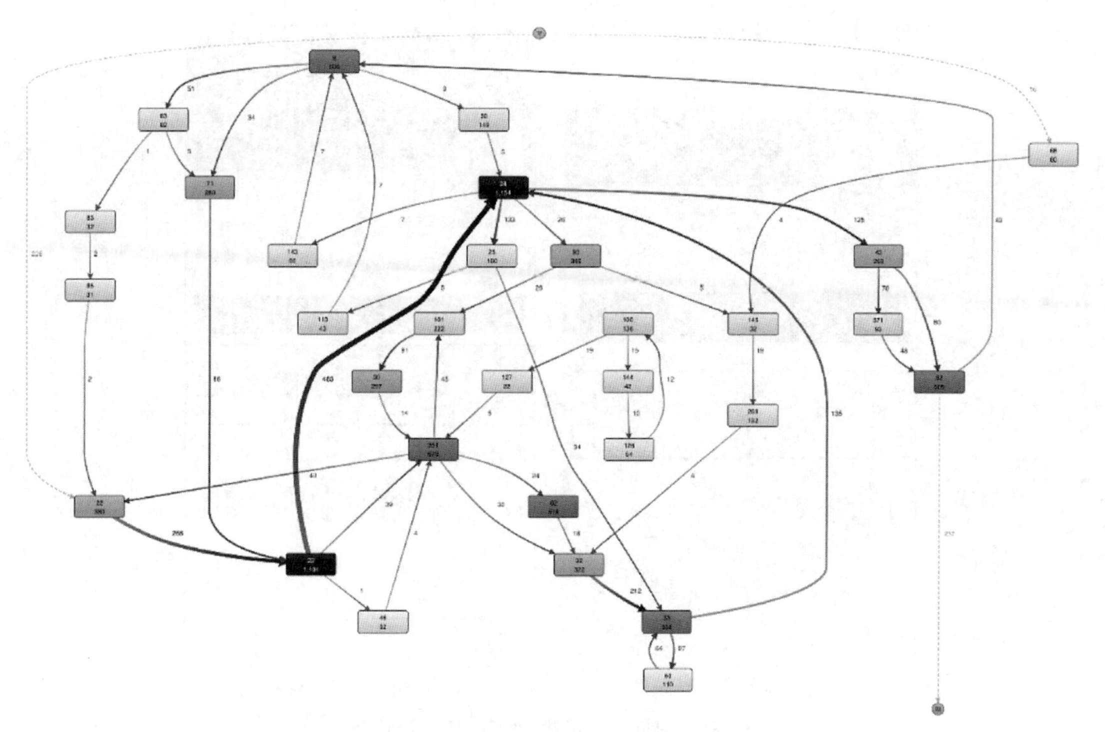

图 10-38　Disco 发现的流程模型（Activities = 70%；Paths = 0%）

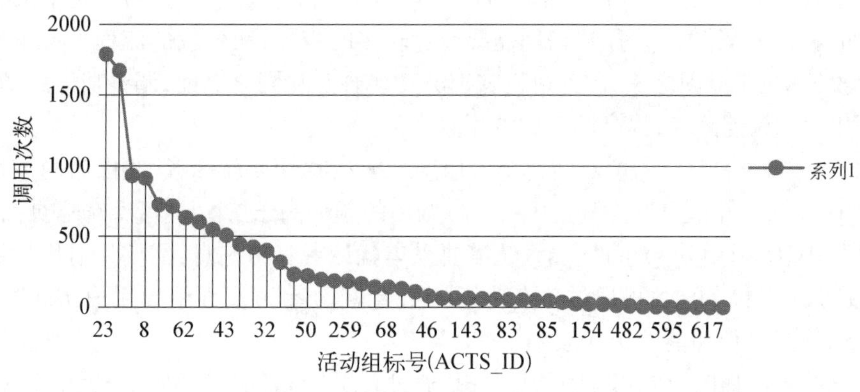

图 10-39　Disco 统计的主要活动组（ACTS_ID）的调用次数（降序排列）

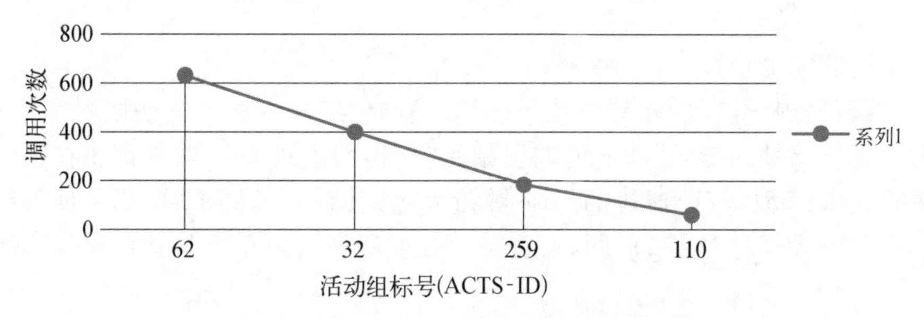

图 10-40　某医院 APP 上功能的调用次数

优化前的滑动导航栏

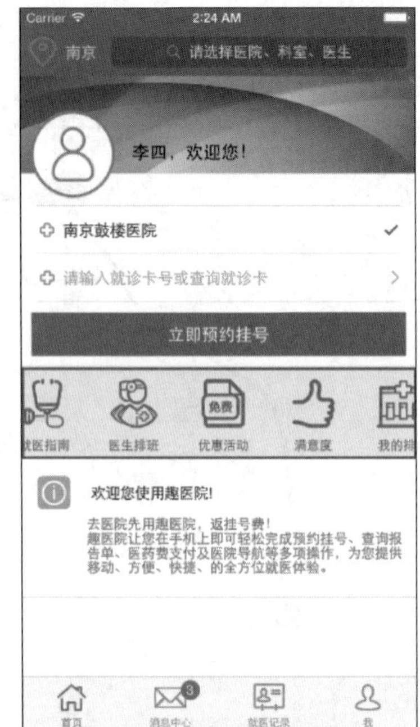

优化后的滑动导航栏

图 10-41 根据统计的事件调用频率的功能排列

次数约占总数的94%,有近一半的功能用户没有操作。除了由于部分功能属于某些活动的备选流(如“修改密码”)外,“用户访问需要经过较多的步骤,在生成的流程模型中的表现使访问路径较长”也是原因之一,因此可以将部分功能合并在同一页面,调整功能的访问入口,便于缩短用户的访问路径,提高功能的调用频率。

因此,对 APP 给出以下建议：以“个人信息维护”和“切换就诊者”功能为例,“切换就诊者”页面“查看就诊者”事件(ACTS_ID：100)调用的频率高于“个人信息维护”页面的“更新个人信息”(ACTS_ID：143)事件,当系统需要采集就诊者身份信息,需要注册用户更新就诊者信息(更新认证状态)时,可通过热点功能(“查看就诊者”)页面引导用户访问“个人信息维护”页面,提高其他功能的访问频率。

优化后的页面如图 10-42 所示,原 APP 通过首页“点击头像”进入“个人信息维护”页面、“点击头像旁的欢迎信息”进入“切换就诊者”页面。优化后的 APP 可由首页点击头像进入。

3）优化功能页面设置

由于“九宫格预约挂号”按钮发出的 HTTP 请求与“查询所在医院的科室信息”功能相同,因此“九宫格预约挂号”功能的调用频率“切换回主页面”→“查询所在医院的科室信息”(ACTS_ID：351→71)通过的 Case 数量表示,其数值远低于“C 端主页预约挂号入口”的访问频率(ACTS_ID：22);同时,医院主页上所列其余功能与首页滑动导航栏功能重复。

优化建议：删除医院主页,保留首页滑动导航栏,将医院主页换为消息中心或新闻资讯。如图 10-43 所示,在本方案中此处被换为消息中心,并添加未读消息数量的

图 10 - 42　合并“个人信息维护”与“切换就诊者”页面

显示。

另一个例子如图 10 - 44 所示，在系统的某次分析中，发现在进行挂号操作时，94 个用户在获取医生列表后先点击具体医生，查看了医生的评价信息后，又回到医生列表再进行挂号。因此，在系统新版本设计时，将此分析结果应用于新的 APP UI 设计中：在获取医生列表增加了更多的筛选条件，用户可以根据评价、职称、人气等进行排序，更加直观地获取医生评价信息。

事实上，基于流程挖掘结果可优化的内容很多，限于篇幅，这里不再展开。

整体而言，流程挖掘应用正逐渐扩展，但流程数据在互联网环境的处理方式且不尽如人意，因此，在线动态挖掘，文本等非结构化数据的挖掘，涉及的流处理、语义处理等技术都是目前主要的研究热点[14]。

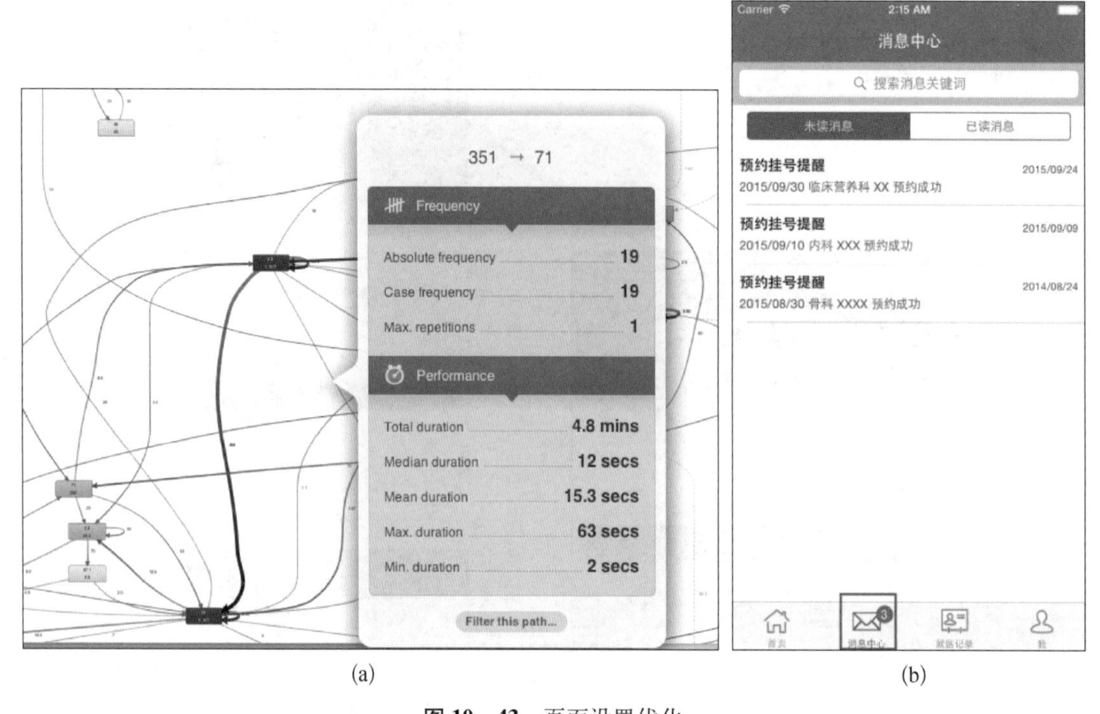

图 10－43 页面设置优化

(a) 九宫格预约挂号功能调用频率;(b) 优化后的 APP 页面

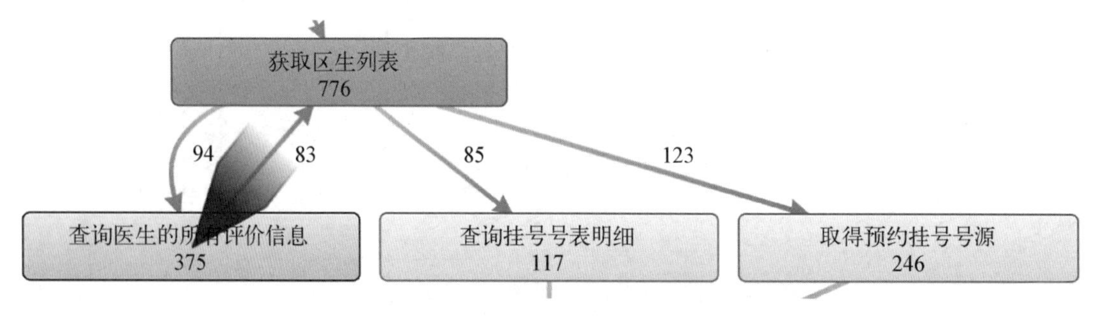

图 10－44 某次分析控制流模型局部

本章小结

● 流程挖掘建立在业务流程管理和数据挖掘基础上,通过运行日志发现新模型,已成为流程全生命周期持续治理的重要技术。

● 流程挖掘可按照不同维度开展,分别是控制维度,组织维度、实例维度。模型流程智能概念将会是从流程角度研究商务以及其他相关要素的重要方法。

● 流程挖掘提供了一种数据驱动的业务模型生成方法,为系统的后台和前端优化提供了数据分析支持,以及数据驱动的系统构造和开发应用系统提供了新的思路。

参考文献

[1] XES[EB/OL]. http://www.xes-standard.org/xesstandarddefinition,2017－06－16.

[2] Claes J, Poels G. Process mining and the ProM framework: an exploratory survey[A]. Business Process Management Workshops[C]. Springer Berlin Heidelberg, 2013: 187 - 198.

[3] Weijters T. Process Mining: Extending the alpha-algorithm to Mine Short Loops[D]. Eindhoven: Eindhoven University of Technology, 2004.

[4] Weijters A J M M, Aalst W M P V D. Rediscovering Workflow Models from Event-Based Data using Little Thumb[J]. Integrated Computer-Aided Engineering, 2003, 10(2): 151 - 162.

[5] Weijters A, Aalst W V D. Process mining with the heuristics miner-algorithm[R]. Eindhoven: Eindhoven University of Technology, 2006.

[6] Günther C W, Aalst W M P V D. Fuzzy Mining — Adaptive Process Simplification Based on Multi-perspective Metrics [A]. International Conference on Business Process Management[C]. Springer-Verlag, 2007: 328 - 343.

[7] Aalst W M P V D, Reijers H A, Song M. Discovering Social Networks from Event Logs [J]. Computer Supported Cooperative Work, 2005, 14(6): 549 - 593.

[8] Van Dongen B F, de Medeiros A K A, Verbeek H M W, et al. The ProM framework: A new era in process mining tool support[A]. Applications and Theory of Petri Nets 2005[C]. Springer Berlin Heidelberg, 2005: 444 - 454.

[9] Wil van der Aslst. 过程挖掘[M]. 王建民,闻立杰,等,译. 北京: 清华大学出版社, 2014.

[10] De Medeiros A K A, Weijters A. ProM Framework Tutorial [D]. Eindhoven: Technische Universiteit Eindhoven, 2009.

[11] 张煜苒,基于过程挖掘的服务治理平台研究[D]. 上海: 上海交通大学,2014.

[12] Hongming Cai, Lida Xu, Boyi Xu, Pengzhu Zhang, Jingzhi Guo, Yuran Zhang. A service governance mechanism based on process mining for cloud-based applications [J]. Enterprise Information System, 2018,12(10): 1239 - 1256.

[13] Marlon Duma, Arthur H. M. ter Hofstede. 过程感知的信息系统[M]. 王建民,闻立杰,等,译. 北京: 清华大学出版社,2009.

[14] Burattin A. Process Mining Techniques in Business Environments: Theoretical Aspects, Algorithms, Techniques and Open Challenges in Process Mining[M]. Springer, 2015.

第 11 章　软件项目管理

软件开发是一个复杂的、智力密集型活动，而且涉及很多人员长期共同工作，这就是为什么软件工程需要管理的原因。采用软件工程原则，进行科学的工程管理，是保证软件开发成功的重要手段。针对互联网时代软件开发的进度压力，当前工业界正推广采用敏捷项目管理方法。

11.1　项目和项目管理

11.1.1　项目管理的基本概念

所谓项目，是为创造独特的产品、服务或成果而进行的临时性工作[1]。开发一种新产品或新服务、改变一个组织的结构或人员配备、开发或购买一套信息系统、建造一幢大楼或大桥、实施一套新的业务流程等都是项目。

所谓项目管理，就是将知识、技能、工具与技术应用于项目活动，以满足项目的要求[1]。项目管理是指通过项目各方利益相关者的合作，应用各种资源，对项目进行高效率的计划、组织、指导和控制，实现项目全过程的动态管理和项目目标的综合协调与优化。项目经理，又称项目负责人，是执行组织委派实现项目目标的个人。

11.1.2　项目管理标准 PMBOK

项目管理的主要标准有美国的 PMBOK[1] 和英国的 Prince2，本书主要参考 PMBOK。PMBOK 是 Project Management Body Of Knowledge 的缩写，即项目管理知识体系，是美国项目管理协会 PMI 对项目管理所需的知识、技能和工具进行的概括性描述。PMBOK 第 1 版推出于 1997 年，以后每 4 年更新一个版本，目前最新的版本是 2021 年第 7 版。

PMBOK 将项目管理分为五大过程组：项目启动、规划、执行、监控和收尾，以及十大知识域：范围管理、时间管理、成本管理、质量管理、风险管理、沟通管理、人力资源管理、干系人管理、采购管理和整合管理。

1）项目范围管理（Project Scope Management）

项目范围管理是为了实现项目的目标，对项目的工作内容进行控制的管理过程。它定义和控制哪些工作应包括在项目内，哪些不应包括在项目内，以确保项目做且只做能够成功完成项目所需的全部工作。

2）项目时间管理（Project Time Management）

项目时间管理是为了确保项目按时完成的管理过程。它定义项目的活动，排列活动顺序，估算活动资源和时间，制定项目进度计划，并在项目执行时控制进度。

3）项目成本管理（Project Cost Management）

项目成本管理是为了保证完成项目的实际费用不超过预算的管理过程。它包括成本的估算、预算和控制。项目成本管理重点关注完成项目活动所需资源的成本，但同时也应考虑项目决策对项目产品、服务或成果的使用成本、维护成本和支持成本的影响。

4）项目质量管理（Project Quality Management）

项目质量管理是为了确保项目达到预期质量要求所实施的一系列确定质量政策、目标与职责的管理过程。它通过适当的政策和程序，采用持续的过程改进活动来实施质量管理体系。

5）项目人力资源管理（Project Human Resource Management）

项目人力资源管理是为了保证所有项目干系人的能力和积极性都得到最有效的发挥和利用所实施的管理过程。它包括项目团队的组织、管理与领导。项目团队由为完成项目而承担不同角色与职责的人员组成。随着项目的进展，项目团队成员的类型和数量可能频繁发生变化。

6）项目干系人管理（Project Stakeholder Management）

项目干系人是积极参与项目或其利益可能受项目实施或完成的积极或消极影响的个人或组织。本质是识别干系人，分析他们的需要、利益及对项目成功的潜在影响，与干系人进行沟通和协作，以满足其需要与期望，解决问题，并促进干系人合理参与项目活动。

7）项目沟通管理（Project Communication Management）

项目沟通管理是为确保项目信息及时且恰当地生成、收集、发布、存储、调用并最终处置所需的管理过程。有效的沟通能在各种各样的项目干系人之间架起一座桥梁，把具有不同文化和组织背景、不同技能水平以及对项目执行或结果有不同观点和利益的干系人联系起来。

8）项目风险管理（Project Risk Management）

项目风险管理是风险管理规划、风险识别、风险分析、风险应对规划和风险监控的管理过程，其目标在于提高项目积极事件的概率和影响，降低项目消极事件的概率和影响。

9）项目采购管理（Project Procure Management）

项目采购管理是从项目组织外部采购或获得所需产品、服务或成果的过程。它包括合同管理和变更控制。通过这些过程，编制合同或订购单，并由具备相应权限的项目团队成员加以签发，然后再对合同或订购单进行管理。

10）项目整合管理（Project Integration Management）

项目整合管理是识别、定义、组合、统一与协调项目管理各过程而进行的管理活动。它需要选择资源分配方案、平衡相互竞争的目标和方案,以及项目管理知识领域之间的依赖关系。

同时,针对互联网软件开发,PMI 设立了一个敏捷实践社区和敏捷管理专业人士认证(PMI-ACP),推进基于 Scrum、看板(Kanban)、极限编程(XP)等的敏捷项目管理。

11.2 项目管理过程

为了取得项目成功,项目团队必须选择适用的过程来实现项目目标,满足干系人的需要和期望,平衡对范围、时间、成本、质量、资源和风险的相互竞争的要求,以完成特定的产品、服务或成果。

项目过程分为两大类:一是项目管理过程,该过程借助各种工具和技术来应用各知识域的技能和能力,确保项目自始至终顺利进行;二是产品导向过程,该过程创造项目的产品,因应用领域而异,如敏捷软件开发过程 Scrum、统一过程 UP。

项目管理过程适用于全球各行各业。不同应用领域的项目管理过程具有很多共性。PMBOK 把这些共性抽象为五大项目管理过程组,如图 11-1 所示[1]。

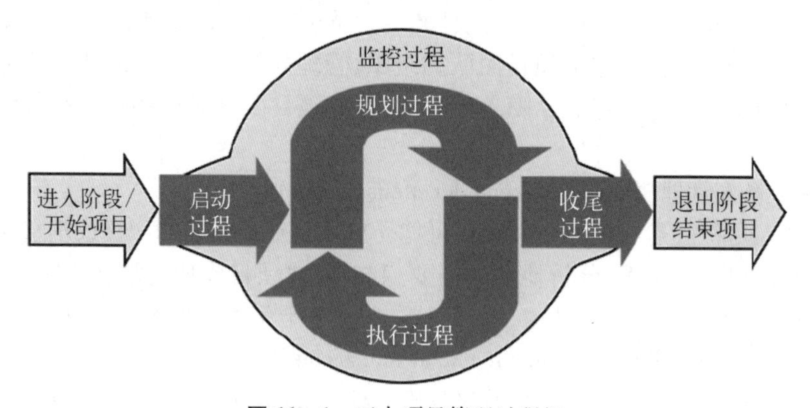

图 11-1 五大项目管理过程组

11.2.1 启动过程组

这是获得授权,定义一个新项目,正式开始该项目的一组过程。在项目立项后,项目组获得授权,正式开始该项目。通过启动,定义初步范围和落实初步财务资源,识别那些将相互作用并影响项目总体结果的干系人,选定项目经理(如果尚未安排)。这些信息应反映在项目章程和干系人登记册中。项目章程获得批准表示项目得到正式授权。项目启动的关键活动是制定项目章程和识别项目干系人。

11.2.2 规划过程组

这是明确项目范围,优化目标,为实现目标而制定行动方案,即《软件项目计划》的一组过程。项目规划常常是一个反复进行的持续性过程。由于项目管理的多维性,《软件项目计划》需要通过多次反馈做不断的调整;随着项目实施的进展,收集和掌握的项目信息将不断增多,项目计划可能需要改进或细化;项目生命周期中发生的重大变更也可能会引发项目的重新规划。这种项目计划的渐进明细通常叫做“滚动式规划”。

作为项目规划的输出,《软件项目计划》对项目范围、进度、成本、质量、沟通、风险和采购等各方面做出规定,一般由一个核心的开发计划和若干支持计划(如质量计划、沟通计划、风险管理计划、采购计划等)组成。

11.2.3 执行过程组

这是完成项目管理计划中确定的工作以实现项目目标的一组过程。它的关键活动包括(不限于)软件需求、设计、实现、测试、上线、软件风险管理、软件质量保证、团队建设和管理、软件度量、采购、培训等。项目的大部分时间和成本的预算将花费在项目执行过程中,项目执行的结果可能引发项目计划的更新。

11.2.4 监控过程组

在软件项目执行过程中,需要跟踪、审查和调整项目进展与绩效,识别必要的计划变更并启动相应变更,使项目执行符合项目计划,这就是软件项目监控。监控的对象不仅包括进度和费用,还应包括范围、质量、风险、变更、团队、合同、采购等各个方面,实施综合监控。基于收集到的项目信息和数据,进行汇总与分析,如燃尽图(Burndown),通过剩余的待办事项数来衡量项目或冲刺的进度;偏差分析,把实际项目绩效与计划或预期绩效相比较;趋势分析,审查项目绩效随时间的变化情况,以判断绩效是正在改善或正在恶化;预测,根据项目当前状态预测项目的完工时间和完工成本等。挣值管理(Earned Value Management,EVM)就是其中一种常用的分析技术,综合考虑项目范围、成本与进度指标,评估与测量项目绩效和进展。

11.2.5 收尾过程组

这是为完结所有过程组的所有活动以正式结束项目而实施的一组过程。结束项目时,需要审查以前各阶段的收尾信息,确保所有项目工作都已完成,确保项目目标已经实现;同时应总结项目的成功经验(Best Practices)以便今后复用,或吸取项目的挫折教训(Bad Practices)以便今后不断提醒和禁用。

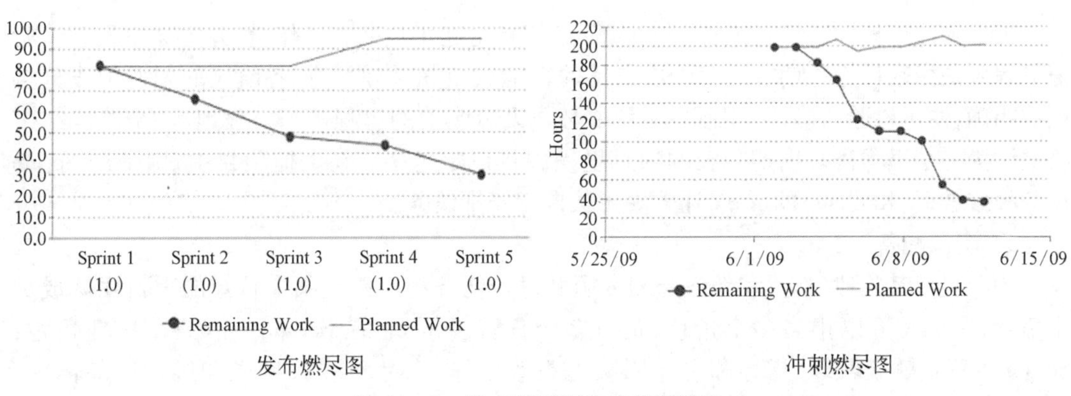

图 11-2 发布燃尽图和冲刺燃尽图

11.3 软件项目规划和估算

11.3.1 软件项目规划

项目计划体现了对客户需求的理解,为项目管理和运作提供可行的计划,是有条不紊地开展软件项目活动的基础,是跟踪、监督和评审计划执行情况的依据,是项目相关个人和组织的明确承诺,因此制定项目计划是项目管理的首要任务。软件项目常常进行“滚动式规划”,先进行项目的总体计划、比较概括,如发布计划。随着项目的进展,需求和设计信息将不断增多和确定,项目计划应不断随之细化,如冲刺计划、迭代计划。

软件项目规划主要包括六个关键活动:

1)确定项目目标

确定将要开发的软件、项目范围、交付的期限和用户满意度指标。在项目实施过程中要严格控制项目范围,如果客户提出新的需求或进行需求变更,项目经理就必须评估它对项目计划的影响,有必要时将调整进度和成本等。

2)定义项目的软件过程

根据项目特点,选择软件生命周期模型,如快速原型、演化模型、增量模型等,制定项目的软件过程;或者根据组织级的软件过程规范或 Scrum 等最佳实践,进行裁剪,制定项目的软件过程。项目软件过程包括了项目的工作细化结构(Work Breakdown Structure, WBS)、工件和角色等信息,即将项目划分成若干阶段、迭代和任务,确定各个任务间的相互关系,规定每个任务应交付的文档和产品,以及执行任务的角色。

3)软件估算

对软件开发的所需资源、工作量、进度及成本做出估算。由于软件项目具有需求经常变化、开发者的个体差异大、软件复杂性高、软件具有不可见性、项目风险大、项目之间的相似性比较少等特点,使估算成为软件项目规划中最具挑战性的任务。当前有效的估算方法包括类比估算、参数估算、专家判断、计划扑克等。

4)进度安排

根据软件估算的结果,为项目每个任务分配指定起止日期和工作量,并定义里程碑。所谓里程碑是指软件生存期各开发阶段末尾的特定点,它的作用是把各阶段的开发工作分得更加明确,便于检验与确认。因此,项目中必须设定明确的里程碑。一般地,一个阶段结束将被设为一个里程碑。周期越长的项目里程碑将设定越多。在敏捷项目中,则采用 Scrum 任务板或看板(Kanban)的形式,让管理团队自行安排任务。

5)资源配备

为项目及其阶段、迭代和任务分配资源。每个任务都应指定某个特定的项目团队成员来负责,一个人可以担当多个角色、负责多个任务。例如,在 Scrum 中有三个敏捷角色:Scrum 主管是敏捷教练,指导和引导团队更高效工作;产品负责人定义和维护产品需求;Scrum 团队负责具体开发工作。

6）成本预算

根据项目的WBS，汇总项目中所有任务的估算成本，计算得到整个项目的总成本估算值；通过预算储备分析，计算出所需的应急储备与管理储备。根据总成本估算值、应急储备和管理储备，计算得到项目总成本预算和项目总资金需求。

项目总成本预算=项目总成本估算值+应急储备

项目总资金需求=项目总成本预算+管理储备

11.3.2 软件估算

目前常用的软件估算方法包括类比估算、参数估算、专家判断、计划扑克。

1）类比估算

类比估算是一种综合利用历史信息和专家判断的估算方法，它通过对新项目与一个或多个已完成的类似项目的对比，预测新项目的成本、进度、工作量等。这是一种粗略的估算方法，有时需要根据项目复杂性方面的已知差异进行调整。

在项目详细信息不足时，如在项目的早期阶段，经常使用这种技术来进行项目估算。相对于其他估算技术，类比估算通常成本较低、耗时较少，但准确性也较低，一般集中应用于已有经验的狭窄领域，不能跨领域应用，难以适应新项目中约束条件、技术、人员等发生重大变化的情况。如果以往项目是本质上而不只是表面上类似，并且从事估算的项目团队成员具备必要的专业知识，那么类比估算就最为可靠。

2）参数估算

参数估算采用大量项目的历史数据，通过机器学习方法，训练出估算模型，以规模、可靠性、复杂度、开发人员的能力等因子作为参数，来估算项目的成本、工作量和持续时间。不同的估算模型不仅在估算因子关系的表达式上有所区别，而且在因子的选取上也各不相同。估算模型中的首要参数是规模，通常用代码行（LOC）、功能点（FP）、用例点或对象点等来测量或估算。

参数估算的优点是比较客观、高效、可重复，而且能够利用以前的项目经验进行校准，可以很好地支持项目预算、权衡分析、规划控制和投资决策等。参数估算的准确性取决于估算模型的成熟度和历史数据的可靠性。如果有足够的、可靠的历史数据训练出有效的估算模型，同时对项目信息有较详细的了解，那么，参数估算是最值得推荐的估算方法。软件估算模型有回归分析模型等。

3）专家判断

通过借鉴历史信息，或以往类似项目的经验，专家可以提供软件项目估算所需的信息，或直接给出估算值。专家可以提供是否需要联合使用多种估算方法，以及如何协调各种估算方法之间的差异的建议和指导意见。

由于专家作为个体，存在很多可能的个人偏好，因此通常人们会更信赖多个专家一起得出的结果，并为达成小组一致，引入Delphi方法：首先，每个专家在不与其他人讨论的前提下，先对某个问题给出自己的初步匿名评定；第一轮的评定结果经收集和整理之后，返回给每个专家进行第二轮评定，这次专家们仍面对同一评定对象，所不同的是他们会知道第一轮总的匿名评定情况；第二轮的结果通常可以把评定结论缩小到一个小范围，得到一个合理的中间范围取值。

当仅有的可用信息只能依赖专家意见而非确切的经验数据时，专家方法无疑是解决成本估算问题的最直接的选择。但是，其缺点也很明显，就是专家的个人偏好、经验差异与专业局限性都可能为估算的准确性带来风险。

4）计划扑克（Planning Poker）

计划扑克已越来越多被敏捷开发所使用，凭借项目组人员的经验，以故事点（Story Point）度量软件规模。计划扑克是一种标有数字的扑克牌，其目的是为了能够在一个尽可能短的时间内，让团队成员更多的了解需要做的工作，同时顺带得到一个可接受的估算结果，一般推荐4到8人参与估算。

估算步骤：① 参加计划扑克的人每人各拿一叠扑克牌，牌上有不同的数字；② 产品负责人为大家挑选一个Story（如Backlog或用例），并简单解释其功能，以供大家讨论；③ 每个参与者按自己的理解来估计完成这个Story所需的时间，从自己手里的牌中选一张合适数字的牌，同时亮牌；④ 参与者各自解释自己选择这个数字的原因，数字最大和最小的人必须发言；⑤ 根据每个参与者的解释，重新估计时间并再次出牌，直到大家的估计值比较平均为止。

11.3.3 进度安排

复杂的项目要求执行一系列活动，其中有些活动必须顺序执行，其他一些活动则可以与别的活动并行执行。关键路径法（Critical Path Method，CPM）通过网络图来显示这些顺序和并行活动，以及它们的执行次序和进度安排，它可用于确定影响项目进度的关键活动路径，预测项目完成的时间。通常项目进度计划用图表形式来表示，如项目进度网络图和Gantt图，如图11－3、图11－4所示。

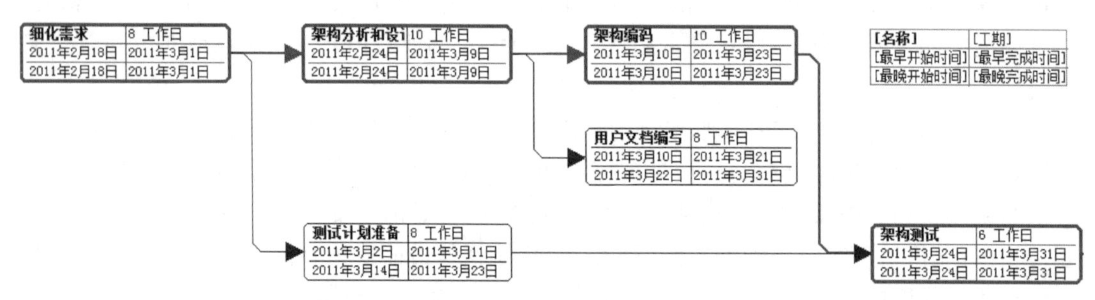

图11－3 基于CPM的进度安排（网络图）示例

基于CPM的进度安排包括以下两个步骤。

1）画网络图

CPM最早用的是AON（Activity on the Node）网络。在AON网络中，活动作为网络的节点，事件标志活动的开始或结束，在图上作为弧、线连接两个节点。CPM也可以采用AOA（Activity on Arrow）网络，这两种网络图在语义是完全等价的，可相互转换。

2）识别关键路径

关键路径是通过网络的最长路径。其重要性在于该路径上任一活动的推迟必然会导致整个项目的推迟。所以，关键路径分析是项目计划的一个重要方面。识别关键路径首先要

任务名称	工期	开始时间	完成时间	前置任务
1 先启阶段	**34 工作日**	**2011年1月3日**	**2011年2月17日**	
2 精化阶段	**30 工作日**	**2011年2月18日**	**2011年3月31日**	
2.1 细化需求，撰写《需求规约》并评审	8 工作日	2011年2月18日	2011年3月1日	6
2.2 架构分析和设计，撰写《软件架构文档》并评审	10 工作日	2011年2月24日	2011年3月9日	8FS-4 工作日
2.3 架构编码	10 工作日	2011年3月10日	2011年3月23日	9
2.4 用户文档编写	8 工作日	2011年3月10日	2011年3月21日	9
2.5 测试计划和用例准备	8 工作日	2011年3月2日	2011年3月11日	8
2.6 架构测试	6 工作日	2011年3月24日	2011年3月31日	12,10
3 构建阶段(R1 Beta)	**34 工作日**	**2011年4月1日**	**2011年5月18日**	**7**
4 产品化阶段	**75 工作日**	**2011年5月19日**	**2011年8月31日**	**14**
4.1 产品化迭代1(R1)	**20 工作日**	**2011年5月19日**	**2011年6月15日**	**14**
4.2 产品化迭代2(R2 Beta)	**34 工作日**	**2011年6月16日**	**2011年8月2日**	**20**
4.3 产品化迭代3(R2)	**21 工作日**	**2011年8月3日**	**2011年8月31日**	

(a)

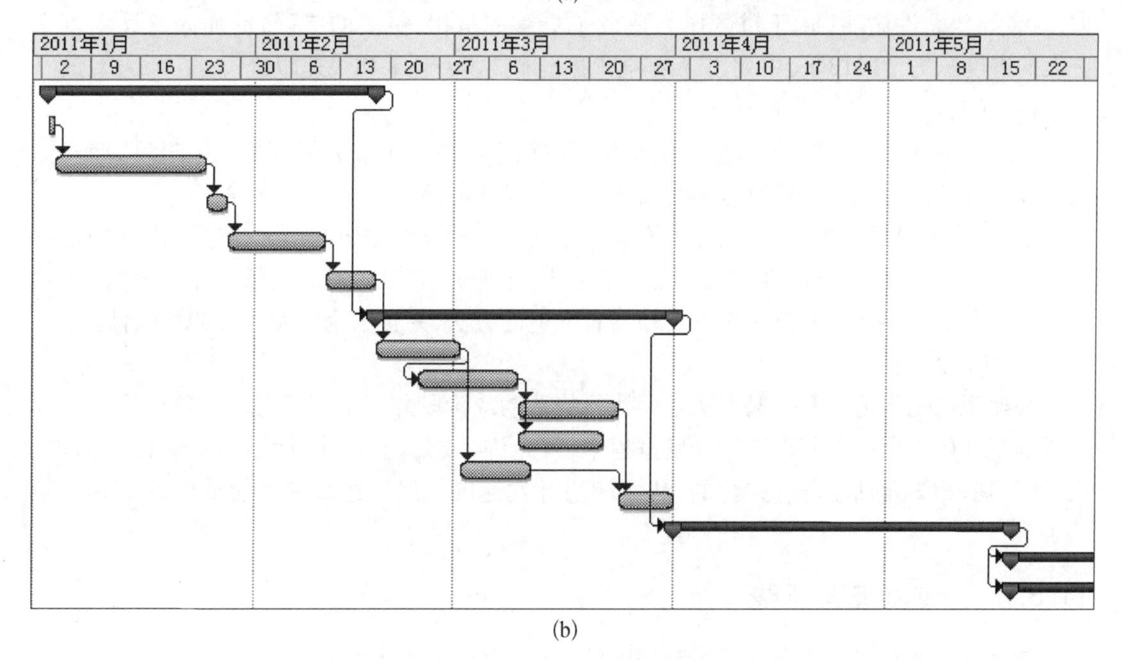

(b)

图 11-4　Gantt 图示例

确定每个活动的四个参数：最早开始时间 ES、最早结束时间 EF、最晚结束时间 LF、最晚开始时间 LS。

在网络图中顺推，可以得到每个活动的最早开始时间和最早结束时间；逆推则可以得到每个活动的最晚开始时间和最晚结束时间。一个活动的时差（Slack，亦称机动时间），是其最早和最晚开始时间之间（或其最早和最晚结束时间之间）的时间。一个项目的关键路径是通过项目网络的一个路径，其中没有一个活动有时差（即都为零时差），即对该路径上的所有活动，ES=LS，EF=LF 都成立。

在敏捷项目中，则采用更简捷的 Scrum 任务板或看板（Kanban）进行任务的进度与人员安排，如图 11-5 所示。看板从三种视角（时间、任务和团队）进行任务安排，使整个团队都能理解项目的当前状态，并以一种自发、有动力且互相合作的方式来工作。

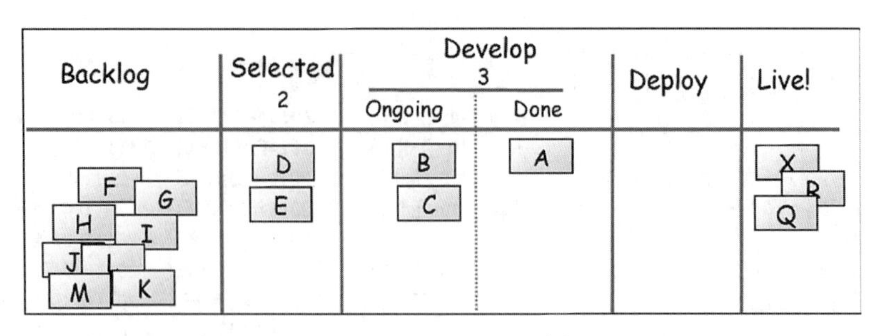

图 11－5　Kanban 示例

11.3.4　赶工和快速跟进

几乎所有的软件项目都面临进度压力。如果不能正确地面对项目交付期限的巨大压力,就会导致恶性循环：由于进度压力造成了更重的负担、更多的错误、更加偏离计划以至更大的进度压力。PMBOK 中列出了两种进度压缩技术：赶工和快速跟进[1]。

1）赶工

赶工是指通过权衡成本与进度,确定如何以最小的成本来最大限度地压缩进度,如安排加班、增加额外资源或支付额外费用,加快关键路径上的活动。

但是,在项目后期加人,可能并不能加快进度。不论要求加班的压力是来自内部的还是外部的,过分加班或过分的进度压力都会影响开发进度,增加缺陷的数量。在加班时,必须采用开发人员自愿加班的方法而不要领导者强迫的方法,并且激励开发人员的积极性。

2）快速跟进

快速跟进是指把正常情况下按顺序执行的活动或阶段并行执行,例如,在软件设计全部完成前就开始编码。在软件迭代开发过程中,就允许(或鼓励)一个迭代内部的计划、需求、设计、实现、测试等活动部分并行的,从而加快开发速度。但快速跟进可能造成返工和风险增加。

11.3.5　计划检查与调整

软件项目规划是一个不断检查和调整的循环过程,在项目的每个阶段,需要查看产品和流程(检查),然后根据需求作出变更(调整)。

（1）产品负责人在迭代中提供反馈,以此来帮助开发团队改进正在开发的产品。

（2）项目干系人在每个迭代结束后的评审中为产品未来的改进提出反馈意见。

（3）开发团队在每个迭代结束后的回顾中,讨论在本次迭代中积累的经验教训,并改进开发过程。

（4）在新产品发布后,可以根据正在使用这些产品的用户的反馈来进行产品改进。

11.4　软件质量管理

软件质量管理以软件质量为关注点,对软件过程进行监控和管理,从而保证向客户提供满意的产品和服务。它基于评审、测试、静态分析、形式化验证、模拟、模型检查、符号执行、可靠性增长模型等技术，进行项目质量控制与保证。

11.4.1　软件质量模型

软件质量是反映软件系统或软件产品满足明确或隐含需求能力的特性总和。国际标准 ISO/IEC 25010《SQuaRE — System and software quality models》[5] 详细定义了系统与软件质量的产品质量和使用质量的模型。

产品质量是基于开发者和测试者观点的系统（软件）产品特性的总体，按照 ISO/IEC 25010 标准，产品质量模型包括功能适用性、运行效率、兼容性、易用性、可靠性、安全性、可维护性和可移植性八个特性，每个特性又分为 2~6 个子特性，如图 11－6 所示。在实际开发中根据不同类型的不同要求，软件质量的重点会有所不同。

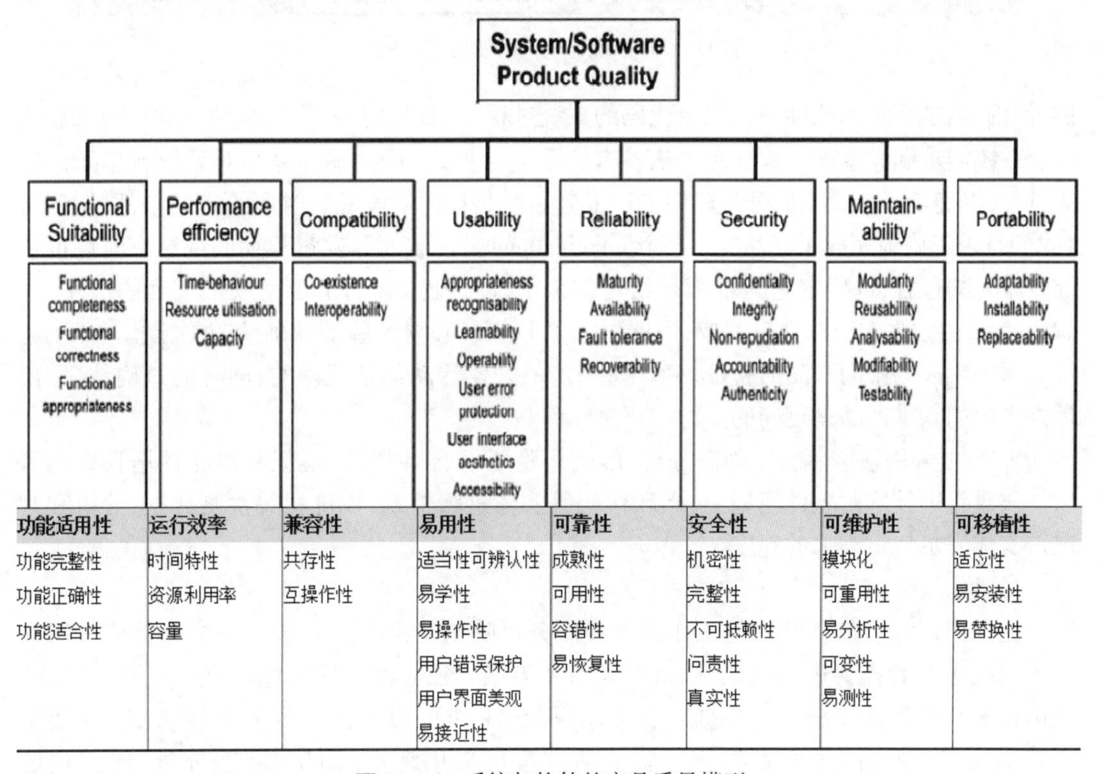

图 11－6　系统与软件的产品质量模型

使用质量是基于用户观点的系统（软件）产品用于指定的环境和使用环境时的质量。在实际使用条件下，通过观察典型用户完成的典型任务来评价使用质量，也可以通过模拟一个实际的工作环境（如易用性实验室）或观察产品的运行使用来测量。系统与软件的使用质量模型包括有效性、效率、满意度、低风险、周境覆盖五个特性，每个特性又分为若干个子特性，如图 11－7 所示。

11.4.2　验证和确认

验证和确认（Verification & Validation, V&V）是软件质量管理的重要手段，它是用以分

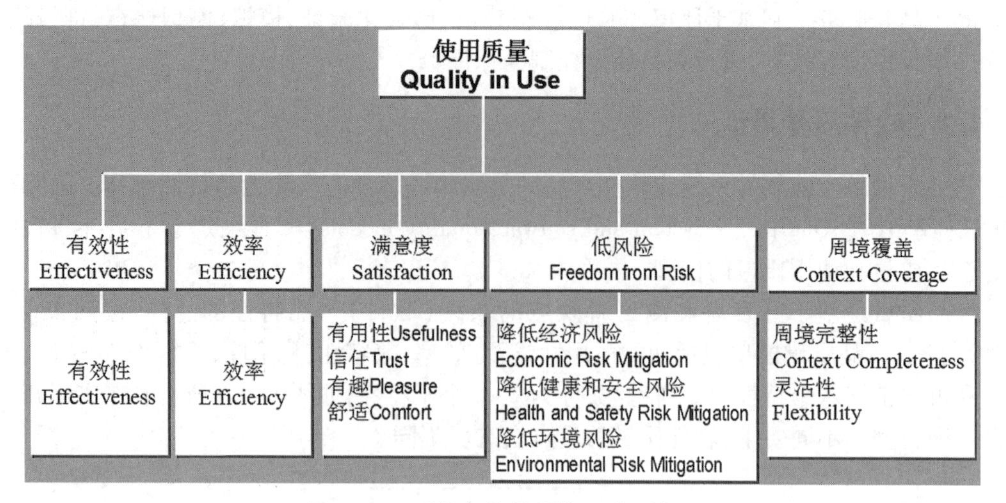

图 11－7 系统与软件的使用质量模型

析、评价、测试系统和软件文档以及代码的系统过程[2]，其目的是尽可能地确保质量、可靠性以及系统需求和满意度。验证和确认各有侧重点。验证(Verification)是对系统或单元评价的过程，以确定一个给定的开发阶段的产品是否满足在此阶段开始时所给定的条件，即评价“我们是否正确地完成了产品?”。确认(Validation)是在软件开发过程期间或结束时评价系统或单元的过程，以确定它是否满足给定的需求，即评价“我们是否完成了正确的产品?”。V&V 常常由独立的第三方来完成，因此引入了 IV&V(独立的验证和确认)的概念。V&V 通过对每个阶段的中间产品的验证，确保每一步的开发活动都是正确的；同时通过确认，保证最终产生的软件产品是正确的。

V&V 可采用评审、测试、静态分析、形式化验证(数学证明)、模拟和可靠性增长模型等软件质量管理技术对软件模型、文档和代码等实体进行检测，评价相关检测数据，分析和判定该实体满足特定需求的程度。

1）验证

验证用以保证软件开发的工作产品或服务反映了其相关的需求。一个项目或采用的某项目技术是否需要进行验证，以及是否需要第三方独立的验证工作，应根据项目需求的关键性和技术风险来决定。根据项目需求，验证工作可由软件开发和提供方、软件使用方或委托方、独立的第三方实施。验证的方法可采用评审、测试、静态分析、形式化证明、模拟、符号执行等。验证任务包括需求验证、设计验证、代码验证、集成验证和文档验证等。

2）确认

确认用以确定软件工作产品的预期使用需求是否已被满足。和验证不同，确认是为了证明最终提交的软件成果正是客户所需要的。通常情况下，一个项目完成后必须进行确认，确认的程度由项目的规模、复杂性和用户业务的关键性决定。

确认的方法主要是测试，除此之外，还有分析和模拟等。确认测试的目的是验证软件的功能和非功能特性与用户要求的一致性。它一般在真实环境中进行，也可以在模拟环境中进行。确认测试常用的技术手段包括功能测试、压力和性能测试、可靠性测试等。

11.4.3　软件质量管理技术

常用的软件质量管理技术包括评审、测试、静态分析、形式化验证、模拟、符号执行和可靠性增长模型等。我们可以选择一种或多种方法对软件文档和代码等实体进行检测、评价，依据这些技术得到的数据，分析和判定该实体满足特定需求的程度。根据是否动态执行软件，软件质量管理技术可以分为静态技术和动态技术两类。

1）静态技术

静态的软件质量管理技术检查项目文档、软件和其他关于软件产品的信息，而不需要执行该软件，包括以下方面。

（1）评审。评审是有关软件部件及其相关文档的可视检查与分析的过程，属人工密集型技术。例如：需求规格的评审、设计的评审、代码走查等。

（2）审核。审核以管理工作为对象，针对不同组织所选择的管理基准，通过收集证据进行客观的、系统性的评估，以判定其遵守程度，属人工密集型技术。例如：质量审核、安全审核等。

（3）静态分析。静态分析通过分析源代码、分析模型、设计模型等来发现软件中的差错，如复杂性分析、控制流分析和算法分析等，属分析型技术。静态分析的工具不少，如开源的 Findbugs 和 PMD 等，都能提供有效的自动化支持。

（4）形式化验证。形式化验证用以验证软件是否满足其规约的要求。这种验证常常用于关键软件的重要部件，如特定的保密和安全需求。例如：定理证明、模型检验等。

（5）可靠性增长模型。可靠性增长模型是指定量地评价软件可靠性的数学模型。它能根据测试阶段和运行阶段的数据推断出软件可靠性。因为随着测试及运行，缺陷被不断发现与排除，可靠性会随之增长，故称为可靠性增长模型。软件可靠性增长模型一般可分为故障发生时间模型（如 NHPP 模型、马尔可夫过程模型等）和故障发现数量模型（如贝叶斯模型、危险率模型等）。

2）动态技术

动态的软件质量管理技术通过动态执行软件来检查其质量，包括以下方面。

（1）测试。测试是通过执行软件代码来发现缺陷的过程，可分成多个层次：单元测试、集成测试和系统测试，可采用黑盒测试、白盒测试和灰盒测试等多种测试技术。

（2）模拟。模拟技术主要用于分析需求及设计，以确保需求反映了用户的真实要求，设计能满足预期的需求。例如：需求界面原型、工作流模拟、模型仿真等。通过动态模拟，可以更深入地看到需求和设计的完整性、正确性和合理性等质量特性。但是要注意的是，模拟本身要正确，要真实地反映被模拟的实体。

（3）符号执行。符号执行是指在不执行代码的前提下，用符号值表示代码中变量值，然后模拟程序执行来进行相关分析的技术，它可以分析代码的所有语义信息，也可以只分析部分语义信息。符号执行分为过程内分析和过程间分析（又称全局分析）。过程内分析是指只对单个过程的代码进行分析，全局分析指对整个软件代码进行上下文敏感的分析。

11.4.4　敏捷软件质量管理

敏捷方法所提倡的质量包含两层含义：软件既能正常工作，又能满足项目干系人的需求。因此,在敏捷项目中管理质量更加关注以下实践[6]。

敏捷开发团队对质量负主要责任。承担质量责任是自管理所伴随的责任和自由的延伸。

软件测试是敏捷项目的日常组成部分。一个敏捷项目包含多个冲刺,每个冲刺包括需求、设计、实现、测试。测试在各个冲刺中被持续地执行,及早地发现软件缺陷。采用测试驱动的开发方法,使得每天都在进行例行测试。自动化测试让开发团队利用非工作时间提高生产力,同时拥有快速的"编码-测试-修复"周期。

进行主动型质量管理,预防质量问题的产生。相关实践包括:技术卓越和良好设计、结对编程、同级评审、代码集体拥有、编程规范、持续集成、面对面沟通、定期检查和调整等。

11.5 软件配置管理

在软件开发过程中,伴随着开发的进展会产生许多工作产品,这些工作产品常常会发生变更。如何有效有序地对这些工作产品及其变更进行控制和管理成为软件开发中十分突出的问题,当开发小组多个成员跨地域并行协同开发时,面临的挑战更大。软件配置管理(Software Configuration Management,SCM)正是为解决这个问题而提出的,为软件开发提供了一套软件工作产品及其变更的管理办法和活动原则,贯穿软件开发始终,以最大限度地减少混乱。

11.5.1 软件配置管理的基本概念

软件配置管理的实体是软件配置项(Software Configuration Item, SCI)。一个软件配置项是置于配置管理之下在软件生存周期所产生或使用的一个工作产品或一组相关的工作产品,包括代码、文档、模型、数据等。一个软件产品在软件生命周期各个阶段所产生的软件配置项组成了软件配置。

配置项在软件开发过程中会不断变更,形成多个版本(Version)。每个配置项的版本演化历史可以形象地表示为图形化的版本树。版本树由版本依次连接形成,版本树的每个节点代表一个版本,根节点是初始版本,叶节点代表最新的版本。

一个软件开发项目包含多个配置项,每个配置项都有自己的版本树,多个配置项的版本需要相互匹配才可以协同工作,共同构成软件产品的发布,这就需要引入"基线"(Baseline)的概念。基线由每个工件的某一个版本构成,是开发和进一步演化的基础。如果将全部版本树看作一个森林,基线则是该森林的一个横截面。

基线是项目储存库中每个配置项版本在特定时期的一个"快照",它提供一个正式标准,随后的工作基于此标准,并且只有经过授权后才能变更这个标准。基线一般在项目的里程碑处创建,经过技术评审而批准的一组配置项版本形成一个基线。一个产品可以有多个基线,也可以只有一个基线。一般地,第一个基线包含了通过评审的软件需求,因此称之为"需求基线",通过建立这样一个基线,受控的需求成为进一步软件开发的出发点,对需求的变更被正式初始化、评估。通常将交付给客户的基线称为一个"发布"(Release),为内部开发用的基线则称为一个“构建”(Build)。对基线的修改将严格按照变更控制规程进行,在一个软件开发阶段结束时,上一个基线加上增加和修改的基线内容形成下一个基线,这就是“基线管理”的过程。

软件配置管理得到自动化工具的有力支持,常用的工具包括开源的版本管理工具 Git 与 SVN(Subversion),IBM 的版本管理工具 ClearCase 与变更管理工具 ClearQuest,微软的版本管理工具 VSS 等。软件配置管理工具与 Build 工具、自动测试工具、自动部署工具等集成在一起,高效地支持软件的持续集成与敏捷运维。

软件配置管理的关键活动包括版本管理、变更管理和发布管理,将在以下各小节分别进行阐述。

11.5.2　版本管理

版本管理记录每个配置项的变更履历,并控制基线的生成。其目的在于对软件开发过程中配置项的各个版本提供有效的追踪手段,保证在需要时可回到旧版本,避免文件丢失和相互覆盖;通过对版本库的访问控制避免未经授权的访问和修改,达到有效保护软件资产和知识产权的目的;实现团队并行开发,提高开发效率。

版本管理就是对软件配置库中的配置项进行版本的各种操作控制,包括版本的访问、版本的分支和合并、基线管理、版本的历史记录查询。

1) 版本的访问

配置项存放在配置库中,配置库可以是集中式的或分布式的,用户通过检入(Check In)和检出(Check Out)的方式访问配置库。检入就是将软件配置项从用户的工作环境存入到软件配置库的过程,检出就是将软件配置项从软件配置库中取出的过程。每次检入时,在配置库上都会生成新的版本,任何版本都可以随时检出编辑。

2) 版本的分支和合并

分支允许用户创建独立的开发路径,支持多版本的并行开发。在版本树上派生出多个分支,各分支负责实现一些不同于其他分支的新特性。合并就是将独立存在于两个分支中的不同版本的文件结合后形成一个新版本,然后放到其中的一个分支中。在合并之前,可以通过版本比较得到不同版本间的差异。

3) 基线管理

基线管理主要包括基线的建立和抽取。基线的建立通过在软件项目的一组通过正式评审的配置项的版本树上设立相应的基线标志来完成,一个项目可建立多条基线,基线化的配置项的变更要按规定的变更控制规程执行。如果配置库分设了开发库、受控库和产品库,则需将开发库中的各配置项的正确版本提交到受控库中,在受控库中建立基线。

基线的抽取则从配置库(或受控库)中获得各配置项的具有同一基线标志的版本,用以创建一个发布。在多版本并行开发项目中,软件的一个版本将至少建立相应的一条基线。

4) 版本的历史记录查询

版本的历史记录有助于对软件配置项进行审计,有助于追踪问题的来源。版本的历史记录应包括版本号、版本修改时间、版本修改者、版本修改描述等最基本的内容,还可以有其他一些辅助性的内容,如该版本的文件大小和读写属性。

11.5.3 变更管理

变更管理是在配置项的基线正式确立之后,对其更改进行控制的活动。在项目开发过程中,配置项发生变更几乎是不可避免的。变更控制的目的是防止配置项被随意修改而导致混乱。处于草稿状态的配置项的修改,不需要纳入变更控制,修改者按照版本控制规则执行即可。

有序的变更控制过程确保了只有得到授权批准的针对文档或软件基线的变更才能进行,它由以下主要步骤组成。

1) 提出变更请求

识别变更需要,对受控的软件配置项的修改提出一个变更请求(Software Change Request, SCR)。对基线配置项的任何修改都必须与某一变更请求相关。引起变更的原因是多种的,包括对软件改进的要求、因修复软件缺陷而产生的变更、由顾客提出的变更请求等。

2) 对变更请求进行评估

由开发小组对变更请求进行质量、成本、交付(Quality, Cost, Delivery, QCD)评估,确定变更影响的范围和修改的程度,为确定是否有必要进行变更提供参考依据。配置管理员根据变更会带来的潜在影响和其需要批准的权限对变更进行分类。

3) 核准变更请求

变更控制委员会(Change Control Board, CCB)负责变更请求的核准。根据评估结果,CCB 对变更请求进行审查,做出决策,即批准、拒绝或延期。对每一项被批准的变更请求,由 CCB 指定变更的完成日期,由项目配置管理员分配给开发小组并记录变更的状态。

4) 实施变更

变更由开发小组来实施。项目负责人安排工作进度、分配实施责任人,并监控实施的进度和质量。变更实施责任人将相关的基线副本从受控库中检出,实施更改并记录更改信息。

5) 验证变更

对已实施的变更必须在配置项和软件不同层次上加以验证。验证的方法包括评审、测试等。验证实施后,提交验证结果及必要的证据,并将通过验证的配置项检入受控库,记录配置信息。

6) 结束变更,建立新的基线

结束变更的准则如下:经验证表明变更已正确实施;变更未产生非预期的副作用;有关的代码、文档和数据项已全部更新并已检入受控库;配置管理员已将原基线备档,建立了新的基线,完成了配置记录,关闭了变更请求,并通知了变更申请人。

CCB 是个虚拟小组,对本项目内各项配置管理活动拥有决策权。对于配置管理而言,CCB 是决策者,而配置管理员是执行者。CCB 负责对变更请求做出决策,核准基线,以及监督变更过程。CCB 一般包括下列人员:CCB 主席、项目负责人、软件配置管理负责人、软件质量保证负责人、测试负责人、客户代表、高层经理等。CCB 主席一般由项目负责人担任,对于重大项目,则由公司管理层代表担任。

11.5.4　发布管理

发布管理，是为了有效控制软件产品的发行和交付，确保发布软件的版本正确性。发布管理包括以下主要步骤。

1）软件产品发布评审

软件产品的发行和交付，应进行产品发布评审。由 CCB 组织发布评审会，CCB 主席做主持，邀请相关部门、用户代表、项目组成员以及专家进行评审。通过评审后，由 CCB 主席签字后，予以发布。

2）创建软件发布版本

软件产品经过发布评审批准后，配置管理员负责从配置库中选择合适的基线，抽取待发布软件的各配置项的正确版本，进行编译，创建软件发布版本，并将其检入到配置库中。

3）提取发布软件版本

项目负责人申请软件出库，经 CCB 负责人批准后，从配置库中提取所需要发布的软件产品，进行生产、包装和发布，将产品交付用户。

11.6　软件风险管理

软件开发到处都存在着风险，例如，设计低劣、人员短缺、不合理的进度安排和预算、不断的需求变动、遇到技术难题等。这些风险随着软件规模和复杂性的增加变得越来越难以控制，常常导致软件开发的失败。软件风险管理就是在风险成为影响软件项目成功的威胁之前，识别、着手处理并消除风险的源头。

11.6.1　软件风险管理概述

什么是风险？风险是损失的可能性。风险具有两大属性：可能性和损失。其中可能性是风险发生的概率，风险具有不确定性，可能发生也可能不发生；损失是指预期与后果之间的差异，一旦风险变成现实，就会造成损失或产生恶性后果。

风险的根源在于事物的不确定性，而不确定性是软件的特性，软件风险是工作与生俱来的，没法消除，但是我们可以通过适当的方法和技术对其进行管理。软件风险管理，就是对影响软件项目、过程或产品的风险进行评估和控制的实践过程，它贯穿在软件的全生命周期中。

软件风险管理通常由以下步骤组成，如图 11－8 所示。

（1）风险识别：发现风险，识别项目潜在的问题。

（2）风险分析和排序：对风险的可能性和损失进行预估，并依此排列优先级，使有限的资源用在最重要的风险上。

（3）风险计划：为每个重要的风险制订缓解和应急计划。

（4）风险跟踪和报告：监控风险的状态以及风险计划的执行进展，并向开发团队和项目干系人汇报。

（5）风险控制：执行风险计划中的缓解和应急措施。

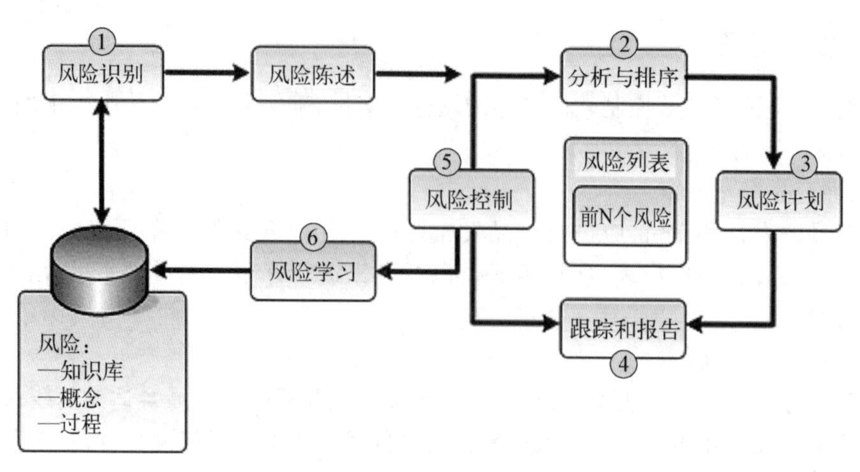

图 11-8 MSF 风险管理过程

(6) 风险学习：从已执行的风险管理活动中提取经验和教训,保存在风险库中,在以后的风险管理过程中重用。

在软件开发的整个生命周期内,风险管理是一个连续的过程。在项目启动时,风险管理就开始了,并在每个开发阶段(或迭代)结束或者重大事件发生时,重新进行风险的分析和评估,修改风险管理计划,执行新的风险应对措施。

11.6.2 风险识别

风险识别是风险管理过程的第一步,项目团队必须准确地识别和定义风险及其来源,并达成共识。风险识别采用系统化的方法来确定威胁软件成功开发的因素,其主要方法有以下几种。

(1) 核对清单：核对风险清单上列举的可比性风险来源来识别风险。风险清单是以往识别出来的或已发生的风险,保存在风险库中。

(2) 访谈,即访谈有经验的项目组成员、项目干系人以及专家。

(3) 头脑风暴,即通过项目团队和相关者的集思广益,提炼出一份综合的风险列表。

(4) Delphi 法,即专家匿名调查,得出一致的意见。

(5) 会议,即定期会议,如每周例会、每月小组会议、每季度的项目回顾会议,都适合谈论风险信息。

(6) 评审,即通过对计划、过程和工作产品的评审来识别风险。

(7) 调查,即用调查的方法,调查对象能在没有事先准备的情况下,很快地识别风险。

(8) 工作小组,即成立风险识别工作小组,通过思考和实践(如模拟),识别风险。

(9) 日常输入,即在日常工作中,不断地识别风险,并记录下来。

11.6.3 风险分析与排序

风险分析与排序是风险管理过程的第二步,通过对风险的分析和优先级排序,可以把主要精力集中在那些影响力大、影响范围广、发生概率高的风险上,知道哪些风险必须要应对,哪些可以接受,哪些可以忽略。

1）估计风险的发生概率

风险的发生概率，即可能性，可以用定性或定量的方式来定义，如使用百分比，或极罕见、罕见、普通、可能、极可能等定性描述。这些概率可以从过去开发的项目、开发人员的经验或其他方面收集来的数据经统计分析估算出来。

2）估计风险对产品和项目的影响

风险产生的后果通常使用定性的描述，如灾难性的、严重的、轻微的、可忽略的等。美国空军采用风险因素来估计风险的影响度，这些因素包括：

（1）成本，指项目预算能够被维持的不确定程度。

（2）进度，指项目进度能够被维持且产品能按时交付的不确定程度。

（3）支持，指软件易于纠错、适应及增强的不确定程度。

（4）性能，指产品能够满足需求且符合其使用目的的不确定程度。

对这四个因素进行预估，根据风险影响估计表就可综合量化风险影响。不同组织有各自的风险影响估计表。

将发生概率和影响相乘就可以得到风险的暴露量：

$$风险暴露量=发生概率\times影响$$

根据风险暴露量排序，就可以生成粗略的风险优先级列表。在此基础上进一步进行调整，可将影响最大的风险和一些关联的风险排在前面。最后从风险优先级列表中选出前 N 个风险。一般地，对于中等规模的项目，N 为10；对于小项目，N 为3或5。

11.6.4　风险管理计划制定

风险管理的第三步是制定风险管理计划，它针对风险列表中前N个高优先级的风险，制定风险缓解、监控、应急的措施，并安排时间，分配职责。有效的风险应对策略必须考虑以下三方面的内容。

（1）风险缓解。如果对于风险采用主动的方法，则避免永远是最好的策略，这可以通过缓解风险来达到。缓解措施可从两个方面来实施，即减少风险影响度和降低风险发生概率。

（2）风险监控。随着项目的进展，风险监控活动开始了。相关风险的指标被监视，以提供风险是否正在变高或变低的指示。当这些指标达到阈值时，及时发出风险警报。

（3）风险应急。当风险缓解工作已经失败，且风险变成了现实，则实施风险应急措施。风险应急是风险发生前制定的“未雨绸缪”的措施。

11.6.5　风险跟踪和报告

风险跟踪和报告是风险管理的第四步，即风险的监督，它监视风险的最新状态和风险管理计划的执行进展，度量风险指标，报告风险跟踪结果，并通知启动风险应急行动。

1）风险跟踪的具体任务

（1）监视风险的状况，如风险是已经发生、仍然存在还是已经消失？风险的发生概率和影响度是否变化？是否有新的风险发生？

（2）监视风险管理计划的执行进展，如风险对策是否有效？进度如何？责任是否到位？

（3）监视风险指标，如软件缺陷率、成本绩效指标CPI、进度绩效指标SPI、需求变更频度等。

2）风险报告的具体任务包括：

（1）根据风险跟踪情况，编写风险状态报告，向相关人员传达风险状态的变化、报告风险管理计划的进展。

（2）当风险指标超过阈值时，立即通知启动应急计划，并向相关人员发出风险警报。

（3）当风险指标回落到阈值内时，解除警报，通知终止风险应急活动。

11.6.6 风险控制

风险管理的第五步是风险控制，它按风险管理计划进行风险缓解和应急，以求将风险降至可接受程度。在控制风险的同时，我们对风险进行跟踪；当跟踪发现风险发生时，则进行应急；当跟踪发现风险变化时，则更新计划。

风险控制的主要任务如下。

（1）执行风险缓解措施，降低风险的发生概率或影响度，以避免风险的发生，或减少发生后的影响。

（2）响应风险跟踪和报告发出的通知，及时执行或终止风险应急措施。

（3）如果风险应对结果不能令人满意，或者识别出新的重要风险，或者发现已识别出的风险的状况发生了变化，则需要更新风险管理计划。

11.6.7 从风险中学习

风险学习将学习活动融入风险管理，强调学习以前经验的重要性，以及风险管理过程的持续改进。它的主要任务如下。

（1）提供目前的风险管理活动的质量保证。

（2）提取知识，特别是风险列表，以及成功的缓解和应急策略，以帮助将来的风险管理。

（3）通过从项目团队提取反馈，改进风险管理过程。

有关风险的概念和知识，以及风险管理时留下的历史数据、文档和经验教训等信息都被保存在风险库中，以便于进一步的分析和复用。

11.6.8 敏捷软件风险管理

在敏捷项目管理中，灾难性的项目失败将不复存在。敏捷方法如果使用得当，可以从根本上降低产品开发的风险。分多次冲刺的开发模式使项目投入后短期内即可验证产品的可用性，同时也为项目早期实现投资回报提供了可能。冲刺评审和冲刺回顾以及产品负责人在每一次冲刺中的积极介入为整个开发团队提供了持续的产品反馈，这些持续反馈帮助团队最终开发出符合预期的产品。

敏捷项目之所以能够降低风险，有三个最重要的因素起了关键作用[6]。

1）完工定义

在冲刺结束前，一个需求必须符合 Scrum 团队规定的完工定义才能被认为是已完成并可以在冲刺结束后做演示。完工定义由产品负责人和开发团队共同确定，其内容通常包含：已开发，已测试，已集成，已归档，分别表示：此需求必须已经开发完毕，产品必须经过测试证明可以正常工作且没有故障，开发团队必须确保此需求与整个产品以及任何相关系统不产生冲突,开发团队必须已经书面记录此需求的开发过程。

完工定义很大程度上改变了敏捷项目的风险因素。通过在每次冲刺中创造出符合完工定义的产品,每次冲刺都将输出可运行的代码。即使因外界因素导致项目提前终止,项目干系人也总能够看到项目的价值并拥有一个可工作的产品作为今后开发的基础。

2）自筹资(Self-funding)项目

敏捷项目能够通过自筹资这一独特方式减轻财务风险,这是传统项目无法企及的。能够在短时间内创造收入对于公司和项目团队而言都有诸多好处。自筹资敏捷项目几乎对于任何组织的财务都具有重要意义,尤其是那些一开始没有足够资金支持产品开发的组织。自筹资项目同时也减轻了项目由于缺乏资金而被迫取消的风险。最后,自筹资项目能够有助于取得干系人对项目的支持。

3）从失败中快速抽身

所有产品开发都伴随一定程度的风险。冲刺中的测试引入了从失败中快速抽身的理念:敏捷项目的开发团队经过几次冲刺后即可识别导致项目停滞不前的关键问题,而不必在大量资金和精力投入到需求、设计和开发后才发现这些问题。这种定量风险的减轻可以为组织节省大量资金。

11.7　软件工程师管理

软件开发与运维时,人是最基本的要素,人的管理也是最具挑战的任务。和其他产业的人员相比,软件工程师由于其环境和所受教育等多方面的影响,大都有较高的知识层次,拥有一技之长,年轻者多;有更多的选择条件和机会,也有更高的需求层次;自我意识很强,更加重视自身独立性;希望能通过自己的工作实绩来获得精神、物质及地位上的满足,期望通过一种创造性和挑战性的工作来体现其自身的价值;他们关注国际社会和科技的最新发展,有多渠道获取信息的能力和条件,随时敏感地捕捉着可能的发展机会。

11.7.1　激励

在软件工程师、开发过程、产品和技术这四大因素中,软件工程师是最有可能提高生产率和质量的因素。优秀程序员和较差的程序员之间生产率和质量的差距可达到 10 倍甚至 20 倍,无论他们是否具有相同开发经验。毫无疑问,激励是决定软件工程师工作表现最重要的因素,对开发的影响比任何其他因素更大。

相关的调研报告表明,与其他职业相比,软件工程师更容易受发展机遇、个人生活、成为技术主管的机会以及同事间人际关系等因素的影响;而不容易受地位、受尊敬、责任感、与下属关系及受认可程度等因素的影响。为了使软件工程师达到 10 倍的生产率绩效,不仅要让他们表面上动起来,更要调动其内在动力。要激发软件工程师的创造力,就要为他们创造满足内在需求的环境。当被激发出创造力时,软件工程师会投入时间和精力并享受其中。激励软件工程师的重要因素是:成就感、发展机遇、工作乐趣、成为技术主管的机会、奖励。

1）成就感

可以从以下三个方面来激励软件工程师的成就感:

（1）自主权。自主是进行激励的一种方法。当人们为实现自己设定的目标工作时，会比为别人更加努力地工作。

（2）设定目标。设定明确的项目目标是快速和高质量软件开发的简单有效方法之一，但也容易被忽略。可以想象，如果为当前一段时期设定了开发目标，软件工程师会为了实现这一目标努力工作吗？如果他们懂得这个目标如何同其他目标相适应，这一系列目标作为一个整体是合理有效的，那么答案是肯定的。而对于经常变化的或公认为不可能实现的目标，软件工程师则不会予以理会。管理人员应该选定一个最为重要的目标，如最短进度或者项目可视化程度最大等。

（3）让他们做喜欢的工作。软件工程师通常最喜欢做的工作是软件开发。激励他们努力工作的最好方法之一就是提供一个良好的环境，让他们能轻松地进行软件开发。

2）发展机遇

作为一名软件工程师，最具吸引力的就是在一个不断发展的领域工作。在软件产业中，每个人必须每天都学习新东西，以跟随时代潮流，而且目前工作用到的知识有一半在三年内必将过时。软件产业的这一特殊性使得软件工程师必然会受发展机遇的激励。一个企业可以通过帮助软件工程师进行职业生涯规划、提供发展机会来激励他们。

关注个人发展对企业的生产能力来说，既有短期作用又有长期作用。就短期来说，它将增加小组的动力，激励他们努力工作；就长期来说，企业将能吸引并留住更多的人才。

3）工作乐趣

可以从以下五个方面让软件工程师感受到工作的意义，提高他们对工作的责任心并了解工作的实际结果，从而提高工作的乐趣。

（1）技术的多样性，指工作本身要求具有多种技能的程度，以使在工作时不至于枯燥乏味。

（2）任务的完整性，指所完成的工作的完整程度。当进行一项完整的工作并且它能使人感受到所做工作的重要性时，人们会对其更加关注。

（3）任务的重要性，指工作对其他人和公共的影响程度。人们需要感觉到其开发的产品很有价值。同样地，有机会接触客户的软件工程师可以更好地理解他们所做的工作，从而得到更大激励。

（4）自主性，指能按自己的方式方法处理自己工作的自由度。拥有的自主权越大，人们的责任感就越强，工作成绩就越好。

（5）工作反馈，指所从事的工作本身能够提供关于直接清晰的工作效果的程度。软件开发工作有着良好的信息回馈，这是由编程工作本身决定的：程序一运行，软件工程师就可以很快知道自己的程序是否能够正常工作了。

4）成为技术主管的机会

对于软件工程师来说，技术管理的工作代表成功，意味着他已具备了指导他人的水平。技术主管并不仅限于项目组的技术负责人或企业的CTO，我们可以指派每个人分别作为某个特定领域的技术负责人，如负责用户界面设计、数据库、打印、报表、网络、模块接口等；指派每个人分别作为某个任务的技术负责人，如技术评审、代码复用、系统测试等；还可以指定有经验的员工作为新进人员的导师。

5）奖励

奖赏和鼓励对长期的激励也是很重要的。如果人们感受到自己在组织中的价值,并且可以通过获得奖励来体现这种价值,他们就会受到激励。通常,大多数人认为金钱奖励是奖励制度中最有形的奖励,然而也存在各种有效的无形奖励。大多数软件工程师会因得到成长机会、获得成就感以及用专业技能迎接新挑战,而受到激励。公开表彰优秀业绩,可以正面强化成员的优良行为,甚至一些诚恳的赞语都会带来意想不到的激励效果。只有优良行为才能得到奖励。不能因高级管理层造成的计划不周和强加的不合理要求,而惩罚团队成员。另外,奖励一定要公平,千万不要搞“大锅饭”。任何形式的奖励都是一种关心和一种挂念,有一点是确定无疑的,那就是奖励表达了感谢,而不仅仅是激励,更不是操纵。

11.7.2　团队建设

随着信息技术的发展,软件项目技术的多样性和复杂性越来越高,项目规模越来越大,影响因素和风险不断增多,还常常遇到全球化开发项目,团队成员地理分布、文化差异大。这就需要多人协作,形成一个高效的团队,一起分享信息和创新,保持良好的应变能力和持续的创新能力,群策群力,共同解决错综复杂的问题。团队建设能提高团队的工作能力、促进团队互动和改善团队氛围,有效地提高工作的绩效。在相同背景和相同经验的软件项目团队中,高业绩团队的生产率可以是低业绩团队的 2.5 倍。

团队建设的目标是打造一支高业绩的、有凝聚力、有活力的团队,Steve McConnell 总结出这样的团队具有以下特征[5]：共同的、可提升的愿景或目标,团队成员的认同感,结果驱动的结构,胜任的团队成员,团队的承诺,相互信任,团队成员间相互依赖,有效的沟通,自主意识,授权意识,小的团队规模,高层次的享受。

1）高业绩团队

要把软件项目团队建设为一个真正的高业绩团队,需要做到如下几方面。

(1) 制定团队目标。团队目标来自于公司的发展方向和团队成员的共同追求。它是全体成员奋斗的方向和动力,也是感召全体成员精诚合作的一面旗帜。在制定团队目标时,需要明确本团队目前的实际情况,例如：团队处在哪个发展阶段,团队成员存在哪些不足,需要什么帮助,士气如何等。

(2) 培养团队精神。团队精神是指团队的成员为了实现团队的利益和目标而相互协作、尽心尽力的意愿和作风,它包括团队的凝聚力、合作意识及士气。团队精神强调的是团队成员的紧密合作。要培育这种精神,领导人首先要以身作则,做一个团队精神极强的楷模;其次,在团队培训中加强团队精神的理念教育;最重要的,要将这种理念落实到团队工作的实践中去。

(3) 做好团队激励。每个团队成员都需要被激励,领导人激励工作做得好坏,直接影响到团队的士气,最终影响到团队的发展。激励是指通过一定手段使团队成员的需要和愿望得到满足,以调动他们的积极性,使其主动自发地把个人的潜力发挥出来,从而确保既定目标的实现。

(4) 打造学习型团队。软件产业是一个知识迅速更新的高科技行业,需要每个成员树立三种学习理念。一是学习是生存和发展的需要的理念,学习是为自己的未来投资,是为了自己的生存和发展;二是终身学习的理念;三是“在工作中学习,在学习中创新,在创新中发展”的理念,把学习引入工作中,使学习与工作有机结合。同时要做好培训,经常进行技术合作交流,举办专题讲座、学术研讨会等。

(5) 合理的团队绩效考核。对团队中每一个成员的考核是必要的,考核的目的是总结分析项目开发过程中存在的优缺点,促进工作,而不是处罚和批评。因此,合理的团队绩效考核非常重要,它应遵循以下原则:公开性原则、客观公正原则、及时反馈原则、敏感性原则、可行性原则、多层次多渠道多方位评价原则、制度化原则。

2) 敏捷项目

在敏捷项目中,更关注团队的活力,使人们能够用所掌握的最好的办法来做好每一项工作。Scrum 团队的成员有机会学习知识、帮助他人、领导团队,并真正成为有凝聚力的、自管理的团队中的一员。敏捷团队建设的主要措施包括[6]以下几方面:

(1) 自管理和自组织。在敏捷项目中,Scrum 团队直接对可交付成果负责。Scrum 团队组织他们自己的工作和任务,实行自我管理。其核心理念是,为一项工作每天持续付出的人们对这项工作了解得最清楚,同时也最有资格决定如何完成这项工作。推进自管理团队建设的前提是,必须在团队和团队所在组织中建立全面的信任与尊重。

(2) 仆人式领导。Scrum 主管以仆人式的领导方式工作,其职责是排除障碍、防止注意力分散并帮助团队的其他人发挥出最大的能力完成工作。敏捷项目的领导者们要帮助团队寻找解决方案,而不是分配任务。Scrum 主管指导、信任并促进团队进行自我管理。仆人式领导之所以有效,是因为它积极地专注于个人和互动这一敏捷项目管理的关键原则。

(3) 专职的团队。拥有一个专职的 Scrum 团队对项目有很多重要的好处:保持团队成员只专注于一个项目,有助于防止被干扰;专职的团队成员清楚地知道每天将要做什么;专职团队受到的干扰较少,因此犯错的概率也就越小;专职的团队成员能够对项目提出更多的创新;专职团队中成员的幸福感更强;专职团队有助于准确地计算出团队的开发速度。

(4) 跨职能团队。每个人都有自己的专长,跨职能意味着团队中每个人都愿意尽可能为项目的不同部分做出贡献。跨职能使得开发团队成员可以有机会参与专业领域之外的工作,从而学习新的技能,同时跨职能还允许人们与开发团队的同事们分享知识。跨职能团队的最大好处是消除了单点故障,当有一个团队成员离开时,其他成员可以代替他,或能快速培训一名新人接管。

(5) 限制开发团队规模。体现敏捷团队活力的另一个方面是规模有限的团队。敏捷团队通常有 5~9 名成员,最理想的人数是 7 名。沟通与协作在小团队中更容易,团队成员可以轻松地与其他人交互并取得共识。

11.7.3 沟通

良好的沟通能让成员感觉到团队对自己的尊重和信任,从而产生极大的责任感、认同感和归属感,继而具有强烈的责任心和奉献精神。有效的沟通能够消除各种人际冲突,实现人与人之间的交流行为,使员工在感情上相互依靠,在价值观上达到高度统一,进而为团队打下良好的人际基础。

常用的团队沟通技术包括:正式(报告、备忘录、简报)和非正式(电子邮件、即兴讨论)、书面和口头、语言和非语言(音调变化、身体语言)、交互式、推式和拉式等。相关研究表明,在这些沟通技术上,最具有成效并且富有效率的传递信息的方式就是面对面的沟通。敏捷开发方法强调面对面的沟通，通过现场客户、每日站立会议、结对编程、任务板、冲刺回顾与评审等方式来保证沟通的有效。随着项目团队的变大，或是另外一些影响因素的加入（如地理位置的分隔），面对面的沟通越来越难实现，导致沟通的成本逐渐增高，质量慢慢下降，此时正式沟通技术具有更好的规范化结构化，更能保证信息在项目中正常流动。

除了采用有效的沟通方法，要提高沟通的效率，可以采用以下沟通技能[2]：积极有效地倾听；通过提问、探询意见和了解情况，来确保理解到位；开展教育，增加团队的知识，以便更有效地沟通；寻求事实，以识别或确认信息；设定和管理期望；说服某人或组织采取一项行动；通过协商，达成各方都能接受的协议；解决冲突，防止破坏性影响；概述、重述和确定后续步骤。

在项目环境中，冲突不可避免。成功的冲突管理可提高生产力，改进工作关系。如果管理得当，意见分歧有利于提高创造力和做出更好的决策。如果意见分歧成为负面因素，首先应该由项目团队成员负责解决。如果冲突升级，项目经理应提供协助，促成满意的解决方案。应该采用直接和合作的方式，尽早并且通常在私下处理冲突。如果破坏性冲突继续存在，则可使用正式程序，包括采取惩戒措施。

处理团队中的冲突时，应该认识到冲突是正常的，要有效地解决冲突应该开诚布公、对事不对人，着眼于现在而非过去。解决冲突的常用方法有以下六种[2]：撤退或回避，即从实际或潜在冲突中退出；缓解或包容，即强调一致而非差异；妥协，即寻找让全体当事人都在一定程度上满意的方案；强迫，即以牺牲其他方为代价，推行某一方的观点，只提供赢、输方案；合作，即综合考虑不同的观点和意见，引导各方达成一致意见并加以遵守；面对问题或解决问题，即通过审查备选方案，把冲突当作需要解决的问题来处理；需要以“取舍”的态度进行公开对话。

本章小结

- 软件项目管理是软件开发过程中一项重要活动，大量工程实践表明，项目失败的一个重要原因是项目管理不当。
- 要取得软件项目成功，作为项目管理者应懂得如何管理项目，使项目按期按质完成；作为项目组成员应了解项目管理的各项活动并参与到项目管理中去。
- 本章从项目管理的概念出发，阐述项目管理过程，以及软件工程管理的重要知识域，包括软件项目规划和估算、软件质量管理、软件配置管理、软件风险管理和软件工程师管理。

参考文献

[1] [美]项目管理协会. 项目管理知识体系指南（PMBOK 指南）（第 6 版）[M]. 北京：电子工业出版社，2018.

[2] 软件工程知识体系（Software Engineering Body of Knowledge, SWEBOK V3）[EB/OL]. http://www.swebok.org，2013.

[3] Steve McConnell, Rapid Software Development[M]. Redmont: Microsoft Press, 1996.

[4] 沈备军，陈昊鹏，陈雨亭. 软件工程原理[M]. 北京：高等教育出版社，2013.

[5] ISO/IEC 25010: 2011 Systems and software engineering — Systems and software

Quality Requirements and Evaluation (SQuaRE) — System and software quality models[EB/OL]. https://www.jso.org/standard/35733.html,2011-03.

[6] 莱顿.敏捷项目管理[M].傅永康,郭雷华,钟晓华,译.北京:人民邮电出版社,2015.

第 12 章　基于互联网群体智能的软件开发

软件是客观事物的一种程序化表述，是知识的固化、凝练和体现，其开发活动本质上是一种智力和知识密集型的群体协同活动。网络为充分挖掘开发群体智慧和创造力提供了理想平台。所谓基于互联网群体智能的软件开发方法，就是建立互联网环境下以大规模群体协同、智力汇聚、信誉追踪、持续演化为基本特征的新型软件开发模式。

12.1　群体智能及软件开发

12.1.1　群体智能

长期以来，科学家们在很多低等生物（动物）群体中观察到一种看似矛盾的现象：虽然构成群体的每一个体都不具有智能或只具有有限的智能，但整个群体却表现出远超过任一个体能力的智能行为。科学家将这种在低等生物（动物）群体层次上展现出来的智能现象，称为群体智能。从哲学的角度观察，群体智能是一种“由量变产生质变”的现象；从复杂系统的角度观察，群体智能是一种“涌现”现象，是群体中的个体通过复杂的交互而涌现产生的一种“自组织行为”。

群体智能并不是低等生物（动物）群体所特有的现象：在人类个体和人类社会中，也可以观察到群体智能现象。一方面，从人脑的神经结构来看，人类个体的智能本身即是一种群体智能现象：这个群体中包含了 1 000 亿左右的神经元个体；人类个体具有的复杂认知和心理功能正是在这样一个大规模的神经元群体及其构成个体之间复杂交互的基础上涌现产生的。另一方面，人类社会的不断发展和演化也可以被认为是一种群体智能现象：这个群体中包含了特定人类社会中存在或曾经存在的所有人类个体，人类社会的重要文明成果都是人类个体在长期群体化、社会化的生活中逐渐演化形成的产物；离开了群体化、社会化的生活环境，人类不可能形成目前的文明形态。开源软件和维基百科的成功使人们更加清晰地感受到群体智能在人类活动中的价值。

互联网促成了一种崭新的人类群体的出现，即基于互联网的人类群体。与传统的人类群体不同,基于互联网的人类群体不再受到物理空间的限制: 互联网重新定义了“两个人类个体之间的距离”这个概念;任何一群地理分布的人类个体都有可能在互联网上形成一个具有紧密联系的群体。同时,互联网使人类信息总量、信息传播的速度和广度快速增长。基于互联网的人类群体的出现为基于互联网的群体智能(简称为“互联网群体智能”)的形成提供了前提条件。互联网的不断发展进一步促进了互联网群体智能现象在不同领域中的不断涌现和蓬勃发展。例如,在知识收集领域内,维基百科通过大规模的用户参与和持续协同不断提高词条的规模和质量: 目前,维基百科包含了超过 3 500 万个词条,总注册用户 2 500 万人,月均活跃用户(每月进行 5 次以上的编辑操作)7 万人;2005 年发表在 Nature 上的一篇论文通过数据分析发现,对于科学领域的词条,维基百科与大英百科全书具有几乎相同的准确性。在文本识别领域,reCAPTCHA 项目利用软件用户在登录过程中输入的验证码信息以很低的成本实现了对传统印刷品的数字化: 该项目日均接收到一亿次的验证请求,目前已经完成了《纽约时报》自 1851 年以来的 1 300 万篇新闻报道的数字化。在生物学研究领域内,研究者通过一款游戏软件 Foldit,让 57 万名玩家参与到专业的科研活动中,成功解决了困扰研究者 15 年之久的蛋白质的结构问题。虽然针对的领域和问题不同,但这些互联网群体智能现象均体现出三个重要的特点: 一个开放的大规模人类群体、群体中个体之间的直接或间接交互以及大量个体行为的汇聚或融合。

互联网群体智能现象的出现和蓬勃发展,标志着在“将计算机互联”(Internet-of-Computers)和“将物品互联”(Internet-of-Things)这两种基础角色上,互联网正在逐步展现出“将智能互联”(Internet-of-Intelligences)的崭新角色: 大规模的松散人类个体,通过互联网进行显式或隐式的交互,在群体层次上表现出超越任一个体或传统组织的智能行为。

12.1.2 群体智能的软件开发

随着物联网、云计算等技术的发展,软件的规模和开发人数正在以前所未有的速度增长。2007 年推出的 Windows Vista 约六万个功能模块、六千万行代码,由 Microsoft 九千多名熟练的专业人士耗时五年完成的,堪称传统软件工程开发的“登月工程”。而如今,任何一个在网上的物联网甚至不是物联网的信息系统的规模都要比六千万行代码大,而且逻辑复杂。

面对多领域、多地域、需求广的大规模复杂软件,如何进行快速的高质量开发? 这向传统软件工程提出了一个巨大挑战。2012 年 5 月李未院士在中国计算机大会上的主题演讲中首次提出了群体软件工程的概念,旨在通过分享、交互和群体智能,进行协同开发、合作创新和用户评价,从而快速开发出低廉高质的大规模软件[1]。工业界也在尝试大规模的群体软件开发,苹果 Appstore 和 GoogleAndroid Market 发动了六七十万的开发人员,在短时间内推出了一大批手机软件;美国 TopCoder 公司采用竞争性的群体软件开发模式,利用二十五万名开发人员协同开发了美国在线委托的通信后端系统,把这个传统软件工程需要一年完成的项目在五个月完成了,而且质量超过了行业要求[2]。这些群体软件开发的成功案例尽管开发的软件相对简单,但是为我们打开了进入群体软件工程的大门。如何利用强大的互联网群体开发力量,采用群体智能技术,快速构造与演化规模庞大、功能复杂、技术创新、更新频繁、高扩展性的软件? 以此为目标的基于互联网群体智能的软件开发,已经成为云时代软件工程新模式。

基于互联网群体智能的软件开发是一个“社会-技术”(Socio-Technical)行为,采用开放群体工程方法，和传统软件开发相比，呈现出以下特点[1]：软件开发过程从封闭走向开放，开发方法从机器工程到社会工程，开发组织从工厂到社群，开发人员从精英走向大众。

基于互联网群体智能的软件开发目前已经在工业界形成了三种新形态，包括：开源软件（Open Source Software）、基于众包的软件开发（Crowdsourcing Software Development）以及应用程序商店（Application Store）。这三种原始形态通过汇聚软件开发者群体的智能，产生了巨大的社会财富和经济财富，在软件开发领域创造了大量的就业岗位和机会，在开发者群体和个体之间形成了共赢的局面。

12.2　软件众包

网络时代的来临，推动了开放创新和“众包”的出现，加速了商务模式的演进，企业和组织开始更加关注如何通过网络更有效地利用集体智慧的力量，发挥群体的威力，以创造更大的价值，提升自己的竞争优势。软件众包，利用互联网将软件开发中的具体任务和问题公开发布，以金钱为激励，吸引大量的个体去承担这些任务和问题。原先由精英专业人员完成的软件开发工作被众包给地域分布的大众协同完成。这是一种新的社会化软件开发模式，是网络社会的社会生产、普通大众的能力和创新被聚集起来，完成了许多以前很难完成的大规模软件项目。

12.2.1　众包与软件众包

众包（Crowdsourcing）一词正式被发布于 2006 年《WIRED》杂志 6 月刊，该杂志的编辑 Jeff Howe 首次阐述了众包的概念[3]：“一个公司或机构把过去由员工执行的工作任务，以自由自愿的形式外包给非特定的（而且通常是大型的）大众网络的做法。众包的任务通常由个人来承担，但如果涉及需要多人协作完成的任务，也有可能以依靠开源的个体生产的形式出现。”

众包概念提出后，其新颖的模式迅速引起了业界的广泛关注和讨论。许多知名的国内外学者也从不同的视角对众包进行了描述，虽然没有一个统一的定义，但它的核心思想是一致的，即充分利用公众的力量，收集群体的智慧来解决大问题。众包的基础模型可以用图 12－1 表示。它由任务发布方（The Crowdsourcer）、任务接包者（The Crowd）、众包任务（The Crowdsourced Task）和众包平台（The Crowdsourcing Platform）组成。任务发布方将软件开发与测试等任务发布到众包平台上，接包者各自获得任务后，完成任务并进行交付，任务发布方根据总体的反馈情况来获得解决方案。最终完成任务后，接包者会获得一定的报酬。

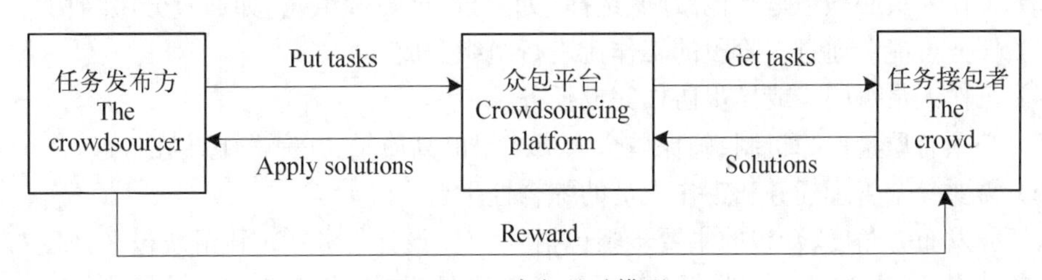

图 12－1　众包基础模型

众包技术已被成功应用于大规模数据的生产、标注和质量保证，以及古文识别、药物开发、logo设计、软件开发、语言翻译、百科等领域。采用众包技术进行软件开发，即软件众包，根据大众参与众包的不同形式，众包可分为协作式软件众包(Collaborative Software Crowdsourcing)和竞赛式软件众包(Software Crowdsourcing Contest)[4]。协作式软件众包的任务需要多人协作来完成；竞赛式软件众包的任务通常是由个人独立完成，完成任务后由发布方进行对比选择最佳者。

软件众包对企业核心需求的满足显而易见，用人而不养人，降低开发成本；通过大众创新中心，提升核心竞争力；通过消费者设计，引领市场。

目前，软件众包的生产模式也有不少不足。众包项目将可能因为缺少资金激励、接包者太少、工作质量低下、个人对项目缺乏兴趣、全球性的语言障碍或难以管理大型的众包项目而增加失败的可能性。同时，大多数众包项目的工资低于市场工资或没有工资，大多数众包项目与众包雇员没有书面合同、保密协议、雇员协议或雇员协议条款。有研究对众包模式提出了一些质疑，认为众包是打着“集思广益”的旗号，利用免费劳动力，规避用工成本，无偿占用闲暇时间为其从事生产活动的新型灵活资本主义(Flexible Capitalism)，使广大用户沦为“网络劳工”，在整个众包项目实施期间很难与众包工作者保持长期的工作关系。目前的众包项目大多数是针对个人的微任务，或者针对团队的大任务，缺少有效的技术和机制支持复杂任务的分解和众包协同。

软件众包是否会替代软件外包呢？我们认为是不会的。众包和普通意义上的外包(Outsourcing)的不同点在于，外包是社会的专业化分工的必然结果，它剥离非核心业务，转包给其他组织来完成，从而节省更多人力、物力、财力，集中于组织主业；众包是由社会需求的多样化和差异化导致的，能够满足更多的要求。外包实施的是低成本战略，众包实施的是差异化战略；外包是规模经济的发展模式，众包是范围经济的发展模式。众包和外包各有适合的场景，对于一个固定的业务，长期合作的可信的外包公司常常性价比更高；对于一个创新性的业务，众包能汇聚更多的创意和研究成果；对于一个耗时耗力的大规模知识工程，众包的成本和速度会更快。因此众包和外包会同时存在，同时外包公司也可以采用组织级众包方式进入众包市场。

12.2.2 众包流程

2013年CMU、MIT、Stanford等著名高校的专家在CSCW会议上提出了众包的流程，如图12-2所示。

(1) 复杂任务必须被分解成较小的子任务，每个子任务被设计以适应特殊需求或具备特点，使其能被分配到合适的工作人员(Worker)。

(2) 工作人员必须被适当地激励、选择(如通过口碑)和组织(如通过分层结构)。

(3) 任务可能会通过多阶段的工作流进行组织完成。

(4) 工作人员可同步或异步协作完成任务。

(5) 必须有质量保障机制，确保单个人员成果的高质量，并完美组装在一起。

(6) 需要一个管理任务和工作人员的综合性平台。

从任务发布方角度，众包的主要步骤包括[4]：① 设计任务；② 利用众包平台发布任务，等待任务结果；③ 拒绝或者接收任务结果；④ 整理结果，完成任务。从任务接包者角度，众

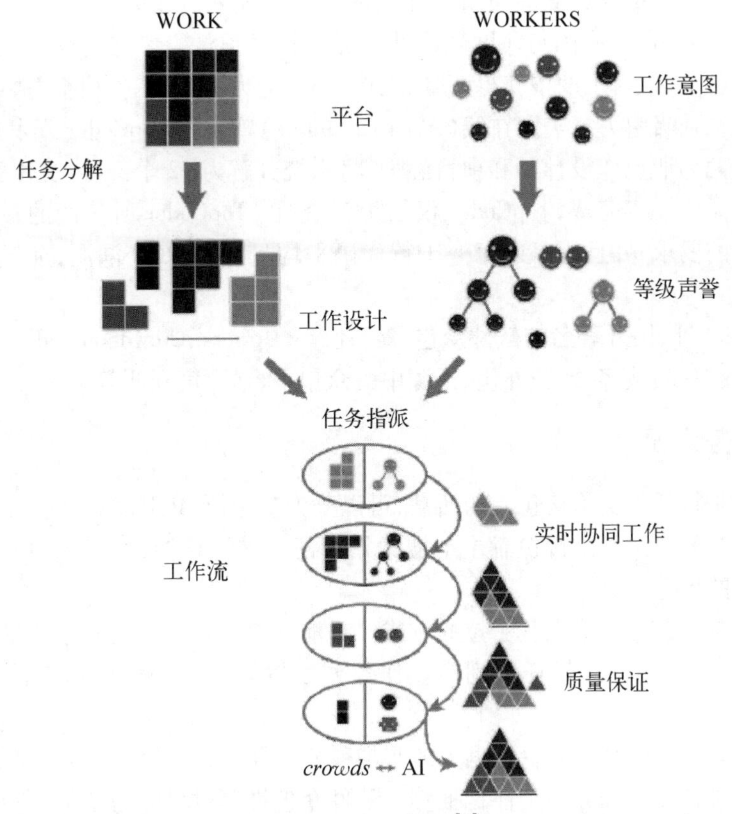

图 12-2　众包流程[1]

包的主要步骤包括[4]：① 查找感兴趣的任务；② 接收任务；③ 执行任务；④ 提交结果。

12.2.3　软件众包平台

软件众包平台是软件众包的第三方中介，是共享经济下的软件发布、项目发包接包、悬赏开发、雇佣开发者的服务平台。

众包软件开发的一个典型代表是 TopCoder 软件众包平台。这个平台通过众包机制完成软件开发中的各种任务。TopCoder 通过众包方式吸引分布于全球各地的开发人员，使其加入面向不同客户和领域的软件产品开发活动；利用群体的协作和竞争不仅提高了特定软件开发活动的速度，如缺陷测试活动的执行速度比传统软件开发组织提高了 3 倍，而且提高了产品的质量，软件产品中的缺陷数量比传统开发组织的产品降低了 5~8 倍。目前，有 85 万名开发者在这个平台注册；每日向开发者支付 2.5 万美元酬金。它采用竞争性的软件众包模式，通过互联网和软件工程规范，形成了以单一模块开发为服务商品的市场，全球的软件人员均可在该市场上提供商品和服务，包括软件设计方案、模块代码、模块评测等，而 TopCoder 成为该商品的采购商。TopCoder 利用其在软件工程方面的经验与技术，将软件服务与产品标准化，使包括系统设计、代码编写、模块测试等环节的工作人员都能以标准化文档沟通，进行工作，最终产品也以标准的文档形式给出。同时，它对各商品的质量评估指标（模块运行速度、稳定性等）也标准化了，这使得商品的定价和择优采购成为了可能，例如评估指标总分第一的定价 1 000 美元，总分第二的定价 500 美元。由于指标清晰，商品提供者也能够逐渐改进自身提供的商品质量。互联网使得全球采购成为可能,并能充分利用全球范围内的低成本人力(如中国与印度),因此商品价格也很低。参与的软件人员即使只有前两名可以获得奖金,但由于期望获得荣誉、工作经验、能力提升、工作机会等,因此积极性高,对软件人员有很强吸引力。美国在线(America Online)曾委托TopCoder开发通信后端系统,TopCoder任命两名职员作设计师和项目经理,将系统分解为52个部分,交由社区人员完成。传统软件工程需要一年完成,TopCoder仅用了五个月。TopCoder所生产的最终产品的功能完全达到客户的要求,并且程序中每一千行代码平均只有0.98个漏洞,远低于业内每千行6个的标准[2]。

除TopCoder外,国外著名的软件众包平台还有:Upwork、CrowdSourcedTesting等,国内有解放号、猪八戒、一品威客、智城外包、开源中国众包平台、百度众测等。

12.2.4 任务分配

任务分配是将任务交给接包者的活动,可以分为基于拉(Pull)的方法,和基于推(Push)的方法。基于拉的方法是由接包者主动搜索相关任务进行认领;基于推的方法则是由众包平台进行任务的推荐与分派。

主流的众包平台都是采用基于拉的方式。目前众包平台都支持基于关键字或字符串匹配的任务搜索,并向用户提供任务列表。任务列表按时间、金额、发包者信用等进行前后排列。

基于推的方式是由众包平台根据人的兴趣爱好与能力,以及任务信息等数据,基于机器学习技术主动进行相关任务的个性化推荐。软件众包推荐过程分为三个步骤。

步骤1:人员建模与任务建模

根据接包者的登记信息、任务信息以及其众包行为历史记录,采用自然语言分析与统计分析等技术,进行多维的人员建模与任务建模。其中行为记录包括任务浏览、关注、收藏、报名、完成、验收等数据。所构建的人员模型通常由工作年限、地域、报价、兴趣、能力、信誉等组成;任务模型由任务标题、任务正文、任务关键词、任务主题、任务流行度等组成。

步骤2:推荐模型训练

采用基于内容的推荐、协同过滤、或混合推荐等算法,根据历史的推荐及其交互反馈数据,训练出推荐模型。

步骤3:个性化推荐

根据所训练的推荐模型,向新发布的任务推荐合适的接包者,向接包者推荐合适的任务。

12.2.5 众包质量保障

由于参与完成任务的人采用自由组织的工作形式,可能来自于不同的国家和地区,并且他们的年龄、教育背景不尽相同,因此他们所交付的成果质量参差不齐,存在较大的不确定性。要获得高质量的众包结果,须进行众包全流程的质量保障,从任务设计、任务执行到任务完成,全面保障众包的质量。

任务众包的完成质量和很多因素有关,如任务的难度与粒度、报酬与奖励、人员的信誉与能力、众包平台的人员数和易用性等。除了合适的任务分解、定价、分配和激励,还有以下两种主要的众包质量保障措施。

1）任务多重分配

由于依赖一个人给出的结果很难确保任务完成质量，因此任务发布方可将任务分配给多个人，然后在任务完成时利用不同的策略选择任务的最佳结果。软件测试、验收结果、专家投票是常用的选择策略，选择最佳绩效的投标者。

2）基于众包的质量评估

对于复杂的软件众包任务，无法由计算机基于机器学习等算法进行自动质量评估，常采用传统的甲方手工测试或验收方式，效率较低。在这种情况下，质量评估众包是一种有效的解决途径，不仅任务的执行采用众包，而且任务结果的质量评估也采用众包方法，交给大众进行评估，如软件的众测等。众测的目的是利用大众的测试能力和测试资源，在短时间内完成大工作量的产品体验，并能够保证质量，第一时间将体验与测试结果反馈至平台，再由平台管理人员将信息搜集，交给开发人员，这样就能从用户角度出发，改善产品质量。

12.2.6　参与众包的激励机制

即使像 innocentive. com 这样具有影响力的创新众包平台，其问题解决率也只有 50%左右，激发专家与用户的“空余能量”至关重要。研究者们正在研究众包的声誉与凭据、动机与奖励的原理与机制。

1）众包的参与动机

经实证调查，众包的参与动机总结起来主要有以下几个方面[6]：来自直接用户的问题解决需求、获取酬金、长期的社区声望、来自其他接包者或者公司的认可以及最深层次的基于人的本能的创新的快乐和能力的增长。除此之外，人们参与众包还有其他动机，包括升职、无聊地打发时间、认识新人、接触新社会。极低的加入门槛和易接受的网站设计也是参与众包的重要原因。因此，众包平台和众包任务发布方应该努力收集和分析数据，增进对接包者的整体了解，根据其参与动机设立合理的高效的激励机制。

2）货币型激励

货币型激励仍然是众包的重要激励因素，货币型奖励对接包者具有很大的吸引力，决定了接包者的努力程度，并最终影响众包的运行效率和质量。国内外有影响力的众包网站基本都在用货币激励来吸引接包者，采用“奖金+提成”式的线性激励机制比固定奖金式激励更有效。所以奖金结构的合理设置是众包整体运行高效的基础。

货币型激励常常会遇到以下争议：如果任务发布方发现一些任务返回的结果质量较差，而拒绝赋予接包者报酬，则接包者会进行争辩，并发布相关消息，从而影响发布方的口碑，降低他人对任务的参与度。为了解决这个问题，一般的方法是，接包者完成任务后支付基本报酬，只有接包者提供的任务结果质量较高时，才给以奖励金额，有利于提高任务的结果质量。

3）竞争型激励

让接包者互相交流，可以提高其努力程度，进而提高产出，在众包过程中产生接包者“竞争激励”效应。例如，某个具有得奖预期的接包者在发现他人软件的优秀之处后，会产生自己软件不如人，奖金被抢走的担忧，从而激励其思考如何进一步完善自己的软件。这在众包竞赛中有充分的体现,也是多主体参与的一个普遍特点。

12.3 开源软件开发

开源软件(Open Source Software, OSS)是一种源代码开放的计算机软件,软件的版权方通过开源许可证(License)来赋予和限制用户研究、修改、发布软件代码的权利。兴起于互联网的开源模式以大众参与的方式有效汇聚了来自全球的开发者和用户的智慧,实现高质量软件的快速开发。Gartner 及 Linux 基金会的调查报告显示,企业平均有 29% 的软件代码来自开源,在互联网背景下,开源软件比例高达 80%。开源软件的兴起与活跃有力地促进了软件以及相关技术的进步。

12.3.1 开源软件运动

软件开源运动起源于 20 世纪 80 年代的自由软件运动。Richard Stallman 于 1984 年启动 GNU 项目,拉开了自由软件运动的序幕,并在 1985 年创办了自由软件基金会(Free Software Foundation,FSF)。1989 年 FSF 发布通用公共许可证第一版 GPLv1,为自由软件运动制定了行为规则。1998 年,在部分业界人士倡导下,改称自由软件(Free Software)为开源软件,自由软件运动也由此演化为软件开源运动。20 世纪末,开源软件经过数十年的蓬勃发展,已经成为软件领域不可或缺的重要组成部分。很多成功的开源软件项目如 Linux、Apache、Eclipse 等,由于出色的质量和固有的开放性,被当作事实上的工业标准软件,广泛地应用于各个领域,产生了巨大的社会价值。

开源软件的优点主要有四点:① 低成本,有专业人士估算,开源模式至少能为全球消费者每年节约 600 亿美元;② 安全,任何人都可以查看、编写并修改代码,因此开源软件具有更好的安全性;③ 没有厂商的限制,开源软件欢迎其他个人或组织在许可证允许范围内对其进行修改和传播;④ 更好的质量,已有研究工作表明,Linux 等开源软件的漏洞率比同类商业软件更低。

正因为开源软件的上述优点,目前越来越多的企业、高校和个人参与到开源软件的创建、开发和维护中。截至 2017 年 7 月,已有 342 个具有较大影响力的开源组织,其中商业组织 207 个、非营利组织 72 个、教育组织 48 个、政府组织 15 个,其中最为活跃的组织分别为 Eclipse Foundation、Homebrew 和. Net Foundation,每个组织维护若干到数百个开源项目。

从商业角度看,开源起初只是商用软件的模仿,如 Linux 模仿各类商用 Unix,Eclipse 模仿 Visual Studio,Apache Hadoop 模仿 google 三篇经典论文成果,Xen/KVM 模仿 VMWare,OpenStack 模仿 Amazon AWS 等。从容器技术开始,开源不再是商用软件的简单模仿,而是引领行业发展方向的开始。

目前,另一个新兴的现象是企业内部开源,简称内源,它致力于推动企业内部的代码复用和创新。在公司内部使用开源是指项目并不向外部社区开发,而是在公司内部展开。公司内某个部门掌握项目,将产品向整个公司开发,公司内部所有人都可以使用和修改代码,修改由原来掌握项目的部门核准。

12.3.2　开源软件的开发模式

开源软件将源代码发布在互联网上，按照某种开源许可证的要求，允许人们免费下载、学习和使用，并参与到软件的开发中。它通过接收用户的反馈和志愿者的贡献促进软件的更新和演化，是一种获得创新和降低成本的软件开发模式。开源生态提供了一种激发群体协同进行的软件开发和维护的模式，成功的开源系统展示出其在提高软件开发的效率和代码的质量方面具有优势。

与传统商业软件相比，开源软件在开发模式上展现出无偿贡献、用户创新、充分共享、自由协同、持续演化的新特征。一方面，开源软件生态中的群体协同机制使得可持续发展的社会化软件生产成为现实，提供了不断满足多种多样、不断变化的应用需求的软件生产能力；另一方面，开源生态开放透明的用户创新机制有助于保证其所提供的海量软件制品的质量和适用性。开源软件具体的开发模式表现如下所示。

1）迭代开发与持续演化

开源软件采用增量迭代开发过程，不断进行软件演化，持续发布产品新版本，来提高软件的质量，并迅速地响应客户问题。

2）“众人之眼”的质量保障

埃里克·雷蒙（Eric Steven Raymond）关于开源特性的名言：“足够多的眼睛使得错误无处遁形。”即只要有足够的共同开发者与测试员，很多软件缺陷都会在很短时间内被发现和解决。开源将源代码公布，把代码呈现给大众，让大众一起评审、测试和检查代码是否合格，不良代码逃不脱众人之眼。因此，虽然开源项目的开发者在贡献代码时不要求任何经济报酬，但其软件质量却不低于传统软件项目。

3）分布式组织方式

有别于传统“集中式层级结构”的组织方式，通过不断发展，开源软件逐渐形成了多样化的分布式组织方式，并在互联网环境下表现出显著优势，如 Linux 内核开源项目的松散式层级结构的组织方式，Apache Web 服务器开源项目的基于委员会投票的民主式组织方式等。

4）松耦合的团队协同

开源软件开发模式是一种以开放、对等、共享为核心理念的协作开发模式。该模式具有典型的松耦合特征，开发者之间可能在地理上相隔万里之遥，甚至在很多情况下可能素未谋面。在开源项目里，一个很小的核心团队管理了整个系统的体系结构和开发方向，并完成项目中大部分的开发工作。如果这个核心团队仅使用非正式的临时机制来协调他们的工作，将不会超过 10~15 个人；如果一个项目很大，需要超过 10~15 个开发者在一个特定时间段内完成 80%的代码，那么项目将会采取其他机制，而不仅仅靠非正式临时的安排来协调工作。这些机制包括：显式的开发过程，个体或团队的代码所有权，代码审查等。

5）无障碍的代码复用

群体化的开源软件开发方式适应了网络时代软件需求的快速变化，无障碍的代码复用消除了开发组织间的技术壁垒，大量的源代码在开源社区中被积累与共享。不少代码搜索与推荐工具也应运而生。

6）用户创新驱动

与传统软件项目中开发者与用户各司其职不同，开源项目的开发者兼具开发者和用户两种角色，他们根据自己的需求来创建和修改软件——这种方式被认为是用户创新驱动。以软件使用者为核心的开源软件项目创新模式明显优于以开发者为中心的创新模式。

开源模式以用户创新、低成本和高质量为特点建立了许多成功的生态系统，其软件开发活动呈现出规模化和协同化等根本性变化，通过基于互联网的大规模开发群体的持续协同实现高质量软件制品的持续涌现和不断演化的机制。

12.3.3 开源软件的开发过程

开源软件强调通过激发开发者个体的创造性，对开发者个体智能进行有效的汇聚和融合，对软件制品进行增量迭代和不断演化，来提高软件的质量和开发效率。与传统软件开发过程相比，开源软件的各开发阶段呈现出以下特点[8]。

1）项目计划

开源软件项目常常没有一个正式的规划阶段。有些开源项目还是会经常使用 TODO 列表或者特性请求，作为短期开发的日程安排。

2）需求分析

开源项目通常没有正式的软件需求分析阶段。用户和开发者经常在邮件中讨论软件应该实现什么功能或者不需要实现什么功能，还常通过问题报告或特性请求的方式表达需求。

3）设计与编码

模块化被认为是分布式软件开发最为显著的特征，而开源开发又是一种“天然的”分布式开发，因此开源软件的开发着重关注软件架构与模块化。例如，采用“软件扩展点机制（Software Extension Mechanisms）”，使得开发者能够通过编写脚本或插件的方式方便地为开源项目增加新的功能。

4）测试

一些开源软件在发布之前并没有一个正式的测试阶段，如 Linux Kernel，它是靠每个程序员在提交之前测试好自己的代码，在发布之后由其他人（即来自于互联网上的用户）进行测试。另一些开源软件有正式的发布前测试，如 Linux Test Project 和 Linux Stabilization Project。

5）发布

开源软件的发布一般都按照固定的模式：在接收了一段时间的补丁之后，项目管理者会冻结代码库暂时不再接收新的修改；当确定当前代码版本已经解决了某些特定问题之后，项目就宣布该版本为稳定可发布的版本。虽然在开源项目中用户总可以访问到最新版本的源代码，但在开源项目不断更新代码时，最新的源代码可能并不稳定，因此用户则更喜欢使用一个已经发布的版本，因为已发布版本的质量是已知的。

6）维护

一些开源软件的用户支持由商业公司来提供，如 Linux；另一些开源软件由专门商业赞助商提供收费的支持服务，如 MySQL。大多数传统开源项目主要依靠开源社区的广泛支持，如 Apache 项目的用户经常在邮件或论坛中讨论软件中的问题并提交补丁。

这种大众开源的技术和模式成为现代软件开发的一个标志性趋势。

12.3.4 开源软件的商业模式

通过软件开源(或者开源软件产品)降低开发成本和实现盈利,目前开源商业模式主要有以下几种:

(1) 许可证模式,即通过许可证收取费用,使用这个模式的成功案有 MySQL。

(2) 在免费基础软件基础上提供收费服务。

(3) 混合模式,即销售软件的许可,同时还向用户提供付费服务的模式。

(4) 通过开源产品提供服务平台,在平台上获取盈利,成功的案例有谷歌的 Chrome 浏览器及 Android 系统等。

12.3.5 开源社区和开源贡献者

贡献者参与是开源软件项目一个重要的成功因素。这些参与者由于使用和(或)开发同一种软件系统而联系在一起,形成开源社区,维持开源软件生态系统持续地发展。

1) 开源社区

开源社区是指兴趣爱好相同的人互相学习交流,并根据相应开源许可证发布和共享软件源代码的平台,这是一个自组织、自愿参与的社会合作网络。

按照服务形式和目的的不同,开源社区可分为三类。

(1) 开源组织专有社区。Apache 基金会(Apache Software Foundation,ASF)、FSF 等开源组织为了实现旗下开源软件的快速开发、共享和发展,常常建立专门的社区网站为开发者和用户提供开发基础设施,包括项目主页、版本管理、沟通工具、缺陷跟踪系统、邮件列表、项目论坛、Wiki 等。目前代表性的开源组织专有社区包括 Linux Kernel 社区、Eclipse 社区、Mozilla 社区等。

(2) 开源软件托管社区。托管社区网站免费向开源项目提供版本管理、缺陷跟踪系统、邮件列表等基础设施服务。与开源组织专有社区不同,托管社区仅扮演第三方的角色,其中的开源项目并不属于该托管社区。开源项目可以随意选择或更换自己喜欢的托管网站,托管网站不参与开源项目的管理活动。此类社区的代表有 SourceForge(sourceforge. net)、Github(github. com)、Google Code(code. google. com)等。其中 Github 是目前全球最大的开源社区,截至2017年7月,已经托管了超过6 300万个软件代码库,吸引了超过2 300万个大众贡献者参与到开源活动中。

(3) 开源软件目录社区。目录社区网站搜集互联网中海量开源软件的信息并进行分析、整理,通过引入社会化标签、用户评论等社交网络元素,向用户提供一个发现、跟踪、对比、评价开源软件项目的平台。与前两种社区不同,目录社区网站既不拥有开源项目,也不提供开源项目的配置管理、缺陷跟踪等软件活动的基础设施,其主要目的是以开源软件为载体,向开源爱好者提供一个交流、互动的场所。目前代表性的目录网站包括 Ohloh(ohloh. net)、FreeCode(freecode. com)等。

近年来,开源社区的运作越来越职业化[7]。Linux 基金会下的很多项目,如核心基础架构联盟(Core Infrastructure Initiative, CII),都是各公司出钱,把钱放在一起经营,更像是一个合资公司;OpenStack 等基金会有明确的章程、组织结构、晋升机制、会议制度等。Intel、IBM、Google、Oracle 和 Microsoft 等公司成为了其中的主角,华为公司投身开源已五年多,每月向各大开源社区回馈约1 500个补丁，已位居一线贡献公司之列。

2）开源贡献者

开源软件通过开放源代码，以声誉、兴趣、理想为激励，吸引了大规模的软件开发者群体参与到软件开发活动中。这些开发者可能分布在世界各地，素不相识，却能够像一个团队一样紧密地合作，彼此交流开发经验，共享知识。

这些开发者以志愿者身份加入开源项目开发的主要原因包括：可从参与过程中获得一种学习以及与他人分享的机会；能获得较好的声誉，以及高薪水的工作机会；可以自主选择开发任务，满足个人意愿等。

在开源软件开发中，核心开发贡献者是少数的，修复缺陷的贡献者数量超过核心团队一个数量级，报告问题的贡献者将超过核心团队两个数量级。拥有核心开发团队却没有核心团队之外大量贡献者的开源软件项目，即便能创建新功能，但终将会因在发现和修复缺陷时缺少贡献资源而失败。

高校与公司也是开源软件的重要贡献者。由于开源软件代表了一种新的技术产生方式，因此顶尖的高校研究成果很多都是以开源形式发布的，顶尖公司（如Google）的技术架构中，每套系统基本都有其对应的开源项目。目前，为了利用开源软件开发的优势，越来越多的公司和组织参与到开源软件的创建、开发和维护中，建立起很多“商业-开源”混合开发的项目，如OpenStack、Docker以及Android等项目。目前这种混合开发项目已较为普遍。与早期开源软件开发由崇尚“黑客文化”的程序员和用户自发开展不同，这些混合项目由软件工业界驱动，围绕开源软件技术或平台，搭建各种业务模型，形成公司、开发者、用户等参与者相互协作，参与者间利益彼此关联的“开源软件生态系统”。

12.3.6 开源软件的成功范例

开源软件的一个典型代表是Linux内核软件开发项目[9]。到目前为止，共有1.4万多名开发者进行了近60万次的代码提交，形成了1 800万行的软件代码，在服务器操作系统领域取得了巨大的成功。在全球超级计算机TOP500中，98%运行Linux操作系统。

Linux内核软件开发实践包括以下五个阶段。

1）开发过程

（1）采用迭代式过程，每两到三个月发布一个新版本。

（2）使用滚动开发模式，即通过小的修改集成为大的修改。

（3）每一个开发周期的开始阶段，merge窗口会被打开，那些被审核通过的代码将被集成到主线版本。大约两周后窗口将会被关闭，第一个RC版本将被发布。此时，将不再添加新特性，主要着重于除错，大约每周会发布一个新的RC版本，历时6至10周，形成一个稳定版本进行发布。

（4）采用的主要工具包括版本管理工具Git、补丁管理系统Quilt、邮件列表Mailing Lists。

2）早期开发阶段

（1）首先明确要解决的问题。这要更多地考虑系统的稳定性与长期可维护性，找出解决问题的正确方法，而不是针对一个特定的模块。

（2）当开展内核开发项目时，需要首先考虑以下事宜：要解决的问题是什么；与这个问题直接相关的用户是谁；解决方案应处理哪些用例；目前针对该问题，内核有何不足之处；从哪里开始着手。

（3）寻找合适的 Mailing List 和维护者，接着维护者使用 Git 来寻找合适的活跃开发者。

（4）尽可能早地发布开发计划，详细地描述需要解决的问题并给出解决方案。

（5）得到官方支持，即要符合相关标准，如 GPL-compatible。越早发布内核开发计划，越有好处。对于某些不愿意过早公开其计划的公司，可以由第三方来审查其计划，如 NDA 组织。

3）编码阶段

（1）代码要符合规范。

（2）抽象：对于上百万行的代码来说，抽象是非常重要的。但是经验告诉我们，过多或过早的抽象只会带来坏处，因此，应在需要的阶段使用抽象而非过早。

（3）#ifdef 和预处理的使用：对于 C 语言来说，预处理非常重要，可以方便有效地包含大量源文件。但是，过多使用预处理会降低程序的可读性，也会使编译器监测正确性变得更加困难。#ifdef 尽量只在头文件中出现。C 语言的预处理宏命令会带来许多问题，尽量使用内联函数。

（4）锁：任何资源（数据结构、硬件寄存器等）只要与多线程并发相关都应该被锁保护。

（5）质量回退：尽量避免质量回退发生，即避免新的修改使程序有新的缺陷。

（6）代码检查工具：尽可能在代码提交到代码库之前，通过使用各种代码自动检测工具发现并纠正错误。

（7）文档：文档经常被看作比内核开发规则更为重要的文件。充分的文档说明可以简化新代码加入内核的过程，使得开发更为容易，也为用户提供了帮助。文档的第一部分应该包含变更日志。内容主要是：要解决问题的描述，解决措施，开发者以及其他与补丁相关的信息。任何一个新的配置选项都应包含帮助文档。子系统的内部 API 信息应由“kernel-doc”脚本说明。核心数据结构、上锁规则、内存屏障等应撰写注释与说明。

（8）内部 API：除非在非常严重的情况下，内核提供给用户空间的接口不应被破坏。

4）补丁发布阶段

（1）创建补丁之前：尽可能地测试代码；使用内核的调试工具，确保内核的配置选项设置合理，使用交叉编译器来构建不同的体系结构等；确保代码符合内核编码风格；确保有权限发布补丁。

（2）补丁设计：补丁必须针对某一特定版本的内核。单个补丁的设计应尽可能简单。开发者对于离散的、针对单一问题的补丁更加感兴趣。每一个逻辑独立的修改都应作为一个补丁，都应提供详细的在线说明。不要将不同类型的修改融合到同一个补丁中；也不要将补丁过度细化，每一个修改应做到逻辑独立。

（3）补丁格式和变更日志：每一个补丁都应该格式化成为消息，应尽可能详细说明补丁的功能以及重要性。上面的所有信息将组成该补丁的变更日志。好的变更日志将为系统管理者、审查者、缺陷追踪者等，提供有价值的信息。总结行应在一行内描述该补丁的影响和目的。

（4）补丁发送：确认补丁在发送过程中不会发生任何改变，可以给自己邮箱发送来确认。在发送之前可以通过 scripts/checkpatch. pl 检测，避免补丁含有愚蠢的错误。补丁应以纯文本形式发送,而不是附件形式。很重要的一点是,把补丁发给所有感兴趣的人,包括维护者、相关领域的开发者、相关的邮件列表。当选择回复者时,应当考虑谁最终会接受补丁并且同意合并。补丁发送时需要撰写合适的主题行:[PATCH nn/mm] subsys:one-line description of the patch。如果一个补丁包含多个部分,则后续部分应作为第一部分的附件发送,以保证它们在一个文件中。对于一组补丁来说,最好的方式是使用 Git。

5)后续开发阶段

(1)补丁评审:如果对补丁做了很好的描述,审查者将会更加容易了解它的价值以及出现问题的原因。但是仍然会有基础问题被问到,例如,5~10 年后会怎么样。开发者会被要求继续修改,包括代码风格以及代码本身。代码评审工作非常辛苦,尤其当重复犯同样的错误时,审查者可能会态度不好,一定要记住他只是针对代码本身。仔细阅读审查者的评论,并致以感谢。当与审查者的意见冲突时,需要详细解释。若审查者的评论最终并未触发修改时,需要添加说明。

(2)当补丁被添加到主代码库后,仍然有义务回答开发者的问题并接受他们的建议。

(3)如果补丁出现了质量回退现象,应立即修改,否则将会从主代码库移除。

(4)之后可能会收到代码的新补丁,如果同意该修改,应当将它发送给子系统管理者,反之则应礼貌地回复并解释。

12.4 应用程序商店

应用程序商店(Application Store)是移动应用软件的服务平台,它以互联网、移动互联网为媒介渠道,提供各类付费或免费软件的查阅或下载服务,同时为应用开发个人或公司提供技术指导服务及产品销售通道。应用程序商店利用市场机制来引导软件的生产和销售。著名的应用程序商店包括苹果 APP Store、Google Android Market、Windows Phone APP Store、BlackBerry APP World、华为应用市场等。这些应用程序商店发动了千万级的开发人员,在短时间内推出了一大批移动软件。

12.4.1 应用程序商店的分类

应用程序商店涉及移动互联网产业链中的所有环节,涵盖了用户、软件开发者、运营商、终端品牌商、操作系统提供商等。着眼于供应链中核心主导企业主体的不同,通常将应用程序商店分为终端厂商主导、运营商主导、互联网公司主导、操作系统提供商主导四种类型[10]。

1)终端厂商主导型

终端厂商主导型应用程序商店,又称为终端应用程序商店,指的是手机供应链中的手机品牌厂商推出的应用程序商店,除苹果 APP Store 外,还有诺基亚、三星、RIM 等国际品牌的应用程序商店,以及以联想、华为、酷派等为代表的国内手机品牌厂商的应用程序商店。终端厂商主导的应用程序商店,具有以下优势:① 具有较强的产业链掌控力和号召力,可以通过终端内嵌的方式来快速扩大装机量;② 终端厂商的产品研发能力相对较强,能够给予软件开发者更为有效、合理的技术指导;③ 终端厂商具备品牌优势,使得其应用程序商店有着较高的用户忠诚度。

2）运营商主导型

运营商主导型应用程序商店是指以电信产业链中处于核心厂商地位的电信运营商建立的应用程序商店。这种以中国移动的MM、联通的Wo Store和电信的天翼空间为代表。运营商涉足应用程序商店的目的是在无线互联网时代中寻求新的价值增长，避免自己在无线互联网时代被沦为“管道”的风险，维持或增强其主导地位。他们的优势主要表现在以下方面：① 用户规模数量庞大，超过任何一种类型；② 支付方式便利，手机用户通过话费支付方式购买应用方便、灵活；③ 资源丰富，运营商所具有的渠道、内容、合作伙伴、用户等资源十分丰富，加之其手机产业链上游的地位使得这一类应用程序商店具有较强的产业链整合能力。

3）互联网公司主导型

互联网公司随着互联网的移动化逐步进入到应用程序商店领域，并将其作为抢占无线互联网入口的一个重要战略。互联网企业由于不只面向某一特定的电信运营商网络、终端设备或手机操作系统，而是提供跨平台的标准应用程序，因此它提供的各种应用需要支持各类的操作系统平台和大量的手机型号。互联网主导的应用程序商店有91手机助手、机锋网、安智市场等，目前腾讯、阿里巴巴、百度、360等都有进入应用程序商店领域的计划。互联网公司主导应用程序商店的优势表现在：① 互联网运营经验十分丰富，具有较强的运营能力、客户关系管理能力和相对灵活的互联网推广与营销渠道；② 商业模式灵活多变，能够对市场需求做出灵敏把握。

4）操作系统提供商主导

典型代表是微软的WMM、谷歌的Android Market。谷歌作为传统的互联网企业，为了抢占移动互联网的更多入口资源和获取更多的用户，进入了手机操作系统开发和应用程序商店市场领域；微软则希望通过提供给用户多样化的手机软件应用，提升其手机操作系统市场份额。这类应用程序商店的优势主要表现在：① 掌控着底层技术，具有极强的产业链掌控力和号召力；② 产品研发能力相对较强，能够给予软件开发者更为有效、合理的技术指导；③ 能够掌控终端，可以通过操作系统内嵌应用程序商店模块，快速扩大其应用程序商店的装机量。

12.4.2　应用程序商店的架构

应用程序商店的架构由三个部分组成，即开发者门户、应用程序商店平台和用户门户，三个参与者主体分别为软件开发者（开发商）、商店运营方、终端用户（消费者）。应用程序商店不仅仅是一个软件商店，更是一条完整的由多方成员共同维护着的软件产业链。

商店运营方通过开放的移动应用SDK为开发者提供开发支持，开发者基于该SDK开发符合应用程序商店上线标准的应用，由应用程序商店统一进行营销，获得的受益APP与开发者分成。

以商店平台为中心，应用程序商店的价值来源在于第三方开发商开发的应用程序。在商店里面，应用程序的价格大都不超过10美元，这对于消费者来说是可以接受的，正是由于价格适宜又方便获取，应用程序商店吸引了大量的消费者，满足了消费者的应用需求，大批的消费者反过来又吸引更多的开发商，同时，商店运营方和开发者之间有着一套完善的结算方法来保障开发者利益。应用程序商店软件平台完善的体系激发了开发者的积极性,也刺激了用户对软件的需求,形成三方共赢,构建成一条良性循环的生态链,图 12-3 显示了三方的关系[11]。

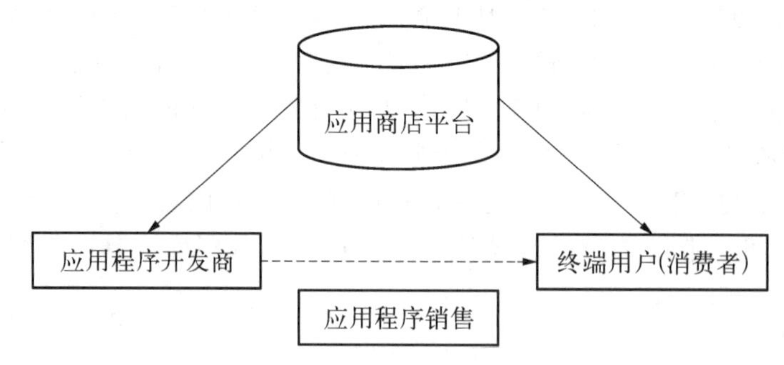

图 12-3 应用程序商店的三方关系

三方在产业链中的角色与职责表现如下。

(1) 商店运营方,即掌握应用程序商店的开发与管理权,是平台的主要掌控者。其主要职责包括:提供平台和开发工具包;负责应用的营销工作;负责进行收费,再按月结算给开发者;提供数据分析资料,帮助开发者了解用户最近的需求点,并提供指导性的意见,指导开发者进行应用程序定价、调价或是免费。

(2) 开发者,是应用软件的上传者。其主要的职责包括:负责应用程序的开发;自主运营平台上自有产品或应用,如自由定价或自主调整价格等。

(3) 用户,是应用软件的购买者和体验者。用户只需要注册登录应用程序商店并捆绑信用卡即可下载应用程序。应用程序商店为用户提供了丰富的应用软件、良好的用户体验及方便的购买流程。

12.4.3 应用程序商店的成功因素

应用程序商店的成功因素包括[11]以下几方面。

(1) 良好的客户体验。应用程序商店成功的主要原因是以消费者为中心的理念作为基本点,不断关注客户的需求,并尽力满足。

(2) 共赢的合作机制。应用程序商店平台拥有大量的用户,用户下载的付费收入和广告收入采用一定比例分成,极大地刺激了开发者的积极性,为平台源源不断地提供新应用。

(3) 较低的开发门槛。应用程序商店平台提供一整套完整的 SDK 开发工具,简单易上手,并提供广阔的消费平台,大大降低了软件开发销售成本。

(4) 社区化的运营机制。应用程序商店提供了一个交流平台,让消费者和开发者之间能够进行交流,消费者可以及时反馈,让开发者实时了解用户的需求,不断改进产品。

(5) 合理的定价策略。允许开发者自行定价,但又对开发者定价进行适度限制和指导,从免费应用到付费应用,满足了不同用户的个性需求。

在应用程序商店发展火热的同时,我们也注意到应用程序商店存在以下一些问题:① 应用开发者盈利能力不足,据艾媒咨询统计,能够盈利的仅占 14%,亏损的占 65%,持平的为 21%;② 应用同质化严重,内容侵权和模仿应用频现,内容盗版现象在各个应用程序商店内屡见不鲜,引发了版权纠纷;③ 恶意软件与手机病毒日益增多,一方面导致手机供应链的不稳定性,增加了供应风险,另一方面使手机供应链出现系统性的质量和安全风险,影响终端消费者的顾客感受。

12.4.4 应用程序商店的成功范例

应用程序商店的典型代表是苹果 APP Store。2008 年 7 月 11 日,苹果公司推出了基于 iPhone 终端的内容(应用)服务产品的平台 APP Store,增加了 iPhone 终端的附加值,推动了苹果总体收入的增长和利润的增加,同时为全球软件市场带来了一种全新的模式。该模式被称为 APP store 模式,即苹果公司做一个平台,由开发者提供内容,不管是个人还是公司,都可以把产品放在上面进行销售,苹果公司与开发者之间进行利润分成。

APP Store 最开始是基于 iPhone 手机,之后不断增加适配设备,这些设备都安装有苹果公司开发的 IOS 操作系统。至 2016 年 3 月,APP Store 中总计有 191 万应用,软件开发者总数 900 万。自 2008 年上线以来,累计向开发者支付了 700 亿美金的收入分成。仅在过去的 12 个月,APP Store 下载量超 70%。每天都有不同的创意 APP 上架。

纵观近几年移动应用商店的发展历程,苹果公司的 APP Store 的成功客观上带动了其他世界性的大企业相继建立移动应用商店,同时其组织架构、产业链形式与创新理念等也成为应用程序商店商业模式的标准要素。

12.5 展望

国内外学术界正在积极探索互联网环境下基于群体智能的软件开发的技术框架,旨在突破软件开发中大规模信息的实时融合、上下文感知的实时信息推荐、语义驱动和演化驱动的群智化软件制品构造、海量数据驱动的群智化软件开发效用度量和信誉机制等关键技术,研制支持群智化软件开发的云服务综合支撑平台,实现对群智化软件开发全过程的技术支撑、智能追踪与管理,形成一个开发者过万、软件项目过百的群智化软件开发社区。

其关键的研究内容包括但不限于以下几点。[12]

12.5.1 群智化软件开发基本原理与技术框架

探索互联网环境下群体智能现象的一般性原理,建立将一般性群体智能原理应用于软件开发的系统性技术框架。主要研究内容包括: 互联网环境下大规模群体协同的基本原理和激励机制;互联网环境下群体智能的形成机理;基于群体智能软件开发的可能模式及其技术框架;基于群体智能的软件开发环境中个人和群体信誉的记录和追踪机制。

12.5.2 软件开发海量信息的搜索和融合

探索软件开发如何从海量信息中快速高效地搜索到所需要的代码、人员、变更关联信息、演化信息等,研究对大规模开发者群体中由不同个体产生的信息片段自动进行实时融合的方法和技术。主要研究内容包括: 面向融合的软件制品的表示与存储;融合质量的量化度量方法;基于演化算法等方式的融合优化技术;上下文感知的信息实时查询与推荐技术;群体软件开发信息的保存和自主备份机制。

12.5.3 面向特定类型软件制品的群智化构造

基于群体智能的原理和机制，针对软件开发过程中多种类型软件制品的特点，研究群智化软件制品的构造与演化机理，为群智化软件开发提供有效支撑。主要研究内容包括：语义驱动的群智化代码制品构造方法与技术；演化驱动的群智化软件制品生长方法与技术；基于群智的可被信任的合作和信誉机制。

12.5.4 群智化软件开发的质量和效用的度量与优化

利用群智化软件开发过程中产生的海量数据，研究如何对群智化软件开发的过程、质量与效率进行度量和调控的方法与技术。具体研究内容包括：群智化软件开发的效用度量指标；群智化软件开发最佳实践及微观过程的量化度量与调控技术；群智化软件开发中个体贡献度的度量方法；高质量群智代码的生存和演化特征度量。

群体软件工程面临的挑战不仅是技术的方面，也包括经济（商务）和社会的方面，需要构建一个软件生态系统，支持全球分布开发和第三方开发人员的产品簇开发。我们应关注多团队的软件复用和利益共生，研究连接基础架构、基于商务和社会环境的集成方法，和软件生态系统的建模方法，建设共创平台，实现多团队的共同创新和共同产品开发。

本章小结

● 越来越多的商业公司将其主要或核心业务建立在开源、众包以及应用程序商店之上，这在很大程度上验证了这些原始形态具有的巨大商业价值。但与理想的互联网群体智能现象相比，上述几种基于群体智能的软件开发形态在开发者群体的规模、个体之间的交互以及个体行为的有效聚合方面还存在较大的差距。目前的软件开发实践远未达到其所追求的完全分布式的社会化软件开发。

● 大多数成功的开源软件项目依赖于一个小规模的精英群体对其项目架构进行设计，并对其版本发布进行严格的规划和控制，且更多集中在对源码的管理和汇聚上，对需求分析、协同设计、质量保障等方面支持不足。

● 众包软件开发在实施过程中，竞争多、协同少，缺乏制品知识提取与共享，存在人力资源的严重浪费问题；众包任务的完成时间呈长尾分布，即很多任务需要很长时间才能完成，时间效率太低；缺少有效的技术和机制支持复杂任务的分解和众包协同。

● 应用程序商店促进了大量高质量的小规模软件的不断涌现，不适用大规模复杂软件的群体化开发。

参考文献

[1] 李未. 云计算和群体软件工程[EB/OL]. https://www.csdn.net/article/a/2012-06-29/2807028,2012-06-29.

[2] Lakhani K, Garvin D, Lonstein E. Topcoder: developing software through crowdsourcing[R]. Harvard Business School General Management Unit Case, 2010.

[3] Howe J. The rise of crowdsourcing[J]. Wired Magazine, 2006, 14(6): 1-4.

[4] 冯剑红，李国良，冯建华. 众包技术研究综述[J]. 计算机学报，2014，38(9):

1713 - 1726.

[5] Aniket Kittur, Jeffrey V. Nickerson, etc. The future of crowd work[C]. CSCW, 2013: 1301 - 1318.

[6] Wenjun Wu, Wei-Tek TSAI, Wei Li. Creative Software Crowdsourcing: From Components and Algorithm Development to Project Concept Formations[J]. International Journal of Creative Computing, 2013, 1(1)57 - 91.

[7] 梅宏,金芝,周明辉. 开源软件生态: 研究与实践[J]. 中国计算机学会通讯, 2016, 12(2): 22 - 23.

[8] 马秀娟. 开源软件生态系统的健康状态度量研究[D]. 北京: 北京大学,2014.

[9] Mockus A, Fielding R T, Herbsleb J D. Two Case Studies of Open Source Software Development: Apache and Mozilla [J]. ACM Transactions on Software Engineering and Methodology (TOSEM), 2002, 11(3): 309 - 346.

[10] 龚德祥. 手机供应链终端应用商店运营模式研究[D]. 武汉: 华中科技大学,2012.

[11] 李仲辉. 企业云应用商店运作模式研究[D]. 武汉: 华中科技大学,2012.

[12] 国家自然科学基金委员会. "基于互联网群体智能的软件开发方法研究"重大项目指南[EB/OL]. http: //www. nsfc. gov. cn/publish/portal0/tab453/info68907. htm, 2016 - 07 - 08.